普通高等教育“十一五”国家级规划教材

普通高等教育“十四五”规划教材

面 向 21 世 纪 课 程 教 材
Textbook Series for 21st Century

兽医影像学

第 3 版

谢富强　主编

中国农业大学出版社
·北京·

内 容 简 介

本书主要内容包括兽医影像技术基础、X线设备、X线技术、X线特殊技术及暗室技术、四肢骨及关节系统的影像检查、头部疾病的影像检查、脊柱疾病的影像检查、胸部的影像检查、腹部疾病的影像检查。

图书在版编目(CIP)数据

兽医影像学/谢富强主编．—3版．—北京：中国农业大学出版社，2018.11(2024.5重印)
ISBN 978-7-5655-2137-9

Ⅰ．①兽…　Ⅱ．①谢…　Ⅲ．①兽医学-影像诊断-高等学校-教材　Ⅳ．①S854.4

中国版本图书馆CIP数据核字(2018)第254370号

书　　名　兽医影像学　第3版
Shouyi Yingxiangxue
作　　者　谢富强　主编

策划编辑　张　程　冯雪梅　　**责任编辑**　冯雪梅
封面设计　郑　川　李尘工作室
出版发行　中国农业大学出版社
社　　址　北京市海淀区圆明园西路2号　　**邮政编码**　100193
电　　话　发行部 010-62818525,8625　　读者服务部 010-62732336
编辑部 010-62732617,2618　　出　版　部 010-62733440
网　　址　http://www.caupress.cn　　**E-mail**　cbsszs@cau.edu.cn
经　　销　新华书店
印　　刷　涿州市星河印刷有限公司
版　　次　2018年12月第3版　　2024年5月第5次印刷
规　　格　185 mm×260 mm　　16开本　　16印张　　400千字　　插页28
定　　价　68.00元

编写人员

主　编　谢富强

副主编　邓干臻　熊惠军

编　者　邓干臻（华中农业大学）
邓立新（河南业大学）
李小兵（吉林大学）
张晓远（北京农业职业学院）
谢富强（中国农业大学）
熊惠军（华南农业大学）

第 3 版前言

《兽医影像学》这本教材，经过全国数十家高等农业院校兽医专业的十几年使用，已收到很好的效果，对于我国兽医影像技术的普及与传播起到较大作用。随着我国兽医事业的蓬勃发展、科技的不断进步，兽医影像技术也发生了很多变化，2022 年中国兽医协会成立兽医影像学专科（小动物），标志着我国兽医影像学专科的里程碑发展，培养兽医影像学高水平人才进入新时代，除了要求兽医具有良好的专业水平，还需具有高尚的医德医风。要坚持教育优先发展、人才引领驱动，以满足我国兽医行业快速发展的重大需求。本着教材的思想性、科学性、先进性、系统性和适应性原则，我们对《兽医影像学》做了进一步修改，形成了第 3 个版本。

在第 3 版中我们着重添加了数字化 X 线成像技术，对其基本概念、设备类型与基本原理和目前兽医临床应用状况进行系统介绍，以满足读者对这方面知识的学习愿望。

鉴于本教材已经形成的系统性，其他章节未做大的变动，保持了原有的完整体系。

书中插图均由金艺鹏博士绘制，在此表示由衷的感谢。

虽经多次修改，但水平有限，书中不足之处在所难免，请广大读者批评指正。

编　者

2023 年 7 月

目　　录

第一章　兽医影像技术基础

第一节　概　　述

一、影像学的概念和内容

兽医影像学是兽医临床诊断领域中的一种特殊诊断方法，它由多种影像技术组成。虽然各种成像技术的成像原理与方法不同，诊断价值与应用范围各异，但都能使机体内部组织结构和器官成像，借以了解机体的影像解剖结构与生理机能状况以及病理变化，以达到诊断和治疗的目的。这些都属于活体器官的视诊范畴，是特殊的诊断方法，故又叫影像诊断学（diagnostic imaging）。

兽医影像学主要包括下面几种影像诊断方法：传统 X 线（X-ray），X 线计算机断层成像（X-ray computed tomography，CT），超声成像（ultrasonography，USG），γ-闪烁成像（γ-scintigraphy），磁共振成像技术（magnetic resonance imaging，MRI），热记录摄影（thermography），数字减影血管造影（digital substraction angiography，DSA），介入放射学（interventional radiology）以及内窥镜技术。

二、影像学的发展历程

从 1895 年伦琴发现 X 射线（医学上简称 X 线）至今的 100 多年的时间里，以 X 射线为基础的影像诊断技术飞速发展并形成了影像诊断学科，影像学的发展被誉为 20 世纪 11 项重大医学成就之一。

X 射线被发现后即用于医学临床，开始只用于骨折和体内异物的诊断，以后又逐步用于人体各部的检查。1896 年在 *Veterinary Journal* 上就发表了第一张兽医拍摄的 X 线照片，说明兽医领域也开始应用 X 线技术。20 世纪 10—20 年代研制开发出了常规 X 线机，随后 X 线机和相关的仪器、设备不断发展完善，同时人工造影剂的出现及造影技术的研究和利用，使 X 线诊断技术不断发展成熟，到 20 世纪 60 年代中、后期已形成了比较完整的学科体系。通过摄片和透视这两大类技术，X 射线适用于人体和小动物呼吸、循环、泌尿生殖、骨骼、中枢神经、消化系统和五官疾病的检查，可提供重要的和确切的诊断信息，已经成为临床医学中不可缺少的重要组成部分。

20 世纪 50—60 年代开始应用超声和核素扫描进行人体检查，出现了超声成像和 γ-闪烁成像。超声成像技术的出现使得对腹腔实质器官和心脏大血管病变的检查与诊断更加方便快捷，通过实时监控还能了解器官的动态变化。

20 世纪 70 年代世界第一台 X 线 CT 机由英国工程师 G. N. Hounsfield 研制成功，这是电子技术、计算机技术和X线技术相结合的产物，是医学影像设备现代化的标志，为现代医学影像设备和技术奠定了基础。CT以断面体层成像，无影像重叠，不受层面上下组织的干扰，分辨率显著提高。随着技术的发展与提高，CT设备已更新了4代，扫描时间由最初的3～5 min缩短至1～5 s。20世纪80年代又先后研制开发出超高速CT、螺旋CT，使临床应用范围和诊断效果进一步扩大和提高。

磁共振成像（MRI）技术是20世纪80年代发展起来的一种现代影像技术，所使用的是非电离辐射式医学成像设备。MRI的密度分辨率高，可进行横、冠、矢状面和斜位等不同体位的检查。该项技术已广泛应用于全身各系统的检查，尤其适用于中枢神经和软组织的检查。

数字减影血管造影（DSA）是20世纪80年代开发的数字式成像设备与技术，它具有创伤少、实时成像、对比分辨率高、安全、简便等特点。

介入放射学是20世纪70年代迅速兴起的一门科学，其特点是改变了影像只作为诊断方法的观念，使影像与治疗结合应用于临床，即在影像的监视下进行标本采集或疾病治疗，从而扩大了影像学的内容。

随着科学技术的迅猛发展，影像诊断学的发展速度也非常快，影像学设备不断更新，检查技术不断完善，使影像技术的诊断和治疗水平日益提高，极大地促进临床工作的发展。

面向世界科技前沿、面向经济主战场、面向国家重大需求、面向人民生命健康，我国在CT和MRI硬件设备的制造方面，正在处于研发的快车道中，这将加快实现高水平科技自立自强，保障我国人民和动物的健康和安全。

三、兽医影像学发展概况

与人类医学一样，兽医影像技术也是以X线技术为基础逐步发展起来的。自从1896年第一张动物X线照片出现，兽医学家们就一直致力于兽医放射技术和设备的研究与开发。1896年英国皇家兽医学院为马做了X线照相，1897年Dollar（兽医）设计出了X线设备，1920年皇家兽医学院利用简易X线机给犬进行X线检查，1927年爱尔兰也首次为马做了X线检查。在早期的研究和应用中，由于机器性能不良，曝光时间长，X线片质量较差。由于不懂防护知识，对工作人员的辐射伤害也很严重。

20世纪30年代在欧美等发达国家兽医X线技术有很大发展，X线设备更加完善。在兽医教育中增加了放射学科目，出版了兽医放射学专著，开业兽医也配备X线设备并用于临床检查。20世纪50—70年代以后兽医放射学进入全面发展阶段，对马和犬、猫等动物的检查技术、X线解剖结构及疾病的诊断进行了深入的研究，同时也有较多的专著出版。在美国还成立了美国兽医放射学会并主办出版了专业期刊《兽医放射学》，为兽医影像学的发展奠定了坚实基础。

20世纪70年代前后超声诊断技术也开始在兽医临床应用，如用A型和D型超声诊断仪进行动物的早期妊娠诊断，用M型超声仪检查心脏。20世纪80年代以后B型超声仪在兽医领域广泛应用，超声检查的范围也不断扩大，如心血管系统、泌尿系统、肝胆、胰腺、肌肉、腱、韧带和关节囊等。在畜牧生产上参与牛胚胎移植、猪品种选育、肉质鉴定等研究。

发达国家自20世纪80年代开始了CT和MRI在兽医临床中的研究与应用。对CT最初的研究主要集中于头部，现已能对小动物的胸部、腹部、脊柱、骨关节和大动物的肢体进行CT扫描。MRI用于检查神经系统病变，如缺血性梗死、脑出血、脑脊髓肿瘤、脑垂体肿块和犬椎间盘疾病等,检查技术已较为成熟。

我国兽医影像学的发展相对落后,传统X线技术也是在新中国成立以后才逐步发展起来的。从20世纪50年代开始,我国的兽医放射学家在条件极其艰苦的情况下开展工作,研制设备、培养人才。到1956年全国部分高等院校和兽医研究机构中已经配备了X线设备,并应用在临床实践中,同时编写了教材。20世纪60年代中国的兽医放射学已经普遍开展,多数农业院校设有兽医X线诊断课,开展教学和科学研究,在条件较好的基层兽医院(站)也开展了X线诊断技术的应用。至此除了对大家畜骨关节病的诊断外,我国已能开展马属动物肺部疾病、心脏病、牛创伤性心包炎、膈疝等疾病的X线诊断。在全国性防治猪气喘病工作中X线技术曾发挥了不可替代的作用。

随着超声诊断技术在世界范围的应用,我国也于20世纪70—80年代开展了超声技术在兽医领域应用的研究,不论是使用A型超声仪还是B型超声仪在动物早期妊娠诊断、正常脏器的超声测定、器官病变的超声检查等方面都取得了很大进展。

进入20世纪90年代,农村役畜逐渐减少,城市饲养宠物数量增加,临床兽医的医治对象发生了很大转变,这给兽医影像学的发展创造了条件。由于犬、猫等伴侣动物体型相对较小,应用影像设备检查比较方便,所以已有越来越多的兽医机构、动物医院和门诊使用相应的影像技术参与临床诊断。虽然我国目前在兽医领域尚没有条件进行CT和MRI等现代影像技术的研究和利用,但已有兽医利用人医的CT进行大熊猫头部检查,也有利用MRI设备为患脊柱疾病的犬做检查的范例,由此可见利用CT、MRI等先进的影像设备和技术为患病动物进行检查的时代即将到来。

基于新时代兽医的专业特点,要求兽医从业人员在技术水平和专业程度上都有较高能力。此外,应树立从业人员高尚的医德医风。2022年中国兽医协会成立了以谢富强教授为首的兽医影像学专科(小动物),标志着我国兽医影像学专科的里程碑发展,培养兽医影像学高水平专业人才进入新时代,坚持教育优先发展、科技自立自强、人才引领驱动,符合我国兽医快速发展的重大需求。

随着我国兽医学科近二十年高速发展,兽医影像学也从X线、超声,迅速发展到CT和MRI等高阶影像学,目前在我国北京、上海等城市中,CT和MRI已经成为常规诊疗手段。作为新时代兽医,应坚持文化自信和理论自信,在学习本专业知识的同时,开拓视野,积极同国内外高水平学者交流和学习,既不能刻舟求剑、封闭僵化,也不能照抄照搬、食洋不化。

四、学习中应注意的问题

1. 注意了解不同成像技术的基本成像原理和各自的图像特点,从而可由影像表现来推测组织种类与病变特点。

2. 必须有坚实的解剖学知识为基础,既掌握正常的解剖结果又能识别个体间的解剖变异。

3. 了解不同成像技术在不同组织和器官疾病诊断中的作用和局限性,以便在选择影像检查方法时更具有针对性。

4. 学会图像的观察和分析方法,通过对图像的观察、分析、归纳与综合而做出影像诊断。

5. 影像诊断只是一种辅助诊断方法,在进行临床诊断时应综合临床资料、实验室检查结果等做出最后诊断。

第二节　X 射线基础知识与基本技术

一、辐射(radiation)

辐射是某种粒子或能量在空间或物质中进行传输的一种形式。在自然界存在许多元素和产物，如^{226}Ra(镭)、^{232}Th(钍)、^{235}U(铀)等，另外还有许多天然存在和人工制造的同位素，它们都具有放射性，能够自发辐射出 α 粒子、β 粒子或 γ 粒子而发生一系列蜕变。α 粒子为氦的原子核，带 2 个正电荷。β 粒子为一束高速运动的电子流，带负电荷。γ 射线则为能量极高的量子流，不带电荷。此外，宇宙中还有各种射线，如宇宙线、X 线、紫外线、可见光、红外线、微波、无线电波等，它们均以能量的形式在空间或物质中进行传输，所以这些都是辐射。辐射有以下几种类型。

(一)电离辐射(ionizing radiation)

在辐射能与物质发生作用的时候，会产生以下三种情况，即弹性碰撞、激励作用和电离作用。当辐射能与原子或分子发生弹性碰撞的时候会产生热量；发生激励作用的结果是使原子提高能级，但这种状况不稳定，它还会把多余的能量再释放出去，然后回到原来的状态；若辐射的能量达到一定程度就可以把原子或分子上的电子击出轨道而发生电离，具有此种能量的辐射称为电离辐射。α 射线、β 射线、γ 射线和 X 射线都具有这种能量，因此都是电离辐射。

(二)微粒辐射(corpuscular radiation)

电离辐射又可以分为两类，一类为微粒辐射，另一类为电磁辐射。微粒辐射传送的能量包含在许多移动着的粒子中，所携带的能量则与传送粒子的质量和速度有关。粒子可以带电荷也可以是中性的。自然界中的^{226}Ra(镭)、^{232}Th(钍)、^{235}U(铀)以及各种天然的和人工的同位素所发出的 α 射线和 β 射线就是由一系列的 α 粒子和 β 粒子所组成。所以，α 射线和 β 射线实际上是 α 粒子和 β 粒子的粒子流，是典型的微粒辐射。

(三)电磁辐射(electromagnetic radiation)

电磁辐射是另一种形式的电离辐射。它是具有极高能量的量子流，不带电荷，无静止质量，以波动的形式进行传输，在真空中以光速前进。γ 射线和 X 射线就属于电磁辐射这一类型，都是波长极短的电磁波，其量子也称光子。各种电磁波都有自己的波长范围和能量范围，γ 射线的波长范围为 0.000 1～0.1 nm，波长越短能量越大。

X 射线也是一种电磁辐射，它与 γ 射线的区别在于波长不同，X 射线比 γ 射线的波长长一些，但两者的波长范围并没有严格的界限，其中也有重叠之处。X 射线的光子能量一般在千电子伏特(keV)至兆电子伏特(MeV)之间。而在医学诊断中应用的 X 射线，仅是 X 射线波长范围中的一小段，它们的波长在 0.008～0.124 nm 之间，能量范围在 10～155 千电子伏特(keV)之间。

二、X 射线的产生

(一)X 射线产生的条件

自从 1895 年物理学家伦琴发现用高速度的电子束撞击金属面产生 X 射线以来，经过科学家们的研究，现已从理论上搞清了伦琴发现的X射线，它是由于在真空条件下，高速飞驰的电子撞击到金属原子内部，使原子核外轨道电子发生跃迁现象而放射出的一种能。可见要产生X射线，必须具有三个条件：

1.有电子源。

2.必须有在真空条件下高速向同一方向运动的电子流。这是因为原子核外轨道电子与原子核之间有一定的结合能，若改变轨道电子的轨道，击入原子内部电子必须有一定动能传递给被撞击物质的核外轨道电子，若击入原子内部的电子动能不够大，只能使原子的外层电子发生激发状态，产生可见光或紫外线；若击入原子内部的电子是高速的，它的动能能够把原子的内层电子击出，产生轨道电子跃迁，放出X射线。

3.必须有适当的障碍物，即靶面来接受高速电子所带的能量，使高速电子的动能转变为X射线的能量。根据计算可知，低原子序数的元素内层电子结合能小，高速电子撞击原子内层电子所产生的X射线其波长太长，即能量太小；原子序数较高的元素如钨，其原子内层结合能大，当高速电子撞击了钨的内层电子，便产生了波长短、能量大的X射线。所以现在用X射线诊断与治疗的X线管的靶面是由钨制成的。另有特殊用途的X线管靶面是由钼等金属制成的，钼的原子序数比钨低，能产生较长波长的X射线，即所谓“软射线”，用于乳腺等软组织摄影。

（二）连续放射（韧致辐射）和标示放射（特征辐射）

X线管发生的射线由两部分组成。一部分为连续放射，它包括一组不同波长的X射线，任何X线管都可产生一定的连续射线谱；另一部分为标示放射，它表明阳极原子的特征。

1.连续放射（韧致辐射 bremsstrahlung radiation）。在X线管中，阴极电子撞击阳极靶面的动能，决定于加在X线管上两极间的管电压，管电压越高，阴极电子获得的动能就越大。假若电场对电子所做的功 U_e 全部变成了电子的动能，而且此电子撞击阳极靶面时是与阳极物质的原子核相撞，则能立即停止运动，将电子的全部能量（动能）转变为光子的能量（图1-1）。光子能量的大小又受下列因素的影响：

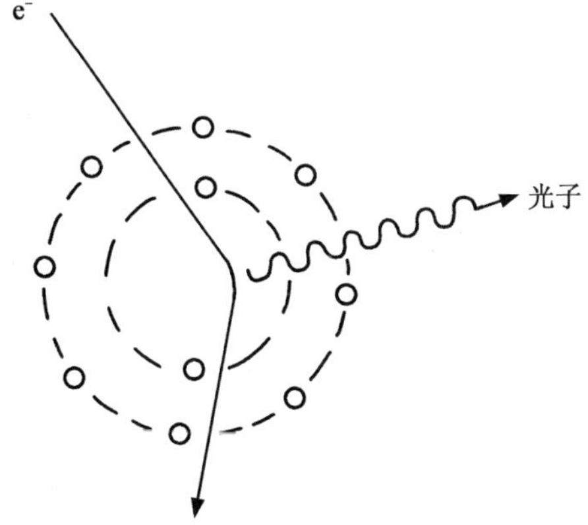

阴极射来的带有一定能量的高速电子，在与原子核撞击或经过其附近时，与原子核相撞或受其吸引改变路径，从而能量以光子的形式表现出来

图1-1　连续放射（韧致辐射）的产生

(1)射来的电子与靶物质原子核间的距离:距离小者释放的X射线能量大,距离大者释放的X射线能量小。

(2)电子动能的大小:电子动能大者,释放的X射线能量大,动能小者,释放的X射线能量小。

(3)靶物质的原子序数:电荷大者产生的X射线能量大,电荷小者产生的X射线能量小。在任何X线管中,产生X射线的波长只与管电压有关,管电压越高,所产生的X射线的波长越短。

需要指出的是,高速运动的电子并不一定直接与阳极物质的原子核相撞,而只是从旁经过,它们受到核内正电场的作用而失去一部分能量,直接以光子的形式释放出来。电子越接近原子核,失去的能量就越多,所释放出的X射线波长就越短。此外,就是峰值电压所加速的电子也只有很少数可能与原子核直接相撞,全部能量转变为光子;一般最多的是高速电子经过第一次撞击失去一部分能量,然后再以较低的速度继续进行撞击,直到能量完全消耗为止。所以,X线管放射出的X射线是一束波长不等的连续的混合射线(图1-2)。这种射线称为连续放射(轫致辐射)。

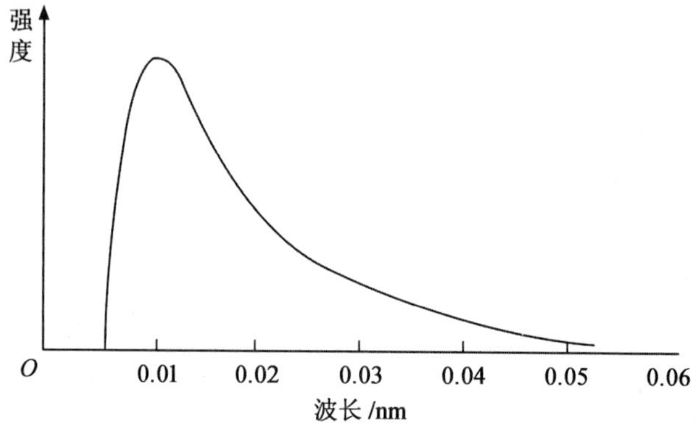

连续放射产生的X射线是一束波长不等的连续的混合射线

图1-2　由连续放射产生的X线能谱

电子撞击阳极靶面的结果一是产生电磁辐射能即X射线,二是产生大量的热。根据实验得知,撞击阳极靶面的电子的全部能量中,仅有极小部分(0.2%)转变为X射线,而其余能量,皆转变为热能。

2.标示放射(特征辐射 characteristic radiation)。标示放射的产生是X线管中阴极发出的电子,以很大的动能撞击靶面时,原子内层轨道电子被击出,因而产生了电子跃迁现象,放出X射线(图1-3)。这种X射线的波长是由跃迁的电子能量差所决定的,可见一定的原子发出一定波长的X射线。这种由阳极靶面物质所决定的X射线为标示放射。这种X射线的产生与X线管的管电流无关,而完全依靠阳极靶物质而定。某一元素有几层轨道电子,便可能有几种标示射线发出。释放出的光子能量是可以计算的。以钨做靶的X线管,当外来的高速电子把钨靶原子k层电子击出以后,其空位若由l层上的电子补充,它放出的光子能量应为57.4 keV。这是因为钨原子k层电子的结合能为69.5 keV,l层电子结合能为12.1 keV,l层进入k层空位时放出的光子能量则为69.5−12.1=57.4(keV)。

由此可知,X射线是由两种形式的放射(辐射)产生的,即连续放射和标示放射。其中连续放射是主要的,标示放射是叠加在连续X射线谱上的几个突出的尖端,它表示一些强度较高、波长一定的 X 射线(图 1-4)。两种放射的组成比例随加在两极间的电压而异(表 1-1)。

表 1-1　管电压不同时 X 线中两种辐射的组成比例

X 线管电压/kV	标示放射/%	连续放射/%
80	10	90
100	19	81
120	24	76
150	28	72

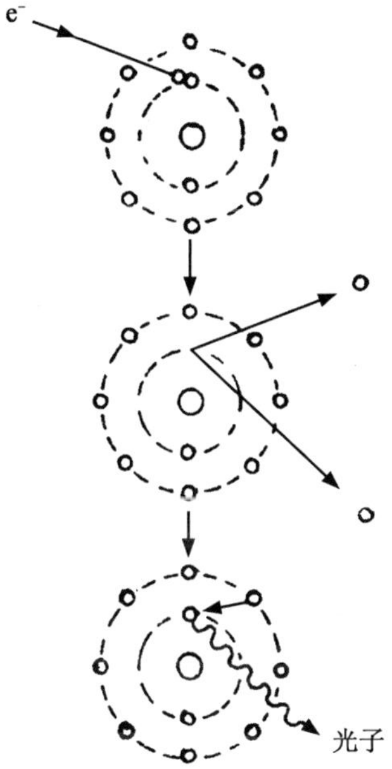

带有能量的电子打击在靶原子的 k 层电子上，将其击出轨道，其空位被 l 层的电子填充，释放出光子，其能量为 k 层和 l 层结合能之差

图 1-3　标示放射(特征辐射)的产生

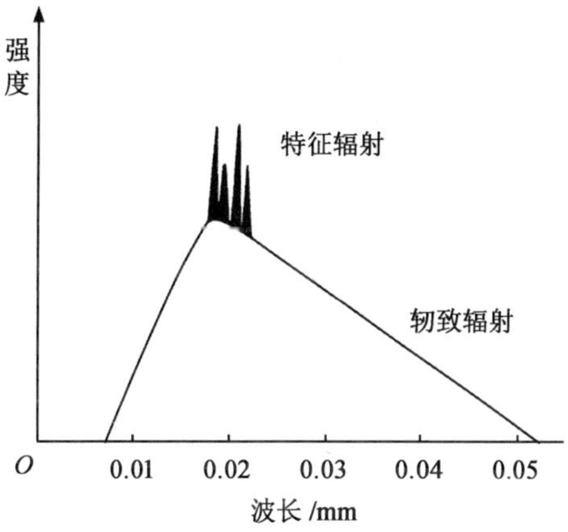

标示放射产生的 X 射线叠加在连续放射产生的 X 射线中，但其强度较高

图 1-4　连续放射与标示放射产生的 X 射线能谱

三、对 X 线能的认识

在各种辐射中，X 射线属于电磁辐射的一种，和其他光线一样具有二象性——微粒性和波动性。20 世纪出现的量子理论，已把微粒性和波动性统一起来。

(一)X 线的微粒性

经 X 线照射的荧光屏及增感屏上的某些化学物质(如氰化铂钡、钨酸钙、碘化铯等)能发生荧光；X 线能使气体或其他物质发生电离，X 线照射的某些金属物能失去负电荷产生光电效应等，显然只用 X 线的波动性不能做出完善的解释。用爱因斯坦的光子论，把 X 线看作是一个个的微粒——光子组成的，这个微粒具有一定的能量，其值为 $E=h\nu$，光子具有一定的质量，那么上述现象就可以得到满意的解释。光电效应可以这样认为：当 X 线照射某种金属元素时,X线的光子与金属原子中的原子轨道电子碰撞,电子被击出,并得到能量,这个能量就是被击出来的电子所在轨道上的结合能。X线激发荧光现象,可以这样认为:X射线的光子使荧光物质的原子外层轨道电子发生跃迁现象。很明显,这里所说的X线的光子就相当于X射线管中碰撞阳极靶面的高速电子,这充分说明了X线具有微粒性。

(二)X线的波动性

已知X线是一种波长很短的电磁波,并已经试验证明了X线的干涉和衍射现象,这说明X线具有了波动特有的现象——波的干涉和衍射性等。X线是以波动方式传播的,它是一种横波,在真空中其波速与光速相同。

X线的波长用希腊字母 λ 表示,频率用 ν 表示,c 代表其传播速度,则三者的关系为 $c=\lambda\times\nu$ 或 $\lambda=c/\nu$;$\nu=c/\lambda$。

(三)X线的波粒二象性及其统一

X线与其他光线一样,在传播的时候表现了它的波动性质,具有波长和频率,并有干涉、衍射、反射和折射等现象。但X线在与物质作用时,表现出粒子性质,每个光子具有一定的能量、动量和质量;它能产生光电效应,能激发荧光物质发出荧光等现象。波动与微粒的性质相差很远,几乎是不能相容的矛盾着的两个方面。波动说成功地解释了X线的干涉、偏振等现象,却不能解释X线的光电效应现象;微粒说能成功地解释X线的光电效应现象,却不能解释X线的干涉、衍射等现象,这充分说明了X线具有微粒和波动的二象性。对于X线来说微粒性和波动性并存。

随着物理学的发展,应用量子力学原理把光波(X线)看作是概率波,就是把光的波动性和微粒性统一起来,因为这种波代表了光子在空间里存在的概率,所以光既是微粒又是波动,例如在干涉、衍射一类现象中表现为波动性,但在光电效应中表现为微粒性。现已证实不仅X线有二象性,其他基本粒子如电子、质子、中子和分子也一样具有二象性。

四、X线与物质的作用

X线作用在物质上,一部分直接穿过物质,对物质不产生任何效应;一部分将根据X线的能量水平对物质的不同部位发生作用。低能量的X线与整个原子发生作用,中等能量的X线可与原子的电子层发生作用,高能量的X线则与原子核发生作用。因此会产生以下几种不同现象。

(一)连续散射(coherent scattering)

能量低于10 keV的X线与物质发生作用时,入射的光子可使靶原子产生激励,此时入射的光子消失,能量全部传给了靶原子。被激励的靶原子处于很不稳定的状态,它会立即以另一种辐射放出多余的能量而恢复到稳定状态。放出多余能量的辐射即为散射线。这种散射线的波长与入射的原射线波长相等,散射的光子能量等于入射的光子能量,但射线的方向与原来的不同,故称之为连续散射(图1-5)。

在与X线诊断有关的技术里,连续散射对影像诊断影响不大,因为它由低能量X线产生,与摄影用的较高能量X线几乎没有什么关系。但在诊断用X线全部能谱中还是有低能量X线的成分,能够产生连续散射。在使用70 kV管电压时,X线中有百分之几的X线产生连续散射。此外,连续散射的产生随与之作用的原子序数增加而增加。尽管在X线摄影过程中产

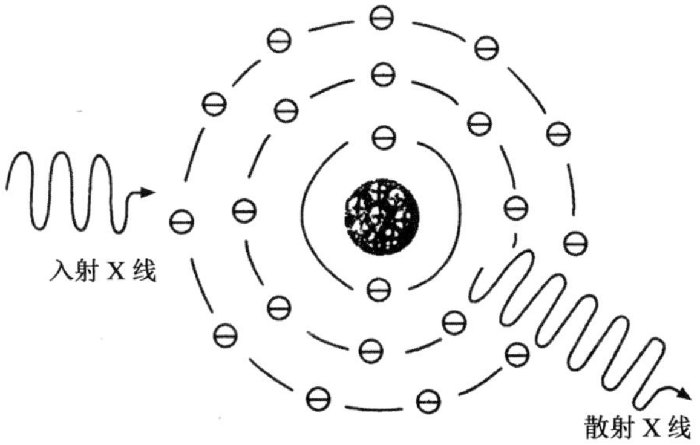

入射的X线能量没变而方向改变

图1-5　连续散射

生的连续散射不多，但它也会使X线胶片产生雾影，只是影响比较轻微。

（二）康普顿散射（compton scattering）

当中等能量的X线与物质的壳层电子碰撞时，可与物质壳层的外层电子发生作用，从原子上把电子击出轨道，其结果使原子发生电离，并使原射线改变方向而形成散射线（图1-6）。入射的X线把部分能量传给了击出的电子，因此康普顿散射线的能量 E_s 介于入射X线能量 $E_入$ 和传给电子的能量之间，而传给电子的能量则是电子的结合能 E_b 与电子离开原子的动能 E_{ke} 之和，它们的能量关系为

$$E_入=E_s+E_b+E_{ke}$$

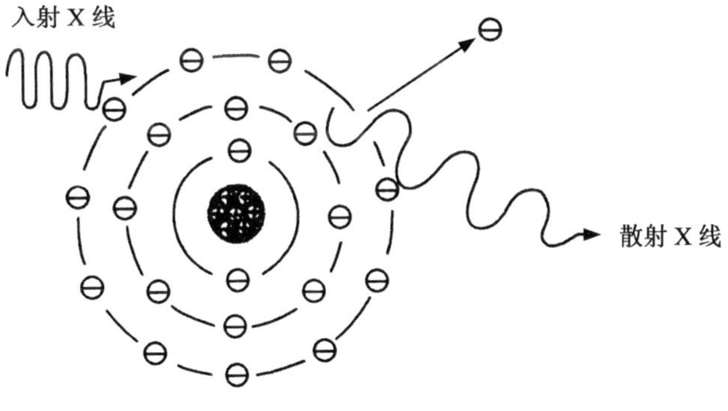

入射的X线与电子碰撞后，既损失了能量又改变了方向

图1-6　康普顿散射

康普顿散射时，原射线的大部分能量分配给了康普顿散射的光子和击出的电子，其中大多数的能量又被散射的光子保留，但是无论散射的光子还是被击出的电子都可能还有足够的能量使其他的原子发生电离，直到它们的能量完全丧失为止，这时散射的光子被光电吸收，次发的电子进入电离后的空位之中。

康普顿散射的光子束方向可在入射光子束方向基础上做任何角度（包括180°）的改变，改

变角度的大小与原射线给予被击出电子的能量多少有关。给予电子的能量越大，则原射线改向角度也大，而康普顿散射的光子能量越小。这种方向不一，波长、能量各不相同的散射线会使胶片感光形成雾影，因而使影像模糊。所以在投照中，必要时应加用滤线器。另外散射线的产生给操作人员的防护增加困难。

（三）光电吸收（photoelectric absorption）

当X线的光子与物质的原子相互作用时，它将全部能量的一部分给予壳层上的轨道电子，使电子克服核的电场作用而脱离轨道；而另一部分剩余能量使被击出的电子高速运动成为动能。这种现象也可叫作光电效应。光电效应中释放出来的电子叫光电子，光电子的能量很大，可以引起物质中其他原子的电离，叫作二次电离，释放光电子的原子由于内层产生了电子空位进入受激状态，当其他壳层电子跃迁到空位时，便产生标示放射，又称荧光放射。我们把这种被击原子对光子能量的吸收叫作实际吸收或光电吸收，此种吸收多发生在低能光子和原子序数较高的物质作用时。

一般来说，发生光电吸收的概率与光子能量的三次方成反比，而与靶物质原子序数的三次方成正比。对低于0.2 MeV的X线来说，作用在原子序数高的骨组织上比作用在原子序数低的软组织上发生的光电吸收要高得多。表1-2列出了动物体和某些物质的有效原子序数，从原子序数可以计算出两种物质发生光电吸收的概率比。例如X线通过脂肪与软组织时发生光电吸收的概率比为$(6.3/7.4)^3=0.62$。骨与软组织的概率比为$(13.8/7.4)^3=6.49$。钡的原子序数为56，它与软组织的光电吸收概率比为$(56/7.4)^3=433$。光电吸收的概率比越大，说明两种物质对X线的吸收差异也越大。这是形成X线影像密度差异的基础。当动物体的两种组织缺乏天然对比时，可向体内引入对机体无毒的高原子序数或低原子序数物质即造影剂，以增加与另一组织的光电吸收概率比，人为地造成X线图像的密度差异，这种方法称为造影技术。

表1-2　动物体和某些物质的有效原子序数

种类	有效原子序数	种类	有效原子序数
肌体组织：动物肌肉	7.4	碘	53
脂肪	6.3	空气	7.6
骨	13.8	其他：水泥	17
肺	7.4	钨	74
造影剂：钡	56	铅	82

五、X线的吸收与减弱

X线通过物质时，发生光电吸收、康普顿散射等现象，使得原来方向的射线强度逐渐减弱。

（一）X线的吸收

X线通过组织时的光电吸收使得从X线管阳极靶面发出的X线不能到达胶片，因而胶片不能感光，在X线片上形成一片较白的阴影。它表示机体中具有较高原子序数的结构组织，如骨组织或其他钙化的病变组织。光电吸收可为诊断疾病提供非常有用的信息，正是因为不同的组织在病理和正常情况下对X线有不同程度的吸收,才有可能形成反映机体情况的X线影像。同时那些没有被吸收而穿过被检组织到达胶片的原发X线使胶片感光,形成一片较黑的影像。黑色和白色的阴影构成了机体的X线影像,代表了组织的结构与成分。影响X线吸收的因素有以下四个方面:

1.被检组织结构的原子序数。已经知道,光电吸收的概率正比于吸收物质原子序数的三次方,两种物质光电吸收的概率比越大,其X线图像的对比程度也越高。骨与软组织的光电吸收概率比为6.49,因此在X线照片上会很好地显示出骨和软组织的对比阴影;脂肪和肌肉的光电吸收概率比仅为0.62,因此难以显示出它们影像密度上的差异。

2.X线的能量大小。光电吸收主要发生于低能X线。实验证明,随着X线管电压的降低,光子的能量减小,X线在物质中发生的光电吸收比例逐渐加大,而产生康普顿散射的比例则减小(表1-3)。

表1-3　X线在不同管电压下通过10 cm厚的组织时发生的康普顿散射、光电吸收和透过X线的百分数

管电压/kV	发生作用的百分数			透过X线的百分数
	光电吸收	康普顿散射	总百分数	
50	78.9	21	99.998	0.002
60	69.9	30	99.9	0.1
70	59.8	39.8	99.6	0.4
80	46	52	98	2
90	38	59	97	3
100	31	63	94	6
110	23	70	93	7
120	18	73	91	9

3.被检物质的密度。密度是单位体积物质的质量,它说明了物质分子结构的紧密程度。X线与物质作用时,密度大的物质与X线发生作用的机会多。骨的密度比脂肪、肌肉等软组织的密度几乎大两倍(表1-4),当X线与骨和肌肉组织发生作用时,即使无原子序数不同的影响,X线对密度大的骨比密度小的肌肉发生作用的机会要多。肺和肌肉的原子序数都是7.4,但肺内含有空气,密度较低,而肌肉的密度比肺大3.1倍,这样两者对X线的吸收出现差异。肌肉的吸收能力明显大于肺脏。

表1-4　部分物质的相对密度

物质	相对密度	物质	相对密度
肌体组织:肌肉	1.00	碘	4.93
脂肪	0.91	空气	0.001 293
骨	1.85	其他:水泥	2.35
肺脏	0.32	钨	19.3
造影剂:钡	3.5	铅	11.35

4.被检物质的厚度。X 线穿过的组织越厚,发生光电吸收的机会也越多。所以厚的组织在影像上与薄的组织之间出现差异。但过厚的组织会使 X 线有较大的减弱,为了对此进行补偿只有提高管电压,增强 X 线的能量,减少过多的光电吸收,以有利于影像的形成。

(二)X 线的减弱

X 线在通过物质时发生了光电吸收、康普顿散射和连续散射,这使得 X 线穿过物质以后所剩余的原射线束在总体数量上减少很多,这称为 X 线的减弱。X 线的减弱与穿透物质的厚度呈指数曲线下降,下降的多少无法用固定值来表示,只能用百分数来计算。比如 1 000 条光子束的 X 线,穿过 5 cm 厚的组织时,如果每厘米使 X 线减弱 50%,则通过 1 cm 时,X 线就剩下 500 条光子束。通过 2 cm 时,剩下 250 条光子束。依次递减,当通过 5 cm 时,只剩下 32 条光子束了。这就是说绝大多数的 X 线束在 X 线摄影时都被组织致弱,只有约 3%的 X 线能穿过组织到达胶片。但是,从理论上讲,X 线的减弱永远不会使到达胶片的 X 线成为 0。这和微粒辐射的 α 射线和 β 射线不同,α 射线和 β 射线可全被吸收,这就是说它们仅能达到一定的穿透深度。

六、X 线的作用

X 线属于电磁波,其波长范围在 0.000 6～50 nm。用于医学成像的 X 线波长为 0.008～0.031 nm(相当于管电压为 40～150 kV),在电磁辐射谱中居于 γ 射线和紫外线之间,比可见光的波长短,肉眼看不见。除上述一般物理特性外,X 线还具有以下几方面与成像相关的特性。

(一)穿透作用

X 线波长很短,具有很强的穿透力,能穿透一般可见光不能穿透的各种不同密度的物质,并在穿透过程中受到一定程度的吸收。X 线的穿透能力与 X 线管电压密切相关,电压愈高,所产生的 X 线波长愈短,穿透力也越强;反之,电压低,所产生的 X 线波长长,其穿透力也较弱。据此常把 X 线分成软、中、硬三类。软 X 线指的是能量较小、穿透力较弱的 X 线;相反,硬 X 线则是能量较大的、穿透力较强的 X 线。另一方面,X 线的穿透力还与被照物体的密度和厚度相关。X 线的穿透作用是 X 线成像的基础。

(二)荧光效应

X 线能激发荧光物质(如硫化锌镉及钨酸钙等),使之产生肉眼可见的荧光,即使波长短的 X 线转换成波长长的可见荧光。荧光效应是进行透视检查的基础。

(三)感光效应

涂有溴化银的胶片,经 X 线照射之后,感光而生成潜影,经显影、定影处理,感光的溴化银中的银离子(Ag^+)被还原成金属银(Ag),并沉积于胶片的胶膜内。此金属银的微粒在胶片上呈黑色。而未感光的溴化银,在定影及冲洗过程中,从 X 线胶片上被冲洗掉,因而显出胶片片基的透明本色。依金属银沉积的多少,便产生了由黑至白的影像。所以感光效应是 X 线摄影的基础。

(四)电离效应

X 线通过任何物质都可产生电离效应。X 线的光子撞击原子时,能使原子外层轨道上的电子被击出而成为正离子。一部分被击脱的电子又附着在其他原子上,使其成为负离子。空气电离程度与空气所吸收的 X 线的量成正比,因而通过测量空气电离的程度可测出 X 线的量。

（五）生物效应

X 线射入机体也产生电离效应,可引起生物学方面的改变,即生物效应。X 线对细胞产生各种伤害,抑制其生长,甚至使之坏死。损害的程度视 X 线的量及组织对辐射的敏感性而不同。少量 X 线不会引起机体组织产生明显的变化,大量即可产生影响,但还是可以恢复的;如果接受过量的 X 线照射可能造成不可恢复的结果。生物效应是放射治疗的基础,也是进行 X 线检查时需要注意防护的原因。

七、X 线的质和量

（一）X 线的量

在光学领域里,单位时间内光子的流量称为光通量;而与光束垂直的单位面积上的光通量则称为光子流密度或光密度。从辐射剂量的角度考虑,X 线的量应以光子流密度来测量。若从 X 线的产生和剂量角度考虑,X 线管的照射剂量与 X 线管的使用条件和照射距离有关,一般可用下列公式计算:

$$D = \frac{P_t C t}{d^2}$$

式中:D 为 X 线管的照射剂量(R);P_t 为某一管电压(kV)时 X 线管的发射效率;t 为时间(s);C 为管电流(mA);d 为靶面至照射野表面的距离(cm)。

从上式可知,X 线管的照射剂量与 X 线管的管电流和照射时间成正比;而与照射距离的平方成反比,并且要乘以 X 线管的发射效率。由于在 X 线管封套窗口均放置一块过滤板,以吸收低能量的软射线,相对提高了穿透力强的硬射线的强度。因此,常用的 X 线管发射效率与实际的发射效率是不同的,文献上所给出的数值均为无过滤的数值。此外,不同的 X 线管的 P_t 值也是不同的。即使是同一 X 线管,由于使用时间的长短不同,其 P_t 值也不相同。

X 线机的照射剂量率是在某一给定的管电压和一定的焦点到皮肤距离的某点,照射剂量除以管电流和照射时间。照射剂量率以 R/(mA · min)或 mR/(mA · s)表示。

由于在 X 线医学诊断的实际工作中难以对 X 线的量进行直接测量,故间接以 X 线管的管电流(mA)与 X 线照射时间秒(s)的乘积来表示 X 线的量。从上列公式得知,影响 X 线量的因素除管电流和照射时间外,还有焦点到皮肤表面的距离,以及 X 线管的发射效率,这就涉及滤过和 X 线管本身的影响。此外,还要注意到,X 线照射剂量公式是在某一给定的管电压条件下计算的,不同的管电压其发射效率是不一样的,管电压越高,发射效率也越高。比如,在焦点到皮肤的距离为 30 cm,总过滤为 1.5 mm 铝当量时,变换管电压的结果为:

60 kV 时的照射剂量率为 50.62 mR/(mA · s);70 kV 时为 66.03 mR/(mA · s);80 kV 时为 83.04 mR/(mA · s);90 kV 时达到 120.96 mR/(mA · s)。

（二）X 线的质

在医学诊断 X 线技术里,能够表示 X 线质的强弱的是 X 线对被照射物的穿透能力。X 线的穿透能力是随X线能量大小而变化的，高能量的X线穿透组织的能力强；低能量的X线穿透组织的能力弱。X线能量的强弱是由管电压决定的，使用的管电压高，产生的X线平均能量强，穿透力也强。因此，管电压高低可以作为X线质的指标。但它又受高压整流装置的效能、滤过板的吸收以及X线分布的影响，另外，管电压增高时X线管的输出量也随之增加，故管电压只能大概地反映X线的质，而不能精确地表示X线的穿透能力。表示X线质的较好方法是把被照物换成同一物质，并以X线吸收减弱的情况表示穿透能力，这就是半价层表示法。

半价层指的是使入射X线强度减少1/2的某种均匀物质的厚度，为X线质的另一种表示方法。测定X线半价层的方法是在固定管电压、距离和总滤过条件的前提下，先对检测仪器照射，测得没有任何吸收物的照射量，然后在仪器前面放置不同厚度的同一种吸收物如铝，测得吸收减弱后的剂量，把测得的结果列表，画出强度-吸收物厚度曲线，根据减弱曲线就可以找出X线减弱50%时的吸收物厚度，该吸收物厚度即为半价层的数值。在医学诊断用X线范围内，半价层的范围是3～5 mm铝厚，或4～8 mm软组织厚度。表1-5为不同管电压的X线在总滤过为2.5 mm铝时的半价层。

表1-5 管电压与半价层的关系(2.5 mm铝总滤过)

管电压/kV	半价层/mm铝厚	管电压/kV	半价层/mm铝厚
50	1.9	125	4.55
75	2.8	150	5.45
100	3.7		

（三）滤过对X线质和量的影响

X线由X线管发出，其辐射能量随工作电压从零至最大连续分布。从能量最小、强度也最小开始，以后随能量增加，强度也上升，约在其最高能量的1/3处，强度达到最大，此后X线的强度又随能量的增加逐渐减弱。在这个能谱之中，低能量的X线占有一定的比例，它们的穿透能力很差，只能达到机体表面或进入机体较浅的部位，对X线成像没有作用，但能对被照者产生有害的辐射影响，并在环境中增加散射线，这对动物和工作人员都是不利的。为减少不必要的有害辐射，可对X线进行滤过，目的在于吸收低能量X线，使高能量X线通过。滤过的形式有：

1. 固有滤过(inherent filtration)。以X线管和X线机头的组成结构来看，X线从窗口发出就已经经过一定程度的滤过了。这些滤过物包括X线管的玻璃外壳、绝缘油和X线管保护封套的窗口物质。它们都是X线的吸收体并起到滤过的作用，这种滤过是X线机固有的，因此称为固有滤过。普通诊断用X线机的固有滤过为0.5～1.0 mm铝当量。

2. 附加滤过(added filtration)。在X线机头窗口处，安置不同厚度的滤过板，如铝片或铜片，以增加对X线的滤过。使用滤过板后的总滤过应为固有滤过和附加滤过之和。在选用滤过板时一般要根据X线机的工作电压决定。例如，当工作电压在50 kV以下时，总滤过为0.5 mm铝即可；如工作电压为50～70 kV时，总滤过应为1.5 mm铝；超过70 kV，总滤过须达到2.5 mm铝。

滤过的作用：X线通过滤过后低能量的X线被吸收，高能量的X线得以通过，这就相对提高了X线的平均能量，从而减少了低能X线的辐射作用。实验证明，85 kV时的X线在仅有

0.5 mm 铝的固有滤过，不使用附加滤过的情况下，其平均能量约为 29.3 keV；若附加 0.5 mm 铝的滤过板，其平均能量提高到 32.5 keV。若再加 0.5 mm 铝滤过板，其平均能量可达 38.5 keV。提高了 X 线的平均能量即提高了 X 线的穿透能力（图 1-7）。但滤过也使 X 线的强度减弱，需要增加曝光时间或增加 X 线的发射量予以补偿。从放射安全的角度来说，使用适当的滤过板是非常必要的，可使皮肤所受的辐射明显减少（表 1-6）。

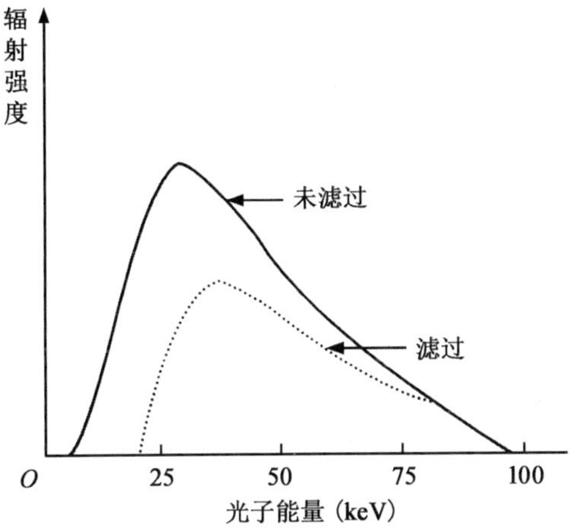

图 1-7　滤过对光子能量和强度的影响

表 1-6　不同滤过对病人的辐射影响

铝滤过板厚度/mm	60 kV	
	皮肤接受的剂量/mR	辐射量减少/%
不加	2 380	—
0.5	1 850	22
1.0	1 270	47
3.0	465	80

八、X 线成像基本原理及 X 线图像特点

（一）X 线成像基本原理

X 线之所以能使机体组织结构在荧光屏上或胶片上形成影像，一方面是基于 X 线的穿透性、荧光效应和感光效应；另一方面是基于机体组织之间存在密度和厚度的差别。当 X 线透过机体不同组织结构时，被吸收的程度不同，所以到达荧光屏或胶片上的 X 线量有差异。这样，在荧光屏或 X 线片上就形成了明暗或黑白对比不同的影像。因此，X 线影像的形成是基于以下三个基本条件：①X 线具有穿透能力，能穿透机体的组织结构；②被穿透的组织结构中，存在着密度和厚度的差异，X 线在穿透的过程中被吸收的量不同，所以剩余的 X 线的量有差异；③这个有差别的剩余射线是看不见的，只有经过显像过程，如激发荧光或经 X 线片的显影，才能获得具有黑白对比、层次差异的 X 线影像。

机体组织结构由不同元素组成，各种组织结构之间存在着密度差异。机体组织结构的密度可归纳为三类：属于高密度的结构有骨组织和钙化灶；中等密度的有软骨、肌肉、神经、实质器官、结缔组织和体液等；低密度的有脂肪组织以及存在于呼吸道、胃肠道和鼻窦等处的气体。

当强度均匀的X线穿透厚度相等而密度不同的组织结构时，由于吸收程度不同，则会出现黑、白、灰亮度不同的影像。在荧光屏上亮的部分表示该部结构密度低，如空气、脂肪等，吸收X线量少，透过的多；黑影部分表示该部结构密度高，如骨骼、金属和钙化灶，对X线的吸收多，透过的量少。在X线片上透光强的部分代表物体密度高，透光弱的部分代表物体密度低，与荧光屏上的影像正好相反(图1-8)。

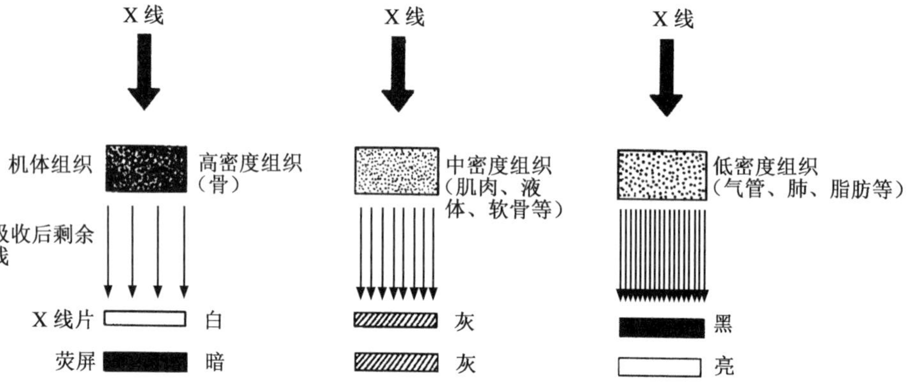

高密度组织对X线吸收多，到达X线胶片的剩余射线少，感光量小，银离子还原少，在X线胶片上为白影；低密度组织对X线的吸收少，到达X线胶片的剩余射线多，感光量大，银离子还原多，在X线片上为黑影；中等密度组织则介于中间

图1-8 组织类型与成像关系

病变可以使机体组织密度发生改变。如肺肿瘤病变可在低密度的肺组织中产生中等密度的改变，在胸片上，在肺的黑色背景上出现代表病变的灰影或灰白影。

机体组织结构和器官形态不同，厚度也不一样。厚的部分吸收X线多，透过的X线少，薄的部分则相反，于是在X线片上和荧光屏上显示出黑白对比和明暗差异的影像。所以X线成像与组织结构和器官厚度也有关。

(二)X线影像特点

X线影像是由黑影、白影和不同灰度的灰影所组成，这些不同灰度的影像可以用密度这一名词进行描述。例如，用高密度、中等密度和低密度分别表示白影、灰影和黑影。由它们构成机体组织和器官的影像。由于机体存在天然对比或应用人工对比，X线图像可以很好地反映机体的组织器官的状态，并在良好的解剖背景上显示出病变。这是应用X线进行诊断的基础。但是X线图像是X线穿透某一部位，在这一部位存在不同密度、不同厚度的各种组织结构，这些结构形成的X线影像是互相重叠的二维图像，其中一些影像被掩盖。另外，X线影像在成像过程中由于几何学的关系，产生放大效果，影像比实际物体要大。由于投照方向的关系，可使器官发生形态失真。

九、X 线诊断原则与分析

X 线诊断是重要的临床诊断方法之一。X 线诊断是以 X 线检查所发现的阴影为主要依据，结合解剖、生理、病理和临床资料，进行综合分析和研究，得出结论的过程。诊断的准确性在相当程度上与观察者的思维方法正确与否有关。为了做到正确诊断，在诊断过程中应遵循一定的诊断原则和步骤。

诊断以 X 线图像为基础，因此，需要对 X 线影像进行认真、细致的观察，分辨正常与异常，并恰当地解释影像所反映的病理变化，综合所见，以推断它的性质，然后需与临床资料以及其他临床检查结果进行对照分析，这样才有可能得到比较正确的 X 线诊断。

在进行 X 线诊断时应注意的几点：

(1)首先对 X 线片的整体质量进行评价。在观察分析 X 线片时，首先应对 X 线片的质量进行评价，包括投照条件是否准确，摆位是否正确及特殊体位的摆放，X 线片上是否有伪影，以免影响诊断。

(2)全面观察。按一定顺序进行系统的观察，既要仔细地观察病变局部，也不要忽略其他部位；既要注意主要病变，也不要忽略次要的或续发的病变；既要注意解剖形态上的改变，也不能忽略功能方面的变化。观察胸片时应包括胸廓、肺脏、心脏、大血管及胸段食道；观察肺脏时应按顺序分别观察每一个三角区。对于骨骼的观察应包括骨皮质、骨松质、骨髓腔和骨膜。在进行初步观察的基础上，在根据临床检查所见，着重于某一局部仔细观察。

(3)掌握正常解剖和了解可能的变异。熟悉正常的 X 线解剖，并注意因动物种类、品种不同而出现的解剖变异。同时应注意区分正常与异常影像。

(4)具体分析。运用所掌握的解剖、生理、病理及 X 线诊断的知识，对所观察到的 X 线征象进行具体分析。观察异常 X 线表现，认识影像的病理学基础。对于异常 X 线影像，应注意观察它的部位和分布、数量多少、形状、大小、边缘是否锐利、密度是否均匀。注意器官的功能变化，相邻器官组织的形态变化。

(5)结合临床资料和其他检验方法所得结果做出正确的 X 线诊断。临床资料中动物的年龄、性别品种，对确定 X 线诊断具有重要意义。

(6)X 线诊断是一种重要的辅助诊断方法，但也有一些不足之处。如一些疾病的早期或很小的病变，利用 X 线可能检查不出，以至不能做出诊断，需辅助其他方法加以弥补。

十、X 线检查中的防护

X 线穿透机体会产生一定的生物效应。如果使用的 X 线量过多，超过允许剂量，就可能产生放射反应，严重时会造成不同程度的放射损害。但是，如果 X 线的使用剂量在允许范围内，并进行适当的防护，一般影响很小。

（一）主要作用于工作人员的射线

在进行 X 线检查时，作用于工作人员的 X 线可来自以下几个方面。

1. 原射线。由 X 线窗口射出的射线，辐射强度很大。因此，对于原射线的防护是兽医放射安全的主要目标。

2. 漏出射线。原射线应从 X 线管窗口发出，但如果 X 线管封套不合格，原射线也会穿过封套而成为漏出射线。

3.散射线。当原射线照射到动物机体、物体、用具或建筑物上后会激发产生次级射线，这种射线称为散射线。散射线的能量随原射线能量变化而增减。在距离原射线照射目标 1 m 远处散射线的强度约为原射线照射强度的 0.001，并随着距离的增加而递减。

（二）辐射伤害的反应

1.早发反应。当机体受到大剂量的辐射以后，在几天到几个星期内出现的伤害称为辐射的早发反应。辐射使细胞内有生命的分子被电离而引起机体近期内出现病理变化，伤害的严重程度因照射剂量、照射方式和照射部位而不同。轻者出现红斑，严重者可在数天内死亡。人若一次全身遭受 600 rad 剂量的照射，必致死亡。局部照射比全身照射引起的后果要轻得多，如动物肿瘤局部能接受 500 rad 的照射，每周 3 次，4 周照射总量可达 6 000 rad。局部的肿瘤组织被抑制甚至死亡，全身也出现反应，但并不影响动物的生命。

身体不同部位对 X 线的敏感程度差异很大，生殖器官、眼的晶体、造血组织和胃肠道非常敏感，四肢组织的敏感性则低得多。此外，不同种属的动物对辐射的敏感程度差异也很大。

最严重的早发反应是造成急性死亡，但这种情况在医学 X 线应用中是绝对不会发生的；第二种情况是发生局部组织损伤，当身体的某一局部组织受到较大的辐射剂量照射时，该组织会发生细胞死亡、组织或器官皱缩、萎缩，并丧失正常的组织或器官的功能。但这局部遭受的伤害，经过一段时间后有一些是可以康复的。

2.迟发反应。迟发反应是机体在较长时间内受到低剂量的电离辐射作用引起的一种远期效应，常在照射后数月到数年发生。迟发反应主要表现在对局部组织的伤害、致癌和对寿命的影响。

皮肤出现迟发反应的总照射剂量要大于 500～1 000 rad，在照射后数年出现皮肤粗糙、皲裂、角化过度，甚至在皮肤上出现长期不愈合的溃疡。眼晶体是对电离辐射比较敏感的组织，其辐射损伤主要表现为晶体混浊，形成白内障。辐射所致的另一个主要迟发效应是致癌，调查资料表明白血病发病率与受照射的剂量成正比，在受照射群体中，除白血病外，甲状腺癌、乳腺癌、肺癌、骨肉瘤和皮肤癌等的发病率也明显增高。

3.辐射遗传效应。辐射遗传效应的结果是流产、胎儿先天畸形、不发育或死亡及发生某些遗传性疾病。这是由于电离辐射损伤了受照者生殖细胞的遗传物质造成的。

（三）X 线检查中的防护措施

在进行 X 线检查时，工作人员应采取的防护措施包括：

（1）工作之中除操作人员和辅助人员外，闲杂人员不得在工作现场停留，特别是孕妇和儿童。检查室门外应设警示标示。

（2）在符合检查要求的情况下，可对动物进行镇静或麻醉，利用各种保定辅助器材进行摆位保定，尽量减少人工保定。

（3）参加保定和操作人员尽量远离机头和原射线以减弱射线的影响。

（4）参加 X 线检查的工作人员应穿戴防护用具如铅围裙、铅手套，透视时还应戴铅眼镜。利用检查室内的活动屏风遮挡散射线。

（5）为减少 X 射线的用量，应尽量使用高速增感屏、高速感光胶片和高千伏摄影技术。正确应用投照技术条件表，提高投照成功率，减少重复拍摄。

（6）在满足投照要求的前提下，尽量缩小照射范围，并充分利用遮线器。

第三节　超声成像(USG)

超声成像(ultrasonography，USG)技术是一种无组织损伤、无放射危害的临床诊断方法，是兽医影像技术的主要内容之一。自 Lindahl 等(1966)将超声检查(D 型)用于绵羊的妊娠诊断之后，A 型、D 型、M 型和 B 型超声诊断仪相继在兽医领域中得到了广泛的应用。

我国兽医超声诊断始于 20 世纪 70 年代末，且主要借鉴人医的经验。A 型和 D 型超声是当时使用的最主要类型，主要用于妊娠检查、猪背膘测定及羊脑包虫的诊断。20 世纪 80 年代早期，B 型和 M 型超声开始应用于兽医临床，如开展了人工牛黄的探测、水牛超声心动图的研究等。之后，我国兽医超声诊断学在疾病诊断、妊娠检查、背膘测定等领域取得了可喜的进展。

一、超声成像的基本原理

正确使用超声成像技术应具备良好的超声物理基础、兽医解剖生理及病理知识和较长时间的临床实践技能，任何指望通过短时间的技术训练和阅读他人的声像图来达到学习目标的愿望都是不现实的。

(一)兽医超声诊断的概念及类型

兽医超声诊断(veterinary ultrasonic diagnosis)是利用超声原理研究诊断动物疾病的理论和方法及其在畜牧生产实际中应用的一门学科。其主要内容包括超声的物理特性、应用原理、仪器构造、探测技术及其在兽医临床和畜牧生产实践中的应用。兽医超声诊断主要应用于动物疾病诊断，超声介导的诊断和治疗、动物妊娠诊断、动物背膘厚度和眼肌面积的测定等。

根据超声回声显示方式的不同，人们把兽医超声诊断分为 A 型、B 型、D 型和 M 型四类，这也是超声诊断最主要的分类方法。

1. A 型(amplitude mode)超声诊断法。又称超声示波诊断法或幅度调制型超声诊断法，简称 A 型(A-mode)超声或 A 超。A 型超声诊断法是将超声回声信号以波的形式显示出来，纵坐标表示波幅的高度即回声(echo)的强度，横坐标表示回声的往返时间即超声所探测的距离或深度(图 1-9)；有些 A 型超声诊断仪将超声所探测的深度以液晶数字显示出来(如 A 型超声测膘仪)。

A 型超声诊断法现主要用于动物背膘的测定、妊娠检查(A 型警报型)某些疾病诊断(如脑包虫病等)。

2. B 型(brightness mode)超声诊断法。又称超声断层显像法(ultrasonoto-mography)或辉度调制型超声诊断法，简称 B 型(B-mode)超声或 B 超。B 型超声诊断法是将回声信号以光点明暗，即灰阶(gray scale)的形式显示出来。光点的强弱反映回声界面反射和衰减超声的强弱。这些光点、光线和光面构成了被探测部位二维断层图像(dimension tomography)或切面图像，这种图像称为声像图(sonography)，见图片 1-1。

B 型超声广泛地应用于动物各组织器官的疾病的诊断，如心血管系统疾病、肝胆疾病、肾及膀胱疾病、生殖系统疾病、脾脏病变、眼科疾病、内分泌腺病变及其他软组织病变的诊断，也广泛地应用于动物妊娠检查、背膘和眼肌面积的测定。

3. M 型(motion type)超声诊断法：又称超声光点扫描法，亦属辉度调制式，只是在声像图上加入了慢扫描锯齿波，使回声信号从左向右自行移动扫描。纵坐标为扫描时间(即超声传播

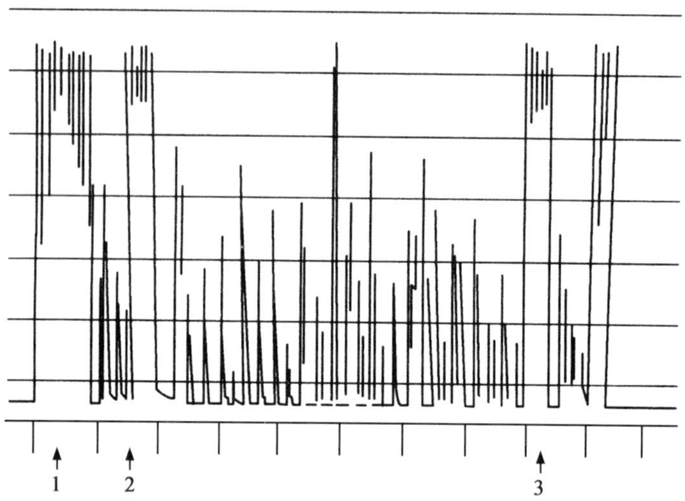

图 1-9 A 型超声示波图

时间），横坐标为光点慢扫描时间。当探头固定在一点扫描时，从光点移动可观察被扫描物体的深度及其活动状况，显示时间位置曲线图，如 M 型超声心动图（图片 1-2）。

M 型超声主要应用于心血管系统的检查，可以动态地了解心血管系统形态结构和功能状况，并获取相应的心血管生理或病理的技术指标。

4. D 型（Doppler mode）超声诊断法：即多普勒（Doppler）法，简称 D 型（D-mode），是应用多普勒效应（doppler effect）原理设计的。当探头与反射界面之间有相对运动时，反射信号的频率发生改变，即多普勒频移，用检波器将此频移检出，加工处理，即可获得多普勒信号音。D 型超声诊断法主要用于检测体内运动器官的活动，如心血管活动、胎动及胃肠蠕动等，多适用于妊娠诊断等。

D 型超声的主要优点是机械结构简单、体积小、携带方便（如耳机式）。由于 D 型超声是以不同的信号音来反映动物某一组织器官的机能状态的，因而，正确分辨这些音响的强度、性质、节律、频率等是科学使用这一类型仪器的关键。此外，由于产生某一特性音响的原因是非特异性的，所以，仔细甄别可能的原因是准确诊断的要领。

5. 多普勒彩色流体声像图（Doppler color flow）：最新相控阵多普勒能用色彩记录体液，如血液流速，并且在监视屏上以彩色二维灰阶声像图的形式表现出来。例如，黄色、橘黄色和红色表示液体向探头方向流动，黄白色代表流动速度很快。液体的流向远离探头时表现为蓝色或绿色，高流速的液体表现为绿白色。多普勒彩色流体声像图可以在广泛的组织区域内获得体液平均流速。

（二）兽医超声诊断的物理基础

超声（ultrasound），即超声波的简称，是指振动频率在 20 000 Hz 以上，超过人耳听阈的声音。人耳能听见的声波称可听声或声波，其振动频率在 20～20 000 Hz，低于 20 Hz 的声波称次声波或次声。用于兽医超声诊断的超声波是连续波（如 D 型）或脉冲波（如 A 型、B 型和 M 型），其频率多在 2.0～10 MHz。

1. 超声波的发生和接收。物体振动可产生声波，振动频率超过 20 000 Hz 时可产生超声波。能振动产生声音的物体称声源，能传播声音的物体称介质。在外力作用下能发生形态和体积变化的物体称为弹性介质，振动在弹性介质内传播称波动或波（wave）。超声和声波都是振动在弹性介质中的传播，是一种机械压力波。

超声的发生和接收是根据压电效应（piezoelectric effect）的原理，由超声诊断仪的换能器（transducer）——探头（probe）来完成。1880 年，法国物理学家居里兄弟发现了压电效应，故压电效应又称居里效应。压电效应可简单解释为机械压力和电能通过超声波的介导而相互发生能量转换。压电效应的发生必须借助具有良好压电性质的晶体物质，即压电晶片（piezoelectric wafer 或 piezoelectric crystals），如石英、钛酸钡、锆钛酸铅、硫酸锂等，最常见的是锆钛酸铅。

（1）超声波的发生。超声波的发生是通过超声诊断仪中的换能器产生的。压电晶片置于换能器中，由主机发生变频交变电场，并使电场方向与压电晶体电轴方向一致，压电晶体就会在交变电场中沿一定方向发生强烈的拉伸和压缩，即机械振动（电振荡所产生的效果），于是就产生了超声。在这一过程中，电能通过电振荡转变为机械能，继而转变为声能，因此，把这一过程称为负压电效应。如果交变电场频率大于 20 000 Hz 所产生的声波即为超声波。

（2）超声波的接收。超声在介质中传播，遇到声阻抗相差较大的界面时即发生强烈反射。反射波被超声探头接收后，就会作用于探头内的压电晶片。

超声波是一种机械波，超声波作用于换能器中的压电晶片，使压电晶片发生压缩和拉伸，于是改变了压电晶片两端表面电荷（异名电荷），即声能转变为电能，超声转变为电信号，这就是正压电效应。主机将这种高频变化的微弱电信号进行处理、放大，以波形、光点、声音等形式表示出来，产生影像（image）、波形或声响。

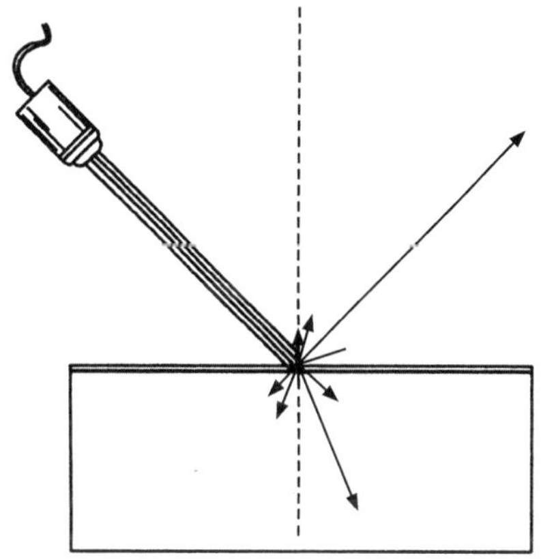
图 1-10　声波的反射、折射、透射、散射

2. 超声的传播和衰减。同其他物理波一样，超声波在介质中传播时亦发生透射、反射、绕射、散射、干涉及衰减等现象（图 1-10）。

（1）透射。超声穿过某一介质或通过两种介质的界面而进入第二种介质内称为超声的透射（transmission）。除介质外，决定超声透射能力的主要因素是超声的频率和波长。超声频率越大，其透射能力（穿透力）越弱，探测的深度越浅；超声频率越小，波长越长，其穿透力越强，探测的深度越深。因此，临床上进行超声探查时，应根据探测组织器官的深度及所需的图像分辨力选择不同频率的探头。

（2）反射与折射。超声在传播过程中，如遇到两种不同声阻抗（acoustic impedance）物体所构成的声学界面时，一部分超声波会返回到前一种介质中，称作反射（reflection）；另一部分超声波在进入第二种介质时发生传播方向的改变，即折射（refraction）。

超声波反射的强弱主要取决于形成声学界面的两种介质的声阻抗差值，声阻抗差值越大，反射强度越大，反之则小。两种介质的声阻抗差值只需达到 0.1%，即两种物质的密度差值只要达到 0.1%，超声就可在其界面上形成反射，反射回来的超声称回声（echo）。反射强度通常以反射系数表示：

反射系数＝反射的超声能量/入射的超声能量

空气的声阻抗值为 0.000 428，软组织的声阻抗值为 1.5，二者声阻抗值相差约 4 000 倍，故其界面反射能力特别强。临床上在进行超声探测时，探头与动物体表之间一定不要留有空隙，以防声能在动物体表大量反射而没有足够的声能达到被探测的部位。这就是超声探测时必须使用耦合剂（coupling medium）的原因。超声诊断的基本依据就是被探测部位回声状况。

(3)绕射。超声遇到小于其波长 1/2 的物体时，会绕过障碍物的边缘继续向前传播，称绕射或衍射（diffraction）。实际上，当障碍物与超声的波长相等时，超声即可发生绕射，只是不很明显。根据超声绕射规律，在临床检查时，应根据被探查目标的大小选择适当频率的探头，使超声波的波长比探查目标小得多，以便超声波在探查目标时不发生绕射，把比较小的病灶也检查出来，提高分辨力和显现力。

(4)散射与衰减。超声在传播过程中除了透射、反射、折射和衍射外，还会发生散射（scatter）。散射是超声遇到物体或界面时沿不规则方向反射（非 90°）或折射（非声阻抗差异所造成的）。超声在介质内传播时，会随着传播距离的增加而减弱，这种现象称为超声衰减（attenuation）。引起超声衰减的原因是：第一，超声束在不同声阻抗界面上发生的反射、折射及散射等，使主声束方向上的声能减弱。第二，超声在传播介质中，由于介质的黏滞性（内摩擦力）、导热系数和温度等的影响，使部分声能被吸收，从而使声能降低。

声能的衰减与超声频率和传播距离有关。超声频率越高或传播距离越远，声能的衰减，特别是声能的吸收衰减越大；反之，声能衰减越小。动物体内血液对声能的吸收最小，其次是肌肉组织、纤维组织、软骨和骨骼。

(5)多普勒效应。Christian Doppler 发现，声源与反射物体之间出现相对运动时，反射物体所接收到的频率与声源所发出的频率不一致。当声源向着反射物体运动时，声音频率升高，反之降低，此种频率发生改变（频移）的现象称为多普勒效应（Doppler effect）。

频移的大小取决于声源与反射物体间的相对运动速度。速度越大，频移越大，反射物体所接收的声音频率增高的越多，声响越强；声源与反射物体反向运动时，反射物体所接收的声音频率比声源发射的频率要小，故反射物体所接受的声音比实际音响要小。

D 型超声诊断仪就是利用超声的多普勒效应把超声频移转变为不同的声响以检查动物体内活动的组织器官，包括妊娠检查。

(6)方向性。超声波与一般声波不同，由于其频率极高，波长又短，远远小于换能器的直径，在传播时集中于一个方向，类似平面波，声场分布呈狭窄的圆柱状，声场宽度与换能器的压电晶片大小相接近，因而有明显的方向性（orientation），故而又称为超声的束射性。

3. 超声的分辨性能。

(1)超声的显现力。超声的显现力（discoverable ability）是指超声能检测出物体大小的能力。能被检出物体的直径大小常作为超声显现力的大小。能被检出的最小物体直径越大，显现力越小；能被检出的物体直径越小，显现力越大。从理论上讲，超声的最大显现力是波长的一半，如 5.0 MHz 的超声波长为 3.0 mm，其显现力为 1.5 mm。实际上，病灶要比超声波波长大数倍时才能发生明显的反射，故超声频率越高，波长越短，其显现力也越高，但穿透能力会降低，如表 1-7 所示。

表 1-7　不同频率超声与显现力的关系

频率/MHz	2.25	2.5	5.0	7.0	10
显现力/mm	3.35	3.0	1.5	1.05	0.75

(2)超声的分辨力。超声的分辨力(resolution of ultrasound)是超声能够区分两个物体间的最小距离。根据方向不同,将分辨力分为横向分辨力(lateral resolu-tion)和纵向分辨力(depth resolution)。

①横向分辨力。横向分辨力是指超声能分辨与声束相垂直的界面上两物体(或病灶)间的最小距离,以毫米计。

决定超声横向分辨力的因素是声束直径,声束直径小于两点间的距离时,就能区分这两个点。声束直径大于两点间的距离时,两个点在屏幕上就会变为一个点。

决定声束直径的主要因素是探头中的压电晶片界面的大小和超声发射的距离。压电晶片发射出的超声以近圆柱体的形式向前传递,这被称为超声波的束射性。随着传播距离的加大,声束直径会因为声束的发散而加大.但近探头处声束直径略同于压电晶片的直径。如用聚焦探头,超声发出后,声束直径会逐渐变小,在焦点处变得最小,随后又增大。高频超声可以增加近场。因而,为提高横向分辨力,可使用高频聚焦探头。

②纵向分辨力。纵向分辨力是指声束能够分辨位于超声轴线上两物体(或病灶)间的最小距离。决定纵向分辨力的因素是超声的脉冲宽度,脉冲宽度越小,分辨力越高;脉冲宽度越大,分辨力越低。超声的纵向分辨力约为脉冲宽度的 ·半。

脉冲宽度是超声在一个脉冲时间内所传播的距离,即脉冲宽度=脉冲时间×超声速度。超声在动物体组织内的传播速度约为 1.5×10^6 mm/s=1.5 mm/μs,假设三种频率探头脉冲持续时间分别为 1 μs、3.5 μs、5 μs,其脉冲宽度则分别为 1.5 mm、5.25 mm、7.5 mm,故其纵向分辨率分别为 0.75 mm、2.625 mm、3.75 mm。决定脉冲时间的一个因素是超声频率,频率越高,脉冲时间越短,脉冲宽度越小,超声的纵向分辨力越大;反之,则越小。

(3)超声的穿透力。超声频率越高,其显现力和分辨力越强,显示的组织结构或病理结构越清晰;但频率越高,其衰减也越显著,透入的深度就会大为下降。即频率越高,穿透力越低;频率越低,穿透力越高。

脉冲宽度不仅决定纵向分辨力,也决定了超声能检测的最小深度。脉冲从某一组织或病灶反射后被换能器所接收,超声这一往返时间等于二倍的深度除以超声速度,即脉冲往返时间=2×深度÷声速。探测的组织或病灶与探头的距离应大于 1/2 脉冲宽度,才能被检出,小于 1/2 脉冲宽度的近场称为盲区。实际上,盲区深度比脉冲宽度的 1/2 要大数倍。盲区内的组织或病灶不能被检出。解决这一问题的主要方法有加大探头的频率或在体表与探头之间增加垫块。

二、兽医超声诊断仪

兽医超声诊断仪的种类很多,不论什么样的超声诊断仪都是由探头、主机、信号显示、编辑及记录系统组成。

(一)探头

探头(scanhead)是用来发射和接收超声,进行电声信号转换的部件,故又称作换能器

(transducer)。它与超声诊断仪的灵敏度、分辨力等密切相关,是超声诊断仪的最重要部件。探头的主要功能是通过压电晶体产生压电效应,发射和接收超声。

1. 探头的基本构造。以单晶探头(单探头)为例,其结构如图 1-11 所示。

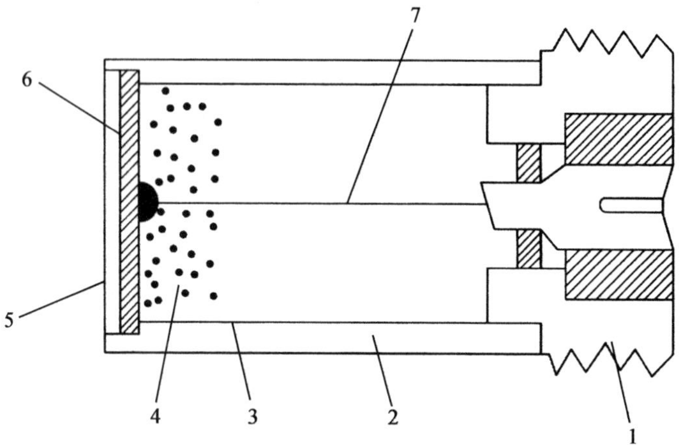

1. 接触座;2. 外套;3. 地线;4. 背衬;5. 保护膜;6. 压电晶片;7. 引线

图 1-11 单晶探头

(1)压电晶片。置于探头前端,双面有导电的银镀膜。

(2)背衬。探头内室填充的吸收块,可减少干扰、吸收杂波。

(3)外套。有机玻璃制成的外壳,其侧面涂有环氧树脂保护膜(厚度约为 $\lambda/2$),作为探头的保护支架。

(4)压电晶体片电极导线。银丝制成,输出高频振荡脉冲,输入回声信号。

(5)接触座。与电缆接头的螺纹相接触,并与仪器的地线相连。

(6)插孔。与电缆接头的插针密合,高频振荡脉冲与回波信号均由此通过。

2. 探头的作用。

(1)换能。产生和发送超声,接收超声并转变为电信号。

(2)定向、集束和聚焦。根据探头发射面的形状不同,超声发出的方向也不同。平面单探头超声发射方向即为探头的法线指向,凸面探头超声向扇形方向发出,凹面探头超声发射方向向焦点发出,成为聚焦探头。通过改变探头发射面形状可以改变(减少或扩大)超声扩散角,从而获得满意的集束和聚焦。

(3)定额。探头的工作效果高低与超声发射脉冲的激励电压频率及压电晶片的固有谐振频率有很大关系。激励频率与压电晶片固有谐振频率一致时,引起压电晶片发生共振,产生最大声能。压电晶片越厚,其固有谐振频率越低,发出超声的频率也越低。因而,超声探头频率是由压电晶片厚度决定的。

3. 探头的类型。目前广泛使用的探头多为脉冲式多晶探头,通过电子脉冲激发多个压电晶片发射超声。电子线阵探头(linear-array scanner)和电子相控阵扇扫探头(phased-array sector scanner)是最常用的探头类型。电子线阵探头是一种线阵(linear)探头,由 64～256 片压电晶片组成,发射的声束为矩形;电子相控阵探头是一种扇扫(sector)探头,多由 32 个压电晶片组成,发射的声束为扇形。此外,老式超声机还在使用机械扇扫探头(mechanical sector scanner)(图 1-12)。

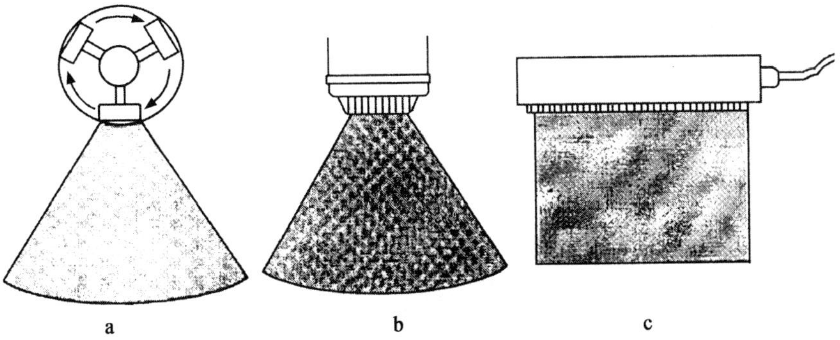

a. 机械扇扫探头;b. 电子相控阵扇扫探头;c. 电子线阵探头

图 1-12　实时超声探头类型

多普勒探头比较特别,它是由两个压电晶片组成的。两个压电晶片相互靠近,隔离放置,分别发送超声和接收回声。这类探头的主要特点是收、发晶片谐振频率相同,面积相等;收、发功能分开,收、发间有严格的声隔离措施,以减少收、发之间产生声耦合。

4. 探头的选择。超声探查过程中的探头选择实际上是指探头类型和频率的选择。一般来说,不论是多晶探头还是单晶探头,一个探头只能发射一种频率的超声波。探头的这一特性是由其特定的压电晶片的特性所决定的。探查者想要改变探查频率就必须改换探头。

有些多晶探头能发射多种频率的超声波,但其中的每一个压电晶片只能发射一种频率。这类探头对早期静止结构显现力较差,但可在不变换探头的情况下对某一病变进行多层面显示,提高图像分辨力。选择或改变其频率时,先用高频,再转换成低频。

选择探头频率主要依赖于临床实践经验,初学者可依照以下数据选择:小型动物(小于 10 kg)和猫用 7.5 MHz 或 10.0 MHz 探头,中型犬用 5.0 MHz 探头,大型犬 3.0 MHz 或更低频率的探头;转换探头还应该参照探查目标的深度选择频率。探测浅表部位的组织或病灶时,应尽可能选用高频探头,探测较深部位的组织或病灶时应在保证探测深度的情况下尽可能选用高频探头。当分辨率和探测深度都达到要求时,探头的选择就合适了。

其他影响超声图像分辨力的因素有超声脉冲宽度、声束直径以及监视屏解像度。检查者不能改变这些参数。

(二)主机

超声诊断仪的主体结构主要为电路系统组成。电路系统主要包括主控电路(触发电路或称为同步信号发生器)、高频发射电路、高频信号放大电路、视频信号放大器和扫描发生器等组成。

超声回声信号经处理后,以声音、波形或图像等形式显示出来。

回声经换能器转化为高频电信号,再通过高频信号放大电路放大。放大的电信号再经视频信号放大器放大处理,然后加到显示器的 Y 轴偏转板产生轨迹的垂直偏移(A 型)或加至显示器的阴极进行亮度调制(B 型和 M 型)。最后,扫描发生器使电子束按一定规律扫描,在显示器上显示曲线的轨迹或切面图像。通常把视频放大器和扫描发生器合称为显示电路。

超声主机面板上常显示有可供选择的技术参数,如输出强度、增益、延时、深度、冻结等。

1. 电源及输出强度控制。电源控制主要用于控制作用于压电晶片的脉冲电压。脉冲峰电压越高，压电晶片振动的幅度(强度)越大，回声强度也越大。电压应尽可能设低以便获得最佳分辨率，防止伪影。实际上，我们应该选择恰当的频率，保障穿透深度，同时使用图像增益或时间增益补偿使得回声振幅最大，避免过高的脉冲电压。

2. 增益、抑制、时间增益补偿。

(1)增益与抑制。增益与抑制(gain and reject)影响回声振幅。有些超声扫描仪具有总体增益控制，不管回声深度如何，它都能使回声振幅一致。抑制控制能消除不同深度界面的弱回声，这些弱回声对成像没有明显的作用。如果把抑制逐渐加大，其抑制的回声强度也逐渐加大；如果抑制太大，对成像有意义的回声就会丢失，一些组织器官的实质回声图像就丢失了。

(2)时间增益补偿。由于超声的衰竭，来源于深层的回声总比来源于浅表的回声弱。回声时间长短与反射界面深度直接相关，通过回声时间的延长，就可以选择性地补偿来源于深层面的弱回声，这一过程称为时间增益补偿(time-gain compen-sation，TGC)。

TGC 主要由近场增益(near gain)、斜向增益始点(slope delay)、斜向(ramp)和远场增益(far gain)组成。近场增益只能控制 1 cm 左右深度的垂直区域，其深度可以调节。近场增益有时候也用来抑制近场表面强回声。斜向增益始点是指近场增益终了、斜向增益开始的部位，可以设定在任何深度部位。从这一点开始，TGC 将使得弱回声信号增强。斜向增益由一条增益斜线表示，有斜率。斜向增益控制根据斜率的变化从浅到深逐渐提高增益。斜向增益通过校正，在监视屏上从上到下形成一致的图像灰度。远场增益控制在斜向增益控制的远端通过选择固定增益而发挥作用。以上这些独特的控制是获得高质量图像的基础。

此外还有透射频率调节(使机械透射频率与探头频率一致)、亮度调节和对比度调节等。

(三)显示及记录系统

显示系统主要由显示器、显示电路(或可听声)和有关电源组成。B 型、M 型回声信号以图像形式表示出来，A 型主要以波形表现出来，而 D 型则以可听声表现出来。

超声信号可以通过记录器记录并存储下来。D 型可以录音或图像存储(彩超多普勒)；A 型可以拍照；B 型和 M 型可以通过图像存储、打印、录像、拍照等保存，并可进行测量、编辑等。

随着电子技术的发展，许多现代超声诊断仪都采用了数字化技术，具有自控、预置、测量、图像编辑和自动识别等功能。如 Aloka SSD-1400 型数字化超声诊断仪等，具有电脑声束成像、连续的动态频率扫描、宽频带(RSP)探头、智能 B 模式增益控制(ABC)、图像处理选择(IPS)、广泛的多普勒图像和数字化图像管理辅助系统(DMS)等功能。

(四)超声诊断仪的使用和维修

1. 超声诊断仪的性能要求。功能状态良好的超声诊断仪性能必须稳定且符合以下要求：

(1)电源性能稳定。外接电源电压上下波动 10%对仪器灵敏度几乎无影响，持续工作 3～4 h 时仪器性能无改变。

(2)辉度和聚焦良好。在室内日常光照条件下，A 型超声诊断仪波形清晰，B 型超声诊断仪光点明亮。

(3)A 型超声诊断仪始波饱和且较窄，B 型超声诊断仪盲区较小、扫描线性较好，M 型超声扫描光点分布均匀且连续性好。

(4)A 型超声诊断仪对信号的放大能力均匀，波级清楚，B 型超声诊断仪对强弱信号的放大能力一致，灰界明显。

(5)时标距离和扫描深度应准确且符合其机械和电子性能。

(6)仪器的配套设施和各个配备探头与主机应保持一致性。

(7)M型超声诊断仪的超声心动图(UCG)、心电图(ECG)和心音图(PCG)等多种显示的同步性强。

(8)D型超声诊断仪电器性能稳定，灵敏度正常，信号失真度小，结构简单且牢固。

2. 操作方法。超声诊断仪的操作主要包括：

(1)电压必须稳定在190～240 V之间。

(2)选用合适的探头。

(3)打开电源，选择超声类型。

(4)调节辉度及聚焦。

(5)动物保定，剪(剔)毛，涂耦合剂(包括探头发射面)。

(6)扫查。

(7)调节辉度、对比度、灵敏度视窗深度及其他技术参数，获得最佳声像图。

(8)冻结、存储、编辑、打印。

(9)关机、断电源。

3. 仪器的维护。

(1)仪器应放置平稳、防潮、防尘、防震。

(2)仪器持续使用2 h后应休息15 min，一般不应持续使用4 h以上，夏天应有适当的降温措施。

(3)开机前和关机前，仪器各操纵键应复位。

(4)导线不应折曲、损伤。

(5)探头应轻拿轻放，切不可撞击；探头使用后应揩拭干净，切不可与腐蚀剂或热源接触。

(6)经常开机，防止仪器因长时间不使用而出现内部短路、击穿以至烧毁。

(7)不可反复开关电源(间隔时间应在5 s以上)。

(8)配件连接或断开前必须关闭电源。

(9)仪器出现故障时应请人排查和修理。

三、声像图、波形

超声反射信号经超声诊断仪处理后以人可以感知的图像、波形、声音乃至色彩显示出来。正确认识这些信息是进行超声检查的重要基础，涉及多普勒信号音详见妊娠诊断部分。

(一)声像图

B型、M型和D型超声的回声在监视屏上以光点的形式表现出来，从而组成声像图(sonography)。声像图上的光点状态是超声诊断的重要或唯一依据。

1. 回声强度。回声强度(echo intensity)是指声像图中光点的亮度或辉度(brightness)。回声强度是由回声振幅(echo amplitude)的高低决定的，回声振幅越高，辉度越高，反之则低。回声强度可用灰阶(gray scale)衡量。与正常组织相比较，把回声强度分为以下四种：

(1)弱回声或低回声。指光点辉度低，有衰竭现象。

(2)中等回声或等回声。指光点辉度等于正常组织的回声强度(辉度)。

(3)较强回声或回声增强(echo enhancement)。指辉度高于正常组织器官的回声强度(辉度)。

(4)强回声或高回声。明亮的回声光点,伴有声影或二次、多次回声。

2.回声次数。回声次数是指回声量。

(1)无回声。即在正常灵敏度条件下无回声光点的现象,无回声区域又称作暗区。根据产生无回声的原因,把暗区分为以下三种:①液性暗区:超声不在液体中反射,加大灵敏度后暗区内仍不出现光点;如为浑浊的液体,加大灵敏度后出现少量光点。四壁光滑的液性病灶多出现二次回声且周边光滑、完整。②衰减暗区:由于声能在组织器官内被吸收而出现的暗区称为衰减暗区,加大灵敏度后可出现少数较暗的光点;严重衰减时,即使加大灵敏度也不会出现光点。③实质性暗区:均一的组织器官内因没有足够大的声学界面而无回声,出现实质性暗区;如加大灵敏度,则出现不等量的回声且分布均匀。

(2)稀疏回声。光点稀少且小,间距在 1.0 mm 以上。

(3)较密回声。光点较多,间距 0.5～1.0 mm 之间。

(4)密集回声。光点密集且明亮,间距 0.5 mm 以下。

3.回声形态。回声形态指声像图上光点形状。常见的有以下几种:

(1)光点。细而圆的点状回声。

(2)光斑。稍大的点状回声。

(3)光团。回声光点以团块状出现。

(4)光片。回声呈片状。

(5)光条。回声呈细而长的条带状。

(6)光带。回声为较宽的条带状。

(7)光环。回声呈环状,光环中间较暗或为暗区,如胎儿头部回声。有些器官或病灶内部出现回声称为内部回声。光环是周边回声的表现。

(8)光晕。光团周围形成暗区,如癌症结节周边回声。

(9)网状。多个环状回声聚集在一起构成筛状网,如脑包虫回声。

(10)云雾状。多见于声学造影。

(11)声影(acoustic shadow)。由于声能在声学界面衰竭、反射、折射等而丧失声能不能达到的区域(暗区),即特强回声下方的无回声区。有些脏器或肿块底边无回声,称底边缺如;如侧边无回声则称为侧边失落。

(12)声尾。或称蝌蚪尾,指液性暗区下方的强回声,如囊肿。在特强声学界面上,超声波在肺泡壁上反复反射,声能很快衰减,称为多次重复回声(3 次以上)。

(13)靶环征(target sign)。以强回声为中心形成圆环状低回声带,如肝脏病灶组织的回声。

(二)波形

A 型超声诊断仪在示波屏上显示反射波。根据波的意义将反射波分为始波、进波、内部反射波和出波。

根据波幅的高低将其分为微波(<0.5 cm)、小波(0.5～1.0 cm)、低波(1.0～2.0 cm)、中波(2.0～4.0 cm)、高波(4.0～6.0 cm)和饱和波(波峰达到最高点)。

根据波间距将其分为稀疏波(>0.5 cm)、较密波(≤0.5 cm)和密集波(5～9 cm,波段内波数在 11 个以上者，即一个波段内有好几条波且波间距较小）。

根据波的形态将其分为单波、复波、丛波和锯齿波。

（三）超声伪影的辨别

了解超声的物理学基本原理及识别超声伪影（imaging artifact）是正确诊断疾病的基础。伪影有无价值伪影和有价值伪影两类。无价值伪影主要由不正确使用仪器设备、不正确设定超声诊断仪的技术参数、不正确的扫查方法以及扫查前对动物及其扫查部位准备不当等所引起的，它影响图像质量、导致误诊误判。有价值伪影是在特定的技术条件下产生的，是超声与介质相互作用的结果，有益于影像诊断。这里只简单地讨论二维实时超声影像的常见伪影的物理学原理。

1. 多次回声。多次回声（reverberation）是指在超声传播，路径上出现两次或多次往返反射，这种往返反射发生在两个声阻抗值差异较大的平滑的声学大界面上，有时候也称为混响效应（reverberation effect）。第一个多次回声发生在皮肤与换能器之间，故又称为外部多次回声（external reverberation）；内部多次回声（internal reverberation）多发生在体内骨骼、气体之间。典型的内部多次回声发生于动物体浅表气肿，回声在气肿壁与换能器间多次往返反射，出现许多相同的伪影（图 1-13，图片 1-3）。

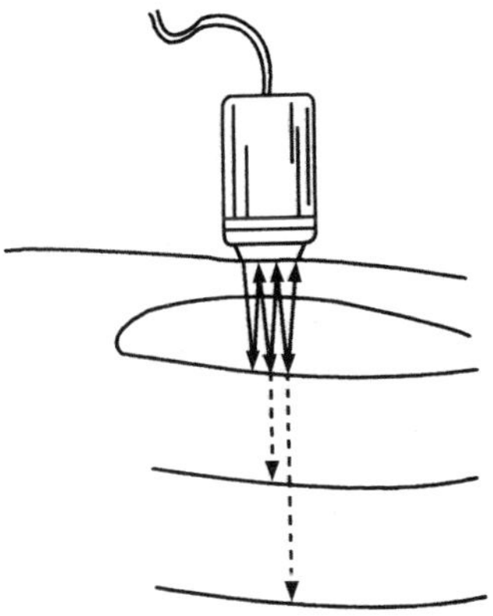

声束在换能器与气囊远端内壁间往返，产生多次重复回声，回声在远场逐渐减弱

图 1-13　多次回声原理示意图

如果在换能器与动物体表间留有含空气的间隙，超声就会在气泡与换能器间多次往返反射出现伪影，这就是典型的外部多次回声（图片 1-4）。多次回声的伪影表现为声像图上重复的影像，一次重复代表一次回声（反射），重复次数的多少取决于声束的声能和换能器的敏感性，声能越强、换能器敏感性越高，重复的伪影次数越多。

多次回声的差异主要取决于反射界面的大小、位置、性质和数量。彗星尾状伪影（又称蝌蚪尾或声尾）（comet-tail artifact）是由小的金属异物或者分散的气泡等形成的高回声界面所产生的，这种伪影因其有序的明亮的连续回声而较容易辨认。它是由超声的振铃效应（ringing effect）产生的，是多次回声的一种（图片 1-5）。

2. 镜像伪影。当声束遇到诸如膈肌-肺这样大的高回声声学界面时，镜像伪影就会产生。正常肝脏由于膈肌的镜像效应，就会在胸腔内形成“拟态”肝脏伪影，其位置在膈肌之前，声像图表现“类似于膈疝，肝实质实变”。

声束遇到膈肌-肺脏这样的弧形高回声声学界面时，声束在声学界面上反射进入肝脏，肝脏内的回声又从入射路径返回到换能器，超声机把这种回声当作是直线往返的。如果在超声往返路径上有多次回声现象时，回声就会延时，超声机在处理这些回声信息时就会认为这些回声来源于超声轴向更远的胸腔，错误的镜像伪影就产生了（图 1-14，图片 1-6）。

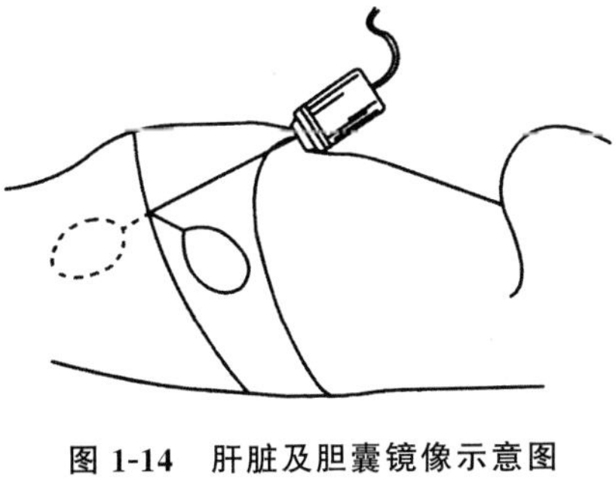

图 1-14　肝脏及胆囊镜像示意图

3. 侧叶伪影。与初始声束主方向不一致的少数声束遇到某一器官的高声学界面后，发生反射，一些弧状高回声由于反射也会产生这样的声束。这些非主声束方向上的回声又经原来的路径返回到换能器。换能器把主声束方向上的回声与这些回声一同转换成不同强度的实时电信号，再由主机转换成视频信号。虽然这些回声比主回声弱得多，但还是足够形成影像，且这种影像出现在主声束方向上，是一种虚拟影像，因而称之为侧叶伪影（side-lobe artifact）。侧叶伪影通过调节机器的技术设置，如调低增益、加大抑制等就可以消除。

4. 沉积伪影。沉积伪影（pseudo-sludge）是侧叶伪影的一种，这种伪影将膀胱、胆囊等的底边位移。这种伪影与 X 线 CT 的“部分体积效果”相似，当声束脉冲宽度大于囊壁时，回声在影像上就会错误地展现囊壁结构。区分底边伪影与真实的沉积影像的方法有：①实际底边往往平整，伪影底边则成弧形；②改变动物体位将会改变膀胱、胆囊相应部位底边的位置，不管底边位置如何改变，沉积伪影界面总是与入射声束轴向垂直的（图片 1-7）；③转换换能器角度也可以避开高反射结构的相应部位。

5. 重影。当入射声束遇到不同声阻抗值的组织时，声束就会发生折射。折射改变了声束方向，造成反射体图像位置的不精确表现，好比“影随身行”，因而被称为重影（organ duplication ，ghost artifact），又称二次成像（double-image artifact）。重影是盆腔检查常见的现象，直肠及其相邻的脂肪组织好比棱镜一样折射声束，导致二重成像。重影可以造成兽医临床上的误诊及测量错误。

三次成像与二次成像的物理学原理是一样的，在肥胖症病例的肾脏部位较易发生。肝脏、脾脏与其周围的脂肪组织易发生二次成像。折射还可以造成声影和影像增强。

6. 声影。声影（acoustic shadowing）是指高回声后的低回声或无回声区，它是由于声束在强回声界面上几乎完全反射后或被完全吸收后而导致的远场无回声或低回声。气体和骨骼易产生声影。例如，在气体与软组织界面上，由于多次反射或多次回声，99%的声束被反射，造成声影不洁（不一致）；在软组织与骨骼间的声学界面上，2/3 的声束被反射且剩下声束的绝大多数被吸收，不会出现多次反射，故其声影非常干净（全部黑化）。尿结石和胆结石以及钡剂可以产生与骨骼一样的声影（图片 1-8，图片 1-9）。

声影的清洁与不清洁是相对的，有时候，气体也可以产生清洁的声影而结石的声影不洁。产生声影的物质与声束焦点的相对大小、位置、换能器频率、结石的组成等是形成声影清洁程度的关键。结石应处在声束焦点前后，且至少应等于或大于声束直径才能产生明显的声影。

7. 侧边声影。声影有时候会出现在囊腔状结构两侧囊壁远场，这种声影称为侧边声影（edge-shadowing）。这是由于较低声速的声束通过囊腔内的液体后在液体-囊壁界面上发生折射所引起的。侧边声影常出现在膀胱、胆囊、肾脏等圆形囊腔状结构的边缘，甚至会出现在肾脏的髓质与肾盏结合部（图片 1-10）。

体内、体外实验表明，声束通过囊腔内的液体时，在液体与囊壁的界面上发生反射与折射。囊腔界面的凹面使得反射和折射声束均发生离散（defocusing），再加上组织对声束的致弱作用，其远场回声就很低或无回声。

8. 回声增强。远场对声束低衰减的区域使回声振幅加大，引起回声增强（enhancement）（图片 1-11），因而又称为完全透射（through-transmission），在声像图中表现为灰度升高。这种现象常出现在膀胱、胆囊的远方，又称为后壁增强效应（posterial wall enhancement effect）。影像增强有利于区分囊腔结构与实质性的肿块。囊腔有一个平滑、不连续的边缘，而脓肿、肉芽肿和肿瘤常表现为周边不整或边界模糊。周边结构的差异有益于区分体内各种肿块。高回声肿块出现声影增强或无回声之后出现声影等偶然现象很容易造成诊断上的失误，此时应该转换体位、改变换能器方向，结合其他临床检查才能做出诊断。

9. 距离移位。一般来说，声束在软组织中的速度为 1 540 m/s。这一平均声速是超声机校正回声距离的依据。但是，声速在各种软组织中的速度实际上是不一样的，比如，在脂肪组织中的速度是 1 460 m/s。脂肪肝中的脂肪高回声看上去与后移的膈肌相连接，这就是因为声速在脂肪中的速度较小所引起的。另外可见膈肌与胸膜和胃融合，这是由于声束在肝组织与腹腔液体间发生折射，并且导致膈肌的连续性中断（图片 1-12）。

10. 侧壁缺如。由于声束在囊腔侧壁上发生反射、折射并且出现离散，使得其下方的侧壁的连续性中断，称为侧壁缺如（lateral wall echo drop-out）。当声束直径太大或囊腔的壁太薄时也会出现这种现象。

11. 人为伪影。人为伪影又称为操作伪影（manipulation artifact），它是由于扫查技术及动物准备不当所造成的。动物准备不当包括动物空腹、膀胱充盈或在部分胃肠道内充入液体等，空腹至少需 12 h。动物扫查部位必须剃毛、涂耦合剂，以防气体存在于换能器与皮肤间。换能器使用不当、技术参数设置不当等也很容易造成伪影。

四、超声检查的应用

超声检查作为一种快速、准确、安全、无损伤的诊断方法，以其直观性、真实性等特点，已广泛用于畜牧业生产和动物疾病诊断，在发达国家已成为一种常规兽医临床诊断方法。

（一）超声检查在畜牧生产中的应用

超声检查已较广泛地应用于种用家畜的背膘和眼肌的测定、配种监控和妊娠检查等。

1. 背膘和眼肌面积的测定。背膘和眼肌面积的测定主要用于猪的品种选育和改良，是种猪选育的两个重要指标。背膘的测定还可应用于屠体肉质等级鉴定及大腿、腰部、肩部和腹部等主要可食胴体部位的瘦肉率的检测。背膘指脊背部特定部位脂肪层厚度，可用 A 型和 B 型超声进行测定。眼肌面积指背最长肌特定部位的横断面积，主要用 B 型超声进行测定，眼肌厚度可用 A 型超声测定。当超声向活体动物特定部位发射时，超声通过皮肤、脂肪层（背膘）、肌内层（眼肌）等向深部传播，并在不同组织间的声学界面上发生反射，以可测量的图像或数字显示出来（图片 1-13）。

背膘和眼肌测定部位的选择原则是：①具有代表性，能够反映全身（或胴体）的瘦肉率；②易于活体检测；③受动物体位的变化影响小。主要探测以下三点：A 点（第一探测点），第 6 至第 7 胸椎间隙，背正中线侧方即在肩胛骨后缘至鹰嘴后缘的连线上，距背正中线 4 cm 处，此位点主要用于背膘的测定。由于 A 点背膘的厚度受动物体位变化的影响大，故现已不用；B 点（第二探测点），最后肋骨切线与脊柱垂直线上，距脊柱旁开 4 cm 处，B 位点受体位变化影响小，代表性强，易于定位和操作，是目前世界上广泛采用的位点，可同时用于背膘厚度、眼肌厚度和眼肌面积的测定；C 点（第三探测点），髋结节与膝关节连线距背正中线 4 cm 处，现已不用。

以上三个位点为传统的探测位点，此外还有背正中线 1/2 处（脊柱上、脊柱外侧 2 cm 处、5 cm 处等），倒数第 3 至第 4 腰椎距背正中线 7 cm 处（测背膘，丹麦 SFK）。

2. 超声诊断在动物繁殖上的应用。超声可形象地显示早期胎儿发育、卵巢及子宫的变化、胎儿性别及胚胎死亡等现象。因此，超声检查广泛应用于观察卵泡和黄体的变化、早期妊娠诊断、胎儿发育及性别判断、生殖系统疾病的诊断等。

检查部位。选择最靠近生殖器官的部位，腔内探察可选用直肠内或阴道上穹隆部，多用于大动物。体壁探查位点依动物不同而异。羊在乳房两侧及其前方；猪在倒数第 1 至第 2 对乳头外侧，妊娠后期可选择下腹部；犬、猫等小动物在耻骨前缘和乳腺两侧。

探查方法。利用滑行扫查或扇形扫查。滑行扫查是指探头贴着体壁做直线移动；扇形扫查是指探头固定于一点，做各种方向的扇形摆动。体外检查时应将体壁尽量向内挤压，以便挤开肠管，探查子宫。

应用于动物妊娠检查的超声诊断仪主要有 B 型、D 型和 A 型，其中以前两型最为常见。

(1)B 型超声诊断仪在动物繁殖上的应用。B 型超声可以用于检查动物卵巢活动和妊娠检查。

①卵巢机能状态。卵泡检查常用 2.5 MHz、3.5 MHz、5.0 MHz 直肠探头或体壁探头，如用腹壁探头，则要用力挤压腹部。牛成熟卵泡直径 10 mm 以上，马卵泡在排出前直径可达 41.8 mm，驴卵泡为 39.4 mm，猪卵泡约为 10.0 mm；超数排卵的卵泡直径较小。

卵泡壁为强回声，周壁光滑完整，中间为暗区，圆形（牛、羊、猪）或类圆形（马）。猪可同时观察到多个卵泡，马、驴也可观察到 1～4 个卵泡。

利用直肠穿刺探头可以通过阴道内探察进行 B 超介导的活体取卵术。这一技术在胚胎工程技术中具有广阔的应用前景。此技术可以弥补以前使用的“盲取”技术的不足（图片 1-14）。

黄体。常用 5.0 MHz 直肠探头或体壁探头。马属动物排卵后形成的血体中间为暗区或杂有强回声的网状结构；新形成的黄体呈强回声，或中间杂有低回声，或者周边为低回声。

牛排卵后形成的血体回声弱，成熟的黄体具有凹陷结构，易辨认。黄体中央回声较强，有的中间有一腔状暗区。牛的囊肿性黄体（有腔黄体）占整个黄体数 37%以上，其中 60%以上的有腔黄体其腔的直径在 7.0～10.0 mm 之间。有腔黄体多在 10 d 后萎缩或消失，但未发现其与不孕的关系。

牛卵泡囊肿、黄体囊肿和囊肿性黄体的鉴别：卵泡囊肿暗区直径明显大于成熟卵泡，泡壁光滑，反射性强；黄体囊肿中间也为大暗区，但边缘有不光滑的黄体组织，厚薄依黄体组织的多少而定，回声不强；囊肿性黄体中间暗区较前两种小，有排卵凹陷，黄体组织多，低回声区域较大。

②妊娠检查。妊娠检查多用于 3.5 MHz 或 5.0 MHz 的直肠探头或体壁探头。妊娠的早期诊断的主要依据是在子宫内检测到早期的胚囊（embryonic vesicle）（子宫内似球状暗区），肚斑（embryo proper）-胎体反射（胚囊暗区内的弱反射光点）和胎心搏动（胎体反射内的光点闪烁）。由于扫查方向的不同，其切面图像多为不规则的圆形（图片 1-15）。详见第九章第五节。

(2)D 型超声诊断仪在动物繁殖上的应用。D 型超声诊断仪主要用于检测体内运动脏器的活动，如心血管活动、胎心搏动、胎儿活动、胃肠蠕动等，适用于妊娠诊断和监测胎儿死活。监听式多普勒超声诊断仪小型、轻便、直流电源供电，并配有体壁探头、直肠探头或阴道探头等，是为妊娠诊断专门设计的。监听式多普勒超声诊断仪是依据各种信号音进行妊娠诊断。

因此，正确辨别各种不同的信号音和实践经验是提高诊断准确率的基础。

①与妊娠有关的多普勒信号音。子宫动脉血流音（uterine arterial sound，UAS）：子宫动脉搏动和血流音合称为宫血音（UAS）。随着妊娠期的延长，血流量增加，动脉增粗且管壁变薄，回声信号由低频音转变为高频音。根据音频高低及其与妊娠的关系分为“呼呼音”（＋）、“啊呼音”（＋＋）、“蝉鸣音”（＋＋＋）和“枪击音”（＋＋＋＋）。宫血音频率与母体心率一致。胎儿心搏音（fetal heart beats，FHB）：胎儿心搏音是胎儿心脏搏动和血流的声音，简称胎心音，其频率较母体心率快得多，但随妊娠期的延长而降低。胎心音也是辨别胎儿死活的最重要依据。胎心音为有节律的“咚、咚”声或“扑通、扑通”声，似火车行进过程中发出的声音。脐动脉血流音（umbilical sound，UMS）：脐动脉血流音是胎儿脐带动脉搏动和血流的声音，简称脐带音或胎血音。胎血音似蝉鸣音，与胎心音同步。胎儿活动音（fetal movement sound，FMS）：胎儿活动音是胎体活动的声音，简称胎动音，似击水声，无规律性，随着妊娠期的延长，其出现的频率和强度不断增加。胎动音也是辨别胎儿死活的重要依据。胎盘血流音（placental blood sound，PBS）：胎盘血流音是胎盘血窦中血液回流的声音，简称胎盘音，频率低，似大风呼啸，是盘状胎盘动物妊娠时所特有的，如人、犬等。

②与妊娠无关的多普勒信号音。动脉血流音：动脉血流音是母体其他较大动脉搏动和血流信号音，低频、强而有力的“啪嗒、啪嗒”声，与母体心率同步。静脉血流音：静脉血流音是母体静脉中血流信号音，低频似刮风声，节律不明显，常与动脉血流音伴随。胃肠蠕动音：胃肠蠕音为连续的“沙—沙—”音，有时夹有流水声。

③D型超声检查妊娠效果评价。以下结果依动物品种、探测方式和探头种类而有差异。羊：17～25 d可探到宫血音，25～30 d可探到胎心音和胎血音，42～50 d可探到胎动音；牛：16～21 d可探到宫血音，31～50 d阳性符合率可达98%，49～61 d可探到胎血音，79 d可探到胎动音；马：42～56 d可探到宫血音和胎动音，90 d可探到胎心音和胎动音；犬：最早探到宫血音、胎血音和胎心音的时间分别为19 d、25 d和29～30 d，30～34 d妊娠诊断的阳性符合率可达100%；猪：9～14 d可探到宫血音，19～20 d可探到胎心音，胎血音比胎心音稍早，41 d可探到胎动音。

（二）超声检查在兽医临床上的应用

兽医超声检查已经较为广泛地应用于兽医临床实践，可以应用于心脏和血管、肝脏、脾脏、肾脏、一些腺体、淋巴结、关节、肌肉及软组织、妊娠、肿瘤、胃肠及腹腔内其他病变的诊断。现将兽医临床上常检查的组织器官正常声像图和常见的典型病例声像图及其说明举例如下。

1. 心脏和血管超声检查及声像图。心脏超声检查可以从胃内导入探头，也可以从胸骨右侧旁进行探查；对于大动物来说，还可以经常从左或右侧胸壁进行探查。胃内导入探查可以更直接地了解心脏与周边组织器官之间的解剖关系，如图片1-16所示。心脏后方是肝脏，其他三面被肺脏包围。

心脏的解剖矢面因声束方向不同而异，具体表现在图像是否出现或出现的图像大小、形状的不同。常见的心脏各部位影像有右心房（RA），右心耳（RAu），右心室（RV），右心室输出路径（RVO），三尖瓣（TV），肺动脉瓣（PV），左肺动脉（LPA），右肺动脉（RPA），后腔静脉（CVC），室间隔（VS），左心房（LA），左心耳（LAu），左心室（LV），左心室输出路径（LVO），左心室壁(LVW),乳头肌(PM),腱索(CT),二尖瓣(MV),二尖瓣前叶(AMV),二尖瓣后叶(PMV),主动脉(AO),左冠瓣(LC),右冠瓣(RC),无冠瓣(NC)(Carroll Loyer 等,1995)。

心脏常见的疾病有心肌肥大、主动脉窦壁缺损、室间相通等。对于心脏疾病的诊断,M 超往往优于 B 超。

血管病变主要表现为栓塞和侧旁再通。

2. 肝脏和胆囊超声检查及声像图。肝脏的探查部位在剑状软骨处,探查时探头以 30°～40°角向前背正中线偏右。大动物如牛可在右侧 9～11 肋间、坐骨结节水平线处探测,上下高度依肋间……不同而有差别。

正常犬肝脏声像图可见肝实质、胆囊、后腔静脉、右叶正中肝静脉、右叶静脉、左叶正中肝静脉、左叶侧静脉、左叶门静脉、右叶正中门静脉等。

肝脏常见的病变有脂肪肝、胆结石、胆囊炎及胆囊黏液肿等,详见第九章第四节。

3. 肾脏、膀胱和肾上腺超声检查及声像图。肾脏超声探测部位在腰旁两侧,左后右前。小动物肾脏的位置变化较大,向下可下垂至腹部正中线上下;随体位变化,其前后位移也相当明显。由于肾脏位置的相对不固定性,肾脏扫查时需要检查较大的区域;也可以通过体壁触诊到肾脏后再行扫查。

正常肾脏声像图可见肾包膜、肾脂囊、皮质、髓质及肾盂等。肾包膜及肾脂囊为强回声光带,且侧边缺如;皮质为大片的实质性无回声或极低回声区;髓质为正中间的哑铃形液性暗区,哑铃形侧旁的一对平行的强回声区是肾盂。

肾脏常见的病变有肾炎、肾出血、肾结石、肾积液等。

膀胱的正常声像图可见膀胱壁,膀胱壁侧边缺如;膀胱内尿液为液性暗区。膀胱炎、膀胱积液、膀胱结石及出血较为常见,详见第九章第四节。

正常肾上腺为典型的花生样实质性暗区,在肾动脉正前方、腹主动脉外前方、脾脏内侧。皮质和髓质声学界面把肾上腺分为明显的皮质区和髓质区;皮质区为低回声区,质地均一,髓质区为无回声区,间或有低回声光斑。肾上腺囊肿时其髓质和皮质的结构就会被破坏或消失,取之而代的是肿瘤组织,详见第九章。

4. 卵巢声像图。卵巢探测可在腹侧壁进行,位于肾脏的外后方、膀胱的正前方,肠袢可在其四周出现,呈中等密度的回声影,边界清晰,其上有许多大小不等的规则的卵泡或黄体暗区(详见卵巢机能状态检查),见图片 1-14。

卵巢常见病变有卵巢囊肿、卵巢肿瘤、卵巢炎、卵巢坏死、持久黄体等。

5. 其他。超声技术可以广泛地应用于动物疾病检查,如对腹膜炎、腹腔肿瘤、软组织脓肿、胃肠溃疡或穿孔及眼科检查等。

第四节　计算机体层成像(CT)

计算机体层成像(computer tomography, CT)是将 X 线束透过机体断层扫描后的衰减系数,通过计算机处理重建图像的一种现代医学成像技术。它是 X 线检查技术与计算机技术相结合的产物。

英国工程师 Hounsfield 早在 1972 年英国放射学年会上,首次作 EMI 公司头部 CT 机应用于医学的报告，并于 1973 年在英国放射学杂志上报道。这是影像技术的一项重大突破，Hounsfield 因此获得 1979 年诺贝尔医学生物学奖。此后，CT 发展迅速，现已出现第五代 CT 和螺旋 CT。第一代 CT 仅有 1 或 2 个探测器，扫描时间较长(5 min)。第二代 CT 的探测器增加至 30 个，扫描时间缩短至 15～20 s。第三、四代 CT 探测器分别增加至 800 个、1 200 个，扫描时间缩短至 2～5 s。第五代 CT 是利用电子束透过机体，能量衰减后被探测器所探测，经转换等处理形成图像，第五代 CT 没有球管和探测器的机械转动，最快扫描速度为每层 0.05 s。螺旋 CT 扫描则是指当检查床上的机体以匀速进入 CT 机架时，X 线球管同时进行连续螺旋式扫描。螺旋 CT 扫描具有扫描速度快、病灶检出率较高、多功能显示病灶等优点。随着技术的发展，32 层、64 层螺旋 CT 将在不久的将来陆续问世。

一、CT 的基本原理与设备

(一)CT 的基本原理

计算机体层成像是将 X 线经准直器形成狭窄线束，做动物体层面扫描。X 线束被机体吸收而衰减，位于对侧的灵敏高效探测器，收集衰减后的 X 线信号，并借模/数转换器转换成数字信号，送入计算机。计算机将输入的原始数据处理，得出扫描断层面各点处的 X 线吸收值，并将各点的数值排列成数字矩阵。数字矩阵经数/模转换器转换成不同灰暗度的光点，形成断层图像显示在荧光屏上。断层图像可以胶片、磁盘、光盘等形式永久保存。

(二)CT 的基本设备

1. X 线球管。可分为固定阳极球管和旋转阳极球管。固定阳极 X 线球管热容量小，仅用于第一、二代 CT。旋转阳极球管热容量较大，焦点较小，为目前 CT 均采用。

2. 准直器。准直器位于球管 X 线出口端。准直器的缝隙宽度可在 1～10 mm 内调节，缝隙宽度决定扫描层的厚度。

3. 探测器。用于探测透过动物体的 X 线信号，并将其转换成电信号。

4. 模/数转换器。用于将探测器收集的电信号转换成数字信号，供计算机重建图像。

5. 高压发生器。为 X 线球管提供高压，保证 X 线球管发射能量稳定的 X 线。

6. 扫描机架与检查床。扫描机架装有 X 线球管、准直器、探测器、旋转机械和控制电路等。检查床可上下前后移动，将动物体送入扫描孔。

7. 电子计算机系统。CT 有主计算机和阵列处理器。主计算机控制机架与检查床的移动、X 线的产生、数据的产生与收集、各部件间的信息交换等整个系统的运行。阵列处理器作图像重建。CT 图像可以胶片记录，或存储在磁盘、光盘、医学影像存档与通信系统(PACS)中。

二、基本概念

(一)CT 值

不同的组织结构密度存在差异，从而导致穿透物质后 X 线的衰减程度不同。将这衰减系数 μ 值换算为 CT 值，作为表达组织密度的统一单位。某物质的 CT 值等于该物质的衰减系数(μ_m)与水的衰减系数(μ_w)之差，再与水的衰减系数相比之后乘以 1 000，单位为 Hu

(Hounsfield unit)。即

$$某物质的 CT 值=\frac{(\mu_m-\mu_w)}{\mu_w}\times 1\ 000$$

水、骨、空气的衰减系数分别为 1.0、2.0、0,则其 CT 值分别为 0、1 000、-1 000 Hu。机体组织 CT 值的范围以骨的 CT 值 1 000 Hu 为上界,以空气的 CT 值-1 000 Hu 为下界,即可包括由骨组织至含气器官的 CT 值。其中软组织的 CT 值为 35 Hu,脂肪的 CT 值为-50 Hu。不同的组织有不同的组织密度,CT 图像上就有不同的 CT 值,这是区别正常组织和病理组织的重要基础。

传统的 X 线片是三维立体生物的二维平面图,相邻组织器官影像相互重叠。而断层摄影虽可消除影像重叠,但其分辨率不高。相比之下,CT 图像是真正的断面图像,是组织断面密度分布图。CT 图像清晰,密度分辨率高,无断面以外组织结构干扰等。

(二)窗位与窗宽

窗位是指检出某一组织时所选择的 CT 值范围的中间值。窗宽则是指该组织显示图像所选择的 CT 值范围。在观察某一组织结构时,通常以其 CT 值为窗位。提高窗位可使图像变黑,降低窗位则图像变白。加大窗宽可使图像层次增多、组织对比减少、细节显示差,缩短窗宽则图像层次减少。

(三)像素

像素是组成 CT 图像的基本单元。像素愈小、愈多,愈能分辨图像的细节,即图像的分辨率愈高。现在的 CT 像素已由早期的 160×160 个,经 256×256 个过渡到 512×512 个像素。

(四)空间分辨率

空间分辨率是指在一定密度差下分辨组织几何形态的能力。常以每厘米内的线对数或以可分辨最小物体的直径(nm)来表示。

(五)密度分辨率

密度分辨率是指在低对比下分辨组织密度细小差别的能力。CT 的密度分辨率是普通 X 线的 10~20 倍。

(六)部分容积效应

部分容积效应是指当同一扫描层面内有两种以上不同密度的物质时,所测 CT 值不是其中一种物质的 CT 值,而是这些物质的平均 CT 值。

三、CT 检查技术

CT 检查技术有平扫、增强扫描和造影扫描,还有薄层扫描、重叠扫描、靶区 CT 扫描、高分辨率 CT 扫描、延迟扫描、动态扫描、CT 三维图像重建、CT 多平面重组、CT 血管造影、CT 仿真内镜技术、CT 灌注成像等特殊扫描。

(一)平扫

平扫是指血管内不注射造影剂的扫描。层厚 1~10 mm。

(二)增强扫描

增强扫描是指血管内注射造影剂的扫描,可以提高病变组织与正常组织的密度差和显示平扫未显示或显示不清的病变。

(三)造影扫描

造影扫描是对某一组织结构造影的同时作 CT 扫描，如脊髓造影 CT、胆囊造影 CT 等。

(四)薄层扫描

适合于观察细节病变，可避免部分容积效应。层厚 1～5 mm。

(五)重叠扫描

重叠扫描是指扫描床移动距离小于层厚，使扫描层面部分重叠，可避免遗漏小病灶和部分容积效应。

(六)靶区 CT 扫描

靶区 CT 扫描是指仅对感兴趣的小病灶区域做局部扫描。常使用小视野和薄层扫描。

(七)高分辨率 CT 扫描

高分辨率 CT 扫描是指使用薄层高分辨率重建和特殊过滤处理，以获得细微的组织结构图像。

(八)延迟扫描

延迟扫描是指对某一组织结构做造影扫描时，利用某些组织或细胞的吸收与排泄功能，注射造影剂后的一段时间再次扫描。

(九)动态扫描

动态扫描是指注射造影剂后做连续快速扫描。可分为进床式动态扫描和同层动态扫描。

(十)CT 三维图像重建

CT 三维图像重建是指将螺旋 CT 扫描的容积资料在工作站重建，合成三维图像。这种重建三维图像可 360°随意旋转，供不同角度观察病灶。

(十一)CT 多平面重组

CT 多平面重组可将任意平面容积资料重组成冠状面、矢状面、斜面、曲面等任意平面，以从多平面和多角度细致分析病变的内部结构及与周围组织的关系。

(十二)CT 血管造影

CT 血管造影是指静脉注射造影剂后，直到在循环血液及靶血管内出现最高造影剂浓度的时间内，做螺旋 CT 容积扫描，重建靶血管数字化立体影像。

(十三)CT 仿真内镜技术

CT 仿真内镜技术是指将 CT 容积扫描获得的影像数据作计算机后处理，重建类似纤维内镜所见的空腔器官立体图像。

(十四)CT 灌注成像

CT 灌注成像是指加压快速静脉注射造影剂后，做一特定层面的快速动态扫描，将反映血流灌注的参数转换成灌注成像。

四、CT 诊断的临床应用

(一)正常解剖

正常犬横断面 CT 扫描,可按不同的扫描部位选用窗位与窗宽(表 1-8)。

表 1-8 正常比格犬 CT 扫描的常用窗位与窗宽

扫描部位	窗位(WL)	窗宽(WW)	扫描部位	窗位(WL)	窗宽(WW)
鼻中部	+21	200	主动脉弓	+22	200
眼眶部	+21	200	气管分叉部	−178	400
眼眶后部	+53	400		+22	200
额部	+39	200	心中部	−196	400
颧弓中部	+28	75	第 6 胸椎	−182	400
顶颞部	+24	400	心后部	−164	400
脑部	+32	100	肝脏膈面	+7	400
	+35	400	胆囊部	+20	100
延髓部	+87	400	食道终端	+21	400
第 1 颈椎	+76	400	胃与十二指肠	+20	200
第 2 颈椎	+56	400	右肾前端	+20	200
第 3 颈椎	+61	400	右肾中部	+20	200
第 1 胸椎	+61	200	左肾中部	+20	200
纵隔	+61	400	荐部	−3	200
	−107	400	耻骨联合	+35	400

头颈部逐层横断面 CT 扫描,可清晰显示鼻腔、副鼻窦、鼻咽、喉、气管等上呼吸道系统。脑部、延髓部和第 1 颈椎扫描,可显示舌骨、喉软骨及周围软组织。甲状腺紧靠气管。口腔、咽、食道等上消化道系统则可在鼻、眼眶、眼眶后部、颧弓中部扫描中显示。眼眶后部、额部、颧弓中部、顶颞部、脑部、延髓部和第 3 颈椎区域扫描可显示中枢神经系统结构。此外,颌骨、颅骨、椎骨的孔和管道均尚可显示。犬头部 CT 扫描图像见图片 1-17 和图片 1-18。

胸部逐层横断面 CT 扫描,可清晰显示气管支气管树、肺叶、心脏、大血管、胸肌、支气管淋巴结等形态特征。

腹部与骨盆部的逐层横断面扫描,可由肝脏前侧至耻骨联合止。从肝脏前侧扫描至右肾中部,可显示肝叶等结构。与正常肝实质比较,充盈液体的胆囊呈 X 线透明区。可显示食道、胃、小肠、大肠及直肠等消化道的软组织结构。造影剂可增强食道、胃、小肠的分辨率。麻醉前或麻醉后给予造影剂,几乎不影响胃肠的显示。大肠内的气体可增强大肠显示,还可显示子宫、膀胱、尿道和阴道。正常犬腰荐椎(L5—S3)的逐层横断面扫描 CT 影像可显示椎体、椎弓根、椎弓板、关节突、棘突、横突、附突、椎管、椎间孔、荐骨翼、荐骨嵴、中嵴、侧嵴、关节突关节、荐髂关节、椎管内静脉丛、硬膜外脂肪、鞘囊和 L5—S3 神经根结构。某些扫描部位可显示脊神经节、黄韧带、椎间盘和脊神经。犬腰部 CT 横断层扫描见图片 1-19。

除了犬的 CT 正常解剖外,还有正常猫胸腹、驹头部的 CT 扫描报道。

(二)脑肿瘤

犬头部肿瘤 CT 扫描,可显示脑膜瘤、星状细胞瘤、垂体瘤、脉络丛瘤、间胶质瘤、原始神经外胚层瘤、室管膜瘤、神经胶质瘤等脑肿瘤 CT 影像。脑膜瘤为外周肿瘤,有宽基,造影时均匀增强。星状细胞瘤与间胶质瘤边界不清,造影时环状不均匀增强。脉络丛瘤边界清晰,造影时均匀增强。垂体瘤边界清晰,周围水肿小,造影时均匀增强。犬颅骨肿瘤 CT 横断层扫描见图片 1-20。

(三)椎间盘脱出

椎间盘脱出时,作横断面 CT 扫描,脱出的椎间盘出现 CT 值不同程度的增加。如脊髓轻微受压,脱出的椎间盘 CT 值为 59 Hu±17 Hu,略高于正常犬脊髓的 CT 值(31.3 Hu±8.6 Hu)。如脊髓严重受压,脱出的椎间盘 CT 值为 219 Hu±95 Hu。如复发性椎间盘脱出,脱出的椎间盘 CT 值可高达 745 Hu±288 Hu。CT 影像上,脱出的椎间盘显示为在椎体背侧缘中央的一小类圆形的对比增强阴影(图片 1-21)。

(四)脂肪瘤

脂肪瘤多见于老龄犬,其大小不一,单发或多发。脂肪瘤可因侵入肌肉间而边界不清,可复发。恶性脂肉癌较罕见,虽为局部浸润,但几乎不迁移。由于普通脂肪瘤和浸润性脂肪瘤的细胞学与组织学特征相同,因而活检不能准确诊断浸润性脂肪瘤。CT 可对浸润性脂肪瘤的范围作充分评价。浸润性脂肪瘤内可显示细微的软组织条纹。

第五节　磁共振成像(MRI)

磁共振(magnetic resonance,MR)实际上是指核磁共振(nuclear magnetic resonance,NMR),只是因为害怕人们对“核”的误解和恐惧才简称为磁共振。Bloch 和 Purcell(美国,1946)发现 MR 现象并于 1952 年获得诺贝尔物理学奖。

1972 年,Lautebru 利用水模成功地获得了氢质子二维磁共振图像,开始有了磁共振成像技术(magnetic resonance imaging, MRI)。20 世纪 80 年代,磁共振进入临床应用阶段。这是医学影像学的一个飞跃。它使人们可以从三维空间上多层面、多方位地观察人体及动物体的变异和病变。磁共振在波谱学、生化分析及血管造影等方面的发展,使医学及兽医学影像技术向立体、动态、纵深方向不断延伸,为医学及兽医学的发展做出了重要的贡献。在国外,一些大学教学兽医院、赛马公司保健室、大型宠物医院等都设有磁共振机。

一、MRI 的成像原理与设备

根据高斯(Gauss)学说,电和磁是同一回事,可统称为电磁。电荷沿导线运动或质子沿轴线自旋即可产生磁场;用导线切割磁力线亦可产生电流。任何原子核内均含有核子(质子和中子),核子自旋产生自旋磁场。具有偶数核子的原子核自旋,磁场相互抵消,不能形成核磁共振现象;具有奇数核子的原子核在自旋过程中才能形成磁矩或磁场,如^{1}H、^{13}C、^{19}F、^{31}P 等,因而才能作为磁共振图像的靶子,其中以^{1}H 更优。H 是人体内数量最多的物质,原子核内有一个中子而无质子,最不稳定、最易受外界磁场的影响而发生磁共振现象,因而是 MR 的最佳靶子。氢原子核带一个正电荷,又能自旋,在其周围形成一个小磁场,因而氢原子核实际是一个小磁体,见图 1-15。

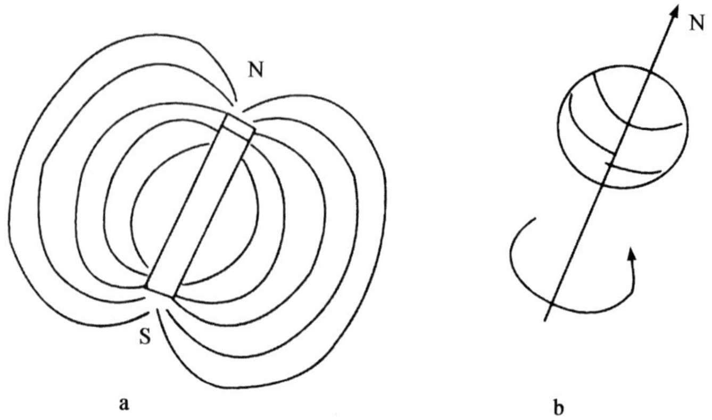

a. 氢原子核像一个小磁体;b. 氢原子自旋产生角动量与磁矩

图 1-15 氢原子自旋并产生磁矩

(一)磁共振的概念

"核"是指 MRI 涉及的目标原子核(靶核,主要指氢原子核),与核周围的电子层关系不大。"磁"是指外加磁场,即①MR 发生在一个巨大的外磁场孔腔内,它能产生一个恒定不变的强大磁场(B_0);②在静磁场上按时叠加一个小的射频磁场以进行激励并诱发磁共振(B_1);③叠加另一个小的梯度磁场以进行空间描记并制成图像。"共振"是借指宏观现象解释微观现象,当两个音叉的固有频率相同,一个静止的音叉在另一个振动的音叉的不断作用下即可引起同步振动。核子间能量的不断吸收和释放亦可引起振动,当质子释放或获得的能量恰好等于质子能级差时,质子就会在高能级和低能级间来回运动。这种升降运动是在一个磁场中进行的,故称为核磁共振(NMR),见图 1-16。

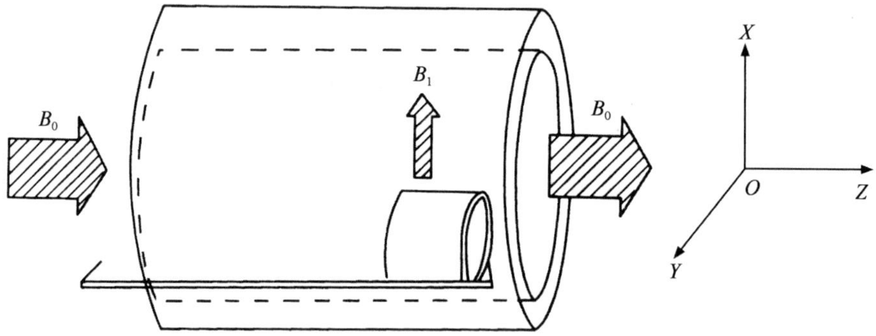

在超导型 MR 扫描机中,B_0 与人或动物体(Z 轴)平行,

射频线圈产生的 RF 磁场 B_1 在 XY 轴面上旋转

图 1-16 静磁场 B_0 与射频磁场 B_1

(二)磁共振原理

动物体在强大的外界磁场(B_0)的作用下,可获得 MR 图像,而体内的氢质子亦发生一系列变化。在无外加磁场(B_0)的作用下,平常状态下人体内氢质子杂乱无章的排列,磁矩方向

不一致，所产生的磁力相互抵消。在外加磁场(B_0)的作用下，自旋质子的磁矩将按量子力学规律纷纷从无序状态向外磁场磁力线方向有序地排列，其中，多数处于低能级质子的磁矩与 B_0 的磁力线同向；少数高能级质子磁矩与 B_0 磁矩方向相反，最后达到动态平衡。当通过表面线圈从与 B_0 磁力线垂直的方向施加射频(RF)磁场(RF 脉冲)时，受检部位的氢质子从中吸收能量并向 XY 平面偏转，这一过程称作激励(stimulation)；射频磁场中断后氢质子释放出所吸收的能量而重新回到 Z 轴的自旋方向上，这一过程称弛豫(relaxation)，释放的电磁能量以无线电波的形式发射出来并转化为 MR 信号。在梯度磁场的辅助作用下，MR 信号形成 MR 图像，见图 1-17。

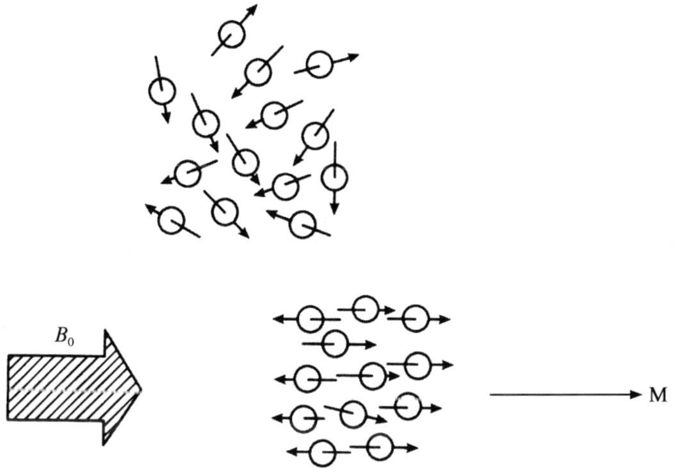

图 1-17　进入磁体后动物体内氢原子核的进动状态

（三）磁共振设备

磁共振设备相当复杂，但基本上是由 MR 信号发射和采集系统、数据处理和图像显示等部分组成。

1. 磁场。磁场是由运动电荷产生的，运动电流与导线长度的乘积即产生一个小磁场(dB)，导线总长度所产生的磁场称为总磁场。环形导线产生的磁场见图 1-18。

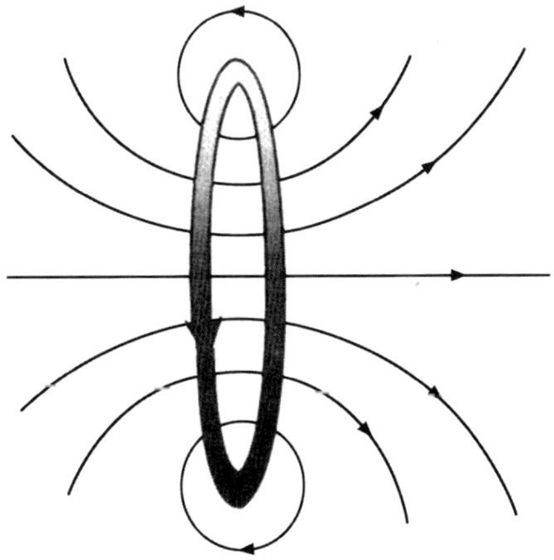

图 1-18　环行带电导线产生的磁场

稳定的外磁场(B_0)是磁共振的基本条件。磁场强度与 MR 图像反量相关，一般认为，自由信号衰减(FID)的信噪比(SNR)越高，MR 图像质量越好，但纵向弛豫时间(T_1)和成像周期的重复时间(T_R)的比值(纵向弛豫量)、射频脉冲强度等均影响着 MR 图像质量。

弛豫过程中能量不可逆性地转移到其他正在共振的氢质子上，使其相位的一致性丧失称为 T_2 弛豫。此过程中净磁化矢量先从静磁场 B_0 的垂直线上开始衰减，故又称横向弛豫。弛豫过程中能量不可逆地散布于动物体周围组织的“晶格”中，化为热能或诱发分子运动的过程称为 T_1 弛豫。这一过程中能量逐步返回到静磁场 B_0 方向上，故又称为纵向弛豫。

2. 磁体。

(1)磁体种类。全身 MR 成像所用的磁体分为阻抗型(常导型)、超导型和永磁型。

①常导型。常导型磁体由电流产生磁场，导线为几组铜或铝线线圈缠绕成圆筒状，它们具有明显的电阻，故又称为阻抗型电磁体。这种磁体造价低，工艺简单，重量轻，可现场安装，通过切断电源可随时关闭磁场，但耗电量大(30～60 kW)，产热量大，场强低，磁场均匀性易受室温变化的干扰。

②超导型。超导型磁体也是由电流和导线产生磁场，与常导型的差别在于导线为超导材料制成、无或少有电阻。导线置于液氦中，其外为真空，再外为液氮层及第二真空层。超导型磁体的优点是场强高，磁场稳定均匀，磁场像常导型一样可随时关闭，磁场强度可调节，但冷冻剂(液氦)昂贵，工艺复杂，造价高。

③永磁型。永磁型磁体由铁磁物质构成，制造时诱发出较强的磁场。其磁力线垂直于孔洞和动物体长轴。永磁型磁体造价和维护费用低，不耗电也不消耗冷冻剂，边缘磁场小，磁力线垂直于孔洞(可使用螺线管射频线圈，有助于提高信噪比)，但场强低(0.3～0.35 T)，质量过大，磁场稳定性差(要求室温波动在 1℃以内)，磁场不能关闭。

(2)磁屏蔽。较强大的固定磁场会明显地影响周围环境，必须有适当的屏蔽对磁体及其磁场加以保护，否则会对附近的设备设施如 X 线机、X 线 CT、影像增强器、电视监视器、心电图仪、脑电图机、电脑及其他机械电子产品等产生不良影响，对内置芯片的病人产生严重后果；相反，这些物品也会影响磁共振机的磁场均匀性，造成 MRI 质量的下降。磁屏蔽可用铁来吸收磁力线，也可用超导线圈来抵消磁体远场的磁场作用。

(3)射频屏蔽。磁共振机的射频脉冲可对邻近的精密仪器产生干扰，外界射频信号也会影响磁共振机的射频脉冲，而人体发出的 MR 信号非常微弱，因而外界射频信号也就影响了 MR 图像的质量。射频屏蔽的方法是使用铜铝合金或不锈钢板安置在扫描室的六个面上，门窗严密合缝且叠加，整个屏蔽间与建筑物绝缘，只有一点接地。射频屏蔽使外界射频信号如电视、广播、计算机噪声、无线电话、步话机、汽车发动机等发出的干扰波受到阻挡并接地短路。

(4)均匀线圈。无论何种磁体都不能使孔洞内的磁场完全均匀一致；另外，磁体周围的铁磁性物质也会进一步影响磁场的均一性，因而，磁体内磁场的均一性必须得到调整。被动调整是在磁体孔洞内贴补金属小片，主动调整则是使用匀场线圈。匀场线圈是一种复杂的带电线圈，位于磁体孔洞内，产生较小的磁场以调节外磁场的不均一性。匀场线圈可以是常导型也可以是超导型。常导型线圈的电流由匀场电源提供。动物体也会减弱磁场的均匀性，因而应对匀场线圈进行不定期调整。

3. 磁场梯度。梯度磁场是由梯度线圈产生的，它为 MR 成像提供层面选择的信息。梯度线圈位于磁体圆桶的低温控制器内，所产生的梯度磁力线可与 B_0 磁力线平行或垂直，其强度一般为 $(0.1\sim1.0)\times10^{-4}$ T/cm。梯度磁场可随时开关，但其幅度和速率必须精确调制。

梯度磁场的方向与三维轴线(X、Y、Z)方向一致，但联合使用可获得任意斜轴(任意轴向)的图像。在 X、Y、Z 三个轴向上的磁场梯度可以对冠状、矢状或轴面进行层面选择。其中之一作为层面选择时，则另外两个分别作为频率编码和相位编码。频率编码和相位编码可对任何一个体素(体内某点)进行精确的空间定位，而在施加梯度磁场后每个体素与像素是对应的，它们发出的 MR 信号幅度就是图像上的黑白灰度。

4.射频线圈。射频磁场是由射频线圈以无线电波的形式发射的,所以,射频磁场又称射频脉冲。射频系统发射射频脉冲,使磁化的氢质子吸收能量产生共振,这一过程称激励;在弛豫过程中,氢质子释放能量并发出 MR 信号,后者被检测系统所接受。因此,射频系统主要由发射和接受两部分组成。其部件包括发射器、功能放大器、发射线圈、接收线圈和低噪信号音放大器等。

5.计算机及数字处理。计算机是仅次于磁体的昂贵部件,其性能要求大大高于 X 线 CT 所用的计算机。计算机外部设备主要包括阵列处理机(用于数据处理及二维傅立叶变换)、磁盘(500 M 内存,1.2 M 速)、磁带机(存储图像和原始数据)、MR 处理器(表格存储器、时控板及海量存储器)、图像存储显示器(MR 图像和原始数据存在磁盘、软盘和磁带里,通过显示屏随时显示)和操作台。操作台分为主诊断台和卫星诊断台。主诊断台控制扫描,卫星诊断台评价图像,部分功能可以同时在两个诊断台上进行。

计算机不能直接运算 MR 信号。信号必须由模拟/数字转换器(ADC)转换成数字。ADC 采集自旋回波等信号,按具体的间隔给予每一个采集间隔以数据。采集的标准时间为 5～20 μm。采集一个自旋回波的处理时间称为采样时间或窗。采样窗的间期(ms)等于采样间隔(μs)×采集次数(一般为 256)。在一定梯度场中,观察野的大小取决于采集间期;在一定观察野中,空间分辨率取决于窗的长度。

图像重建在第二个相连的计算机即阵列处理机(AP)上进行,它能同时处理大量的数据并进行傅立叶变换。计算机运算的最后结果是一个数字阵列,然后按灰阶的数值排列组合成 MR 图像,并在屏幕上显示。通过对数字资料的调整可以提高图像的质量。

数据成像后即保存在磁盘中并可随时读取。数字光盘更有利于数据的存储和图像的提取。

二、磁共振成像特征

MRI 反映动物体特定层面包含的组织特征。在成像过程中,采用选择性激励、相位编码和频率编码三种功能在动物体内创造一个特殊的层面,同时在该层面内创建一个具体的体素,每个相应体素的信号强度决定了像素的阵列,即决定了像素的亮度。这三种成像功能在磁场中是通过暂时性磁场梯度来完成的。在磁体孔洞壁内有三套磁场梯度线圈,它们的功能可以随时转换,借以转动成像平面。

(一)成像质量

成像质量即是解剖分辨率,其主要决定因素是每一个组织体素的大小(空间分辨率)。由于每一个体素在 MRI 上均由一个像素亮点代表,体内所有的结构实质上都是叠加在一起的。每个体素的大小均由三个因素决定,即视野大小、矩阵大小和层厚。其中任何一个因素均可由操作者在扫描中选定。减少体素的大小可改善空间分辨率,但成像质量会受到信噪比的限制。所以,要获得高的成像质量就必须妥善处理信噪比与空间分辨率这两个重要的成像因素的关系。

(二)信噪比(SNR)

MRI 实际上是组织发出的射频信号(RF)的形图。每个像素的宽度与相应组织体素发出的射频信号强度呈正比。但是,动物体产生的散乱的射频发射波在像素信号强度上造成杂乱的变化，这就是 MRI 上见到的噪声。噪声的存在降低了 MRI 质量，减弱了低对比度组织结构的能见度，延长了图像采集时间。为了获得高于特殊噪声水平的信号强度，必须采用一定的最小的体素，而这又限制了空间分辨率，进而限制了细微结构图像的质量。解决这一问题的方法是相应增加检测的次数（如激励、采集、数据处理或平均次数），将这些重复的检测叠加并形成单一图像。

（三）层面选择

每个 MRI 平面都代表一层组织，其部位、方向和厚度可由操作者选定。目前，常用两种方法选择包括在一定厚度内的特殊组织。最常用的方法是采用选择性激励，在信号采集过程中形成层面，这种方法通常称为二维（2-D）成像。三维（3-D）或容积成像是另一种成像方法，其层面是在图像重建过程中形成的。

在二维成像中，将磁场局限于一定层厚的组织内，从而产生一个 MR 层面。当对动物施加激励脉冲时，在磁场中都加用一个磁场梯度，即可完成层面选择。

在一定频率条件下，核磁共振与磁场强度成正比。如果在一个大的体层内磁场均匀一致，所有氢质子的共振磁场均匀一致，所有氢质子共振频率则相同，并同时受到 RF 脉冲激励。如果存在梯度磁场，其共振频率就会随部位的改变而改变。射频（RF）信号脉冲包含的频率范围有一定限度，它只能激励位于较薄层厚的氢质子。换言之，只有选定层厚内的氢质子才能接收 RF 脉冲的激励并发射 MR 信号。改变 RF 脉冲的频率，就会改变选择层面的部位；改变 RF 脉冲的频率范围或梯度磁场强度就可以改变层厚。

相位编码和频率编码创建二维 MRI。接收线圈采集的 RF 信号是每个组织体素的复合信号。

（四）图像重建

重建是 MRI 的第二个重要阶段，它将采集阶段获得的复合信号转换成图像，其过程由阵列处理机或计算机完成。傅立叶变换是重建 MRI 最常用的方法，其功能主要是将信号从时间域值转换成频率域值。傅立叶变换在相位方向上必须将整套复合信号与其位相特征结合起来，才能组成一排排像素（图 1-19）。

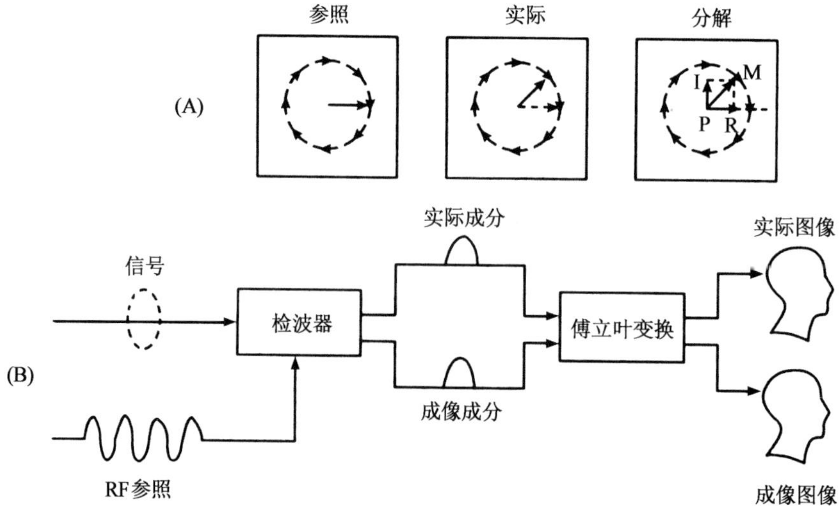

图 1-19 二维图像的形成过程

(五)三维容积成像

三维成像又称容积成像。这种成像方法的每一次 RF 脉冲将激励组织的全部容积,而不是单独激励一个层厚。容积成像很耗费时间,它需要较长的采集时间,因为成像周期的数目很大。另外,容积成像的图像重建过程也很长,因为还需要其他数据。三维成像的优点是能够重建较薄的连续性层面,从而提高信噪比(图 1-20)。

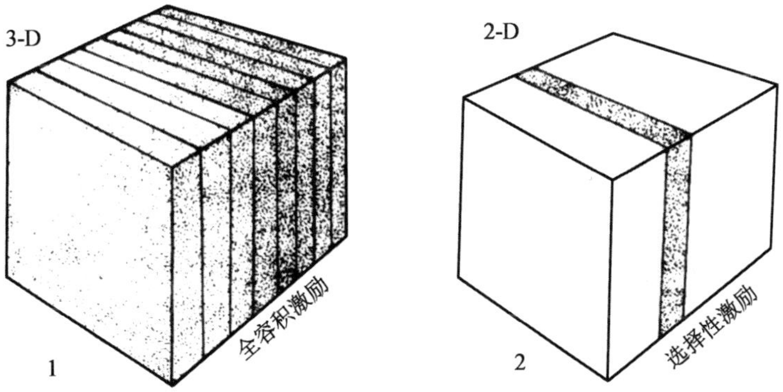

1. 三维全容积激励无须梯度磁场;2. 二维选择性激励需梯度磁场

图 1-20 三维容积成像

(六)多层面成像

多层面成像可以同时显示不同的解剖层面,在每一个成像周期中每一层面均被依次激励。第一个 RF 脉冲从第一层组织中激励并读出,其他层面依此类推。多层面图像不增加采集时间。一定脉冲所能获得的层面数受成像周期(T_R)和回波时间(T_E)的限制:

$$最大层面数=T_R/(T_E+常数)$$

(七)层面外形

多数 MRI 方法均不能产生边缘清晰锐利的层面图像。磁场梯度的均匀性、RF 脉冲的特殊形状及层厚等,也会影响 MRI 边缘的清晰度。

(八)磁弛豫现象

磁共振成像中的软组织及其病变的对比度主要取决于 T_1 与 T_2 弛豫时间的差异。正常组织与病变组织的弛豫特征均取决于其共振频率,MRI 对比度的根源是组织弛豫差异的分子基础,即取决于亲水大分子结构的运动状态。

动物体内 60%～80%是水,水中氢的质量浓度为 2/18 或 11%左右。组织中含水量较恒定,因而含氢量也较恒定。形成 MR 信号的主要因素是水中的氢质子,而水中的氢质子数大大地超过有机分子中的氢质子数,故形成 MR 信号的分子数就等于“氢质子密度”。

有机氢质子主要存在于蛋白质中,因而具有固体的特征。固体中的氢质子在 MRI 上难以显示,因为其 T_2 弛豫时间极短,几乎无信号,但这部分氢质子却能影响某些组织中的氢质子密度。

大多数无脂肪组织的弛豫可按三种水组分加以讨论:结合水、结构水和容积水。各种水组分都有自己的特征性弛豫率，分别称为 R_b（结合水弛豫率）、R_{st}（结构水弛豫率）和 R_{us}（容积水弛豫率）。其中，结合水弛豫率 R_b 最为重要，它直接反映大分子特征。

三、MRI 检查技术及图像分析

MRI 较之于其他影像技术的主要优势是显示对比度低的病灶。MR 的敏感性主要取决于病灶与周围正常组织的对比度和用以显示组织固有对比度的 MR 成像技术。

组织固有对比度的决定因素共有四种：①自旋密度的固有差别，即氢质子密度的固有差别；②纵向弛豫时间（T_1）的固有差别，即组织间 T_1 的固有差别；③横向弛豫时间（T_2）的固有差别；④流动效应引起的差别。

组织中的 T_1 随磁场强度的增加而相应增加，其固有的 T_1 对比度也将相应增加。一般认为 T_2 值并不随磁场强度变化而变化，但有些组织由于磁敏度效应其 T_2 值可随磁场强度的增加而减小。自旋密度值及自旋密度固有的对比度与磁场强度的变化无关。组织或病灶中 T_1 与 T_2 越长，其自旋密度（即氢质子密度）越高。

MR 与 CT 一样也具有负信号，但在图像上不一定显示出来。MRI 的对比度像 CT 一样，可用以下公式表示：

$$C(\text{图像})=(S_B-S_A)/S(\text{参照})$$

S（参照）是一个恒定不变的参照信号，与选定组织、脉冲序列、脉冲间延迟时间等均无关。在 CT 中 S_A 与 S_B 代表衰减系数，以 Hounsfield 单位（HU）表示，S（参照）＝1 000 HU。在 MR 中 S_A 与 S_B 是信号强度，是人为的设定单位，随扫描序列与扫描机的不同而发生相应的改变，S（参照）在 MR 上没有标准的参照值。CT 与 MR 图像的对比度均与组织间的信号差异呈正相关，因而，“对比度”与“信号差”常可交互使用。

目前，临床上常用的扫描序列有三种，即自旋回波序列（SE）、反转恢复序列（IR）、梯度回波脉冲（GRE）。各个扫描序列的图像表明：①MR 信号强度均与氢质子密度成正比，即氢质子密度大的组织其信号也强（白）；②MR 信号强度均与 T_1 弛豫时间成反比，即 T_1 越长信号越弱（黑）；③MR 信号强度均与 T_2 弛豫时间成正比，即 T_2 越长信号越强（白）；④只有自旋回波序列（SE）因克服了静磁场不均匀性带来的弊端，能显示典型的 T_2 加权像，而 T_2 信息是病理学最早最敏感的指标，所以 SE 序列在 MR 扫描中占了主导地位；⑤梯度回波脉冲序列（GRE）主要用于快速扫描，它也可以提供准 T_1 图像与准 T_2 图像，但不够典型。

（一）自旋回波成像

Hahn 在 NMR 波谱分析中首创的自旋回波成像是目前 MR 成像中最常用的脉冲序列。完整的自旋回波信号是以下三个因素的乘积：自旋密度因素、T_1 因素、T_2 因素。自旋密度因素与每个容积成分（体素）内有效的氢原子核数目成正比，其作用是固定的，与 T_E 和 T_R 的变化无关。T_1 因素与 T_2 因素对自旋信号的作用取决于 T_R 与 T_E 的变化（表 1-9）。

1. T_1 加权像。选用短 T_R（＜500 ms）与短 T_E（＜25 ms）即产生 T_1 加权像，MR 信号强度主要取决于组织的 T_1 弛豫时间，长 T_1 呈低信号（黑），短 T_1 呈高信号（白）。

2. T_2 加权像。选用长 T_R（＞2 000 ms）与长 T_E（＞75 ms）即产生 T_2 加权像，MR 信号强度主要取决于组织的 T_2 弛豫时间，长 T_2 呈低信号（白），短 T_2 呈高信号（黑）。

表 1-9　自旋回波成像中 T_E 与 T_R 对对比度的影响

图像对比度的主要来源	T_E	T_R
T_1	尽可能缩短	接近两种组织的 T_1
T_2	接近两种组织的 T_2	比两种组织的 T_1 长
N(H)	尽可能缩短	比两种组织的 T_1 长

3. 质子密度加权像。选用长 T_R(>2 000 ms)与短 T_E(<25 ms)即产生质子密度加权像，此时 T_1 和 T_2 的作用相对无意义。MR 信号强度主要取决于组织的质子密度，如骨皮质内氢质子密度很低，则几乎无信号。选用 T_R 与 T_E 均为中度长，则弄不清 T_1、T_2 与氢质子密度对 MR 信号强度及组织对比度的作用。

自旋回波(SE)序列的图像与参数有关。SE 系列中组织的 MR 信号强度可用 Bloch 方程推算：

$$S_{SE}=f(\mathrm{H})g(v)(1-\mathrm{e}^{-T_R/T_1})\mathrm{e}$$

式中：S_{SE} 为 SE 系列的 MR 信号强度；$f(\mathrm{H})$ 为氢质子密度函数；$g(v)$ 为流速函数，固态组织为 1；T_R 为重复时间；T_E 为回波时间；T_1 为纵向弛豫时间；T_2 为横向弛豫时间。分析该方程可得出以下结论：

①SE 决定着 MRI 的亮度，弱信号呈黑色，强信号呈白色。

②$f(\mathrm{H})$ 值很低的组织如空气、骨皮质含氢质子很少，故呈黑色。

③$g(v)$ 指相对流速，流动的血液可呈黑色或白色。一般来说，快速流动的血液呈黑色流空影，慢速血流呈白色增强影。

④信号强度与 T_R、T_2 成正比，与 T_E 和 T_1 成反比。

⑤两种组织的相对信号强度随 T_R 或 T_E 的增加而发生逆转，这种现象称对比逆转现象。如脑脊髓液在短 T_R 和短 T_E 序列中呈黑色的信号，在长 T_R 与 T_E 序列中逆转为白色的信号。

MR 中某一组织或病灶的灰阶对比度不是固定不变的，而是随扫描参数的改变而不断变化的。

自旋回波(SE)成像具有以下特征：

①SE 序列具有两个时间参数，即 T_R 和 T_E。T_R 一般为 2 000～3 000 ms，T_E 一般为 15～90 ms。

②选择不同的 T_R 与 T_E 时间，可获得相应的 T_1 加权像、T_2 加权像及氢质子密度加权像(表 1-10)。

表 1-10　SE 系列各加权像的参数　ms

加权像	T_R	T_E
T_1 加权像	短(<500)	短(<25)
T_2 加权像	长(>2 000)	长(>75)
质子加权像	长(>2 000)	短(<25)

③Bloch 方程可用于解释各种组织在 SE 序列中的信号特征。

④T_E 与 T_R 增加时两种组织间的对比度可发生逆转现象。

⑤SE 序列的 MR 信号强度取决于 T_R、T_E、T_1、T_2、氢质子密度 5 个参数。

(二)反转回复成像

典型的反转回复成像系列(IR)包括 180°反转脉冲、90°脉冲和 180°复相脉冲。该成像序列采用自旋回波作为采集信号,故又称为反转回复自旋回波序列(IRSE)。来自组织体素的信号代表着 N(H)、T_1、T_2 的特征,其脉冲也呈长方形。

IR 在临床使用上仅次于 SE 和 GRE。IR 是一组双脉冲序列。第一个 180°脉冲先将组织磁化矢量反转 180°,几百毫秒后再施加一个 90°脉冲,间隔时间成为翻转时间(T_1)。整个过程可以间隔一定的时间予以重复,称为重复时间(T_R)。900 脉冲旨在把部分恢复的磁化矢量转至垂直的横断面上以利于接收线圈检测信号。

IR 序列典型的参数值为 T_I=200～800 ms,T_R=500～2 500 ms,T_E=50 ms,单 T_R 一定要长于 T_I。选用的 T_I 等于两种组织平均 T_1 的值即可以在其间产生理想的对比度,通常 T_I 等于 T_1 的 3 倍左右时信噪比较好。IR 序列可以写成 IR $T_R/T_I/T_E$,如 T_R=1 500 ms,T_I=400 ms,T_E=30 ms 时,可以记录为 IR 1 500/400/300。如果检测叠加 3 次,总扫描时间大约 10 min。

(三)梯度回波脉冲序列(GRE)

梯度回波序列是目前 MR 快速扫描中最为成熟的方法。它不仅使扫描时间缩短将近 100 倍,而且分辨力、信噪比均无明显下降。GRASS、FLASH、FISP 成像均属于梯度回波序列(GRE)的范畴。

GRE 又分为 3 种成像方法:快速小角度激发成像(fast low angle shot,FLASH),稳定进动快速成像(fast imaging with steady procession, FISP)和稳态梯度回返采集成像(gradient recalled acquisition in steady state, GRASS)。GRE 序列采集一个层厚的 T_1 或 T_2 加权像仅需要几秒或几十秒钟,所以俗称为快速扫描。

梯度回波成像在每单位时间内的信噪比与对比度噪声比大为提高,比常规 SE 序列要优越好几倍。这些快速扫描技术比较有价值的方面包括:能获得流动诱发的对比度;能分辨脑脊髓液与头骨、灰白质;能使 MR 对比及迅速成像;能使三维傅立叶变换容积成像的总时间缩短。

(四)噪声对低对比度病灶的作用

MR 成像中的噪声包括统计学噪声和系统性噪声,两者形成系统总噪声。

$$总噪声=统计学噪声的平方+系统性噪声的平方$$

$$对比度噪声比(CNR)=对比组织噪声差(SA-SB)/噪声(\sigma_0)$$

各种组织 CNR 最佳状态所需要的参数见表 1-11。

统计学噪声是每个像素信号强度盲目波动所致,在均匀背景上呈点对点变化,在感兴趣区呈高斯形;系统性噪声属于意外信号,呈特殊的非高斯形结构,运动和化名性伪影就是 MRI 中的系统性噪声。

为了获得最佳的 CNR,必须选择合适的脉冲序列。没有一种序列能使所有的组织都能达到最佳 CNR。

表 1-11　各种组织 CNR 最佳状态所需要的参数

组织对		最佳序列参数		
组织 A T_1/T_2/N(H)	组织 B T_1/T_2/N(H)	SE T_1 加权像 T_R/T_E CNR	SE T_2 加权像 T_R/T_E CNR	IR 序列 $T_R/T_I/T_E$ CNR
肝	肝癌	220/20	2 400/65	2 450/90/54
518/43/83	903/56/100	0.60	1.65	1.65
肝	肝癌	320/23	2 600/85	2 500/450/34
518/43/100	903/56/100	1.41	1.16	1.55
白质	白质病灶	315/30	2 400/120	2 350/420/50
500/70/100	800/90/100	1.73	1.51	1.89
灰质	CSF	450/38	3 600/150	3 500/600/65
600/90/100	1 500/150/100	3.48	2.96	3.58
灰质	脑水肿	357/83	3 000/150	2 450/550/50
600/90/100	800/100/100	1.28	0.64	1.26

四、MRI 的临床应用

磁共振扫描主要使用强磁场与射频脉冲。磁场强度为 0.15～2.0 T。强磁场使动物体内的原子核磁化；射频脉冲给予磁化的原子核一定的电磁能。这种电磁能在弛豫过程中释放出来，形成磁共振信号。计算机又将这种信号收集起来，按强度转化成黑白灰度并按位置组成二维或三维的图形。灰阶和图形共同组成了 MR 图像。兽医临床上通过对这一图像的分析，做出临床诊断。从以上的叙述可以了解，MRI 是一种新型的无创性兽医影像技术，不同于一般的 X 线技术和 CT 技术。

（一）被检动物的准备

被检动物及检查执行人员必须严格按照要求进入磁共振室。

（1）详细询问病史，结合临床检查出的症状、实验室检查的结果及拟诊，确定扫描部位并进行层面选择，缩小扫查部位，有的放矢地查出病变的部位、性质和范围。

（2）询问动物体内是否有植入性金属物品或电磁物品，如心脏起搏器、犬鸣抑制器、金牙、犬链等。进入磁共振室的人员亦不可以携带任何金属物品和电磁物品，包括手表、项链、手机、戒指、钥匙、硬币、信用卡及其他磁卡等。这些物品易被损坏，也给 MRI 造成伪影，影响图像质量。

（3）动物须经麻醉方可移入监察室，防止动物移动造成运动性伪影或影像缺失，也防止人、动物和机械损伤。

（4）心电监护仪、心电图机、心脏起搏器等仪器设备不能进入检查室。

（二）MRI 技术的适应症

1. 中枢神经系统病变。神经系统由于没有运动性伪影和骨质伪影，所以，MRI 对脑和脊髓病变诊断的效果最佳。MRI 对中枢神经系统病变的适应症常见的有：

(1)脑血管病变。缺血性中风、出血性中风、双重性中风、动脉瘤、动静脉畸形、静脉窦血栓等。

(2)感染与炎症。各种脑炎、脑膜炎、肉芽肿等。

(3)脑部退行性病变。如脑萎缩等。

(4)脑白质病变。多发性脑硬化、视神经脊髓炎等。

(5)颅脑肿瘤。

(6)颅脑外伤。脑挫伤内的软化坏死、血肿、出血等。

(7)脑室与蛛网膜下腔病变。梗阻性或交通性脑积水、蛛网膜囊肿、室管膜囊肿、脑室内肿瘤、脑室内囊虫、蛛网膜下腔内囊虫等。

(8)脑先天性发育畸形。大脑或小脑发育不良、脑灰质异位症、结节性硬化、神经纤维瘤等。

(9)脊柱与脊髓病变。脊椎骨折、椎间盘损伤、椎管狭窄、脊髓结核、脊髓肿瘤、脊髓空洞、脊髓静脉畸形、髓内出血、硬膜内外血肿、蛛网膜囊肿等。

2.其他部位适应症。

(1)五官与颈部病变。

(2)肺与纵隔病变。肺炎、结核、脓肿、空洞、胸腔积液、支气管扩张等。

(3)心脏与血管病变。主动脉瘤、心肌肥厚、心包积液、心肌梗死、房室隔缺损等。

(4)肝胆系统病变。肝囊肿、肝癌、肝硬化、肝炎、胆囊炎、胆囊癌、胆结石、梗阻性黄疸、胆囊扩张、胆汁瘀滞等。

(5)胰脏病变。胰腺癌、胰岛细胞癌、急慢性胰腺炎等。

(6)肾脏与泌尿系统病变。肿瘤、囊肿、肾盂积水、结石、输尿管与膀胱病变等。

(7)盆腔病变。淋巴结肿大、前列腺炎等。

(8)关节肌肉病变。关节软骨、韧带和肌肉损伤、关节炎、关节病、骨折及各种骨病等。

第六节　数字减影血管造影(DSA)

血管造影是将水溶性碘造影剂注入血管内,使血管显影的一种X线检查方法。由于血管在解剖关系上与骨骼和软组织的影像重叠,使得血管影像不能清楚显示。以前采用光学的减影技术消除骨骼和软组织的影像,使血管清楚显示,但是这种减影处理会丢失信息,不能实时显示,方法复杂。数字减影血管造影也称计算机血管造影,是20世纪80年代兴起的医学图像学新技术,是计算机技术、影像增强技术、电视技术与常规X线血管造影相结合的一种新的检查方法。此种检查也使当前医学影像学产生突破性的进展。DSA是利用计算机处理数字化的影像信息,以消除骨骼和软组织影像的技术。目前在血管造影中,这种技术已普遍应用。

一、DSA的成像基本原理

DSA是数字X线成像(digital radiography, DR)的一个组成部分。DR是先使机体某部分在影像增强器(IITV)荧屏上成像,用高分辨力摄像管对IITV上的图像进行序列扫描,把所得连续视频信号转换为间断的各自独立的信息,好像把IITV上的图像分成一定数量的小方块,即像素。然后,经模拟/数字转换器转换成数字,并按顺序排列成数字矩阵。这样图像就被像素化和数字化了。数字矩阵可为 256×256、512×512 或 1 024×1 024。像素越小、越多，图像越清晰。如将数字矩阵的每个数字经数字/模拟转换器转换成模拟灰变，并于荧屏上显像，则这个图像就是经数字化处理的图像。

数字减影血管造影的方法有几种，目前常用时间减影法。其具体做法如下：

经导管向血管内快速注入有机碘造影剂，在造影剂到达欲查血管之前、血管内造影剂浓度处于高峰和造影剂被廓清这段时间内，使检查部位连续成像。比如，每秒成像一帧，共得图像 10 帧。在这一系列图像中，取一帧血管内不含造影剂的图像和一帧含造影剂最多的图像，用这同一部位的两帧图像的数字矩阵，经计算机做数字减影处理，使两个数字矩阵中代表骨骼和软组织的数字相互抵消，而代表血管的数字不被抵消，最后只留有血管影像。这样，这个经计算机减影处理的数字矩阵经数字/模拟转换器转换为图像，则没有骨骼和软组织影像，只有血管影像，达到减影目的。这两帧图像称为减影对，因为在不同时间获得所以称为时间减影法。

DSA 的常用设备包括 IITV、高分辨力摄像管、计算机、磁盘、阴极线管和操作台等。

二、DSA 对设备的特殊要求

DSA 和数字 X 线成像系统不同，不仅把 X 线影像数字化，还要取得较好质量的血管减影影像，所以 DSA 系统对设备有一系列特殊的要求。

(一)X 线发生器

要求 X 线管能承受连续脉冲曝光的负荷量，对于中、大型 DSA 设备，一般 X 线热容量应在 200 kHU 以上，管电压范围 40～150 kV，管电流通常为 800～1 250 mA。要求高压直流发生器能产生稳定的直流高压，采用中、高频技术，有微机控制，产生几乎是纯直流的高压。X 线机能以多脉冲方式快速曝光，成像速度最高达每秒 150 帧。

(二)影像增强器

通常采用可变视野的影像增强器，根据造影时的需要灵活选用。

(三)光学系统

为了适应所用 X 线剂量范围大的特点，要求使用大孔径、光圈可自动调节的镜头。有的镜头还内含电动的中性滤光片，以防摄入强光。

(四)电视摄像系统

要求摄像管具有高灵敏度、高分辨率和低残像的特点，视频通道要有各种补偿电路，保证高信噪比、高保真的视频信号。

(五)监视器

要求配备高清晰度、大屏幕的监视器，如逐行扫描 1 024 线以上、51 cm 以上的类型。现多采用多屏、多分割或画中画形式的监视器，便于随时对比。

(六)X 线影像亮度的自动控制

在 DSA 中由于被摄对象的组织密度变化大，应保证在各种不同的摄影对象和摄影条件下都能得到有足够诊断信息的影像，消除模糊和晕光。

(七)X 线剂量管理

剂量管理系统的任务是在保证影像质量的前提下，尽量减少患者接受的 X 线照射剂量。

另外,DSA 还对设备的机械系统、影像数据采集和存储系统以及计算机系统都提出了相应的要求和技术措施。

三、DSA 检查技术

根据将造影剂注入动脉或是静脉而分为动脉 DSA 和静脉 DSA 两种类型。由于动脉 DSA 血管成像清楚,造影剂用量少,所以目前常用动脉 DSA。

在进行动脉数字减影血管造影时先进行动脉插管,经导管注入肝素抗凝。将导管尖插入欲查动脉开口,导管尾端接压力注射器,快速注入造影剂。注入造影剂前将 IITV 对准检查部位,于造影前及整个造影过程中,以每秒 1～3 帧或更多的帧频,摄像 7～10 s。经操作台处理即可得减影的血管图像。

四、DSA 的临床应用

DSA 由于没有骨骼与软组织的重叠,使血管及其病变显示清楚,应用普遍,已代替了一般的血管造影。用选择性或超选择性插管,对 200 μm 以下的血管及小病变能很好显示。而观察大血管,可不做选择性插管。所用造影剂浓度低,剂量小。DSA 可行数字化信息储存。

静脉 DSA 经周围静脉注入造影剂,即可获得静脉造影,但临床应用不多,当动脉插管困难或不适于做动脉 DSA 时可采用此法。

DSA 适用于心脏大血管的检查。对心内解剖结构异常、主动脉夹层、主动脉瘤、主动脉缩窄或主动脉发育异常等显示清楚,对显示冠状动脉是最好的方法。

动脉 DSA 对显示颈段和颅内动脉均清楚,用于诊断颈段动脉狭窄或闭塞、颅内动脉瘤、血管发育异常和动脉闭塞以及颅内肿瘤的供血动脉和肿瘤染色等。

对腹主动脉及其大分支以及肢体大血管的检查,DSA 也很有帮助。

DSA 也应用于腹腔脏器血管的检查。

第七节　介入性放射学

一、介入性放射学的概念

介入性放射学(interventional radiology)也称手术放射学,是诊断放射学发展的一个新领域,其特点是采用各种特制的穿刺针、导管和栓塞材料,由放射科医师负责操作,将体内组织器官病变先诊断清楚,再进行治疗,使影像诊断和治疗结合起来。这种方法具有安全可靠、简便有效、创伤小等优点。整个过程包括两个基本内容:①进行影像诊断,弄清病变的基本情况,同时在影像的监视下进行治疗。②也可以在影像监视引导下进行组织学、细菌学的取材,进行生物化学和生理学资料的获取。

二、介入性放射学应具备的器材

(一)影像监视设备

介入性放射学是在影像设备的监视下,利用穿刺针、导管及导丝的操作达到局部治疗的目的,因此监视手段及监视手段的选择至关重要。每一种监视手段都有其自身的特点,所以在选择使用时，必须清楚地了解各种影像设备的适应范围，才能保证介入放射学操作的顺利进行。

1. 直接 X 线透视。这种监视方法是介入放射学传统的、基本的监视手段，应用历史最早、范围最广泛。方法是 X 线穿透机体后直接在荧光屏上成像，最早用于血管系统介入放射学、胆道及泌尿道等的介入放射学。但其缺点是成像层次重叠、密度差异小、图像质量差、不便于介入操作、对于患者和操作人员有放射损伤。

2. 间接 X 线透视和数字减影血管造影。间接 X 线透视是将通过机体的 X 线通过光电转换器并经摄像系统传递到显示器上成像的方法。该成像系统使用了影像增强装置，使图像清晰、明亮、便于观察，X 线曝光量明显减少，极大地降低了对患者和工作人员的放射损伤。目前间接 X 线透视已经基本取代了直接 X 线透视。数字减影血管造影是在间接 X 线透视的基础之上发展起来的，利用计算机技术消除了骨骼、软组织对血管造影影像的影响，提高了血管影像的清晰度，是目前血管系统介入放射学的主要监视设备。

3. 超声设备。超声波成像设备作为介入放射学的影像监视设备，优点在于使用方便、实时成像。检测探头可随时随角度进行扫查，立体感强，能明显提高准确性，特别适合于穿刺定位，如胸腔积液、腹腔积液、囊肿或脓肿穿刺、肝胆系统经皮穿刺等。但超声检查易受骨和体内气体的影响，干扰操作。

4. CT 设备。CT 所提供的影像为断层影像，影像清晰、层次分明，定位准确。可用于颅内出血穿刺抽吸减压治疗。近年来出现了 CT 透视，这为介入放射学提供了便利条件，开拓了更广阔的空间。

（二）所用器材

介入放射学所用的器材种类很多，现就已开发使用的最基本的器材进行介绍。

1. 穿刺针。穿刺针是介入放射学技术中最基本的器材，它的作用是为以后的操作建立通道或直接经建立的通道采取病理组织、抽吸内容物、注入药物等。穿刺针由锐利的针芯和外套管组成，用于血管穿刺的则无针芯。穿刺针的外径用号表示，内径用英寸表示。

2. 导管。介入放射学的主要器材是导管，种类较多，有造影导管、引流导管、球囊扩张导管等。导管的形状和大小、粗细依导管的作用不同而异。

3. 导丝。导丝具有引导作用，通过导丝送入导管或经导管利用导丝的导向性，将导管选择性地插入相应的血管或器官。

4. 导管鞘。由带反流阀的外鞘和中空的内芯组成。其作用是避免导管反复出入组织或管壁对局部造成损伤。

5. 支架。用于对狭窄的管腔进行支撑以恢复管腔的疏导功能。包括金属支架和内涵管，金属支架的性能和形态有所差异，如自涨式和球囊扩张式，可用于血管系统和非血管系统狭窄的治疗；内涵管只用于非血管系统狭窄的治疗。

三、介入性放射学的内容

（一）经皮穿血管腔成形术

经皮穿血管腔成形术（percutaneous transluminal angiography，PTA）是一种经动脉导管扩张或再通动脉硬化或其他原因引起的动脉狭窄闭塞的方法。这种方法随着导管的不断改进，已广泛应用于扩张四肢血管、内脏的小动脉、大动脉、静脉及冠状动脉。病种包括动脉粥样硬化性和非粥样硬化性病变。

在进行扩张术之前须先做血管造影，以便确定病变部位、程度和侧支供血情况。然后用球囊导管来扩张狭窄段。将球囊导管插入到狭窄区，用压力泵或手推注射器将造影剂注入扩充球囊。此时做血管造影以便了解扩张情况。

关于此项技术的适用范围和治疗效果，以股骨腘动脉成形术为例，狭窄段在 10 以内效果最好。股骨腘动脉的最初成功率为 84%，2 年后随访，其治愈率为 72%，说明近期和远期疗效均较好。PTA 应用于肾动脉狭窄也有良好的效果，治愈率为 44%，病情改善的占 48%，无反应者约 8%。PTA 应用于冠状动脉狭窄，效果较为满意。

（二）血管内灌注药物治疗

血管内灌注药物的目的是止血和抗癌治疗。

1. 灌注止血药物。对于消化道出血如胃食管静脉曲张和胃肠道动脉出血、胃炎弥漫性黏膜出血、结肠憩室出血均可用此法治疗。胃食管静脉曲张和胃肠道动脉出血时，一般先做胃肠道 X 线检查或内窥镜检查，若诊断不明确，应进行选择性血管造影，以确定出血的部位和原因。动脉内灌注血管收缩药止血，一般先进行血管造影然后进行药物灌注。经肠系膜动脉导管灌注血管加压素，控制胃食管静脉曲张出血成功率为 55%～95%；胃左动脉或腹腔动脉导管灌注能控制 80%胃炎弥漫性出血；经肠系膜上或下动脉控制结肠憩室出血的成功率为 60%～75%。

2. 灌注化疗药物。在治疗肿瘤的过程中，为减少化疗药物的全身毒性反应，减少药物对正常组织细胞的伤害，可将导管选择性地插入供应肿瘤的血管。经导管向肿瘤局部灌注抗癌药物，增加局部的药物浓度，提高杀灭癌细胞的疗效。

常用的灌注药物有 5-氟尿嘧啶、丝裂霉素、顺铂、阿霉素等。目前化疗药物灌注治疗的应用范围较广，只要动脉导管能到达的实体肿瘤均可实行化疗药物灌注治疗。

灌注化疗药物常用于头颈部恶性肿瘤、原发性肺癌、肝癌、消化道恶性肿瘤、盆腔肿瘤和骨肿瘤的治疗。方法是经股动脉穿刺，将导管选择性地插入靶动脉内灌注化疗药物，灌注时间为 30 min 左右。

本法的不足之处在于可能出现导管阻塞、血栓形成或血管内膜增生。

（三）经导管栓塞术

经导管栓塞术（transcatheter embolization）是通过动脉或静脉内导管，将一些栓塞物质有目的地注入供应病变或器官的血管内，使之阻塞，从而中断血液供应，以达到控制出血、终止病变的进展及消除器官功能的目的。此项技术已成为一种治疗方法，故又称为栓塞治疗（embolotherapy）。

栓塞治疗目前主要用于以下几个方面：

1. 控制出血。出血包括创伤性出血、胃肠道出血和肿瘤出血。对于创伤性出血，有时是用于治疗，有时是作为抢救生命，为手术创造条件的术前准备而用。严重的骨盆骨折可引起闭孔内动脉和阴部内动脉撕裂大出血，紧急手术有极大危险，若先做髂内动脉选择性栓塞，既可起到止血的作用又为手术创造条件，提高了手术的安全性。又如治疗肝破裂出血，栓塞肝动脉或在其分支止血，也迅速有效。

胃和十二指肠溃疡出血，用灌注加压素只能控制 35%出血，而用导管栓塞疗法止血成功率可达96%。膀胱和子宫肿瘤出血,经股动脉做髂内动脉插管栓塞,能有效地控制出血。

身体各部肿瘤出血均可实行栓塞治疗,有效而安全。

2.闭塞动静脉畸形和动静脉瘘。治疗动静脉畸形和动静脉瘘都可用栓塞疗法,是将其供应和引流的血管均做永久性的闭塞。选用的栓塞物以组织黏着剂(IBCA)为好,将其注入血管内,在腔内形成铸型物质,使血管完全闭塞,可收到与手术结扎血管一样的效果。

3.栓塞肿瘤。有两种方式,一种用于做手术前准备(手术前栓塞),另一种作为肿瘤的姑息治疗。

是由于肿瘤的血管丰富,手术时会造成大量出血,为避免术中出血过多,可进行术前栓塞。栓塞后既能阻断肿瘤的血液供应,又使肿瘤周围发生水肿,有利于肿瘤剥离摘除。

姑息治疗多用于不能手术切除的肿瘤,栓塞后能改善生存质量,延长生存期。有些病例栓后肿瘤缩小,可以手术切除。在用栓塞疗法治疗肿瘤时,可用放射性微粒作为栓塞物,起到放射治疗的作用,常用的放射性微粒有^{125}I(碘)、^{90}Y(钇)等;也可用含化疗药的栓塞物,经缓慢释放而起到化疗的作用。

4.消除病变器官的功能。对于不同原因引起的脾大、脾功能亢进,可通过导管栓塞术来消除脾功能。现常使用部分脾动脉栓塞技术,栓塞脾动脉的脾内分支,这既可以治疗脾功能亢进,又不影响脾的免疫功能,使脾动脉栓塞术更安全可靠。

对于肾血管性高血压、恶性高血压的晚期肾衰竭患者,可通过栓塞肾动脉,造成肾缺血梗死从而消除分泌肾素的来源,为肾移植手术创造条件。

栓塞技术中常用的血管栓塞物有自体血凝块、明胶海绵、碘化油、螺圈和鱼肝油酸钠等。一般做短期栓塞常用自体血块,可维持数小时至数天,以后即被溶解。其优点在于不引起被栓塞的靶器官发生不可逆性坏死;明胶海绵可持续数周或更长时间,它除机械性阻塞血管外,还可造成继发性血栓。主要用于栓塞肿瘤、血管性疾病和控制出血;碘化油广泛用于肝癌的栓塞治疗,能较完全和长时间地阻塞肿瘤实质血液供应。此外还可以将碘化油和抗癌剂混合成乳剂,注入后既能闭塞血管,也能缓慢释放化疗药物,发挥治疗作用;螺圈为不锈钢圈,是一种机械性栓子,用于大、中、小血管,可永久性闭塞血管,对机体无毒。

在进行经导管栓塞术时,可进行导管插管的动脉有股动脉、颈动脉、腋动脉、肱动脉和腘动脉等。经皮将穿刺针插入动脉后,再进行诊断性血管造影。根据病变的确切部位、性质和血管解剖特点,采用选择性和超选择性插管技术,尽量使导管接近病变部位,选择合适的栓塞物,在电视透视监视下缓慢注入或送入栓塞物,直到血流被阻断。

(四)经皮穿刺活检

经皮穿刺和抽吸活检是在影像的监视和导向下,用活检针穿刺病变器官和组织,以获取细胞学或组织学标本,做出细胞学或病理学诊断。经皮穿刺活检是有价值的诊断方法,已广泛应用于身体各部位、各器官病变。方法简便,安全有效。

穿刺针有切割式、环钻式和抽吸式。抽吸式使用细针,对组织损伤小,利用注射抽吸可获取细胞学标本;切割式针的种类较多,针尖具有不同形状,口径较粗,可获取组织芯或组织碎块;环钻式主要用于骨组织的活检。

经皮穿刺活检必须在影像导向下才能准确进行。常用的导向方法有X线透视、超声波、CT和MRI。根据穿刺的部位和器官选择导向方法。穿刺囊性或实体性肿块可用超声波进行实时监视,定向准确、使用方便、导向成功率高。获取肺脏或骨骼的病料时,可选用X线透视监视，简单方便。CT 导向准确，但操作程序复杂，多用于腹部、盆部和胸部病变活检。

该方法已广泛用于诊断各系统、器官的病变，如肺内结节、肿块病变的诊断；确定恶性肿瘤的类型；确定腹部肝、肾、胰腺等部位的病变性质以及胰腺癌与胰腺炎的鉴别诊断；骨组织病变的鉴别诊断等。

（五）经皮穿刺引流术

机体管道、体腔或器官组织发生病变后，有时出现病理性积液、脓肿、血肿、胆汁瘀积和尿液潴留等，当超过一定的量以后，病变的器官或组织的形态和功能发生异常。通过穿刺引流可达到减压、排除病理产物、进行鉴别诊断及局部治疗的作用。

1. 肾囊性病变。肾囊性病变在人类医学中经常发生，既有发育性的也有后天性的，如多囊肾、单纯性肾囊肿。肾囊性病变治愈方法，多采取保守和对症处理。介入治疗是一种有效的方法。

对于肾脏囊性病变的介入治疗，一般在超声或 CT 的引导下，确定穿刺部位。按原定的穿刺方向和深度进针，抽吸到囊液以后，注入少量造影剂用 CT 扫描观察证实；如在超声下穿刺则用超声观察穿刺针的深度，放置引流管进行引流、抽吸。然后注入造影剂，透视观察有无外漏，再注入适量的 50%的无水酒精，15 min 后抽出注入的酒精，拔管。

2. 肝脓肿。细菌性肝脓肿多由肝外胆系疾病逆向感染所致。本病的治疗除了使用大量抗生素以外，在超声和 CT 的引导下，可以穿刺装管引流。此法成功率高、并发症少，简单、安全。

首先获得超声或 CT 的影像学资料，以便确定最佳引流途径。在穿刺点处皮肤做一小切口，在透视或超声引导下直接向引流区中央穿刺，预计到位以后，退出针芯，可见腔内容物流出，经套管腔直接引入引流管，在影像导向下略做导管侧孔段的位置调整，退出套管，经引流管注射稀释的造影剂做引流区造影留片，固定引流管。

（六）经皮自动椎间盘切除术

这种方法是在对经皮椎间盘切除术进行改进后形成的一种方法。该法的优点是：缩短了手术时间，减少了操作；器械的直径仅 2 nm，降低了神经根和重要器官发生损伤的机会；减少发生感染的可能性。

所用的器械和设备有穿刺针、导丝、套管、纤维环锯、自动抽吸针、C 形臂 X 线透视机和可穿透 X 线手术台。

操作时，患畜取侧卧位，患侧向上。在透视下确定穿刺点。进行穿刺，当穿刺针进至纤维环时有明显的涩韧感，进入髓核则有明显的减压感。经透视确定穿刺针位置准确后，放置工作套管至椎间盘，再依次旋入另外两个套管。退出导丝和中间的套管，保留引导套管和外层套管。自这两个套管之间置入纤维环锯行纤维环开窗。退出引导套管和纤维环锯，仅保留最外层的工作套管。自工作套管内放入自动抽吸针达椎间盘腔中央，进行切除抽吸。

本法适用于经影像学方法确诊并有明显临床症状的病例。

第二章 X线设备

自1895年伦琴发现X线以后，仅一年的时间X线就被应用于医学并开始研究其设备。目前所用的X线设备已达到相当高的水平。现代的X线机把X线发生器、断层技术、光电倍增技术、影像储存装置、电子计算机、扫描技术等结合起来，使X线技术在医学中的应用越来越广泛，作用也越来越重要。在医学领域X线机的使用是多方面的，包括普通诊断用X线机、各科专用X线机及介入放射学X线机等等。因此现在已经有各种型号和规格的X线机供不同场合、不同对象和不同检查目的应用，而目前兽医临床多使用的是诊断用X线机。

第一节 X 线 管

X线管是X线机的主要组成部件之一，其基本作用是将电能转换成X射线。自从1895年伦琴发现X线以来，在X线诊断技术不断进步与提高的同时，X线管也得到了日新月异的发展，先后出现了气体电离式、固定阳极、旋转阳极X线管以及各种特殊X线管。

一、X线管的结构

从结构上看，X线管本身是一个具有特殊用途的真空玻璃二极管（图2-1），将其放在一个特别的X线管封套内，和其他附属结构一起组成X线机头。

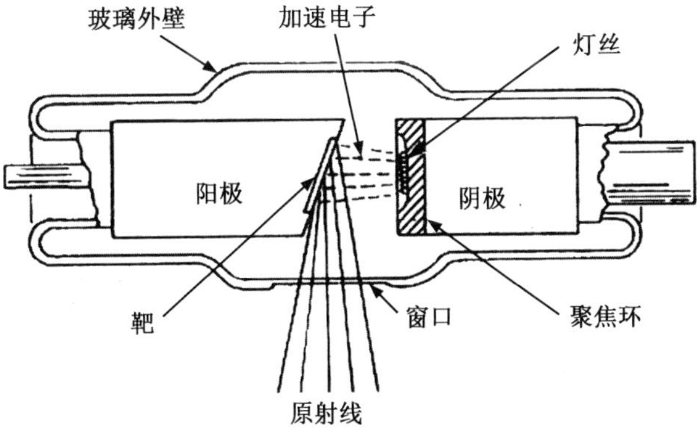

图2-1 固定阳极X线管

（一）X线管封套

X线管封套由金属制成，X线管就放置其中，它除了保护X线管免遭损坏以外，还有防止X线漏出，保护人员免遭电击的作用。当X线管产生的X线是向四面八方辐射的，而检查所需要的只是正对窗口射出的一部分X线。X线封套的作用就是将没有正对窗口的无用X线吸收掉，尽量减少 X 线漏出，只允许有用射线从保护封套留下的窗口发出，投向被检查的部位。

铅是一种防止泄漏射线的极好材料，在 X 线管封套里，除了允许 X 线通过的窗口之外都敷有一层铅以吸收 X 线。在 X 线管封套上还有两个防电击的高压插座，这是引入高压与 X 线管的阴极、阳极相连接的地方。

（二）绝缘油

在 X 线管封套内，X 线管的四周充有绝缘油，具有电绝缘的作用。绝缘油也是一个导热媒介，使 X 线管产生的热量通过绝缘油传向封套再散发出去。使用的绝缘油必须纯度很高，不能有杂质。在使用 X 线机的过程中必须随时观察有无绝缘油漏出现象，特别是在 X 线机使用年限较长的情况下更应加以注意。

（三）玻璃壳

玻璃壳又称管壳，是 X 线管的外壁，用来支撑阴、阳两极和保持管内真空度。通常采用熔点高、绝缘强度大、膨胀系数小的钼组硬质玻璃制成。外形多为长圆形，长 20～35 cm，直径 5～15 cm。对玻璃的要求是：透明度高、电绝缘性能好、吸收 X 线少、熔点高、机械力强、能保持高度真空。

（四）阴极

阴极是 X 线管负极的一边，阴极的作用有两个方面，一是产生和发射电子，二是对轰击靶面的电子进行聚焦，使之具有一定的大小和形状，形成 X 线管的焦点。

从结构上看，阴极由两部分组成，即灯丝和聚焦杯。

1. 灯丝。灯丝由钨丝绕制成螺管状，其作用是产生和发射电子。因为钨具有较大的电子发射能力、较高的熔点，在高温下也不易蒸发；还容易加工成细丝，所以钨制成的灯丝具有较高的电子发射效率和较长的使用寿命。

灯丝通电加热以后，灯丝原子的外层电子就会脱离其轨道而形成自由电子。在一定范围内，灯丝电压越高，通过灯丝的电流就越大，灯丝温度也越高，发射电子数量也越多。因此，调节灯丝温度即可改变管电流，亦即调节了 X 线的量。

灯丝加热电压因 X 线管的不同而不同，一般为 5～10 V，电流多为 3～6 A，电 0.5～2 Ω。灯丝点燃时间越长，工作温度越高，蒸发就越快，寿命越短。所以使用 X 线管时，灯丝电流必须严格控制在额定值以下，同时要尽量缩短点燃时间。

2. 聚焦杯。聚焦杯或叫聚集槽，是一个金属罩，由纯铁或镍制成。灯丝就装在这个金属罩里。热发射的电子都带负电，当它们离开灯丝射向阳极时，可因静电相互排斥，不能聚集成束地射向阳极靶面。金属制成的聚焦杯与阴极相连，与电子是同一电性，对电子间相互排斥有限制作用，可以使电子集约成束地射向阳极靶面。因此，改善了 X 线的焦点性能。

（五）阳极

阳极是 X 线管的正极一边，由靶和阳极体组成。它有三个方面的功能：第一，接受从阴极发射过来的电子；第二，通过连接电缆，让电子回到高压回路中去；第三，把产生的热传导出去。因此，阳极必须是电的良好导体，也应是热的良好导体。制造阳极最常用的材料是金属铜。

阳极上接受阴极射来电子轰击的区域称为靶面。靶面承受电子轰击，辐射 X 线。由于靶面的工作温度很高，且辐射的 X 线强度与其材料的原子序数成正比，因此，医用 X 线管的靶面一般用钨制成，称为钨靶。钨除了具有熔点高(3 370℃)、原子序数高(74)等特点之外，在高温条件下，它的蒸气压低、蒸发少，因而可以延长 X 线管的使用寿命。为了满足熔点高、导热好和产生 X 线效率高的要求，常采用真空熔焊的方法把无氧铜制成的阳极体与钨靶焊接在一起。由于铜的导热系数较大，这样制成的阳极头不但辐射 X 线的效率高，而且具有良好的散热性能。

阳极有两种类型，一种是固定阳极，另一种是旋转阳极。

1. 固定阳极。固定阳极 X 线管是常用 X 线管中最简单的一种，主要特点是真空度高、电子由阴极发射、X 线的量与质可以任意调节。

固定阳极为一铜圆柱体(图 2-1)，对应阴极的一端做成一定的角度(15°～22.5°)的斜面，斜面上镶有一块钨做的靶，靶面的大小应超过电子束轰击的范围，以免电子束击坏阳极的铜柱。

2. 旋转阳极。旋转阳极 X 线管的结构如图 2-2 所示。它是在 X 线管上装着一个特殊的电动机，让阳极的靶面高速旋转。靶面高速转动，从偏离管中心轴线的阴极发出的电子，轰击到转动靶面的环行面积上。由于旋转阳极的热量分布面积比固定阳极 X 线管大得多，因此，旋转阳极 X 线管能制成小焦点，而且能加大瞬时负载功率，这是旋转阳极 X 线管的一大优点。

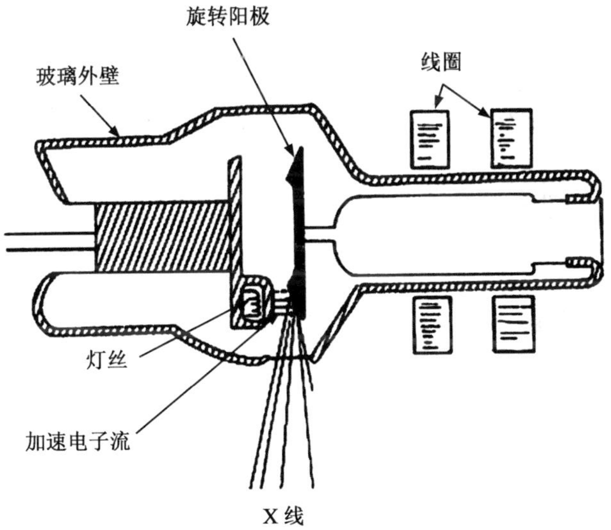

图 2-2　旋转阳极 X 线管

旋转阳极做成圆盘形，靶面放在圆盘的外圈。圆盘的直径为 75～100 mm，直径越大，热容量也越大。与同样焦点面积的固定阳极 X 线管相比，旋转阳极的热容量增大了近 200 倍，也使允许的负荷量增加了 7～8 倍。同时靶面的角度也可以做得更小，一般为 10°～17°，因此，有效焦点的面积也小，拍摄出的影像清晰度较高。

(1)焦点。X 线管接受电子轰击的面积，称为焦点。可以认为，焦点就是 X 线的发源点。焦点的大小由阴极的结构决定，如灯丝的大小、聚焦杯的结构及灯丝在聚焦杯内的位置。由于聚焦杯的作用，电子从阴极到阳极的路途中彼此互相平行，因此焦点即为灯丝在靶面的投影，焦点面积近似于灯丝的面积。表面斜行的靶面又影响电子束轰击的实际靶面积，也影响到从靶面上发出通过窗口的X线有效焦点面积。实际上，X线管焦点对各方向的投影均为有效焦点，而垂直于窗口方向的投影，为X线管标志的有效焦点(图2-3)。任何X线管其焦点均具有一定的几何面积，诊断用X线机的固定阳极X线管的有效焦点面积为1.5～4.3 mm，旋转阳极X线管的有效焦点面积为0.3～2 mm。同一个X线管的有效焦点，随X线投射的方向不同而异，X线管的纵轴上，近阳极端的有效焦点小，近阴极端的有效焦点大。纵轴两侧有效焦点对称相等。

靶面角度影响有效焦点的大小，靶面角度越小有效焦点也越小。旋转阳极的靶面角度比固定阳极的小，因此，有效焦点也小。

(2)阳极效应。在X线管纵轴上，照射野面上的X线量也不是均匀分布的。近阳极一侧的X线强度比阴极一侧要小，阳极倾角的延长线以外，因X线管阳极面的吸收，无原发射线，这称为阳极效应。以靶面倾角为12°面的X线管为例，设中心线处的X线量为100%，向阴极端8°处的X线量是104%，向阳极端8°处则是85%；向阴极端12°处X线量是105%，向阳极端X线量是73%；向阳极端20°处的X线量是31% ，20°以外的X线被阳极遮挡，其原发射线为零。这是因为阳极一侧的X线受阳极的影响，增加了对X线的吸收，而阴极一侧的X线离阳极较远，受到的影响小，X线的强度相对增加了。靶面角度越小，有效焦点也小，受阳极效应的影响也大(图2-4)。

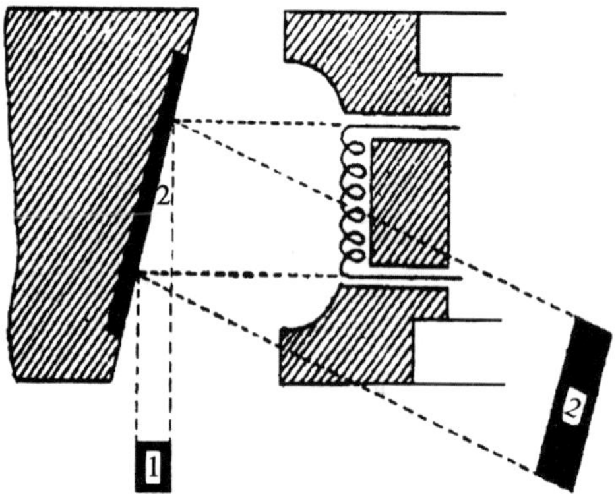

1. 有效焦点；2. 实际焦点

图 2-3 X线管的有效焦点示意图

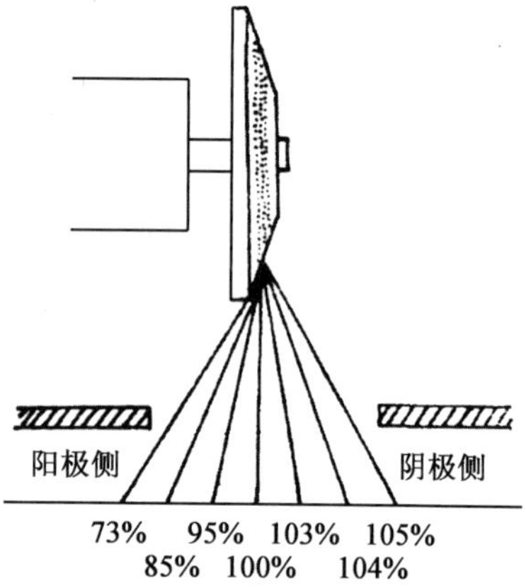

图 2-4 阳极效应

由于阳极效应的存在，投照的影像，近阳极端清晰，近阴极端模糊。射线的量，近阳极端少，近阴极端多。因此，在投照时应注意肢体的长轴与X线管的长轴平行。应将肢体厚度大、密度高的部分置于阴极端；厚度小、密度低的部分置于阳极端，这样能使胶片的密度基本平衡。如果焦点到胶片的距离较大，要检查的范围又比较小，阳极效应的影响就比较小了，投照时可不予考虑。

二、X线管的规格

各种型号的X线管都有一定的规格，包括构造参数、电参数及特性参数等，必须熟悉它们才能正确使用X线管，发挥其应有的效能，而不致造成损坏。

（一）构造参数

凡由 X 线管的结构所决定的非电性能的规格或数据，都属于构造参数。例如，阳极靶面倾角、有效焦点大小、外形尺寸、质量、管壁的滤过当量、冷却和绝缘形式、旋转阳极 X 线管的阳极转速、最大允许工作温度等。

（二）电参数

电参数是指 X 线管电性能的规格数据，比如灯丝加热电压、电流、最高管电压、最大允许功率、容量等。这些数据在调整和使用 X 线机时要严格遵守。

1. 最高管电压。是指可加在 X 线管两极间的最高峰值电压，单位是 kV。最高管电压是由 X 线管的长度、形状、绝缘介质的种类以及管套的形式决定的。如超过最高管电压的允许值，会造成管壁放电甚至击穿。

2. 最大管电流。是指 X 线管在某一管电压和某一曝光时间内所允许的最大管电流平均值，单位是 mA。在调整 X 线机管电流时不得超过该值。否则将导致 X 线管损坏。

3. 最长曝光时间。是指 X 线管在某一管电压和某一管电流条件下，所允许的最长曝光时间，单位是 s。在使用中同样不能超过该值。

（三）容量

1. 容量及其决定因素。容量又称负荷量，是指一次曝光中 X 线管无任何损坏的情况下能承受的负荷量。由于输入 X 线管的电能 98% 以上转变成热能，焦点面的温度升高很快，超过一定温度时将导致 X 线管的损坏，因而 X 线管的容量是要受到限制的。要增大 X 线管的容量，必须做到增大焦点面积、减小靶面倾角、增加阳极转速、增加焦点轨道半径、减小管电压波形的波纹系数。

2. X 线管容量的计算。X 线管的容量可由下式计算：

$$P=\frac{UI}{1\,000}$$

式中：P 为 X 线管容量，单位为 kW；U 为管电压有效值，单位为 kV；I 为管电流有效值，单位为 mA。在使用中 X 线管的容量不仅与管电压和管电流有关，而且与曝光时间和整流方式有关。当管电压与管电流波形不同时，其管电压峰值与有效值、管电流平均值与有效值均不等。例如，在单相全波整流电路中，管电压有效值＝0.707×管电压峰值，管电流有效值＝1.1×管电流平均值。

3. X 线管的标称功率。一般将一定整流方式和一定照射时间条件下 X 线管的最大负荷，称为 X 线管的标称功率。很明显，标称功率大的 X 线管容量大，反之，容量小。

固定阳极 X 线管的标称功率是在三相全波整流电路中，曝光时间为 1 s 时所能承受的最大负荷。例如，XD_4-2・9/100 型 X 线管的标称功率是：小焦点（1.8）2 kW；大焦点（4.9）9 kW。

旋转阳极 X 线管的标称功率是在三相全波整流电路中，曝光时间为 0.1 s 时所能承受的最大负荷。例如 XD_{51}-20・40/125 型 X 线管的标称功率是：小焦点（1）20 kW；大焦点（2）40 kW。

4. 连续负荷和瞬时负荷容量表示方法。负荷时间为数毫秒至数秒的称为瞬时负荷；长时间的透视负荷为连续负荷。多次瞬时负荷或透视与拍片交替进行的负荷为混合负荷。

(1)连续负荷容量表示方法。①限定连续使用的最大功率。如国产 XD_4-2·9/100 型 X 线管的连续负荷为 200 W,即用 75 kV 透视时,管电流不能超过 2.8 mA;用 70 kV 透视时,管电流可用 3 mA。②限定管电压、管电流和照射时间。如某 X 线管的规格为 100 kV、2.5 mA,连续使用。

(2)瞬时负荷时容量标注方法。短时间负荷最大规格常用负荷特性曲线表示,它可以直接指明在一定的整流方式、管电压和曝光时间条件下所允许的最大管电流。X 线管型号不同,其特性曲线也不同。

5.热容量。X 线机每次曝光以后,X 线管产生的总热量与管电压、管电流及曝光时间有关。对单相整流的机器来说,可用管电压、管电流和曝光时间三者的乘积直接表示为热单位,即热容量的单位:

热单位=管电压(kV)×管电流(mA)×曝光时间(s)

热量储存在 X 线管内,然后再扩散出去,这样,热容量又与 X 线管的冷却形式有关。一个油浸 X 线管,每次曝光以后,阳极传出的热都储存在周围的油内,再根据 X 线管封套冷却的情况渐渐散去。如果一次曝光以后产生的热量并没有超过该 X 线管的热容量,紧接着进行二次曝光,由于前面的热还未散去,再加上二次曝光的热就可能超过该管的热容量而损伤 X 线管。所以在 X 线机工作过程中,每次照射后,要有必要的间隔冷却时间。连续工作时,要注意 X 线管的热量蓄积,X 线管套表面温度不得超过 50~60℃。

第二节 数字 X 线成像概述

1981 年 6 月在布鲁塞尔召开的第 15 届国际放射学会学术会议上首次提出数字 X 线成像技术的物理概念及临床应用。1998 年,在体现国际医学影像技术最高水平的“北美放射学年会”(Radiological Society of North America,RSNA)上,不论从学术报告还是从设备展览中均体现出数字化影像技术是医学影像诊断的大势所趋。

与传统影像技术相比,数字化影像技术具有下列明显优势:①优化曝光范围和对比度;②利用影像的后处理功能可以进一步调整图像的明暗度和对比度;③方便影像数据的大量存储;④图像携带便利、传输方便,有利于开展远程诊断;⑤减少了耗材的成本;⑥省去了暗室操作;⑦减少了对环境的污染。

在人类医学中,2010 年有数据显示全世界 50%以上的医院实现了“无胶片化”。在兽医临床,虽然没有数据支持,但近 10 年来,数字化影像的发展速度已超出预期。2007 年,我国兽医临床出现了第一篇关于数字化影像应用的报道。2015 年至今,兽医临床每年不低于 300 台的数字化影像设备进行改造和新增,并且这个数据还在持续增长。

数字 X 线成像是指将 X 线摄影中穿透动物体的 X 线衰减状况进行量化,即将持续缓慢变化的密度转换为整体离散、灰阶等级数字的信号。只有这样,医学影像才可以数字方式输出,使这些影像数据得以直接利用计算机强大的高速运算处理能力,方便、快速地进行存储、处理、传输和显示。

一、数字化影像基本组成

与传统 X 线胶片影像以银离子颗粒密度变化成像不同，数字化影像以“像素”(pixels)矩阵排列成像。像素的大小决定了数字化影像的空间分辨力(spatial resolution)，通常情况下对于同一物体，数字化影像的像素越小，相同面积内数量越多，空间分辨力越好，如图 2-5 所示。

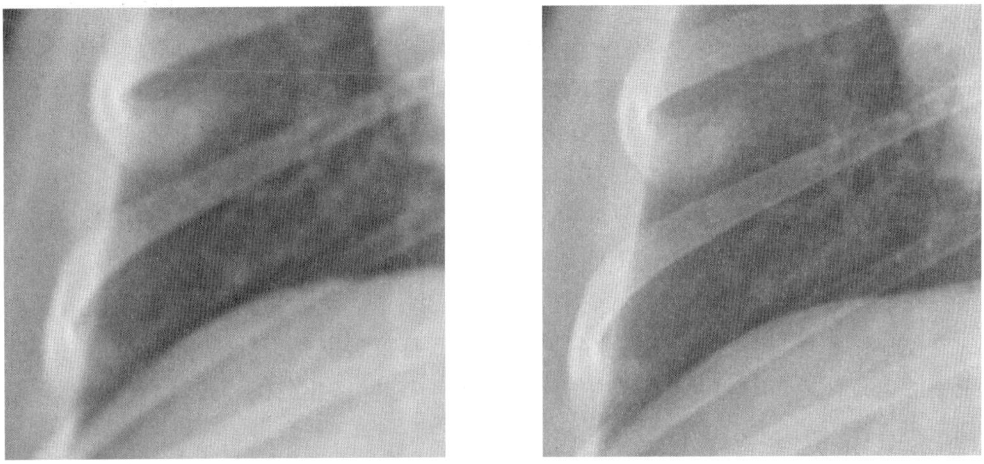

a.70 个像素　　b.300 个像素

图 2-5　同一位置不同像素

引自 Textbook of Veterinary Diagnostic Radiology(6th Edition)

每一个像素又有一个特定的灰阶值。在数字化影像中，灰阶值是电脑采用二进制表示的，即 0 和 1 的不同组合。0 代表白色，1 代表黑色，0 和 1 不同组合代表了不同的灰阶数值。灰阶数值的单位是位元深度，简称位深(bit)。例如，16 bit 代表 0 和 1 有 16 种不同的组合，呈现 16 个不同的灰阶表现。0 和 1 的组合越多，代表灰阶值越多，即图像所呈现的灰度越多，对比度下降；相反，0 和 1 的组合越少，灰阶值越少，即图像呈现的灰度越少，对比度越强，如图 2-6 所示。

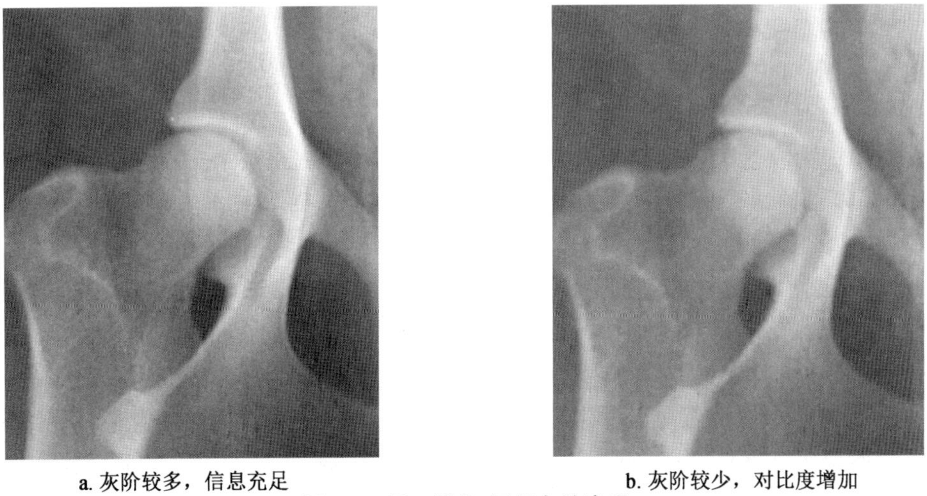

a. 灰阶较多，信息充足　　b. 灰阶较少，对比度增加

图 2-6　同一部位，不同灰阶表现

引自 Textbook of Veterinary Diagnostic Radiology(6th Edition)

二、DICOM 简介

医学影像被数字化以后，通常以 DICOM 格式进行存档。DICOM（Digital Imaging and Communications in Medicine）即医学数字成像和通信，是医学图像和相关信息的国际标准（ISO12052）。它定义了质量能满足临床需要的可用于数据交换的医学图像格式，被广泛应用于 X 线、CT、磁共振和超声成像等影像技术中，是最为广泛的医疗信息标准之一。

美国放射学会（American College of Radiology，ACR）和国家电气制造商协会（National Electrical Manufacturers Association，NEMA）联合委员会（ACR-NEMA 联合委员会）于 1985 年发布了最初的 1.0 版本，1988 年该委员会又推出 2.0 版本，到 1993 年发布的 DICOM 标准 3.0（DICOM3.0），已发展成为医学影像信息学领域的国际通用标准。

DICOM 是医学图像信息系统领域中的核心，它主要涉及信息系统中最主要也是最困难的医学图像的存储和通信。DICOM 也是研究和开发具有网络连接功能，实现信息资源共享的新型医疗仪器的技术基础。医疗仪器在朝着自动化、智能化发展的同时，也在向着具有通信能力的遥控遥测和信息远程获取的网络功能发展，医疗仪器既是医疗信息系统中的信息源，又是系统中的信息使用者，是信息系统中的一个主要环节，网络化的医疗仪器对医学信息系统的重要性是不言而喻的。

在采用 DICOM 标准的信息网络系统中，所有 DICOM 设备之间都可以按照 DICOM 的网络上层协议进行互相连接和操作。临床医生可以在办公室查看 B 超设备的图像和结果，可以在 CT 机上调用磁共振图像进行图像的叠加融合，也可以通过网络调用存储在其他医院的图像结果。无论是本院、本地还是相距很远的外地，DICOM 设备都可以通过网络相互联系，交换信息。

由于提供了统一的存储格式和通信方式，普及 DICOM 标准，可以简化医疗信息系统设计，避免许多重复性的工作，加快信息系统的开发速度。

三、RIS 系统和 PACS 系统

数字化影像最主要的目标之一是实现不同地域、不同医院，甚至不同设备之间的传输，能够进行远程诊断。DICOM 标准存储格式的出现为远程传输提供了可能。目前，在医学影像远程传输中通常是采用 RIS 系统和 PACS 系统来实现的。

RIS 系统即为放射医疗信息系统（radiology information system，RIS），它分别由登记工作站、影像采集工作站、判读工作站和主任工作站等构成。基本工作流程（图 2-7）：①登记工作站负责进行患病动物基本信息登记、检查申请等；②接到申请后，进行相关检查；③检查完成后，通过影像采集工作站采集所需要的诊断数据（静态或动态图像）；④数据采集完成后，图像被发送至判读工作站，由兽医师或专业技术人员进行判读、诊断；⑤主任工作站主要进行数据统计、分析以及远程会诊。目前在动物医院中，登记工作站和影像采集工作站通常为一体的，判读工作站和主任工作站通常为一体的。

PACS 系统是 picture archiving and communication systems 的缩写，即为影像归档和通信系统。它是应用在医院影像科室的系统，主要的任务就是把日常产生的各种医学影像（包括磁共振、CT、超声及各种 X 线机，各种红外仪、显微仪等设备产生的图像）通过各种接口（模

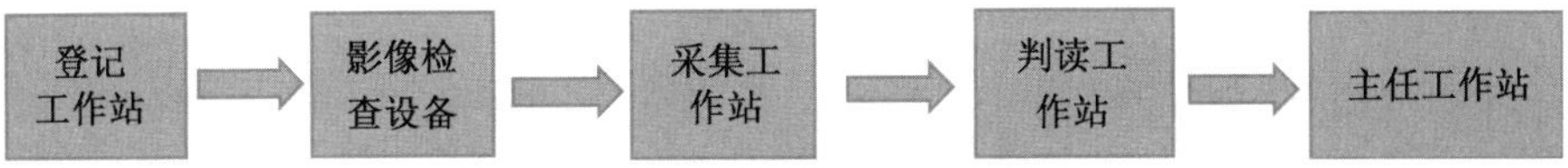

图 2-7 RIS 工作站示意图

拟,DICOM,网络)以数字化的方式海量保存起来,当需要的时候在一定的授权下能够很快地调回使用,同时增加一些辅助诊断管理功能,如三维重建、融合成像等。

现在一般提到的 PACS 普遍是指包含了放射科信息系统(RIS,radiology information system)和医学影像存档与通信系统(PACS,picture archiving & communication system)的医学影像信息系统。其标准工作流程包括检查信息录入、WorkList 服务、影像获取、非 DICOM 格式转换、图像调阅、报告编辑等所示。

第三节 设备类型与工作原理

自数字化影像系统问世以来,使传统的 X 线影像成功地走向数字化,实现了影像信息的数字化储存和传输。目前,X 线影像信息转换成数字化形式,主要有三种类型,即过渡形式、间接数字化成像形式和直接数字化成像形式。

一、过渡形式

此种形式即为将传统的 X 线胶片使用数码相机或激光扫描仪进行“翻拍”或扫描,从而形成数字化影像,然后再利用不同的软件进行处理、调节、分析等工作。实际上这种形式属于回顾性后处理技术,主要解决已经存档的 X 线片数字化问题。

有些学者并不认为这是一种真正的数字化影像,但是在早期兽医临床对于 X 线片信息的转化、存储以及数据的分析起到了重要作用,故本节内容也将其列在其中。

二、间接数字化影像形式

这种形式依然接受传统的 X 线的衰减,但不是以 X 线胶片作为记录和显示信息的载体,而是以其他的感光物体作为载体,从而读出 X 线影像的信息,得到数字化影像。主要代表类型有以下三种:

(一)计算机 X 线摄影(computed radiology,CR)

1976 年 Kodak(日本柯达)公司取得了计算机 X 射线成像技术的专利,1980 年 Fuji(日本富士)取得 IP 板即成像板(imaging plate, IP) 专利,1981 年 Fuji 公司制造出了世界上第一台 CR。

CR 成像系统(图 2-8)采用成像平板代替传统的屏-片系统来记录 X 线,再用激光扫描激励影像板,通过专用的读出设备读出影像板存储的数字信号,然后再用计算机进行处理和成像。

CR 的特征是以成像板 IP 代替胶片作为载体, IP 板是含有微量元素铕的钡氟溴化合物

图 2-8　CR 成像系统

的结晶。其工作过程：①X 线穿过机体后在 IP 板上面形成潜影；②将 IP 板放入激光扫描仪，经过激光束扫描来读取存储于 IP 板中的影像信息；③随之通过光电倍增管和 A/D 转换器转换成数字信号，进行计算机图像显示及各种图像处理显示和照相等。

CR 技术为把传统放射医学过渡到现代数字化放射医学起到了重要的桥梁作用，也是第一个真正的数字化影像设备。

（二）影像增强器数字 X 线摄影系统

由于其内部有一个超大的光学镜头和 CCD 相机，所以又称为 CCD 数字 X 线摄影系统（简称为 CCD，DR），如图 2-9 所示。该系统由影像增强器，电荷耦合器件（CCD）或真空摄像管，电视系统和模数转换器件组成。

其工作过程主要包括：①闪烁器将 X 射线转换为可见光；②经反光镜反射由组合镜头直接耦合到 CCD 芯片上；③由芯片将可见光信号转换成电信号；④再由计算机把电信号变为数字信号。

由于 CCD DR 在成像过程中需要可见光的聚光和聚焦，可能造成影像的失真，所以图像质量可能会受到影响。但是采用可见光成像的过程，可以直接显示在电视信号中，从而实现实时检查，可以用于消化道造影、血管造影等。

（三）间接数字化成像（indirect digital radiography，IDR）

IDR 的 X 线信号收集及数字化处理均由一个被称为“平板探测器（flat panel detector，FPD）”的器件来完成。

FPD 由矩阵式探测器组成，FPD 像素尺寸为 143 μm ×143 μm，单元数为 3 120×3 120。最后以 14 bit A/D 输出数字化影像信息。其结构（图 2-10）是由闪烁体或荧光体层上涂有光电二极管作用的非晶硅层，再加上薄膜半导体阵列（thin film transistor array，TFT），或 CCD，或互补金属氧化物半导体（complementary metal oxide semi-conductor，CMOS）构成。

目前在动物医院中，主要有非晶硅碘化铯平板探测器和非晶硅硫氧化钆平板探测器两种。非晶硅碘化铯平板探测器最大优势在于 X 线利用率高，DQE（detective quantum efficiency，量子探测效率）一般在 60% 以上，因此可以保证在低剂量前提下快速获得图像。同时，该技术

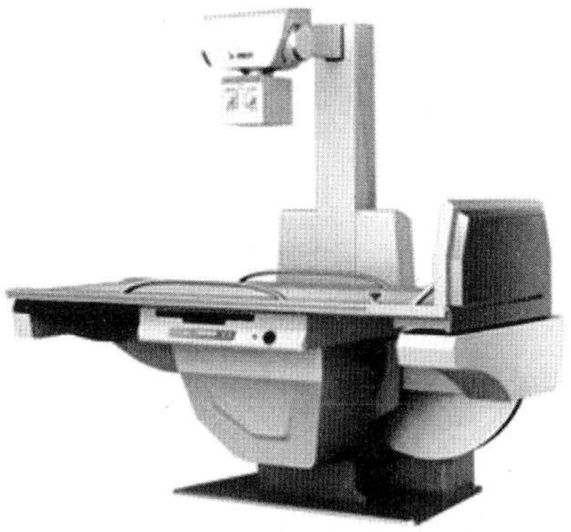

图 2-9　CCD 数字 X 线摄影系统

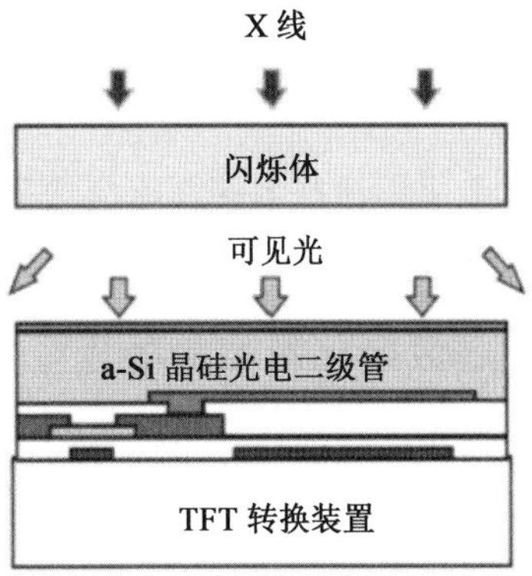

图 2-10　间接平板探测器结构示意图

已经发展到了动态快速采集阶段，并已成熟运用于数字化心血管造影。非晶硅硫氧化钆成像快、成本低，缺点是灰阶动态范围较低（12 bit 以下）。

IDR 工作过程包括：①闪烁晶体（碘化铯或硫氧化钆等材料）层将 X 线转换为可见光；②薄膜的非晶体氧化硅层将可见光转化为电信号；③采集电路层解读各个像素电信号，将其转化为数字信号。

非晶硅平板探测器成像系统具有良好的空间分辨率和对比度，被检动物和操作者所受到的辐射剂量较小，相对成本较低，是目前兽医临床的主流数字化影像设备。

三、直接数字化影像形式

直接数字化影像形式以平板半导体或其他材料为媒介，直接将 X 线转化为电子数字信号，又称为 DDR（direct digital radiography，DDR）。

该系统采用非晶硒数字平板探测器技术，利用非晶硒的光电效应，将入射的 X 线直接转换为电信号，借助外在偏转电场的作用，克服散射效应，获得较高的 MTF 及 DQE 值。

直接能量转换平板探测器的结构（图 2-11）主要由非晶硒层 TFT 构成，分为 X 线转化单元（非晶硒）、探测元阵列单元（含电容器、TFT、地址信号）、高速信号处理单元、数字影像传输单元。

主要工作过程包括：①入射的 X 线光子在硒层中产生电子-空穴对；②在外加电场作用下，电子-空穴对向相反的方向移动形成电流；③电流在薄膜晶体管中形成电信号，电信号反映入射 X 线光子的能量与数量；④最后量化为 14 bit 数字信号传输到计算机处理。

DDR 技术克服非晶硅平板探测器引起的信号、能量的损失及散射效应等，提高系统稳定性、为临床提供更加优秀的图像质量。

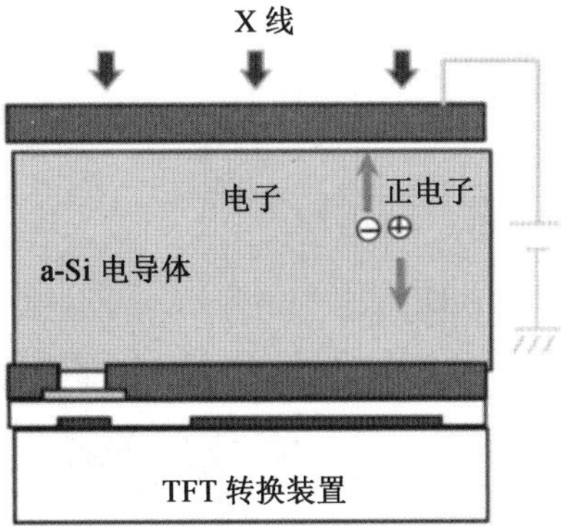

图 2-11　直接能量转换平板探测器结构示意图

第四节　临床应用

数字化影像技术的临床应用范围广，能够满足临床各系统、各部位及体位的常规摄片、造影等检查。数字化影像对于兽医临床的帮助主要体现在以下几个方面。

一、数字化影像的处理

数字化影像的处理过程分为前处理、处理和后处理三个过程。

前处理(preprocessing)主要消除系统本身的伪影，通常由设备制造商进行预先设置，主要对原始图像进行各种校正，比如聚光不均匀、CCD成像中的聚焦扭曲、平板探测器上面的"坏点"、每个元件之间效率差值等。

处理(processing)是将校正后的原始图像转化成临床可用的X线影像，操作者可以在一定程度上调整图像的对比度、边缘增强、优化整体成像等效果。该步骤主要由制造商进行一定的预先设置，或者由操作技师进行部分调节，最终得到一个较为优化的图像。

当完成前处理和处理后，即可进行影像的观察和判读。此时所采用的数字化影像格式通常是DICOM 3.0标准格式，通常需要专用的阅读软件进行观察。在观察和判读过程中，医生可以通过软件中的工具(图2-12)控制图像的放大、缩小、旋转，并且可以调整图像的明暗度和对比度，还可以同时观察多幅图像(图2-13)或进行面积、长度等的测量(图2-14)。此过程为后处理过程，这也是比传统X线片影像最大的进步。

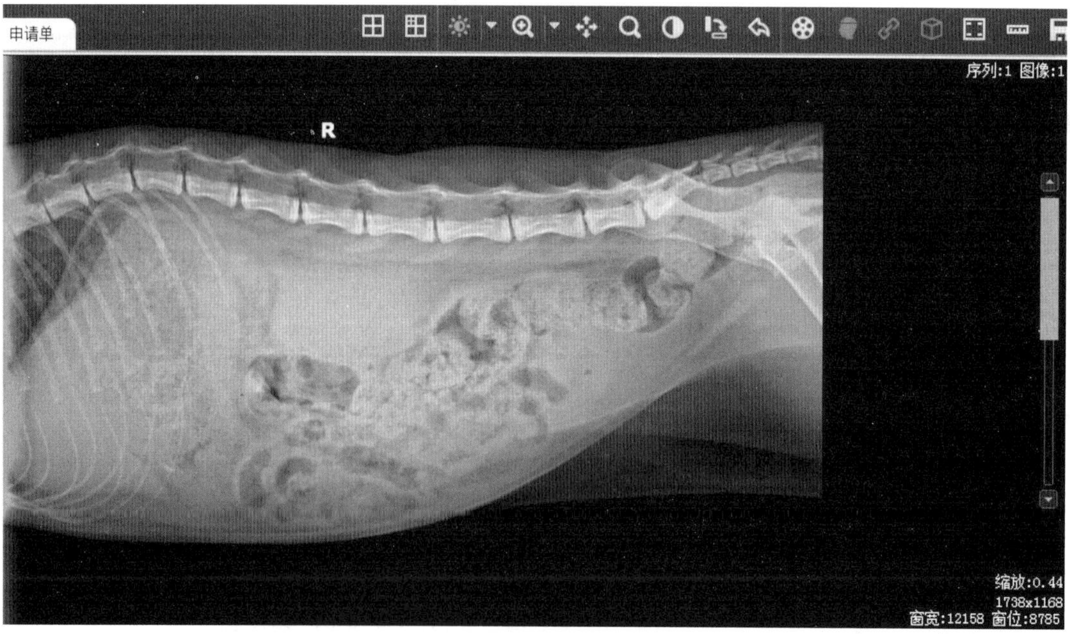

图2-12　读片软件中的各种工具

在上述三个处理过程中，前处理和处理过程取决于设备硬件水平和制造商软件水平的高低，后处理过程是医生根据自己的需要进行调整的，与疾病类型、医生水平、周围环境等相关。

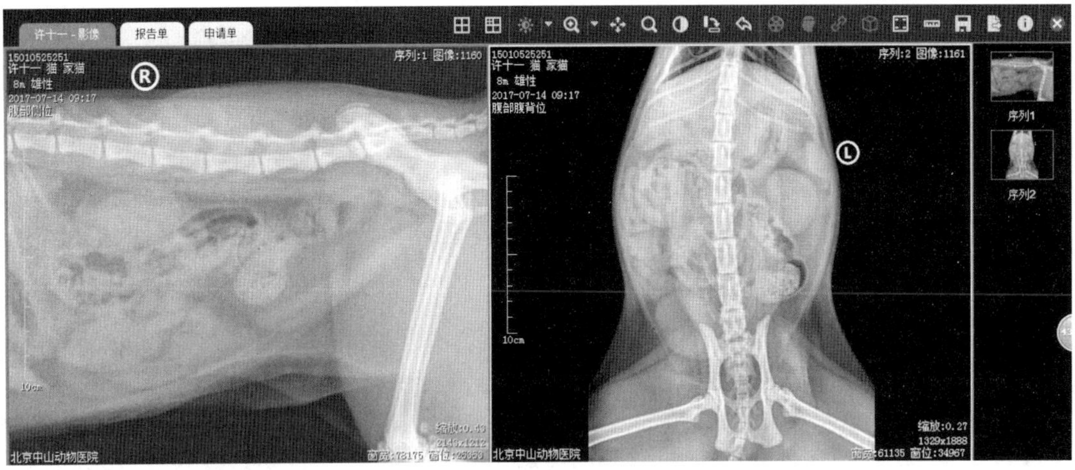

图 2-13 同时观察多幅图像

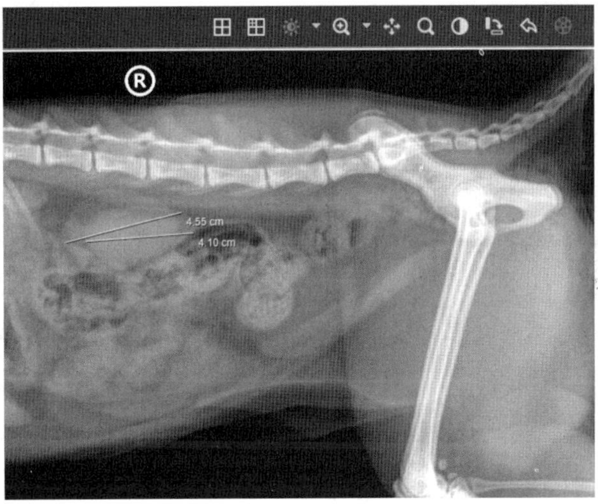

图 2-14 进行猫肾脏长度测量

二、影像的特征提取与定量分析

由于数字化影像捕获很宽范围的信号强度，能够捕获成千上万个灰度阴影，远远高出人眼所能分辨的范围，具有很宽的动态范围，医生可以根据疾病、动物、环境等不同进行不同的选择，从而得到更加明确的诊断。

在数字化影像中，可以利用软件对图像中的某个像素指定一个灰阶，从而使其与周围对比度更加明显，达到对比度优化过程。在临床中，为了更好地显示胸腔内液体结构，我们可以采用“负片模式”进行显像（图 2-15）。在后肢侧位摄影时，由于骨盆部厚度与肢体远端厚度差异较大，可以进行均衡化处理，使两者均可清晰显影（图 2-16）。

数字化影像判读软件中的测量功能为实现影像数据的测量、定量分析提供了可能。目前

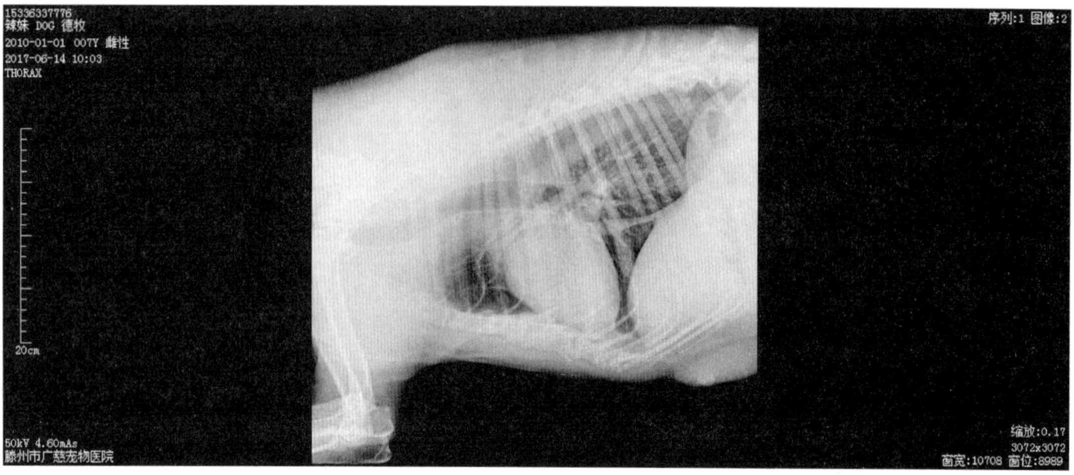

A. 正常影像

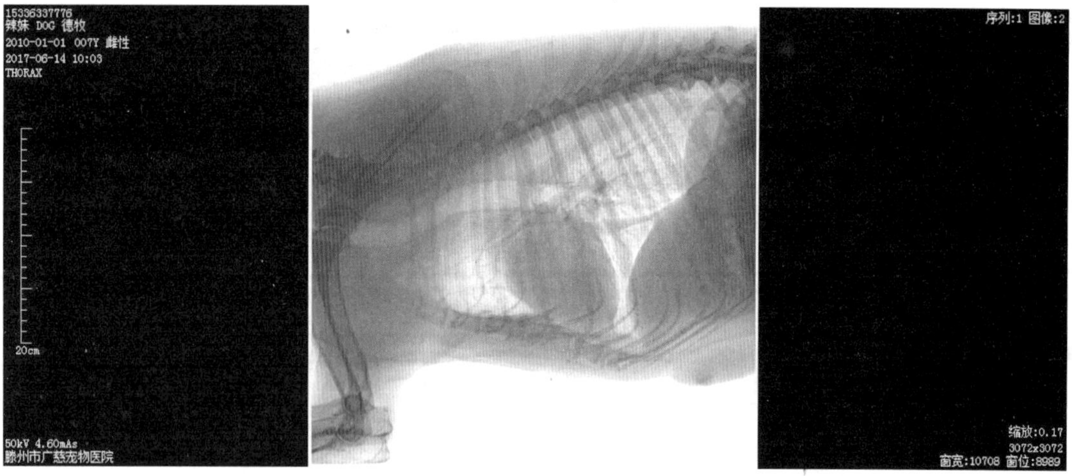

B. 负片模式

图 2-15 胸腔负片模式

在软件中，可以进行长度、面积、角度、比例等常规的测量和计算。除此之外，针对临床需要，还有一些专业测量工具可以选择，如心脏椎体评分（VHS）、髋关节测量等数据包。此外，有些厂家的 CR 还可进行矿物盐含量的定量分析。

三、远程诊断

数字化影像可以通过光盘存储，也可以存储于 MOD 盘中，还可以进行网络传输，并可以与医院管理系统、医院影像存档与通信系统联网，因此远程放射学诞生。

远程放射学是指将数字化影像从一个地方以电子方式传输到另一个地方，方便进行判读和咨询。20 世纪 90 年代初，国际上即出现了商业化的远程放射学诊断模式。商业化的远程放射学诊断通常采用网站进行（图 2-17），一般的工作过程是：①医院内医生填写申请单，提出诊断需求，并上传所需会诊的图像；②后台收到申请，安排远程诊断专家进行判读；

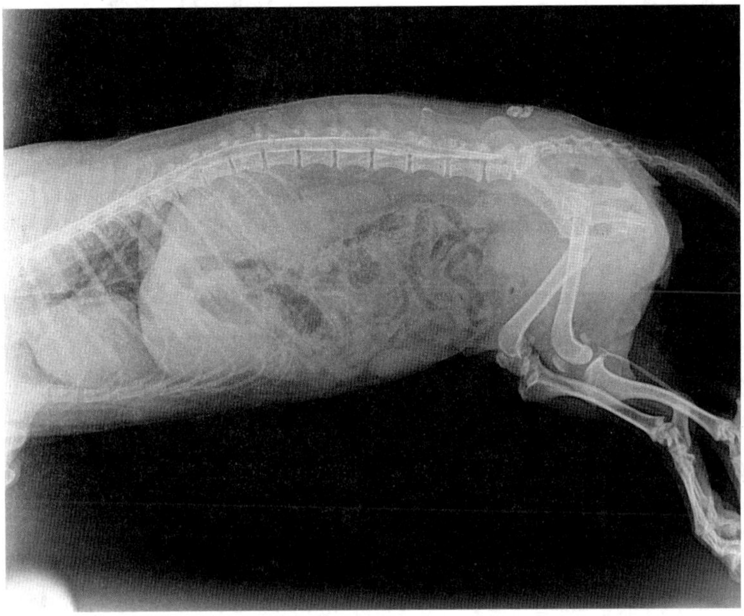

由于数字化影像的均衡化，使得近端厚度较大的髋关节和远端厚度较小的指关节均可以清晰显影。这一点在传统胶片影像中很难实现。

图 2-16　该犬进行脊髓造影 X 线影像

③远程诊断专家根据诊断要求，在远程诊断网站阅读影像，进行调整、测量等操作，完成判读并填写报告单；④后台进行报告单审核，而后发送给医院；⑤医院端口登录网站，下载报告单。

图 2-17　远程放射学诊断网站

随着 DICOM 图像格式的标准化和 PACS 系统的广泛应用，使得更大范围的远程放射学诊断成为可能。同时“云”技术的应用，加快了传输速速，缩短了传送时间，使得及时诊断成为可能。

数字化X线成像技术以计算机为基础，将所获取的图像信息数字化，从而使其按兽医的要求对图像信息进行后处理，可以给临床医师提供高质量的诊断X线图像。同时图像保存方便，并能进行远程图像传输，实现远程会诊。数字化X线成像技术必将为影像学的发展提供更广阔的空间，使医学影像形态学诊断水平不断提高，更好地为临床服务。

第五节 控制面板

控制面板是X线机的控制中枢，它与X线机的各个部分都有电的联系，是操作人员设定各种功能、选择投照条件和操纵机器的地方。控制面板上有许多开关、旋钮和指示电表，它们都连接在低压电路上，这是出于安全考虑而特别设计的。供电电源也连接在控制面板上，X线机需要的电源一般为220 V或380 V的单相或三相交流电源。电源的供给可从两方面取得，一是从高压配电网取得，二是从低压配电网取得。第一种供电情况适用于大、中型X线机，它供给的电能非常充分，因此在供电电源上产生的电压变动很小。第二种供电电源适合中、小型X线机使用，所供给的电能有一定的限度。由于这种供电的电源变压器是与其他电器合用，在其他电器用电多、负载大的时候，电源电压变动较大。对于这种供电电源，其电压变动范围应在±15%以下。为适应电源电压的变动，并保证X线管的输出质量，在控制面板上可对电源电压进行调整。从供电电源到控制台之间的电源线，必须有足够的安全导电能力。当X线机负载的电流通过电源线时，不能产生过热现象，这就要求电源线的安全载流量不小于X线机连续负载的电流。

每台X线机对电源电阻也有严格的要求，如规定电源电压220 V时，电源电阻不大于0.55 Ω。电源电阻是由电源变压器内部阻抗和电源线的电阻造成的，电源电阻大，引起的电源电压降也大，这会使X线机的工作电压变低而影响机器的正常工作。

一、电源电压选择器

X线机在工作时要求有非常准确、稳定的电压，因此在X线机电路的设计上要便于对输入的电压进行观察和调节。电源电压选择器和自耦变压器是稳定电源电压的两个重要装置。

（一）电源电压选择器

大多数X线机使用220 V或380 V电源，但在实际线路上，由于受到多种因素的影响，往往不能连续提供电压准确的电源，因此在控制台上都设有电源电压选择器，以及时调节供给机器的电源电压。同时配备有电源电压表，随时指示电源电压，若电压表指示不在规定的220 V上，可以通过电源电压选择器予以调整。电源供给X线机各部分工作需要的电能，电源电压是否准确，关系到各部分能否正常工作。所以在进行X线机操作时，首先应对电源电压进行调整，务必使电压表指针指示在220 V的位置上。应当指出，电源电压选择器上的选择接点是连接在自耦变压器上不同电压的抽头上。在X线机曝光的过程中，绝对不能再调节电源电压选择器，因为在曝光时自耦变压器将消耗很大的电能，此时如拨动选择器使电源突然中断又接通，会造成剧烈的打火，瞬时变化会使X线管负荷急剧增加，导致X线管的烧毁。

（二）自耦变压器

自耦变压器是控制台里的中心部件，它是全机器内部的总电源变压器，供电电源首先连接在这个变压器上。从自耦变压器输出的电压主要供给灯丝加热变压器和高压变压器的初级电压以及控时电路的电源。

自耦变压器也是利用电磁感应的原理，它与普通变压器的不同之处在于只有一个铁心和一组线圈，在这组线圈上有许多抽接头，从不同的抽接头上取得不同的电压。

二、管电流选择器

（一）管电流选择器

管电流选择器又称毫安选择器。所谓管电流就是X线管中从阴极流向阳极的电流，这个选择器可以预置管电流的大小。管电流的选择实际上是X线管灯丝电压的选择，因为管电流是由灯丝发出的热电子的多少决定的，而灯丝发出的热电子又受控于灯丝温度的高低，灯丝温度则由灯丝电压决定。灯丝的电源也由自耦变压器上取得，由于灯丝电压很低，必须用变压器降压，此变压器称为灯丝加热变压器改变灯丝加热电压的最好方法是改变灯丝加热变压器的初级电压。为此在初级回路中串接上半固定式的螺管电阻，并从电阻上引出分段接线，接到分线器上（即管电流选择器）供选用。

（二）灯丝加热变压器

X线机中的灯丝加热变压器以闭口式变压器居多，由于X线管灯丝加热电能不大，变压器转换能量很小，所以变压器铁芯也不大。但初、次级的绝缘应十分重视，因为在高压发生时，对地而言有高电位。

（三）加热电流补偿器

在X线发生时，电路中因通过很大电流而产生压降，X线管的灯丝加热电压也会受到影响，使灯丝温度降低，电子发射数目减少，管电流因此而降低，达不到选择器上指示的数值。为了避免这种影响，在电路中设计了一个加热电流补偿器，使加热电压在负荷时不致降低。这种补偿器通常是一个交流变压器，它的初级匝数少而线径粗，次级匝数多而线细。应用时把初级串接在高压变压器的初级回路中，次级则串接在灯丝加热变压器的初级回路上。因为补偿器的初级电流随管电压增高而增加，使次级感应出一定的电压。如果次级感应的电压值与灯丝加热电压的下降值相等，串接在灯丝加热变压器初级电路上的补偿器就起到补偿的作用。

（四）空间电荷补偿器

X线管具有空间电荷效应，在相同的灯丝加热电压下，管电流将随管电压的变化而变化，并且管电流越大，这种变化就越大。为了使管电流稳定，要求灯丝加热电压基本上不随电源电压的波动而变化，因此必须在灯丝电路中设空间电荷补偿器，使管电压增加时，管电流不受影响。

现在国产X线机多采用变压器式的电荷补偿器。补偿器的初级并联于高压变压器初级线路之中，当改变电压调节器使电压增高时，与之并联的补偿器次级所感应的电压也相应变化。如果把补偿变压器次级串联到灯丝加热线路中，并与灯丝加热变压器之电源电压方向相反，就可以降低灯丝加热电压，达到补偿的作用。把接在补偿变压器上的次级抽头与电流选择器联动配合，以便在管电流增大时，次级反向电压也增大，这样就可以抵消由于管电流大、空间电荷作用也强的影响。

（五）管电流的测量

当管电压一定时，X线量随管电流的大小而增减，所以测量通过X线管的电流即可表示X线量的多少。在控制台上都安装一块测量管电流的直流动圈式毫安表。毫安表应串接在高压回路中，防电击式X线机是将毫安表串于高压发生器次级线圈的中心接地部分，其电位对地而言为0，所以没有电击的危险。在自整流或半波整流的X线机电路中，通过高压次级中心线圈的电流为单方向的电流，只要在线圈的中点串入毫安表即可。在全波整流的X线机中，流过高压变压器次级线圈中心的电流为交流电，在接直流毫安表之前要先经过整流器，使交流变为直流后再接毫安表。曝光时间较短时，用普通的毫安表是无法准确测量的，因为时间短，在表针尚未到位指稳之前管电流即已停止，因此，必须使用一种毫安秒表来读取。毫安秒表的结构特点是将动圈加大以增加其惯性，当瞬间电流通过后，线圈在磁场作用下获得的动能仍使指针慢慢摆动，直到耗完其所获得的能量为止。毫安秒表代表的是管电流和曝光时间的乘积，它和毫安表一样，也接在高压发生器次级线圈的中心接地处。在许多X线机的控制台上，既有毫安表也有毫安秒表，在选用较短的曝光时间时，毫安秒表也随之切换到电路中，从毫安秒表读取数字。

三、管电压选择器

机体各组织密度、厚度的差异很大，这就要求机器必须有一个调节范围较广的管电压调节系统，以满足机体的各部位对X线的不同要求。在实际的X线机中，这部分电路是由自耦变压器输出端至高压变压器初级线圈所构成的回路。

（一）管电压选择器

管电压选择器又称千伏选择器，是为选择加在X线管两极间的电压而设立的。管电压决定X线的波长，因此千伏选择器用来对X线进行调节。在控制台上，千伏选择器是一个多档选择旋钮，前者作为粗调节，每档可增减5 kV或10 kV，后者可做5～10 kV间的细调节，两者配合调节可提供较准确的管电压，在大型机器上则只设一个连续可调旋钮就可做精确调节。它名为千伏表，实际上跨越在高压变压器的初级两端，测量的是初级电压，而表示的是次级高压。中小功率诊断X线机管电压的调节范围为30～90 kV；大功率X线机管电压的调节范围为30～150 kV。但是，无论在什么情况下，管电压的调节状态须与所使用的X线管的伏安特性和秒功率特性完全一致。

（二）管电压调节原理

管电压调节可以在高压变压器次级一侧进行，但这样做会把高压引到控制台上，也使机器的结构变得复杂，所以一般不采用这种方式。通常是把管电压调节放在高压变压器的初级一边。根据变压器的工作原理，改变变压器的初级电压，则次级电压也随之变化。次级线圈与初级线圈的匝数比越大，次级电压也越高。所以这是一种既方便又安全的调节方法。调节管电压时通过逐级调节自耦变压器的输出电压，反馈送至高压变压器初级绕组，于是高压变压器的次级绕组所感应的高压供给X线管。现在有部分国产X线机和进口机器，管电压调节不是利用自耦变压器上的抽头来选择高压变压器上的初级电压，而是利用一个滑轮在自耦变压器上滑动来选择初级电压，这不仅使结构简单化，而且能进行较细的调节，以获得准确的千伏值。

四、曝光时间选择器——限时器

要控制X线的曝光量，除了选择管电流以外，也可以控制X线持续作用的时间，称之为曝光时间选择。限时器就是用来控制X线曝光时间的装置，通过它能够准确地控制X线的照射量。在X线机电路设计上，通常使X线管灯丝先加热，然后再接通高压变压器的初级供电电压，于是高压就加在X线管上而产生X线。为了控制X线的发生，就必须在高压变压器的初级上设置一个可控制通电时间长短的开关，此开关应能通过高压变压器初级的较大电流，控制摄影时间的精确度要能达到0.01 s。对透视时间的控制要求不严，一般用脚闸或手闸直接控制即可。控制曝光时间的方法，因限时器的种类和X线机容量的大小而异。

（一）机械限时器

机械限时器是利用机械传动来达到限时目的。在小型诊断X线机中使用手持机械限时器，控制时间为0.5～1.0 s。它的结构比较简单，分为动力部分、传动部分和接点部分。当将时间旋钮转动到所需的时间后，电路接通，至预定时间切断电路。因此，在小型X线机中，将它直接串联于高压初级电路内，控制X线的发生。这种限时器具有体积小、重量轻、易于携带等优点，但短时间的准确性差，仅适用于功率不大的小型诊断X线机。

（二）电子限时器

随着电子和计算机工业的发展，目前大、中型X线机均采用电子限时器。因为这种电路具有稳定可靠、控时精度高的优点。这种限时器早期使用电子管、充气稳压管或闸流管等作为控制元件，目前多采用半导体器件、集成电路或计算机。

在控制X线曝光时间的方法上，过去一直是将限时器的控制接点串接在高压接触器的线圈电路中，用控制高压接触器的工作时间来达到控制曝光时间的目的。但此种控制方法与电源投入相位无关，有时在高压接触瞬间会形成很高的过电压，使绝缘遭到破坏。同时由于所使用的交流接触器本身的固有释放缓慢，使最短曝光时间受到限制。

目前在大、中型诊断X线机中，已广泛使用可控硅无触点开关，代替常用的交流接触器。这样可根据限时器的信号，直接控制高压的接入和断开，消除了电磁接触器延迟的影响，且能够准确而有效地做到零相位接入高压，避免过电压的产生。对于单相电源机组，最短控制时间可达到0.01 s；在三相高压整流电路的大型机组中，控时精度可达到0.003 s。

（三）同步限时器

利用同步电动机控制时间。同步电动机的转速与交流市电的频率一致，即50 Hz。由它带动一个拨杆，用拨杆带动接点的接通与断开，它的控制精度为0.02 s。

（四）毫安秒限时器

由于管电流和曝光时间都是决定X线量的因素，管电流（mA）和曝光时间（s）的乘积可作为X线量的表示值，于是产生了一种特殊的毫安秒限时器。这种限时器实际是一个监测器，当X线达到了预定量时，限时器切断高压变压器的供电，停止X线管的工作。这种限时器要在实际监测X线管的管电流基础上控制曝光时间，因此必须安装在X线管的管电流回路中。毫安秒限时器的优点是把两项选择变成了一项选择，并能自动地选用最大管电流和最短的曝光时间，这对延长X线管使用寿命和保证摄片成功都有很大的好处。但这种限时器的结构比较复杂。

第三章　X线技术

第一节　X线机操作规程及注意事项

为了充分发挥X线机的设计效能，拍出较满意的X线片，必须掌握所用X线机的特性；同时，为了保证机器的安全及延长其使用寿命，还必须严格按照操作规程使用X线机，才能保证工作的顺利进行。

一、X线机的使用原则

(1)首先对X线机有基本认识，了解机器的性能、规格、特点和各部件的使用及注意事项。

(2)严格遵守操作规程，正确而熟练地操作，以保证机器的安全。

(3)工作人员在操作过程中，认真负责，耐心细致。

(4)使用过程中，必须严格防止过载。

二、操作技术

X线机的种类繁多，但主要工作原理相同，控制台的各种调节器也基本相似。每部机器都要按其操作规程进行工作。各种X线机，一般操作步骤如下：

(1)闭合外接电源总开关。

(2)将X线管交换开关或按键调至需用的台次位置。

(3)根据检查方式进行技术选择，如是否用滤线器、点片等。

(4)接通机器电源，调节电源调节器，使电源电压表指示针在标准位置上。

(5)根据摄片位置、被照动物的情况调节管电压(kV)、管电流(mA)和曝光时间。

(6)曝光完毕，切断电源。

三、注意事项

(1)在没有详细了解所用X线机的性能、使用方法及操作规程之前，严禁拨动控制台面、摄影台及点片架等处的各个旋钮和开关。

(2)X线机是要求电源供电条件较严格的电器设备，在使用中必须先调整电源电压至标准位置。电源电压不可超出规定电压的±10%。频率波动范围不可超出±1 Hz。

(3)在曝光过程中，不可临时调动各调节旋钮。因为在X线照射过程中各调节器都影响高压的发生，高压初级接触点有较大的电流通过，此时调动旋钮，可使接触点发生较大电弧，产生瞬间高电压，损坏X线机主要部件。

(4)为了正确地使用X线管和延长其寿命，必须严格按X线管的规格使用。在条件允许的情况下，尽可能利用低毫安投照。每次投照后，要有必要的间歇冷却时间。连续工作时，要注意X线管的热量储存，X线管套表面的温度不得超过50～60℃。

(5)在使用过程中，注意控制台各仪表指示的数值，熟悉各电器部件的工作声音，有无其他异味。

(6)移动式X线机，移动前应将X线管及各种旋钮固定，避免搬运中受损。

(7)随时注意机器清洁，避免水分、潮湿空气及酸碱性蒸发气侵蚀机器。

(8)高压电缆的弯曲弧度不宜过小，一般弧度直径不得小于15 cm。同时严禁与油类物质接触，以免电缆橡胶受侵蚀变质而损坏。

第二节 透视与摄影

透视和摄影是兽医X线技术中的两种基本方法，它们可以单独使用，也可以先做透视，根据透视所见再进行摄影。但不论应用哪一种方法，都应从动物的特点、诊断的需要、技术的优势和检查的可能来考虑，目的是通过X线检查能获得较多的诊断信息。如有必要还可进行特殊摄影和造影检查。

一、透视检查

透视是利用X线的荧光作用，在荧光屏上显示出被照物体的影像，进行观察的一种方法。一般透视须在暗室内进行，透视前须对视力进行暗适应。如采用影像增强电视系统，则影像亮度明显增强，效果很好，并可在明室内进行透视。

透视检查时，让X线穿过被检对象到达荧光屏上，产生被检对象的影像。检查者面对透视屏或电视屏幕进行观察，必要时还可移动透视屏或被检动物，以便从各个位置和不同的角度观察病变。通过透视还能看到内部器官的动态影像，所以透视是一种经济、方便、快速的X线技术。透视技术主要用于：

(1)观察某些器官或系统的动态变化，如心脏、大血管的搏动，食管、小肠内造影时硫酸钡通过的情况。

(2)帮助和指导外科手术，如骨折整复、异物定位和取出。

(3)评价膈的运动和肺的功能。

(4)寻找病变部位、范围，为拍片做先期定位。

(5)进行畜群的透视检疫，如猪气喘病的普查等。

(一)透视技术

普通透视必须在暗房中进行，应用影像增强电视系统时则可在明室操作。透视屏由能够透过X线的塑料保护板、荧光屏和一块铅玻璃组成。荧光屏上的荧光物质是硫化锌镉，它在X线激发下能发出人眼敏感的绿色光线。铅玻璃盖在荧光屏上，不影响观察影像，但阻挡了X线，对观察者有防护作用。为此，铅玻璃的铅当量不应小于1.5 mm。为了方便检查者灵活变动观察部位，机头应与透视屏联动，机头前应装上一副能由检查者控制的可变孔隙遮线板，以便调整X线的照射范围。在透视屏的周围应有含铅橡皮的遮挡防护。

在兽医检查中,由于工作的需要常使用一种透视暗箱,在没有透视暗房的情况下也能进行透视检查。可把透视屏周围做成暗视环境,但这种透视屏面积不大,比较简单,检查者在正面对着透视屏的情况下,虽有铅玻璃的保护,但透视屏四周外面仍有射线,因此,应十分注意对X线的防护。

透视之前应把患畜需检查的部位皮肤上的泥土、药物等除掉,以免出现干扰阴影,影响观察和发生误诊。透视时要将动物安全保定,必要时给予镇静剂,甚至进行麻醉。

在进行普通透视检查前,检查者必须对眼睛进行暗适应,即在暗房中坐等10 min。如果检查者在透视前必须在日光或灯光下活动,可提前15 min佩带红色眼镜,以使眼睛保持在暗的环境中。

透视时先将检查部位置于X线管和透视屏之间,并使透视屏尽量靠近被检部位。X线焦点与透视屏的距离为50～100 cm,检查部位越厚,距离也应越长。透视时要利用X线管前的可变孔隙遮线器,尽量缩小在荧光屏上观察的范围。透视用的管电压为50～90 kV,管电流为5 mA左右。观察时间即X线的发射时间由透视者掌握,每一个病例不超过3～5 min,以间断曝光的形式进行。

由于透视的曝光时间较摄影时间长得多,虽然管电流很小,但病畜受到的辐射量还是很大,每分钟可达10 R,附近50 cm处的散射线为每分钟10～20 mR。因此,透视检查必须十分注意防护设备的应用,必须遵守操作规定。提高视力的暗适应、合理应用可变孔隙遮线器以缩小投照范围、应用间断曝光等措施在透视辐射防护中是非常重要的。

(二)透视检查法的优缺点

1. 优点。

(1)可移动荧光屏随意检查,范围不受限制。

(2)可随意转动检查部位进行多轴观察。

(3)手续简便,可立即获得结果。

(4)可直接在荧光屏或电视监护下进行诊断与治疗。

2. 缺点。

(1)影像不能留做记录。

(2)不易看到细微病变。

(3)长久透视使患畜、检查者受到较大的X线辐射。

二、摄影检查

摄影是把动物要检查的部位摄制成X线片,然后在对X线片上的影像进行研究的一种方法。X线片上的空间分辨率较高,影像清晰,可看到较细小的变化,身体较厚部位以及厚度和密度差异较小的部位病变也能显示。因此,对病变的发现率与诊断准确率均较高。同时X线片可长期保存,便于随时研究、比较和复查时参考。尽管此法需要的器材较多,费时较长,成本也高,但它还是兽医影像检查中最常用的一种方法。

(一)摄影技术

摄影前应了解摄影检查的目的和要求,以便决定摄影的位置和使用的胶片大小。与透视前要准备的一样，要把患畜被检部位皮肤上的泥土、污物和药物（特别是含碘制剂）清除干净，防止在X线片上留下干扰的阴影。还要确实地保定好动物，必要时可使用化学保定，甚至全身麻醉。

摄影时要使X线机头、检查部位和X线胶片三者排在一条直线上，在摆位时可利用各种形状的塑料、海绵块、木块、沙袋以及绷带、绳索等辅助摆正和固定好动物；大动物摄影时常由辅助人员手持片盒，为防止摄影时片盒晃动，应使用带支杆的持片架。摄影距离即焦点到胶片的距离，它的大小应根据所用X线机的容量决定，一般为75～100 cm。管电压则根据被照部位的厚度决定。由于动物不能主动配合，所以在兽医X线检查中多采用高电压、大电流、短时间的摄影模式，以抓住动物安静的时机进行曝光。曝光后的胶片经过暗室冲洗、晾干后才能成为诊断用的X线片。

1. X线摄影步骤。

(1)确定投照体位。根据检查目的和要求，选择正确的投照体位。

(2)测量体厚。测量投照部位的厚度，以便查找和确定投照条件。测量所拍摄部位的最厚处。

(3)选择胶片尺寸。根据投照范围选用适当的遮线器和胶片尺寸。

(4)安放照片标记。诊断用X线片必须进行标记，否则出现混乱造成事故。X线片用铅字号码标记，将号码按顺序放在片盒的边缘。

(5)摆位置对中心线。依投照部位和检查目的摆好体位，使X线管、被检机体和片盒三者在一条直线上，X线束的中心应在被检机体和片盒的中央。

(6)选择曝光条件。根据投照部位的位置、体厚、生理、病理情况和机器条件，选择大小焦点、管电压(kV)、管电流(mA)、时间(s)和焦点到胶片的距离(FFD)。

(7)在动物安静不动时曝光。

(8)曝光后的胶片送暗室内冲洗，晾干后剪角装套。

2. X线片标记法。每张X线片都必须有它的识别标记，以便查找，没有标记的X片不能作为正式诊断用X线片使用。一张X线片的标记内容有X线片号码、摄片日期、投照体位，完整的标记还应有医疗机构名称、畜主姓名、住址、畜别、品种、性别、年龄等，这些可以在X线片专用袋上记载。

X线片的标记方法有多种，常用的是铅字标记法，即将需要标记的号码、日期、左或右的铅字排列起来，用胶布贴在片盒的正面，或把铅字放在塑料片或铝片做成的夹子上并卡在片盒上。摄影时，不透射线的铅字即被印在胶片上。铅字应放在没有投照组织的片盒边缘部位，要避免发生铅字与影像重印在一起的现象。

另一种是打印标记法。摄影前先在一张印有医疗机构名称的透明标签纸上填好各项要标记的内容。在每一个片盒的一角或边缘也都有一块与标签纸同样大小被铅皮遮挡的固定地方，摄影时此处不被曝光。摄影后，片盒连同上述填好的透明标签纸送暗室加工。在暗室中先把透明标签纸放在一个特制的印相机上，取出曝光后的胶片，把胶片被铅皮遮挡未曝光的部分重叠在透明标签纸上放到印相机上进行局部再曝光。这样就把标记的内容印到胶片上，冲洗后，在X线胶片上就印有标记的内容。此法不仅能把X线片号、摄片日期、左侧或右侧，而且可把畜主姓名、地址、畜别、品种、年龄、医疗机构等必要的标记全部印在 X 线胶片上。

(二)摄影检查的优缺点

1.优点。

(1)可做永久记录,便于复查对照。

(2)可以观察微细病变。

(3)一般曝光时间短,便于防护。

2.缺点。

(1)每次检查范围小,而且受胶片大小之限制。

(2)每次只能从一个角度投照。

(3)手续烦琐,除有自动洗片机外,不能立即获得结果。

(4)费用较透视检查高。

(5)一般不能显示器官的动态功能。

(6)只能作为诊断与治疗技术操作的参考。

第三节　摄影的方位名称及表示方法

一、解剖学方位和术语

(1)背切面。是与正中矢面、横断面互相垂直的面,把头和躯干分为背侧部和腹侧部。

(2)背侧。是朝向或接近背部,以及头、颈和尾的相应侧。在四肢,背侧是指腕(跗)、掌(跖)、指(趾)的前面或上面(与着地指枕相对的一侧)。

(3)腹侧。是朝向或接近腹部,以及头、颈、胸、尾的相应侧。不用于四肢。

(4)内侧。朝向或相对接近正中矢面者。

(5)外侧。远离或距正中矢面较远者。

(6)颅侧。是躯干向头方向或相对地接近头部者,习惯上称前侧。此术语也用于四肢腕、跗以上的部分。在头部的前方则以吻(口)侧代替。

(7)尾侧。是躯干向尾方向或相对地接近尾侧。也用于四肢腕关节和跗关节以上部分和头部。

(8)吻侧。是头部朝向或接近鼻端的一侧。

(9)近端。相对地接近躯干或起始部,在四肢和尾是指附着端。

(10)远端。相对地远离躯干或起始部者,在四肢和尾是指游离端。

(11)掌侧。是指站立时前爪着地的一侧,对面为背侧。

(12)跖侧。是指站立时后爪着地的一侧,对面为背侧。

二、摄影的方位名称

X 线摄影时要用解剖学上的一些通用名词来表示摆片的位置和射线的方向,如背腹位、前后位等。如背腹位的第一个背字表示射线从背侧进入,第二个腹字表示射线从腹侧穿出,因此，摆位时 X 线机的发射窗口要对准动物某一部位的背侧，而 X 线胶片则要放在该部位的腹侧。以前兽医 X 线技术中使用的一些方位名称不太规范，很多名称是从人医引用而来的，这就忽视了动物和人类的体位差别。经过多次有关国际会议的讨论，对兽医 X 线摄影的方位逐步形成一些一致的意向并逐渐规范化。

用于表示 X 线摄影的方位名称有：

左(Le)—右(Rt)，用于头、颈、躯干及尾。

背(D)—腹(V)，用于头、颈、躯干及尾。

头(Cr)—尾(Cd)，用于颈、躯干、尾及四肢的腕和跗关节以上。

嘴(R)—尾(Cd)，用于头部。

内(M)—外(L)，用于四肢。

近(Pr)—远(Di)，用于四肢。

背(D)—掌(Pa)，用于前肢腕关节以下。

侧位(L)，用于头、颈、躯干及尾，配合左右方位使用。

斜位(O)，用于各个部位，配合其他方位使用。

三、表示方法

(1)方位名称的第一个字表示 X 线的进入方向，第二个字表示射出方向，如背腹位(DV)表示 X 线从背侧进，由腹侧出。

(2)非正方向的方位，用复合词表示射线的进入和射出方向，进与出之间加一条横线，最后加斜字，如背外—掌内斜位(DL—PaMO)。

(3)斜位需要明确指出倾斜角度者，在复合词之间加角度，如背 60°外—掌内斜位(D60°L—PaMO)，即 X 线射入方向自背侧向外转 60°，射向掌内的斜位(图 3-1)。

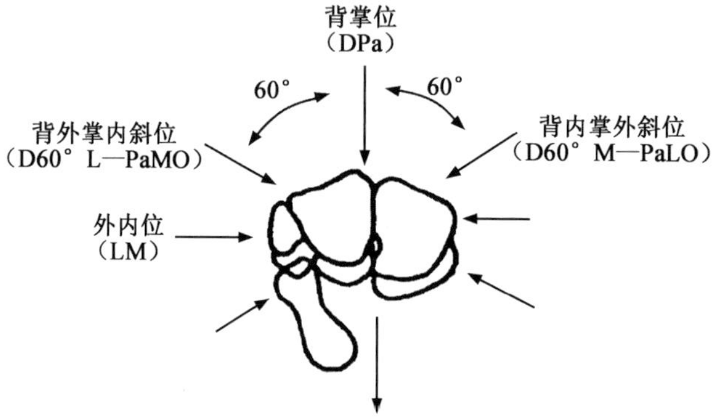

图 3-1 马腕关节 X 线摄影投照方位表示方法

(4)在头、颈、躯干及尾进行左右或右左侧位投照时，需在左右字后面加个侧字，如左右侧位(Le—RtL)，也可简写为右侧位(Rt—L)。

(5)蹄部斜位摄影的表示方法与上相同，但转动角度都从支持的地面开始。如背 65°近—掌远斜位(D65°Pr—PaDiO)，即 X 线自蹄背侧地面向近侧转动 65°角，射向蹄的掌侧远端斜位

(图 3-2)。又如外 45°背 50°近—内掌远斜位(L45°D50°Pr—MpaDiO),即 X 线自蹄外侧缘支持面向背侧转 45°角,再向近侧转 50°,射向蹄内侧的掌侧远端的斜位(图 3-3)。

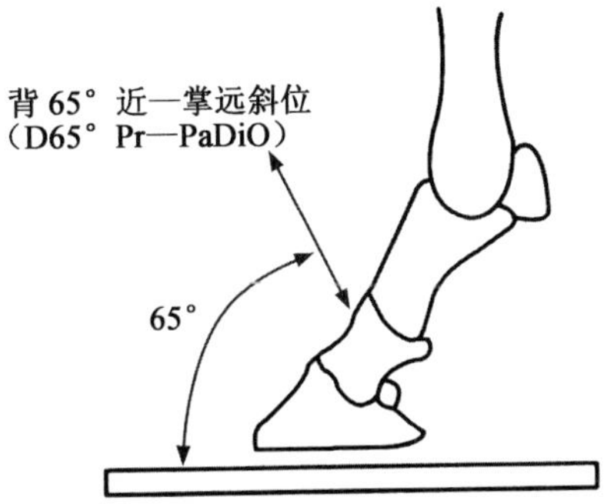

射线从背侧水平面向近侧转
65°角射向掌侧远端的斜位

图 3-2　马远端指骨检查法

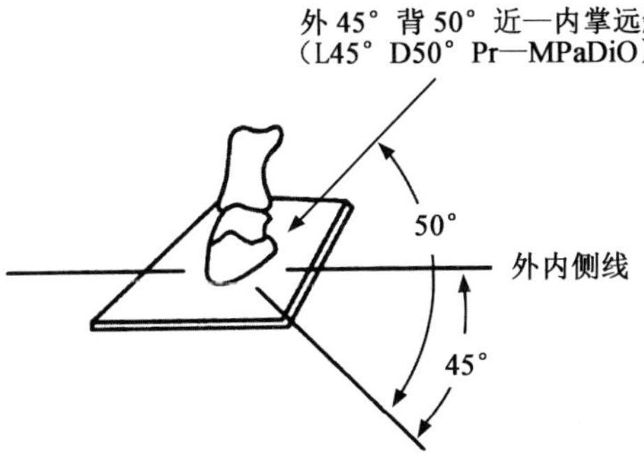

射线先从外侧地面平向背侧转 45°角,再向
近侧转位 50°,射向内侧掌远端的斜位

图 3-3　检查马第三指骨的一种斜位

(6)头部斜位摄影的表示方法亦同,但转动角度的基线根据情况可分别为头横断面、头背平面和头硬腭面。如左 20°嘴—右尾斜位(Le20°R—RtCdO),即 X 线从头的左侧以头的横断面为基线向嘴的方向转 20°,射向右后方的斜位。又如左 10°背—右腹斜位(Le10°D—RtVO),即 X 线从头的左侧以头背平面为基线向背侧转 10°,射向右腹侧的斜位。又如嘴 20°腹—尾背斜位(R20°V—CdDO),即 X 线从嘴前部以硬腭面为基线向腹侧转 20°,射向尾背侧的斜位。

第四节　摄 影 器 材

在使用屏—片 X 线摄影的摄影器材里,有一些是摄影所必需的,如 X 线胶片、增感屏、片盒等,另一些则是为了减少散射线的产生和影响,提高 X 线片质量而使用的,如遮线器和滤线器等。其中有些器材的使用还对减少辐射和放射安全有很好的作用,如增感屏和遮线器。

一、遮线器

在进行 X 线摄影时,当 X 线与组织作用后就会产生大量的与原射线方向不一致的散射线。散射线也会从各个方向投向胶片,使胶片曝光,产生雾影,降低 X 线照片的对比度,而且使影像每一细节边缘的清晰度降低。被照组织体积越大,产生的散射线也越多,对 X 线照片影像质量影响越大。因此,摄影时应利用各种遮线器把 X 线限制在摄影需要的范围之内,以减少散射线的产生。常用的遮线器有以下几种:

(一)孔隙遮线板

这是一种比较简单的遮线装置,装在 X 线机头的窗口处。孔隙遮线板由铅板或敷有铅板的金属制成,中间的开口是供 X 线通过的通道。开口的大小是按照所选用 X 线胶片的大小和焦点到胶片的距离来设计的,一般有不同大小开口的孔隙遮线板供选用。比如投照一张 20 cm×25 cm 的 X 线片,焦点到胶片的距离(FFD)为 100 cm,孔隙遮线板装在焦点前 10 cm

(FAD)的地方，则应选用 50 cm^2 的孔隙遮线板。其计算按下式：

$$遮线板的孔隙面积=\frac{胶片面积\times FAD}{FFD}=\frac{20\times 25\times 10}{100}=50(cm^2)$$

（二）遮线筒

遮线筒也是由铅或其他能遮挡 X 线的金属材料制成。遮线筒有各种形状和不同大小，如圆锥形、圆筒形、方筒形等(图 3-4)。遮线筒能有效地把 X 线限制在由筒口延伸的范围内。用它能估测 X 线的投照范围，摆正投照位置和瞄准中心线。为了充分发挥遮线筒对照射面积的限制作用和减少散射线的产生，应合理选用各种形状和大小的遮线筒，在能满足照射范围的情况下，尽可能使用开口最小的遮线筒，现代机器很少使用。

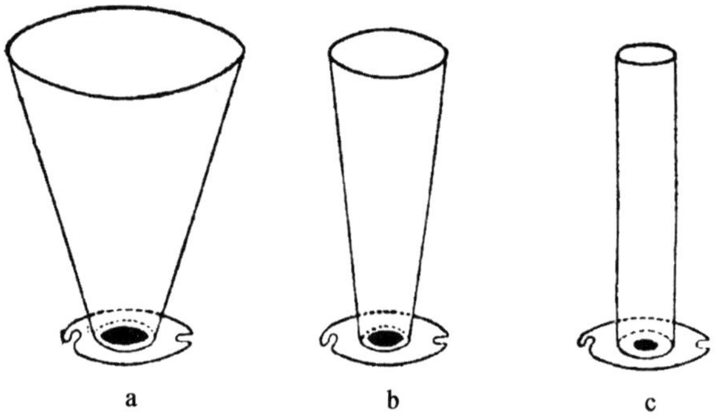

a. 圆锥形大照射野式；b. 圆锥形小照射野式；c. 圆筒形小照射野式

图 3-4 遮线筒的各种形状

（三）可变孔隙准直器

可变孔隙准直器结合了孔隙遮线板和遮线筒的优点，并将它改进成一种准直器(图 3-5)，一般装在大中型 X 线机的机头上。准直器的形状近似方形，里面装有两对互成直角的铅板，每对铅板间的空隙都可以在外面调节，从而控制射出 X 线束的大小。许多可变孔隙准直器的内部还装有一个强光灯泡、一面反光镜和用以指示中心位置的十字线。这种准直器能把灯光投照在被照射物上，灯光的范围即为 X 线的投照范围，十字线的中心即为 X 线中心线。准直器的结构比较复杂，会对通过的 X 线产生滤过作用，使得原有的固有滤过有所提高，一般约增加 1 mm 铝当量的固有滤过。

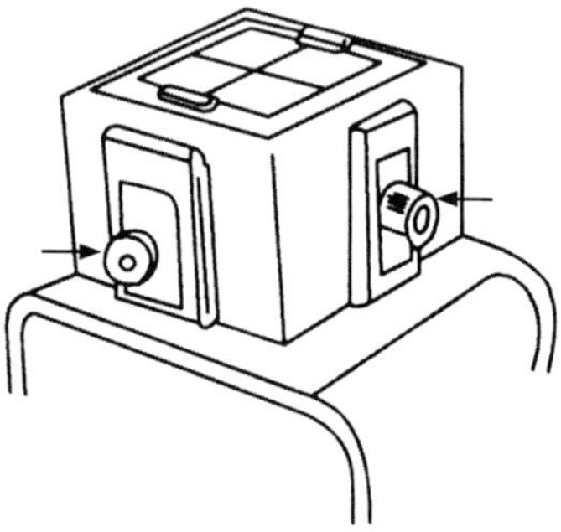

箭头所指为两个调节钮，调节此钮可改变两对互成直角的铅板间的距离，即可控制透过 X 线束的范围

图 3-5 可变孔隙准直器

二、滤线器

在 X 线摄影过程中会产生很多散射线，影响散射线产生的因素有许多，其中最重要的是管电压、X 线束的大小和被照射组织的厚度。消除散射线的影响是提高 X 线照片质量的重要

措施。虽然遮线器能够限制X线束的大小,从而在一定程度上减少散射线的产生,但它不能消除散射线。滤线器是通过滤过作用有效减少到达X线胶片的散射线的一种摄影器材。高质量的滤线器可以除去80%～90%或以上的散射线,使X线的对比度和清晰度得到很大提高。

(一)滤线器的结构

滤线器用来吸收散射线的主要部件是滤线栅,滤线栅是由许多立着的薄铅条组成,铅条与滤线器的平面垂直,铅条数量很多,每厘米有23～43片(每英寸有60～110片)。铅条的宽度为0.05～0.10 mm,高度为2.5～4.0 mm;铅条间的距离为0.15～0.35 mm之间。铅条互相平行排列,铅条之间用可以透过X线的低密度物质如纸、纸板、塑料或铝等填充。

依铅条排列方式的不同,滤线栅有两种,一种是铅条按不同斜率两侧对称、均匀排列,铅条的延长线聚集于一定距离的某点上,此点称滤线器的焦点,此焦点到滤线栅的垂直距离为焦距,这种滤线栅称聚焦式滤线栅;另一种是铅条不倾斜,垂直于栅板,完全平行排列,这种滤线栅被称为平行滤线栅。为了更多地消除散射线,将两个栅板铅条方向相互垂直地重叠放置可组成一个交叉滤线器,其吸收散射线的作用更大。滤线器只让能穿过铅条间狭窄空隙的X线通过而到达胶片;散射线中的大部分因其方向与铅条不一致则会撞在铅条上而被吸收。

滤线器的工作原理如图3-6所示,投照时,将滤线器置于被检体与胶片之间,X线管焦点到滤线器的距离与滤线栅的焦距相同,X射线束的中线与栅板中线重合。这样各条X射线将与滤线栅的对应铅条平行,除一部分由于被阻挡而被吸收外,其他部分则顺利通过铅条间隔到达胶片。至于能在被照部位上发生散射的X射线,因其方向散乱,大部分被铅条吸收,从而使X线片质量大大提高。

铅条吸收了散射线,同时也吸收了一部分原发射线,所以在使用滤线器时,要适当地增加投照条件进行补偿。

滤线器的比值是滤线栅铅条的高度(栅板厚度)和各铅条间距离的比值(图3-7),简称栅比。栅比一般有5∶1,6∶1,8∶1,10∶1,12∶1,16∶1,34∶1等多种,栅比越大,其吸收散射线功能越强。在医学X线摄影上,最常用的是8∶1或10∶1的滤线器。

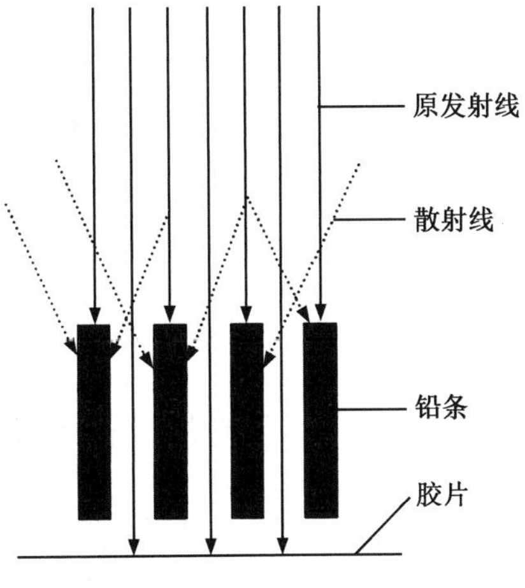

图3-6　滤线栅工作原理示意图

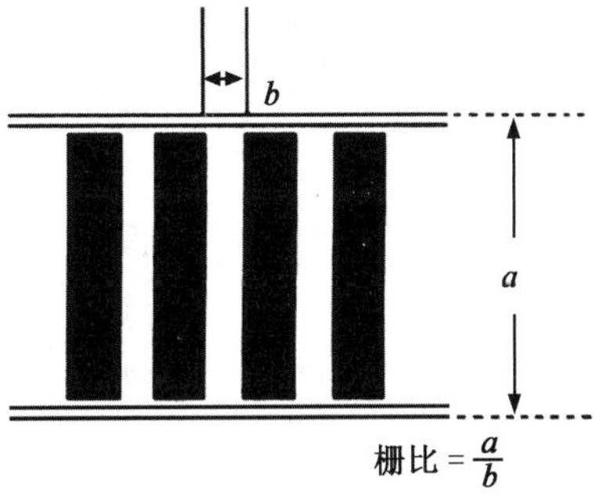

a 为铅条高度;*b* 为铅条间距

图3-7　栅比示意图

（二）滤线器的种类

1. 固定滤线器。固定滤线器只是一块镶有铅条的滤线栅，而无其他机械装置。它有大小各种规格，以适应不同部位的投照。摄影时把它放在片盒的上面. 因其固定不动，曝光后在X线片上会留下铅条的痕迹（图片 3-1）。痕迹的显现性随铅条数而异，铅条数越多，铅条越细，其痕迹的显现性越差，对诊断的影响也越小。

2. 活动滤线器。为克服固定滤线器在胶片上留有铅条阴影，制成了活动滤线器。活动滤线器的工作原理是把滤线栅连接于能活动的机械装置上，使滤线栅在曝光前开始运动，曝光完毕后运动停止。栅板运动方向是平行于栅板平面而垂直于铅条长轴的。在曝光过程中，栅板在运动着，铅条和间隙在胶片上扫过，胶片上第一个瞬间被铅条遮盖未感光的部分，在第二个瞬间铅条移开后就能感光了。所以胶片上每一部分都能均匀感光，而不留铅条影像。活动滤线器的构造由滤线栅、驱动机构和片盒托盘组成。

（三）滤线器的使用

一般认为，当投照部位的厚度超过 11 cm 时就应使用滤线器，在胸部摄影时，由于肺对原射线的减弱（吸收）作用很小，产生的散射线也少，因此，胸部厚度不超过 15 cm 者可以不用滤线器。但当怀疑有胸腔积液、肺实变、肺萎陷或动物特别肥胖时还应使用滤线器。

三、增感屏

摄影时由于组织对X线的致弱作用，使得到达胶片的X线量大为减少，仅有5%的X线使胶片感光，形成光密度，绝大部分X线穿胶片而过。为了提高X线对胶片感光的利用效率，现今都使用一种能利用X线产生可见光的器材，这种器材就是增感屏。增感屏的荧光物质能把穿过身体后接受的X线转换成能使胶片感光的可见光。胶片感光形成的密度值的95%光能是由荧光物质转换的，由此可见增感屏的作用是很大的。

增感屏有前后两片（目前有的增感屏已不分前后屏），分别粘贴在片盒的上、下两内侧面，把胶片夹在两片增感屏之间。增感屏犹如一张白色的硬纸板，其大小与X线胶片和片盒的规格一致。

多数增感屏的结构是由四层组成：由表及里分别是保护层、荧光物质层、反射层和片基。荧光层是一层涂有荧光物质如钨酸钙、硫酸铅钡、氟氯化钡铕等的发光层，当它们受到X线的照射后能发出X线胶片敏感的蓝和紫蓝色光线。摄影时胶片接受X线直接照射的同时，又接受增感屏上发出的荧光而感光，从而充分利用了X线的能量，提高了胶片感光的效果。

（一）增感屏的种类

按增感屏中所含的荧光物质可分为钨酸钙增感屏和稀土增感屏两大类。

1. 钨酸钙增感屏。按增感率又可分为低、中和高速三种。

（1）低速增感屏。荧光物质颗粒小，涂层较薄，因而增感效率较低，但荧光扩散小，成像清晰度高，常称为高清晰度屏。

（2）中速增感屏。荧光颗粒和涂层厚度均适中，既有足够的增感效率，又有良好的清晰度，广泛应用于各种摄影中。标准屏采用的是中速钨酸钙屏。

(3)高速增感屏。荧光颗粒较大,涂层较厚,故增感效率高。但因荧光扩散较严重而使成像清晰度较差,多用于机体组织密度高的摄影。

以上三种屏,以钨酸钙中速屏的增感效率为1,低速屏为0.5,高速屏为2.0。

2.稀土增感屏。常用的有硫氧化钆铽(简称钆屏)、硫氧化钇铽(简称钇屏)、氟氯化钡铕(简称钡屏)。稀土屏按所发的荧光谱不同,又可分为蓝光系列和绿光系列两部分。

(二)增感率

增感屏有增强X线使胶片感光的作用。这种作用的大小常用增感速度、增感倍数描述,具体指标为增感率。当其他照射条件不变时,在标准条件下冲洗的X线照片上产生相同密度值1.0时,无屏的与用屏的照射量之比称为增感率。即:

$$S=\frac{R_0}{R_m}$$

式中:S 为增感率;R_0 为无屏照射量;R_m 为有屏照射量。

例如拍摄某一部位时,无屏取得1.0密度值所需的曝光量为 $2R$,而有屏取得1.0密度值仅需 $0.1R$,则该屏的增感率为20。

(三)增感屏对影像效果的影响

(1)影像对比度增加。

(2)影像清晰度下降,这是使用增感屏的最大弊端。究其原因是,荧光体是多面晶体,吸收X线而发出的荧光有扩散现象。双面增感屏的交叠效应,即双面增感屏发光扩散的荧光都能穿过胶片基板使双面乳剂感光。增感屏与胶片密着状态不好,X线的斜射效应都会使影像清晰度下降。

(3)照片粒状性下降,即照片上斑点增多。

(四)使用注意事项

使用增感屏要注意以下几点:

(1)避免强光直接照射在增感屏上,防止荧光物质老化,降低增感效率。

(2)避免在增感屏中长时间夹放X线胶片,尤其在潮湿季节胶片易受潮,受潮后的胶片会与增感屏粘连而将其损坏。

(3)装卸胶片时要特别细心,不可划伤增感屏面;也不要用手指接触,因为任何小的污斑都会在X线照片上留下伪影。绝对不能用湿手装卸胶片。

(4)经常保持增感屏的清洁,不得有任何异物如纸屑、纤维等落入增感屏内。异物会吸收荧光,在X线片上留下斑影,因此要定期用软毛刷或吹气球清洁屏面。片盒要经常处于关闭状态,如果长期不用,可在两屏之间夹放一张薄光纸保护屏面。

(5)如有沾污要及时清洁,用脱脂棉蘸少许专用清洁剂,也可蘸中性肥皂水轻轻擦洗。对有油脂污染的,可蘸酒精或四氯化碳去垢,再用清水擦净。清洁后的增感屏要待晾干后方能使用。

(6)增感屏应放在干燥通风的常温环境中,其相对湿度在65%~80%之间。

四、X线胶片

X线胶片是接受X线曝光产生潜影、在暗室中冲洗后形成供诊断用X线片的器材,是获得永久影像记录的载体。

X线胶片的种类繁多,常用的是普通X线胶片。它基本上可以满足对动物和人体进行四肢、腹部躯干及胸部、头颅等部位的拍摄需要。由于自动洗片机的应用,X线胶片又分为高温快显型和普通型。高温快显型适用于在高温下洗片冲洗用,普通型适用于手工显影用。

(一)X线胶片的结构

X线胶片的片基是一张塑料薄片,一般为蓝色透明膜。片基的两面均有一层薄薄的明胶或树脂构成的底膜,它的作用是使外层的感光药膜和片基牢固地黏附在一起。感光药膜的主要成分是具有感光作用的卤化银。最外层是一层透明的胶质或高分子化合物的保护膜,它可以避免感光药膜和外界直接接触,防止感光药膜受到摩擦、受潮,从而确保X线胶片的正常使用。

(二)X线胶片的成像性能

X线胶片的主要性能有感光度、对比度、感色性。国内生产的X线胶片包装盒上有的标有型号如Ⅰ型、Ⅱ型,表示其对比性能。而每一型号胶片的感光度还有快慢之分,它们之间相差将近1倍,但感光度在不同型号之间则难以比较。为了解决不同型号中的感光度统一问题,有的工厂生产的X线胶片除了标出型号以外,还标出相对感光度,如3F、4F、5F,3F的感光度较低,4F为中等,5F的感光度较高,它们之间的感光度相差1倍左右,即投照同一对象同一部位时,在其他投照条件完全相同的情况下,使用5F胶片比使用4F胶片可缩短1/2的曝光时间。目前生产的X线胶片多为5F胶片。

胶片的γ值对照片的对比度影响很大,若γ值等于1,照片对比度与物体对比度相等;若γ值大于1,则照片对比度大于物体对比度;若γ值小于1,照片对比度小于物体对比度。

感光乳剂对不同颜色光波的敏感性有差异,在一般的卤化银乳剂中,若不加光学增感剂,其固有感光性吸收光谱范围为390～520 nm,最大吸收峰是470 nm。显然用这样的乳剂制成的胶片对蓝色光敏感,称感蓝片。若在卤化银乳剂中加入光学增感剂制成的胶片对黄色、绿色敏感,就称其为感绿片。现在大量使用的X线胶片是感蓝片,感色性能的差异对使用何种增感屏十分重要。如常用的钨酸钙增感屏发出的是蓝紫色光,就应使用感蓝X线胶片,硫氧化钆增感屏发出绿色光就需要使用感绿X线胶片。此外不同感色性能的X线胶片对安全灯也有不同要求,对感蓝、感绿的X线胶片都可使用红色安全灯,但由于感绿X线片的感光度高,安全灯就应暗一些。

X线胶片按投照要求制成不同大小的规格,具体见表3-1。

表3-1 X线胶片尺寸

SI制/mm	习惯标准/英寸	SI制/mm	习惯标准/英寸
127×178	5×7	305×381	12×15
203×254	8×10	356×356	14×14
254×305	10×12	356×432	14×17
279×356	11×14		

第五节　X线片的影像质量

投照X线片的目的是用X线照片上的影像，正确地反映出机体内部结构的情况，用以诊断疾病。X线照片上的影像是各种立体组织结构的平面投影，是各种组织结构的密度、厚度吸收X线量的差异的显示，一张良好的X线片应能充分表现出机体内部结构的层次，有表现这些层次的适当密度和能鲜明地分清层次间的密度差异。此外，影像大小，各部轮廓及细节的边缘锐利程度，解像能力，影像形态的真实性等问题，则是依靠于几何投影的一些因素。因此对照片质量的评价有以下几个方面的内容：能表现影像的适当密度；能分辨机体对X线吸收差异的各种对比度；能分辨各部细节的层次；能反映各部细节的清晰度；X线影像具有最小的失真度。

一、照片密度

已知照片的密度即照片的黑化度。一张照片上如果只有一个密度，这样的照片就不能显示影像。影像是由多种密度的银粒所组成，并以密度的等级多少来衡量照片的影像质量好坏。人的眼睛能分辨的最小密度约为0.12，诊断用X线照片的适当密度范围应为0.25～2.0。在此密度范围内，密度最低部分，人的眼能辨认；密度最高部分，能清晰显示组织的细微结构。在这个密度范围的灰阶中，人眼约能分辨16种深浅不同的灰度。

低密度的X线片，往往不能表现组织的细节。如密度太低的骨骼X线片，只能见到骨骼的轮廓，骨小梁等很难显示。密度过高的X线片，也往往以其浓厚的密度掩盖了某些组织的细节。例如，肺部的浸润性病灶，在密度过高的X线照片上不易显示。

在X线诊断工作中，是以人的眼睛来识别密度差所形成的影像，因人的个体差异，在观察同一影像时则各有不同的感受，对照片的标准要求也不尽一致。在一定条件下，密度过高的X线片，可在强光下或用缩小灯光面积的方法观察。同样，有时在暗室冲洗的微弱灯光下认为密度合适的照片，在较亮的观片灯下会认为密度不足。

影响X线片密度的因素很多，它涉及摄影技术的各个方面，包括摄影用的器材，如胶片的感光度、增感屏的增感速度、是否应用滤线器；暗室显影过程，如显影液成分、显影时间、显影液温度；投照对象，如投照部位、组织厚度、动物品种；投照技术条件，如管电压、管电流、曝光时间、焦点到胶片的距离。在投照对象、摄影器材和暗室显影都选定的情况下，决定密度的是投照条件。

二、对比度

X线照片的对比度是指照片上相邻两点的密度差异，照片影像就是由无数的对比度构成的。X线照片上两种不同密度之间的亮度差，表现为人眼所感觉的对比度叫作生理对比度；用光学的观点解释为相邻两点的密度差称为对比度，也叫物理对比度。有了对比度才能使影像细节清楚地显示出来，一般说来密度差别越大越容易为人眼所察觉，但过高或过低的对比度也会损害影像的细节，只有适度的对比度才能增进影像细节的可见性。

一般来说生理对比度只能略分强弱，物理对比度可用数值计算表示。计算公式如下：

$$D_2 - D_1 = \lg \frac{I_1}{I_2}$$

式中：D_2，D_1 为 X 线照片上相邻两组织影像的密度；I_1，I_2 为两组织的透光度。

影响 X 线照片对比度的因素主要有三个方面。

（一）投照技术条件

1. X 线质的影响。管电压代表 X 线的质，即穿透力。管电压是影响 X 线片对比度的最主要因素。使用较低的管电压可增加对比度；而使用较高的管电压则降低对比度。当用不同管电压投照铝梯时会发现，低管电压投照时，铝梯黑白间的密度差异增大，但它显现的灰度等级却较少；高管电压投照表现出黑白间的密度差异减少，但它显现的灰度等级却较多（图 3-8）。因此不能简单地说对比度大的 X 线片就优于对比度小的 X 线片，因为对比度大往往会使灰度等级减少，使 X 线片失去某些影像细节。同样也不能简单地说对比度小的 X 线片因灰度等级较多而优于对比度大的 X 线片，因为对比度小的 X 线片往往给人眼辨别影像细节带来困难。

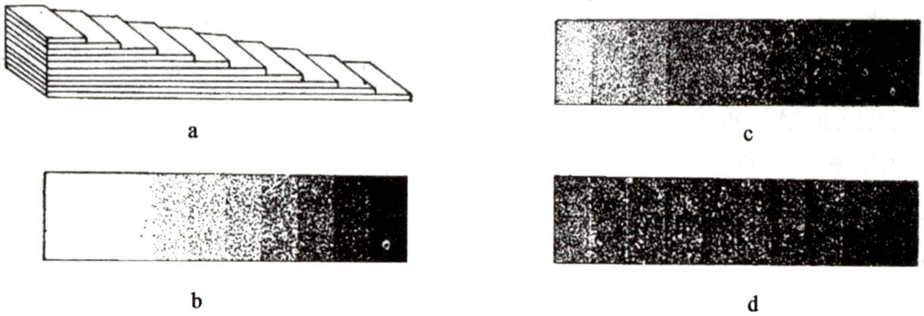

a. 铝梯；b. 低管电压投照；c. 中等管电压投照；d. 高管电压投照

随管电压的增高，影像的对比度和层次均发生变化，

对比度逐渐降低而层次增加

图 3-8 管电压与对比度和层次的关系

总之，管电压控制照片对比度的概念是成立的。在 X 线胶片的 γ 值一定时，低电压技术使照片对比度变高，这种照片对比度黑白分明，中间灰阶较少，即层次少；高电压技术使照片对比度降低，在影像黑与白之间有较大范围的灰阶，层次丰富诊断信息增多。

2. X 线量的影响。一般认为 X 线的量对照片对比度没有直接影响。但是，增加 X 线量可增加照片影像密度，使照片上密度过低的部分对比度好转。相反，密度过高部分在照射量减少以后，也可以改善其对比度。但是 X 线量过多，使照片密度太大，对比度也会变小；而 X 线量太少，照片密度变小，对比度也受影响。因此，必须使用恰当的毫安秒，才能得到合适的对比度。

3. 散射线对照片对比度的影响。从 X 线管中发射出来的 X 线，被机体吸收后产生一定波长方向不一的散射线。这些散射线也能使胶片曝光，如果这种散射线大量存在，就会使胶片产生一层灰雾，影响照片质量。管电压越高，身体产生的散射线越多；受到照射的面积越大、越厚，产生的散射线越多，对照片的质量影响也越大。

为了提高照片质量，在投照厚的肢体时，采用滤线设备来减少或吸收散射线是十分必要的。另外使用增感屏不仅可以增加 X 线片的密度，也可增加照片的对比度，因为胶片对增感屏发出的荧光比对 X 线具有较多的固有对比度。

（二）被照机体因素

机体被照部位的组织成分、密度和厚度以及造影剂的使用是形成X线片图像密度和对比度的基础。骨和周围的软组织比较，无论是密度还是有效原子序数的差别都比较大，因此在X线片上会形成较大的对比度。而肠道和周围的软组织的组成成分和密度近似，因此在X线片上缺乏密度差别，无法识别。所以可以说，若被照部位本身无差异，不能形成物体对比度，投照条件无论如何变化也不能形成照片上的密度对比度，密度对比度为零时则无影像。

（三）X线胶片和暗室技术

X线胶片有其固有的对比性能，这取决于γ值的大小，但过了保存期的胶片会使胶片的对比度下降。若显影操作不当或暗室照明不安全，也可在胶片上产生灰雾。另外，显影液老化也会使X线片发灰而影响对比度。

三、层次

照片上被照肢体组织结构的各种密度，称为照片的层次。理解层次的概念最典型的例子是对铝梯投照所形成的影像。

在投照时用同一感光效应值，分别使用低、中、高三种管电压值对铝梯进行投照。当用低管电压时，因为X线能量较低，仅能穿透铝梯较薄的一部分，因而铝梯对较低管电压X线的吸收差异较，未被穿透的部分在X线照片上呈白色，少数穿透部分呈黑色。在黑白之间显示的灰度层次较少，表现了较大的黑白对比。适当提高管电压，使铝梯各部均被X线穿透时，X线照片上铝梯影像密度增加，而对比度比以前减小，层次较以前丰富，全部显示出铝梯层数和细节。如再度增加管电压，则穿透铝梯的X线增加更多，X线片上影像的密度进一步加大而密度差减小，显示出层次较多的铝梯影像（图片3-2）。由上可知，低管电压产生的影像对比度大，层次少；高管电压产生的影像对比度小，层次多。

因此，可以推知用适当感光效应值，投照肢体用低管电压时，只有软组织、脂肪、空气显示清晰，而骨骼因未被X线穿透其影像密度太小；提高投照管电压后则能在对比度稍低的情况下使骨骼、肌肉、皮肤、脂肪和空气等的密度差异在照片上以丰富的层次显示出来。但是，管电压过高层次太多会导致无对比度，最终影像模糊。可见在同一张X线片上要想得到既有较好的对比度，又能显示丰富的层次的影像，必须选择恰当的管电压和管电流值。

四、清晰度

清晰度是指影像边界的锐利程度。良好的清晰度有助于观察组织结构的微小变化。可用模糊度来说明清晰度，影像模糊度大，清晰度差；反之模糊度小，清晰度就好。根据光学原理，从一个焦点投射出来的光线，对物体边缘所形成的边影，因受焦点面积的影响，必会形成一个光晕，也称半影。半影的宽度即为模糊度，所以半影小者清晰度大，半影大者清晰度小。影响X线片清晰度的因素有以下几个方面。

（一）几何因素

下式列出了与模糊度有关的几个因素：

$$P=\frac{d}{H-d}F$$

式中：P 为模糊度；d 为被照物体至胶片的距离；H 为焦点至胶片的距离；F 为有效焦点面积。

由上式可以看出，模糊度与X线管的焦点面积 F 成正比，与被照物体至胶片的距离 d 成正比，与焦点至物体距离 $H-d$ 成反比。

1. X线管的焦点大小。焦点面积大者，伴影必大，清晰度差，所以使用小焦点X线管拍摄的X线片伴影也小，清晰度高(图3-9)。

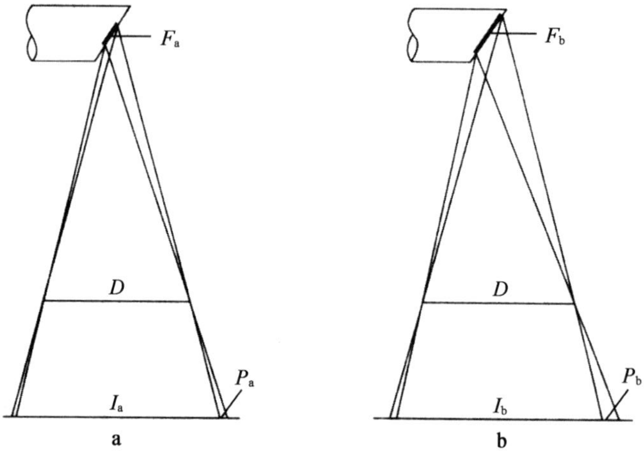

F 为焦点；D 为物体；I_a、I_b 为影像；P_a、P_b 为影像伴影

a. 小焦点的效果，伴影小；b. 大焦点的效果，伴影大

图3-9　焦点与清晰度的关系

2. 焦点到胶片的距离。在焦点大小和物体到胶片距离都不变的情况下，若加大焦点—胶片距离可使半影减小，增加影像的清晰度，而且距离越大清晰度越高。但焦点—胶片距离增加也使X线强度减弱，要使胶片得到合适的密度就必须加大X线的曝光量。

3. 物体到胶片的距离。距离大时，伴影大，清晰度差，距离小则伴影小，清晰度好。因此投照时必须使被照部位紧贴片盒(图3-10)。

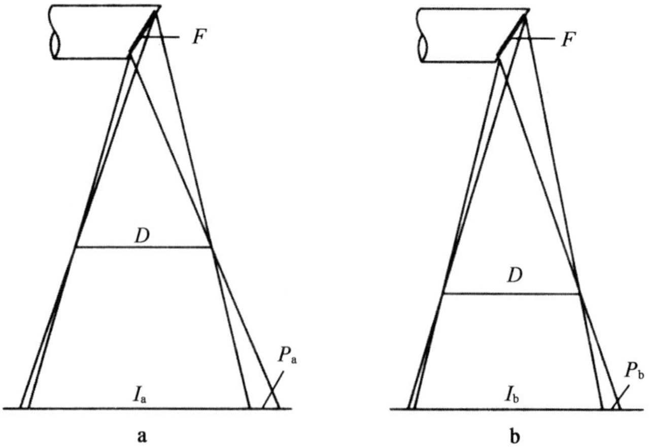

F 为焦点；D 为物体；I_a、I_b 为影像；P_a、P_b 为影像伴影

在图a中物体与胶片的距离远，伴影 P_a 大；b图中物体与胶片的距离小则伴影 P_b 也小

图3-10　物体-胶片距离对影像清晰度的影响

(二)增感屏和胶片的影响

一般情况下,影像清晰度随X线胶片固有的感光速度增加而降低,因为乳剂中的银颗粒为形成X线片像素的最小单位,颗粒越小,影像边缘越锐利。然而,感光快速的胶片其银盐颗粒粗大,所以影像的清晰度也差。如果要获得影像清晰细腻的X线片应选用低速X线胶片。

在投照时使用增感屏可以极大地降低曝光量,但增感屏也使X线片的清晰度有所降低。同理,增感屏的增感速度越大,其构成颗粒越粗,它产生的光影越大,对清晰度的影响也越大。因此,为了提高照片的清晰度,在选用增感屏时尽量使用中速增感屏,这样既减少了曝光量又照顾到了影像的清晰度。此外,X线胶片与增感屏的接触是否良好也会影响清晰度,X线胶片必须平坦地夹在一副增感屏之间,而且各处都应紧密接触,若有一处接触不良,增感屏发出的光线就会向四周散开,造成该点的影像模糊。

(三)运动产生的模糊

移动是造成X线胶片清晰度差的最重要原因,这在兽医X线检查中显得更为重要。焦点、被照肢体、胶片三者中任何一个产生移动都会造成影像模糊(图片3-3)。三者发生相对运动的情况很多,包括:

1. 投照肢体运动而产生的模糊。其原因一是摄影时动物不能与人配合,会随时发生骚动;二是不受患者意识控制的器官运动如心跳、呼吸等。

2. X线管的震动。摄影时机头或X线机支架的震动是焦点发生移动的根源。

3. 活动滤线器固定不良,引起胶片活动等,都能造成运动性模糊。

五、失真度

失真度是指照片上的影像较物体原来的形态和大小改变的程度。X线片上的影像总是具有某种不真实性,不真实的表现就是失真。临床上获得的诊断用X线片应尽量减小失真,更应避免人为造成的过大失真而影响X线片的质量。有放大失真和形态失真。

(一)放大失真

由于X线是从X线管的焦点上发出的,当它投照到物体上并在胶片上形成影像时,其影像必大于实物,即实物被放大。放大的程度主要决定于焦—片距和肢—片距,焦—片距过近或肢—片距过远均可产生过度的放大失真。

(二)形态失真

X线中心线、肢体及胶片间的角度有一定的规则,常规采用肢体与胶片平行或关节与胶片垂直,中心线投射于肢体某一点。在被摄物体形状对称时,摄影时焦点、物体和胶片三者排成一条直线,X线的中心线对准物体和胶片的中心时,X线片上的影像只有放大失真。如果被摄物体形状不正,摄影时没有把焦点、物体和胶片三者摆成一直线位于中心轴上,这时的影像由于各部位放大不一致而发生形态失真(图片3-4)。放大失真对分析X线片图像一般影响不大,而形态失真会妨碍图像分析,失去诊断价值。因此,要避免发生形态失真,就要将焦点、被照物体和X线胶片三者排列成一条直线,把被照物摆正,使它位于X线束的中心轴上,并与胶片和X线管平行。

第六节 投照条件的应用

在进行X线摄影时，根据投照对象的情况如动物种类、摄影部位、机体的厚度等选择X线管的管电压、管电流、曝光的时间和焦点—胶片距离，以保证胶片得到正确的曝光，从而获得高质量的X线片。

一、投照条件

（一）管电压（kV）

管电压是影响照片密度、对比度以及信息量的重要因素。管电压是加在X线管两极上的直流电压，医用诊断X线机的管电压范围一般为40～150 kV。管电压决定X线的穿透力，管电压高，产生的X线波长短，穿透力强；管电压低产生的X线穿透力也低。另外管电压也控制着照片影像的对比度。由于管电压控制X线的穿透力，因此调节管电压被认为就是对X线质的控制，一般应根据被照机体的厚度选择应用。管电压对胶片的感光效应的影响也很大，感光效应与管电压的 n 次方成正比，在诊断 X 线机上 $n=2\sim4$。所以在选择管电压时，必须充分注意。

（二）管电流（mA）

管电流是X线管内由阴极流向阳极的电流，其量很小，以毫安（mA）为单位。一般认为管电流决定着产生X线的量，管电流大意味着X线的发射量大，反之则小。它直接影响着增感屏上激发的荧光亮度，也直接影响着X线胶片上的感光化学反应。所以胶片的感光效应与管电流的大小成直接的正比关系。不同的机器，不同规格的X线管所能发出的X线量差异很大，小型机因受X线管规格的限制，管电流多在50 mA以下，中型机的管电流可达300 mA，大型机的管电流都在400 mA以上，甚至达到1 000 mA。

（三）曝光时间（s）

曝光时间是X线管发射X线的时间，发射时间长，胶片接受的X线量也多，增感屏上被激发出的荧光时间也长。所以对曝光时间的选择就是对X线量的控制，它直接影响X线胶片的感光效应。由于管电流（mA）和曝光时间（s）都是X线量的控制因素，故可以把管电压和曝光时间的乘积值即毫安秒数，作为X线量的统一控制因素来表示。

（四）焦点—胶片距离（FFD）

FFD是X线管焦点到胶片的距离。X线与可见光都是电磁波，它们有许多共同的性质，比如其辐射强度与距离的平方成反比。X线对胶片的感光效应自然也随距离的增加而减弱，同样也遵守上述原则，即感光效应与距离的平方成反比。在X线摄影时，为简单起见常把FFD设定为固定值如100 cm来使用。但是也经常出现变动FFD的情况，由于FFD对感光效应的影响很大，必须按规则进行计算、调整。

二、投照条件应用规则

在上述的四个投照条件中，与感光效应有直接关系的是 X 线的照射量，其单位应该是剂量单位伦琴(R)，因测量不便，常以发生 X 线时的管电压(kV)、管电流(mA)和时间(s)代表。胶片上的照射量又因焦—片距的不同而变化。它们的关系如下：

(1)感光效应与 X 线管电流(mA)成正比。

(2)感光效应与发生 X 线的时间成正比。

(3)感光效应与管电压的 n 次方成正比。

(4)感光效应与焦—片距的平方成反比。

以上四个投照条件对胶片感光效应的综合影响，可用公式表示为：

$$\text{感光效应}=\frac{\text{管电流(mA)}\times\text{曝光时间(s)}\times[\text{管电压(kV)}]^n}{FFD^2}$$

为保证 X 线片的质量和摄影工作顺利进行，有必要根据摄影要求对以上四个投照条件做出具体的规定，但随时对其中某一条件进行调整也是经常的，比如使用滤线器就要调整管电压，改变管电压就要调整 mAs 等。不论调整哪个条件，都不应影响感光效应，因此，在调整时需按规则进行。

(一)管电流(mA)与曝光时间(s)的关系

mAs 可作为影响 X 线片密度的同一因素考虑，每 ·部位一次曝光时的管电流与时间的乘积，即毫安秒(mAs)数，为一个部位的曝光总量。根据感光效应公式，在管电压和焦—片距不变的情况下，管电流(mA)与曝光时间(s)成反比。管电流和曝光时间可以互换计算，如拍摄某部位需用 5 mAs，原用管电流 100 mA，时间 0.05 s，现改用管电流为 50 mA，则曝光时间应改为 0.1 s，所得的 X 线胶片密度相等。

(二)曝光量(mAs)与焦—片距(FFD)的关系

FFD 在一定范围内可以和曝光量(mAs)进行换算，在管电压值不变时，曝光量与 FFD^2 成正比。换算公式为：

$$FFD_1^2 : FFD_2^2 = \text{原曝光量} : \text{新曝光量}$$

FFD_1 为原焦—片距，FFD_2 为新焦—片距。如原用距离为 150 cm，现改为 75 cm；原需 5 mAs，缩短焦—片距离后则只需 1.25 mAs。

(三)管电压与曝光量(mAs)的关系

在其他条件不变时，管电压的 n 次方与曝光量(mAs)成正比。调整可按下列算式进行：

$$U_1^n : U_2^n = \text{新曝光量} : \text{原曝光量}$$

U_1 为原管电压，U_2 为新管电压。n 在 50～150 kV 之间为 2～4。

在维持 X 线片密度不变的情况下，如要将曝光量减半或加倍曝光量，可改变管电压进行补偿(表 3-2)。

表 3-2 曝光量(mAs)减半或加倍时管电压的补偿

管电压峰值范围	管电压量/kV
40～50	±4
50～60	±6
60～70	±8
70～80	±10
80～90	±12
90～100	±14
100～110	±16

(四)管电压与组织厚度的关系

如果将其他条件固定不变,管电压应随组织厚度的变化而改变,具体的变化原则是:

80 kV 以下,组织厚度每增加 1 cm 需增加 2 kV。

80～100 kV,组织厚度每增加 1 cm 需增加 3 kV。

100 kV 以上,组织厚度每增加 1 cm 需增加 4 kV。

比如组织厚度为 14 cm 时所用管电压为 76 kV,组织厚度增加到 17 cm 时,则管电压应为 83 kV。

(五)使用滤线器时曝光条件的补偿

使用滤线器时,铅条吸收了散射线,同时也吸收了一部分原发射线,所以使用滤线器就应适当地增加投照条件,增加量应根据栅比确定(表 3-3)。

表 3-3 不同栅比增加曝光条件表

滤线栅比值	曝光量增加倍数	管电压增加量/kV
5∶1	1	8
6∶1	1	10
8∶1	2	12
16∶1	3	15

三、曝光条件表的制定与应用

为适应不同 X 线机的性能,方便摄影工作,保证 X 线片的质量,应根据不同的投照对象,对每台机器制定投照曝光条件表,作为工作中的依据。由于兽医 X 线诊断涉及的动物种类多,各个部位厚度差异大,要把各种动物、各个部位的投照条件都放在一张表格上是不可能的,因此需要制定多种表格。此外,各种 X 线机上需要控制的投照条件虽然都一样,不同机器的调控范围各不相同,如有些机器的管电压和管电流调节都比较粗,只有曝光时间能做较细的调节。另外有些机器的管电压可做细调。即使是同一型号的机器,其 X 线管的发射效率也有差异,因此必须根据每台机器的特点制定出相应的投照条件表。

(一)曝光条件试验

经常从事X线摄影的人员由于在日常工作中有了大量的工作积累,所以就自己所用的机器已经取得了各部位摄影投照条件的经验值,但也应进行一些曝光试验,以使设定的条件更准确。试验应在相同的条件下进行,由于动物的种类很多,即使是同一种动物不同品种之间的体型、体重相差也很大,所以应对不同种类、不同体型动物的各个部位分别进行曝光试验以取得基础值。具体程序如下:

(1)各个部位均选取中等体型的成年动物,测量并记录体厚和体重。

(2)选好X线胶片和增感屏,暗室条件标准化,即新鲜显影液、定影液,温度固定在18～20℃,显影时间5 min,确保暗室红灯安全。根据机器性能、设备要求设定焦—片距离,一般为75～100 cm。

(3)大体划分动物体部位,可分为四肢、脊柱、胸部、腹部、骨盆、头部及造影检查。各部位又有不同的体位如正位、侧位等。

(4)试验一般在一张胶片上用三个不同条件拍摄三次。由于拍摄的是同一种组织,厚度一样,因此可使用相同的管电压(管电压基值＝体厚×2＋基数),不同的曝光量(mAs)。通常用三个倍增数如2.5、5.0、10.0 mAs拍摄,拍摄时用铅板将胶片分别遮挡形成三个区域。对这三个区域依次进行曝光,成片后对三个区域的影像质量主要是密度进行比较,评出质量最好的投照条件作为制定投照条件表的依据。如三个区域的密度都过低,则应成倍增加曝光量(mAs)数然后重新进行试验,即将上述投照条件改为10、20和40 mAs,或增加10 kV,而把曝光量(mAs)减半为5、10、20 mAs。如第一次试验中三个区域的密度均过高,则应把曝光量(mAs)减半重新试验。

(二)曝光条件表的类别

1.组织厚度与管电压关系表。管电压对X线照片的质量影响很大,这既有对密度的影响也有对对比度的影响。随着现代科技的发展,X线机的技术性能的提高,对管电压的调节更加细微化,所以严格按照组织厚度选用管电压已是现代X线摄影的发展趋势。制定此表时,在上述曝光试验的基础上,确定了某种动物某一部位的管电压和曝光量(mAs)后,这一部位的曝光量(mAs)固定不变,而管电压则根据组织厚度的变化而增减,然后绘制成表格。摄影时只要测出被照部位的体厚,通过查阅此表就可获得要使用的管电压。

2.组织厚度与管电压、曝光量(mAs)关系表。组织厚度与管电压关系表是根据组织厚度选择管电压,是同一动物的同一部位在应用相同的曝光量(mAs)条件下使用的。它只适用于大型的对管电压能进行微细调节的X线机,对许多中小型机器则不适用。这些机器的管电压只能做粗调,组织厚度的变化只能通过调节管电流和曝光时间来补偿。对这样的机器要制定组织厚度与管电压、曝光量的关系表。在这样的表格里管电压在一定的组织厚度范围内相对固定不变,曝光量作为照片密度的补偿,随被照部位厚度的变化而变化。表3-4列举了小动物胸部摄影用的组织厚度与管电压和曝光量关系表。

表 3-4　组织厚度与管电压、管电流、曝光时间关系表

（小动物胸部）FFD=100 cm

组织厚度/cm	管电压/kV	曝光量/mAs	管电流/mA	曝光时间/s	滤线器
5	60	2.4	30	0.08	—
6	60	3.0	75	0.04	—
7	60	4.0	50	0.08	—
8	60	4.5	75	0.06	—
9	60	4.5	75	0.06	—
10	70	2.4	30	0.08	—
11	70	3.0	75	0.04	—
12	70	4.0	50	0.08	—
13	70	4.5	75	0.06	—
14	70	4.5	75	0.06	—
15	80	4.5	75	0.06	+(5∶1)

3. 组织厚度与曝光时间关系表。携带式X线机的管电压和管电流都不能随意调节，管电压固定在70 kV，管电流为10～20 mA，只有曝光时间可以控制。制定这种机器的投照条件表主要是列出组织厚度与曝光时间的关系。因为在一定厚度范围内，感光效应与曝光时间成正比，而这种机器因其效能不高，只能用于厚度不大的部位投照，如大动物的四肢下部摄影。根据试验确定每厘米厚组织所需的曝光时间，摄影时用测得的组织厚度乘以每厘米厚组织所需的曝光时间即为本次摄影所用的曝光时间。

第四章　X线特殊技术及暗室技术

第一节　放 大 摄 影

一般X线摄影时必须将物体贴靠胶片以减少影像的放大。物体离胶片越远，即离X线管焦点越近，影像放大的程度越大。放大摄影（magnification radiography）即是利用几何学原理，有目的地将检查部位与X线片之间的距离增大，从而使影像直接放大的一种检查方法，便于观察某部组织的细微结构或微小病变的情况。放大摄影时，X线管到胶片间距为100～150 cm，放大率按下列公式计算：

放大率＝靶片距/靶物距

由于影像放大会减低其清晰度，因此X线放大摄影必须采用焦点小于0.3 mm的X线管，以减少X线束的扩散作用，才能保证影像的清晰度。此外，X线机应有足够大的容量、高电压和高速增感屏（稀土屏）。近代应用X线数字放大摄影技术，图像分辨率既高，又可提高放大倍数。放大摄影主要用于局部骨小梁和小的骨关节检查；可显示肺内细小病灶；乳腺内沙粒钙化灶及细小病变等。此外，血管造影常加用放大摄影，以观察分支较细的血管。

第二节　高千伏摄影

高千伏摄影（high kilovoltage radiography）是指使用120 kV以上（目前大都用140～150 kV，甚至200～250 kV）管电压所产生的X线做摄影检查的技术。一般的X线摄影所用电压数值在45～90 kV之间，高千伏摄影的原理是90 kV以下X线摄影，动物体对X线的吸收以光电效应为主。各部结构显影的密度高低受组织原子序数和厚度的影响较大，尤其是软组织、脂肪、气体与骨骼重叠在一个平面上时，前三者影像会被密度高的骨骼影像遮盖而不能显示。当电压高于120 kV时，组织吸收以散射效应为大，受原子序数和厚度的影响减少，图像则不致为骨骼所遮盖。

高千伏摄影可用于胸部、腹部、脊椎和头部的检查。应用高千伏摄影能使显示的影像层次丰富，扩大了诊断能力。如肺部的高千伏摄影可使肺野的可见度增加，可透过肋骨阴影见到肺纹理或炎性病灶。纵隔阴影、气管和支气管阴影，虽与胸骨及胸椎重叠亦可显示。高千伏摄影X线穿透能力强，能提高较厚部位如腹部、脊椎及头部的投照效果。高千伏摄影能减少所需毫安秒，从而显著地缩短曝光时间，可提高X线照片质量并减少工作人员所接受的X线量。但高千伏摄影往往需用高电压、小焦点、较大容量的X线机以及特殊的滤线器和计时装置。

第三节 造影技术

一、造影剂及种类

对于缺乏自然对比的结构或器官，利用透视及平片检查不易辨认。为扩大检查范围，提高诊断效果，可将高于或低于该结构或器官的物质引入器官内或其周围间隙，使之产生对比以显影，此即造影检查。引入的物质称为对比剂(contrast medium)，也称造影剂。

理想的造影剂应符合下列要求：①无毒性，不致引起反应；②对比度强，显影清楚；③使用方便，价格低廉；④易于吸收和排泄；⑤理化性能稳定，久储不变。但目前所用对比剂不能完全满足上述要求。

根据组成造影剂物质原子序数的高低和吸收X线能力的大小，可分为低密度造影剂和高密度造影剂。低密度造影剂也称阴性造影剂(negative contrast)，主要是各种气体。高密度造影剂也称阳性造影剂(positive contrast)。

(一)气体造影剂

常用的气体有空气、氧气、二氧化碳等。气体造影剂主要用于蛛网膜下腔、关节腔、腹腔、后腹膜充气造影等。气体脑室造影现已基本淘汰。

空气方便易取，应用最广，其溶解度较小，进入体内后不易吸收，不易弥散，故停留时间较久，容许有足够的时间进行反复检查及追踪观察。但如注入血液循环，有引起气栓的危险；二氧化碳的溶解度大，副反应小，吸收快，必须尽快完成检查；氧气性质介于二氧化碳与空气之间，吸收也较慢，进入循环系统后可引起气体栓塞，应加以注意。

进行气体造影时，注气前应确认针头不在血管内方可注气，注气压力也不宜过大，注入速度小于100 mL/min。

(二)钡剂

钡剂主要有效成分为硫酸钡(barium sulfate)，造影用硫酸钡均为合成品(用氯化钡与硫酸钠或硫酸铵反应制成)，性质十分稳定，不溶于胃肠液，无毒性。应注意不可使用可溶性硫化钡或亚硫酸钡造影，其原因是这两种物质易溶于胃酸，可引起中毒反应。临床使用的钡剂是由纯硫酸钡粉制成的钡糊和混悬液，亦可制成胶浆。钡糊(稠钡剂)黏稠度高，含有硫酸钡70%左右，用于食管或胃的黏膜造影。硫酸钡混悬液(稀钡剂)含有硫酸钡50%左右，用于胃肠道造影。钡胶浆为含50%硫酸钡的中药白及或西黄蓍胶的胶浆，适用于支气管及膀胱等器官造影。纯净硫酸钡为白色粉末，无毒性。目前多制成高浓度、低稠度、涂布性良好的钡胶浆，与产气剂、泡沫剂共用，行胃肠道双重对比造影。

对食管穿孔、食管气管瘘、胃肠道穿孔、急性胃及小肠出血、肠梗阻等均应禁用钡剂。

(三)碘制剂

碘制对比剂大体分油脂类和水制剂两类。

1. 油脂类。早年使用的碘油为碘与植物油的加成物，一般含碘30%～40%，直接引入造影部位，用于支气管、子宫输卵管、脓腔或瘘管造影等。用量为2～40 mL，依部位而不同。

碘苯酯(iophendylatum)化学名为10-碘苯-十一酸乙酯。为无色或淡黄透明油状液，不溶于水。含结合碘约为30%。过去主要用于脊髓造影，用量一般为3 mL，最多不超过6 mL，需直接引入。也可用于淋巴造影。由于碘水剂的应用，现已少用碘苯酯做脊髓造影。

2.碘水制剂。系含碘的水溶性对比剂，种类繁多。可分为无机碘剂和有机碘剂，后者根据排泄方式不同而分为尿排泄型和胆排泄型。在尿排泄型中，依对比剂在水中有无离子化而分为离子型和非离子型两类。在胆排泄型中，依给药方式不同而分为口服性和静脉性两种。

(1)碘化钠(sodium iodide)。为无机碘剂。可用于逆行肾盂造影、膀胱造影和尿道造影以及胆管造影等，常用12.5%的水溶液。膀胱造影时，稀释1倍，以免密度过高，遮蔽病变。不能用于静脉注射。现在应用越来越少。

(2)尿排泄型有机碘剂。为水溶性，经肾排泄，用途广泛，种类繁多。注入静脉或动脉可行血管造影，经肾排泄，在尿路存积过程中可行尿路造影。分离子型和非离子型两类。

①离子型对比剂：

泛影酸盐：泛影酸系含三个碘原子的三碘苯甲酸，其分子结构式如下：

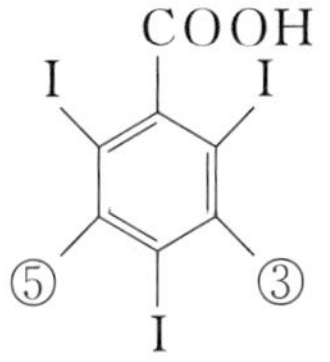

③=⑤=—$NHCOCH_3$

泛影酸钠(hypaque)为其钠盐，泛影葡胺(urografin)为其葡胺盐。以不同比例的泛影酸钠与泛影葡胺混合而成的复方泛影葡胺，是常用的对比剂。

本制剂适用于静脉性尿路造影、心血管、脑血管、腹内血管和周围血管造影，也可用为逆行性尿路造影，口服时可做胃肠道造影(称之为胃影葡胺，gastrografin)。还可用于CT增强检查。用量则依不同部位和目的而异。

异泛影酸盐：异泛影酸是泛影酸的同分异构体，其分子结构式如下：

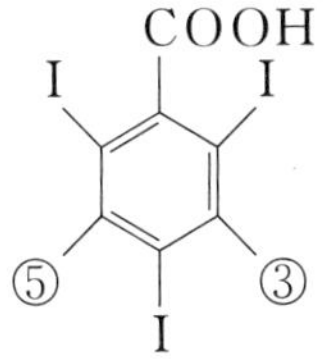

③=—$CONHCH_3$

⑤=—$NHCOCH_3$

可制成异泛影酸钠或异泛影葡胺(conray)。其水溶性更大，黏稠度较低，可作更高浓度的快速血管内注射，更适宜于心脏大血管的造影。但异泛影酸钠不宜用于脑血管造影。此外，也可用于其他部位的血管造影、静脉性尿路造影、逆行性尿路造影以及CT增强检查。

碘卡明酸盐：碘卡明酸是异泛影酸的二聚体。其分子结构式如下：

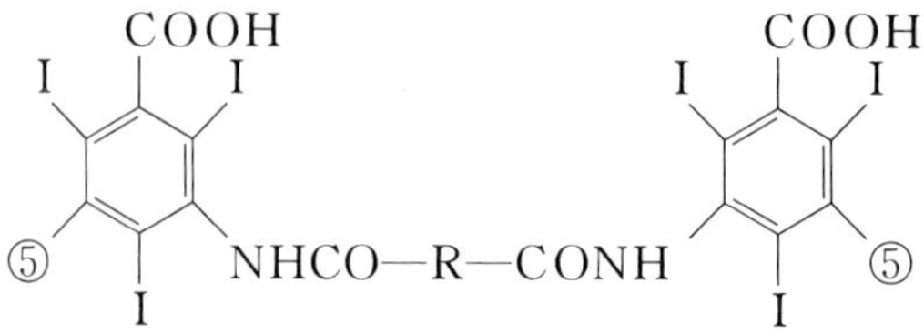

$R=-CH_2CH_2CH_2CH_2-$

⑤$=-CONHCH_3$

其葡胺盐为碘卡明葡胺(myelotrast,dimer X),溶于水后电离,只生成两个阳离子和一个酸根离子,所以在相似的碘浓度时,溶液的渗透压较低,可减轻神经组织和血脑屏障的损伤,从而减少、减轻神经症状。适用于脑室造影和腰段脊髓造影。对尿路造影、心、脑血管造影无突出优点,无须采用。这种对比剂已因有非离子型对比剂而被淘汰。

上述三类对比剂在溶于水后都发生电离,故都是离子对比剂,渗透压高,反应较常见,有时严重。

②非离子型对比剂:非离子型对比剂是三碘苯甲酸酰胺类结构的衍生物。采用多醇胺类,以取得高溶度和高亲水性。其优点是由于不是盐类,水溶液中不产生离子,故可降低渗透压,对神经和血脑屏障的损害均明显低。20 世纪 70 年代初首先合成甲泛葡胺(metrizamide)。为了提高亲水性,增加水溶度,提高稳定性和降低溶液的黏稠度而在分子结构中引入醇基(OH)。这类对比剂如碘苯六醇(iohexol)、碘异酞醇(iopamidol)和碘普罗胺(iopromide),渗透压进一步降低,但仍高于血浆渗透压。近年又合成了非离子型二聚体,使其渗透压与血浆相同,如碘曲伦(iotrolan)适用于全段脊髓造影。

甲泛酸胺:商品名叫阿米培克(amipaque)。选用的多醇胺为葡糖胺(glucosamine)。由于葡糖基易水解,致水溶液不稳定,不能制成溶液,已为其他非离子型对比剂所代替。

碘苯六醇:商品名叫 omnipaque 或 exypaque,其分子结构式如下:

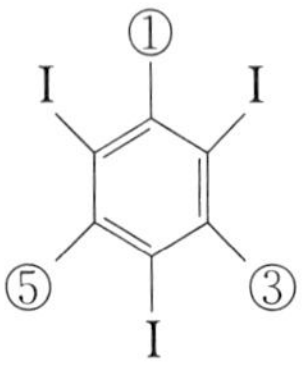

①=③$=-CONHCH_2CHOHCH_2OH$

⑤$=-N-CH_2CHOHCH_2OH$
　　　|
　　$COCH_3$

分子结构中有六个醇基。适用于血管内注射以行心血管造影、CT 增强检查和脊髓造影。反应发生率低而轻微。

碘异酞醇:商品名叫碘比多(iopamiro 或 niopan),其分子结构式如下:

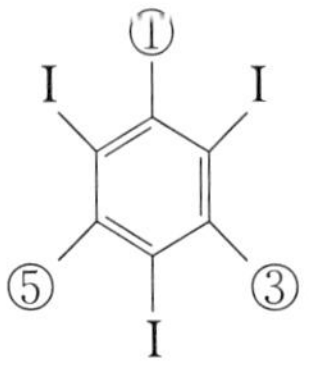

①=③$=-CONHCHCH_2OH$
　　　　　|
　　　　CH_2OH

⑤$=-NHCOCHOHCH_3$

分子结构中有五个醇基。用途与碘苯六醇相同。

碘普罗胺:商品名叫优维显(ultravist),其分子结构式如下:

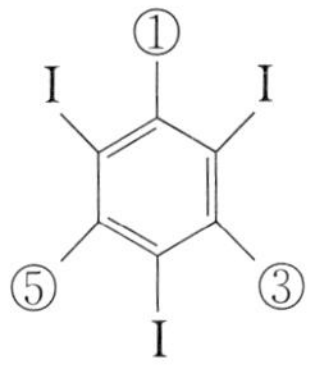

①＝—$CONHCH_2CHOHCH_2OH$

③＝—$CON(CH_3)$—$CH_2CHOHCH_2OH$

⑤＝—$NHCOCH_2OCH_3$

分子结构中有四个醇基，并加一个氧原子，而1、3、5三位上取代基均不同，苯环无对称性，增加了水溶性。可用于心血管造影和CT增强检查。厂家建议不用于脊髓造影。

碘曲伦：商品名叫伊索显(isovist)，为非离子型二聚体，有两个苯环、六个碘原子和十二个醇基。碘含量高，在高浓度时(例如300 mg/mL)，与血浆也是等渗的。适用于全段脊髓造影和脑池造影CT扫描。用量可高达4.5～6.0 g，很少发生反应。生物安全性高。

非离子型对比剂，由于生物安全性高，反应发生率低且轻，所以越来越受到重视。根据医学有关文献报道，反应发生率在离子型对比剂为12.66%，而非离子型仅为3.13%，重度反应在前者为0.22%，而后者只为0.04%。但由于成本高，售价贵，使其应用受到限制，只在必要时选用。考虑效用/价格比的原则，结合我国当前的实际，在以下情况采用非离子型对比剂为佳。

从病畜情况考虑，根据病史与病情，属于高危因子的病畜应使用非离子型对比剂。从造影方面考虑，动脉内注射、包括四肢动脉、冠状动脉、脊髓动脉及左心室和蛛网膜下腔与脑室内注射均应选用非离子型对比剂，蛛网膜下腔和脑室内注射不能用离子型对比剂。

(3)胆排泄型对比剂。胆影酸(adipiodonum)用于胆管检查。它的分子结构式是双苯环以不同的链连接。其分子结构式如下：

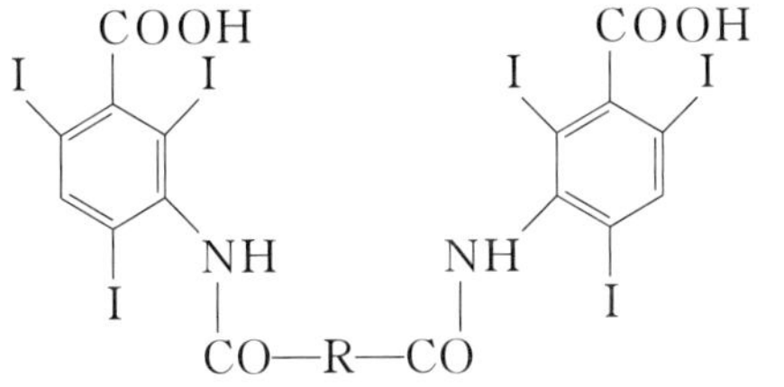

R＝—$CH_2CH_2CH_2CH_2$—

可以是钠盐，也可是葡胺盐，后者为胆影葡胺(iodipamide)。这种对比剂由于⑤位为空位，易同血浆中白蛋白结合而载运到肝，由胆排泄，而不易经尿排泄，不像经尿排泄的对比剂没有空位，易经尿排出。

胆影酸类对比剂需缓慢经静脉注入，一般为2～4 mL/min，用量为20% 20 mL，不能用于血管造影。

经胆排泄对比剂还有经口服，由小肠吸收，由胆排泄的，为口服胆系对比剂。如碘番酸，也是含三碘的苯环，其分子结构式如下：

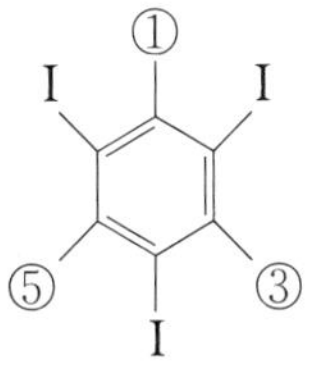

①＝—$CH_2CH(C_2H_5)COOH$　　③＝—NH_2

⑤为空位，便于同血浆白蛋白结合。该药为片剂，每片为 0.5 g，一般用 3～6 g。

由于超声与 CT 的应用，胆道造影的临床应用减少，因之，胆排泄型对比剂的使用也减少。

二、造影剂的引入方法

X 线造影剂引入动物体的途径有直接注入法和生理排泄法两种。

（一）直接注入

凡是动物体内具有腔道的器官并在体表有开口相通者，都可将造影剂直接注入，例如消化道造影、支气管造影、膀胱造影、逆行肾盂造影、子宫输卵管造影、瘘管造影等。若腔道不与外界相通，可采用穿刺方法直接注入腔内，也可通过穿刺引入导管，自导管外口注入腔内。前者如脊髓造影、气腹造影、关节腔充气造影，后者如选择性血管造影等。

（二）生理排泄

这种方法目前主要用于胆系和尿路，通过口服或静脉注射注入造影剂，可随胆汁或尿液的排泄使胆管、胆囊或尿路显影。造影剂密度较高，又经过生理浓缩，使其腔道呈高密度图像。

三、造影检查法

（一）食管造影(esophagography)

食管造影检查是把阳性造影剂(通常为硫酸钡)引入到食管腔内，以观察、了解食管的解剖学结构与功能状态的一种 X 线检查技术。对食管的可透性异物，食管狭窄、阻塞、扩张、痉挛和食管壁的溃疡、憩室、破裂穿孔、肿瘤，食管壁外的占位性压迫等疾病的诊断有重要价值。

造影前动物一般无须做特别的准备，对拒不合作的动物，可轻度镇静。牛、马等大动物一律采用站立保定，左侧位观察。羊、犬等家畜以自然站立侧位观察为主，猫在必要时可做卧位观察。食管造影检查原则上以透视为主，如发现异常，必要时则在异常部位摄片，以显示病变细节。如单纯做摄片检查，应在投钡后或在大动物钡液灌注过程中曝光，并拍摄适当数量照片。如有点片装置，在透视过程中可根据需要随时摄片。食管造影的投钡，通常有如下方式。

1. 稀钡胶浆灌投。稀钡胶浆(硫酸钡与水之比为 1∶(3～4))流动性能较好，常用于观察食管腔的形态学状况。大家畜用量为 300～500 mL。先按常规方法把鼻胃管插入食管，至咽后约 10 cm 处，透视下证实鼻胃管在食管内无误后，接上漏斗灌药器，倒入稀钡，然后举高灌药器，使稀钡剂进入食管，同时进行透视观察或摄片。犬、猫等小动物可用接有短胶管的塑料瓶盛造影剂，胶管从嘴角插入口内，缓慢灌注。用量 10～100 mL。

2. 稠钡剂喂投。稠钡剂(硫酸钡与水之比为(3～4)∶1，呈糊状)黏度大，流速较慢，易黏附在食管壁上，可较好地显示食管黏膜的细节。大动物可使用软管钡糊制剂，将装在软管内的钡糊挤出到口内的舌根背面，或将现配的钡糊剂直接抹放在舌根背面，让其吞咽。小动物则用小汤匙喂在舌根背面上，然后人工合上动物嘴，让其自行咽下，同时进行透视或摄片。

3. 喂饲含钡食团。因投灌稀钡胶浆时，动物缺乏吞咽动作，食管腔扩张及蠕动不明显；投喂稠钡时，因其量少，也有类似情况。为观察吞咽动作及食管的蠕动扩张情况，以了解其功能，可将钡粉或浓钡液与动物喜食的饲料混合，使其采食或置动物口中，让其自然吞咽，同时做透视观察或拍摄照片。

食管造影的透视检查，大动物用 70～80 kV，小动物用 50～65 kV，管电流 2～3 mA。造影前先对食管透视一遍，然后投钡，从颈部开始，依次观察钡剂经过颈段食管、胸段食管至通过膈肌进入胃的情况。在观察形态变化的同时，也要注意其蠕动功能状态。如观察食管内径的大小、钡流的速度与流通情况，以发现有否狭窄、扩张、阻滞或充盈缺损。钡剂经过后，注意食管黏膜情况，有否留下龛影、憩室或挂钡影像。如有异常，必要时在异常处摄片（点片），或在体表局部剪毛标记，重新投造影剂后，拍摄该部照片。对怀疑食管内刺有密度不高的细小异物时，可在稀钡中拌入少许棉花纤维一起投服，观察有无阻挡或拘挂征象。对有食管气管瘘或食管穿孔的病畜，不宜使用钡剂，应选用水溶性有机碘剂作造影剂。食管造影X线照片见图片4-1至图片4-3。

（二）胃肠钡饲造影（barium meal examination of gastrointestinal tract）

胃肠钡饲造影是将钡剂引入胃内，以观察胃及肠管的黏膜状态、充盈后的轮廓及蠕动与排空功能的一种X线检查方法。钡饲造影使观察胃及十二指肠的大小、形态、位置及黏膜状况等成为可能，对胃、十二指肠内的异物、肿瘤、溃疡、幽门部病变及膈疝等的诊断具有重要意义。目前钡饲造影主要应用于犬、猫等小动物。

被检动物造影前应禁饲24 h，禁水12 h，如有必要还需进行清洁灌肠。为避免麻醉剂对胃肠功能的干扰，做胃肠功能观察的动物不做麻醉。造影前先做常规透视观察，或拍摄腹部正、侧位照片，以排除胃内不透性异物及检视胃和小肠内容排空情况。造影剂最好选择医用硫酸钡造影剂成品，因其颗粒直径在1 mm以下，其混悬液不易分层。配成钡与水之比为1∶(1～2)的混悬液。小动物用量为10～100 mL。检查时宜先给予少量浓稠钡糊（见食管造影的稠钡剂喂投），观察食管和胃的黏膜，然后插入胃管至颈食管中段，注入钡剂，并边灌注边透视观察。不能插入胃管的，可用一塑料瓶或大注射器连接一短胶管，将胶管由嘴角插入口腔，然后先注入少量钡剂，在其吞咽之后，再给完预定全量。注入速度不应太快，以防钡剂进入气管或溢出沾污检查部被毛。对旨在观察胃的轮廓及充盈状态者，可于注完全量后即拍摄前腹部的背腹位及自然站立侧位照片。如同时需了解胃的功能时，应在透视下观察，可按先贲门端后幽门端的顺序进行。为使钡剂聚集在贲门端，并阻止钡剂过快排到十二指肠，检查时首先应将动物置于左侧卧位或仰卧位，以显示贲门端与胃底的影像。为观察幽门端的轮廓时，动物可置于直立位或右侧卧位。通常钡剂很快地通过幽门到达十二指肠和空肠，通过速度与钡剂的浓稠度有关，一般30 min左右胃可排空，钡剂到达回肠。在胃内钡剂基本排清时，留下的残钡可显示出胃黏膜病变或异物的影像。但对某些个体，钡剂可能在其胃内停留较长的时间，而呈现幽门阻塞的假象，这种情况可通过间隔0.5～1 h后做跟踪复查的办法进行鉴别。60～90 min，钡剂集中在回肠并到达结肠。4 h后，小肠已排空，钡剂集中在结肠并已到达直肠。胃肠造影X线照片见图片4-4至图片4-6。

（三）钡剂灌肠造影（barium enema）

钡剂灌肠造影简称钡灌，是将稀钡剂（硫酸钡与水之比为1∶(3～4)）经直肠逆行灌入结肠及盲肠，以了解结肠器质性病变的一种X线检查方法。对肠腔狭窄、肠壁肿瘤、黏膜病变或外在的占位性肿块和先天性畸形等，可提供诊断。此外，对回、结肠套叠，除提供诊断外，有时还可同时起整复的作用。钡剂灌肠主要应用于小动物。

被检动物禁食24 h，造影前12 h投服轻泻剂，麻醉前先用温生理盐水做清洁灌肠，直至清除肠管内容物，并尽量排出肠管内残留液体。动物做全身麻醉，置右侧卧位，用带有气囊的双腔导管插入直肠。双腔导管的气囊部位抵达耻骨前沿，通过阀门向气囊内充入空气，使气囊扩张而紧闭肠腔。关闭阀门后把双腔导管稍向后拉至气囊紧贴肛门括约肌前缘。把双腔导管的外接漏斗的位置提高，钡剂即向肠内慢慢注入。注入量以使结、盲肠全部充盈扩张为度，一般需 300～500 mL。边注入边透视，注意观察钡柱前端前进有无受阻或分流现象，钡柱边缘是否光滑，有无残缺、狭窄或充盈缺损等。灌肠完毕立即拍摄腹部腹背位及侧位照片。随后将体外灌肠管外口及漏斗置于低位，引流肠管内的钡剂，并适当按摩腹部或变换体位，促其尽量多地将钡剂排出。最后，再透视观察肠内残钡影像，或拍摄腹背位、侧位照片，即完成造影检查。在此基础上，如要更细致地观察肠黏膜情况，可从导管注入同等量的空气进行结肠充气造影，造成双重对比。夹住导管口后拍摄腹部腹背位及侧位照片。最后打开导管阀门，排出气囊内空气，拔除双腔导管。

灌肠用的稀钡混悬液温度应在 37℃左右。在灌肠过程中，若偶尔发生钡剂进入小肠，将影响对小结肠壁细小病变的诊断，可通过灌肠管吸出部分造影剂予以排除。结肠、直肠穿孔的病畜，不应进行此项检查；有结肠、直肠损伤，或近期内做过组织活体检查的患畜，应待组织修复后再做灌肠；在钡灌插管时不能用油类润滑剂，应改用甘油。钡剂灌肠 X 线照片见图片 4-7 至图片 4-10。

(四)马胃造影检查(equine gastrographic contrast examination)

大动物腹部 X 线检查较为困难，过去对马胃放射学缺乏研究。20 世纪 70 年代后，文献报道了马消化道的 X 线摄影，80 年代初报道了驹胃溃疡 X 线摄影术。Kees-1985 年报道了 26 例马胃 X 线摄影，被检马体重平均达 400 kg，年龄由 6 个月至 17 岁不等，并对 13 例 X 线所见获得尸体剖检证实，认为这是一种技术不难的诊断马胃及十二指肠疾病有价值的手段，过去被人们忽视了，只要有适当功率的 X 线机，这项检查是简便的，可以适用于驹的胃溃疡、食管贲门狭窄、马胃肿瘤、胃脓肿、马胃蝇和幽门狭窄等。在驹的胃充气和投入硫酸钡混悬剂后，钡剂可涂布于胃背侧黏膜上形成适度的双重对比。对成年马，充气造影有助于显示胃的肿块，并提供胃肿瘤与直肠检查可触及的前腹部其他肿块的鉴别，但成年马胃的体积大，在站立位，胃背侧黏膜没有钡剂涂布，不形成适度的双重对比，聚集于幽门部的钡剂可遮盖局部病灶，但能显示十二指肠降段的影像。

被检马禁饲 24 h，站立位保定，左侧腹部贴近影像增强器或荧光屏。先经导胃管注入少量空气，透视确定胃的位置，并标记在右腹壁外。然后经导胃管再充气至胃完全膨胀，马表现不安，跺脚或搔地时，停止注气并关闭导胃管。水平投照拍摄胃的左侧位照片，用栅比值为 10∶1 的静止滤线器，曝光条件为 125 kV，32～64 mAs，FFD 140 cm，对准 X 线中心后曝光。然后，再通过导胃管按每千克体重 3 mL 的剂量，投入 50%硫酸钡混悬液，并观察钡剂通过十二指肠降段的情况，随即以同样条件拍摄胃及十二指肠侧位照片。最后经导胃管引流，尽量排出胃内的气体和钡剂。

(五)排泄性肾盂尿路造影(excretory pyelography and urography)

利用某些造影剂静脉注射后迅速经肾排泄，使尿路各部分(包括肾盂、输尿管、膀胱)显影的一种技术方法。临床上应用于犬等小家畜的泌尿系统检查，可观察整个泌尿系统的解剖结构、肾的分泌机能及各段尿路的病变。能对肾盂积水、肾囊肿、肿瘤、可透性结石、输尿管阻塞、膀胱肿瘤、前列腺疾病及尿路先天性畸形等做出诊断。

被检动物术前禁饲24 h,禁水12 h,必要时术前做清洁灌肠及膀胱导尿。为便于操作,一般做全身麻醉。造影前拍摄腹部腹背位及侧位平片做比较。动物采取仰卧位,于腹中线两侧相当于输尿管处,各放置一衬垫,并用固定在床上的宽压迫带横过腹部,压住衬垫,然后将压迫带收紧,即可阻止造影剂通过输尿管,使造影剂能在肾盂充盈而不进入膀胱。完成上述准备后,即从外周静脉缓慢注入50%泛影酸钠或60%碘肽葡胺。剂量为每千克体重2 mL。注射完毕后5 min和15 min,分别拍摄腹部腹背位照片,并立即冲洗,以充分显示肾盂充盈,否则需重复拍片。肾盂造影X线照片见图片4-11和图片4-12。肾盂充盈后,补拍一张腹部侧位照片。最后,解除压迫带,并立即拍摄腹部腹背位、侧位及腹背斜位照片,以显示下段输尿管。解除压迫带5~10 min后,再拍摄后腹部腹背位及侧位照片,以显示膀胱的影像。

对上述腹部加压的造影方法,有人认为系非正常生理状态的肾排泄功能,应以在自然状态下不加压进行为好,因此还研究了一些其他造影方法,如大容量慢速静脉滴注腹部不加压肾盂造影等,患畜不需禁水及压迫腹部。造影剂用生理盐水稀释成16%~30%的浓度作静脉滴注,用量为100~250 mL,滴注时间20~45 min,注毕即可拍摄X线照片,可同时显示肾盂、输尿管及膀胱的影像。但肾盂、输尿管显影密度不高,影像欠清晰。

(六)膀胱造影(cystography)

膀胱造影是将导尿管经尿道插入膀胱,然后注入造影剂,使膀胱充盈显影,以观察其大小、形态、位置及与周围的毗邻关系的一种技术方法。用于小家畜的膀胱肿瘤、息肉、炎症、损伤、结石和发育畸形等的诊断,并可用以查明盆腔占位性病变和与前列腺病变的关系。

被检动物禁食12~24 h,术前轻度麻醉,并用温等渗盐水清洁灌肠。按膀胱导尿术安插导尿管,排空膀胱内尿液后,保留导尿管。如膀胱内有血凝块或其他沉积物存在,应用灭菌生理盐水冲洗出来。动物于仰卧位保定,将导尿管与连续注射器连接。注入10%碘化钠水溶液,同时用手在腹壁触诊膀胱,以掌握其充盈程度,防止过度充盈导致膀胱胀裂。造影剂的注入量一般为40~100 mL。注毕,用钳子夹住管口,并用胶水纸固定导尿管,防止滑脱。拍摄腹背位及侧位照片,必要时加拍斜位照片。立即冲洗,显影满意后,松开夹子,通过导尿管排出造影剂,膀胱造影即告完成。膀胱造影X线照片见图片4-13至图片4-16。如需更详细观察膀胱黏膜病变,可在阳性造影剂排出之后,经导尿管注入同等量的过滤空气,再行拍片观察。对不能插入导尿管的动物,可按前述排泄性尿路造影方法,拍摄膀胱照片。

(七)气腹造影(pneumoperitoneography)

气腹造影是把气体注入腹腔,使腹腔内器官与壁腹膜之间形成较大的空气间隙,从而使腹腔器官的外形轮廓和腹壁内缘在X线上能显示影像的方法。在中、小动物气腹造影后,通过转变不同的体位,可充分显示膈后的腹腔器官,如膈、肝、脾、胃、肾及肾上腺、子宫、卵巢、膀胱、直肠等脏器的外形轮廓、大小、位置及其相互关系,对腹壁及腹腔器官的占位性病变与引起器官形态学改变的疾患等有诊断价值。在马、牛等大动物的气腹造影,可使对肾、肝、脾及腰椎等的外形观察成为可能。

小动物气腹造影,被检动物应禁食12 h以上,使胃肠道空虚。造影前应先行排尿或导尿。全身麻醉后,动物仰卧保定,于脐后侧部剪毛、清洁消毒,以注射用塑料套管针(或用针头代替)做腹腔穿刺,在确定为腹膜腔而非刺到任何腹内器官后,再把塑料套管缓慢推进2~3 cm,然后退出针头。塑料套管用胶水纸固定在腹壁上,接上三通管的注出口。三通管的进气口用胶管与装有消毒棉花或水的过滤器相接。三通管的注入口与 50 mL 大注射器相接。抽吸注射器时，空气经过滤后进入注射器内，推压注射器时，滤过的空气即注入腹腔。可连续注气，以推压注射器次数计算注入气体的量。注气量依动物大小而定，犬为 200～1 000 mL，注气时随着腹内压增高，动物的呼吸、心跳数均会增加，应予密切注意，一旦出现呼吸困难或表现不安，应即停止。注完空气后，应暂时夹住管口，即行水平投照拍摄腹部照片。检查完毕，将动物置仰卧位，尽量排出气体后再拔除套管。残留在腹腔内的空气，经十余天可吸收完毕。如使用二氧化碳或氧气，数小时后可自行吸收，不必排气。

由于注入的气体总是聚集在腹腔内的上部，故如欲检查前腹器官，则应人为地使前腹处于高位，如欲检查后腹器官，则要使后躯处于高位。

由于腹腔内有大量气体存在，摄片条件可较平常减少 5～10 kV。小家畜气腹造影 X 线照片见图片 4-17 和图片 4-18。

大动物气腹造影，只能在自然站立位进行，动物无须麻醉，必要时作镇静。牛于右侧肷部，马于左侧肷部，在腰椎横突外下方 5～10 cm 处为穿刺点，局部剪毛消毒。局麻后用如上的塑料套管针做腹腔穿刺(也可以静注用粗针头代替)。确认已正确刺入腹腔而非刺穿任何腹内器官后，再将塑料套管缓慢推进 3～4 cm，并用胶水纸固定在皮肤上，然后拔出套管针头。用胶管或接头把套管与医用双联橡皮球的出气端连接，球的进气端与空气过滤瓶连接。每挤压一次医用双联橡皮球的空气排出量，应先行测定(约 50 mL)。注气速度以每分钟约 500 mL 为宜，注气量一般需要 4 000～10 000 mL。如发现动物出现呼吸困难、骚动不安等，应立即停止注气。用水平投照拍摄腹上部侧位照片。最后通过套管(或穿刺针)尽量排出空气，残留在腹腔内的空气，经十余天可吸收完毕。大动物气腹造影 X 线照片见图片 4-19。

(八)胆囊造影(cholecystography)

胆囊造影是通过静脉注射或口服造影药剂，经胆汁排泄而使胆管和胆囊显影的一种技术方法，可了解主要胆管及胆囊有否解剖结构上的改变，如结石、梗阻、扩张、损伤等。此外，通过对造影剂排泄过程的观察，可了解肝功能状况。临床上主要应用于犬等小动物胆系疾病的诊断，也可用于对消化机能的研究观察。口服胆囊造影剂需经 12～16 h 甚至更长的时间，才能使胆囊充分显影。在犬、猫以静脉注射造影剂效果较佳。

被检动物造影前 12 h 禁绝喂饲和饮水。必要时做全身麻醉，但全麻将妨碍其随后采食脂肪餐，从而影响对胆囊排空功能的观察。造影前先拍摄前腹部的横卧侧位和腹背位 X 线平片，然后静脉注射 30%胆影葡胺，剂量为每千克体重 0.2～0.5 mL，注射速度宜缓慢，约 3 min 注完。注后约 30 min，拍摄造影后第一张 X 线照片，以显示胆管的 X 线影像，约 90 min，拍摄第二张照片，此时胆囊充盈，造影剂浓度最高(图片 4-20)。照毕，对观察胆囊排空情况的病例，可让动物吃进富含脂肪的食物(即脂肪餐)，15～30 min 后拍摄最后一张 X 线照片，正常胆囊在此期间应较前缩小。

胆囊造影以拍摄前腹部侧位照片为主，必要时加摄腹背位照片予以补充。拍片时应使用滤线器。

(九)支气管造影(bronchography)

支气管造影是将阳性造影剂直接引入支气管内，借以显示支气管树的影像，以观察支气管的解剖状态和病理改变的方法。对支气管扩张、支气管狭窄、移位等能做出诊断，并可指示其发生部位、性质与范围。对支气管和肺的肿瘤、慢性肺脓肿、肺不张也可进行检查。

支气管造影应用的造影剂种类较多，如 50%～60%硫酸钡胶浆和碘油、丙碘酮等。据报道在犬应用丙碘酮水混悬剂可更为一致地散布，并更加迅速地被清除。一侧肺叶的支气管树轮廓所需的造影剂数量为 5～30 mL。动物术前应用阿托品，以减少支气管的分泌，然后做轻度全身麻醉。每次只能检查一侧肺的支气管，以受检肺置于卧侧做侧卧保定。经鼻或口插管，透视下确定导管已越过气管分叉进入支气管处为止，即可缓慢注入造影剂，边注边转动体位，透视下使造影剂均匀进入各肺叶支气管后，即行拍摄侧位或背腹位照片（图片 4-21 至图片 4-23）。拍片毕，将动物置于受检肺在上的侧卧位，并轻轻叩击胸廓，以刺激其咳嗽排出造影剂。如另一侧肺也需造影检查，则在 2 d 之后方能进行。被检动物如痰多，应于术前用抗生素及祛痰药物治疗数天，以防止支气管被痰阻塞，而使造影剂不能到达。

支气管造影也可通过喷粉器，将硫酸钡粉末微粒吹入支气管内显像。

（十）心血管造影（angiocardiography）

心血管造影是将造影剂快速注入心腔或大血管进行连续摄片的一种检查方法，用以显示心脏、大血管和瓣膜的解剖结构与异常变化。此项检查需配套特殊装置和较大功率 X 线机，过去只限于医学上应用，近二十余年来已进入兽医临床，在伴侣动物应用，对犬的先天性或后天获得性心脏病的诊断有重要意义。

进行犬的心血管造影，动物需做全身麻醉。选用高浓度水溶性有机碘化物作造影剂，如 50%泛影酸钠或 60%泛影葡胺等，剂量为每千克体重 1.0～1.5 mL。X 线机要求在 200～500 mA 以上，曝光时间应短于 1/10～1/20 s，配套设备需有快速换片机，高压注射器和专用的心导管等，可连续拍摄 10 张 X 线照片，速度为每秒 2～3 张，注射速度约每秒不低于 15 mL。心血管造影方法可分为三种：①静脉心血管造影，为穿刺颈静脉，注射造影剂并立即摄片，可显示前腔静脉、右心和肺动脉，方法简便，但效果欠佳，主要是显影密度不高。②选择性右心造影，为颈静脉穿刺及插入心导管，在透视监视下沿前腔静脉到达右心室，在造影剂已注全量 1/3 时开始连续摄片，在 5 s 内拍摄 10～12 张侧位照片，可清晰显示右心及肺动脉系统，显影密度高，效果好。③左心室与胸主动脉造影，为切皮穿刺臂动脉或股动脉插入心导管，透视下经主动脉瓣进入左心室后注射造影剂，如前法摄片，可满意显示左心室和主动脉。动物心血管造影主要是拍摄侧位照片，但现代医用双球管连接影像增强器的 X 线电视，可同时正、侧位显示，更完整获得正、侧位影像。心血管造影 X 线照片见图片 4-24 和图片 4-25。

（十一）脊髓造影（myelography）

脊髓造影又称椎管造影。是通过穿刺将造影剂直接注入蛛网膜下腔，使椎管显影的 X 线检查方法。用于犬等小动物检查椎管内的占位性病变、椎间盘突出或蛛网膜粘连，评估脊髓的位置和结构。当动物呈现脊髓病的临床症状而 X 线平片又显示不清，或在病变实质已明确而正待手术时，在术前进行此项检查。大动物的颈段脊髓造影在临床上亦有应用，Rendano 1978 年报道过马脊髓造影检查，发现脊髓的压迫性病变。

医学上脊髓造影所用的油脂类碘剂，其刺激性虽较小，但不能和脑脊液相混合，在椎管内形成小球状，扩散缓慢，需时较长，病变轮廓显示欠清楚，且吸收缓慢，可长期残留在椎管内。而犬的蛛网膜间隙相对较窄，有碍造影剂的连续柱状轮廓的形成，故医用的油脂类造影剂不适宜犬的应用。因此近年来，兽医临床上对脊髓造影，油脂类造影剂已禁忌使用，而为刺激性较小的非离子型水溶性造影剂所代替。

被检动物需全身麻醉，以头部向上的侧卧姿势放置于可做45°倾斜的检查床上。通常在5、6或6、7腰椎棘突之间穿刺，以观察腰段或胸段脊髓，也可在小脑延髓池穿刺检查颈段和胸段脊髓。穿刺局部按常规外科要求处理。使用22号7.5～9.0 cm脊髓穿刺针。当针头穿进椎管时，会产生后肢的反射，此时针头稍推进，大多数情况下都有脊髓液流出，据此位置即可确定。但也有不见脊髓液者，根据后肢的反射也可判断位置正确。若流出的是全血，则系刺穿了静脉窦，必须适当调整针头，以免造影剂注入静脉窦内，否则拍摄的椎管影像密度不够。如针头穿透脊髓，会增加并发症的机会。小脑延髓池穿刺，应先将动物头部屈曲，使与颈部脊髓呈垂直角，在寰椎翼连线中点与枕嵴的中间进针，穿过皮肤后对准椎管方向直插，如遇骨组织，即调整针头再行推进。根据针头穿过硬膜外腔阻力消失的感觉和脊髓液流出而可确定位置。

注射含碘量为200～300 mg/mL的碘葡酰胺，剂量为每千克体重0.3～0.5 mL。注射前可先抽出等量的脊髓液。注毕即调整床面角度，控制造影剂流向，在透视监控下已充盈检查的椎管，即迅速拍摄其侧位和腹背位照片，避免造影剂流入颅腔或被吸收。腰段脊髓造影见图片4-26至图片4-29。

马的脊髓造影通常用以检查颈段脊髓，可通过穿刺把造影剂注入小脑延髓池而完成，用碘葡酰胺（含碘量170 mg/mL）约40 mL注入，注前将头部垫高，注毕即拍摄其侧位X线照片。

（十二）瘘管造影（fistulography）

瘘管造影是将高密度造影剂灌注入瘘管腔内进行摄片的方法。可了解瘘管盲端的位置、方向、分布范围及与邻近组织器官或骨骼的关系，有助于在瘘管手术治疗中决定做反对孔的位置，或瘘管切除的路径和范围。

瘘管造影可使用多种阳性造影剂，如为准备切除的瘘管，可使用硫酸钡悬液、碘油、10.0%～12.5%碘化钠液；如为结合治疗，也可使用10%碘仿甘油或铋碘仿糊。造影前先用双氧水后用灭菌生理盐水冲净瘘管腔内的分泌物，并用一根细导管伸入瘘管深部，尽量吸出腔内液体，然后再经该导管缓慢注入造影剂，使其充满瘘管腔。对碘仿甘油或糊剂要加适当压力才能注入。注入速度不宜过快，以防造影剂溢出而沾污周围皮肤，造成伪影。注毕小心拔出导管，立即用棉栓填塞瘘管口。周围如沾有造影剂，应用棉花小心揩净。为指示瘘管口的位置，局部可附一金属标记物。瘘管造影应尽可能拍摄两张互相垂直的X线照片，以反映瘘管的全貌。检查结束后，造影剂应尽量排出。瘘管造影如图片4-30所示。

（十三）关节充气造影（pneumoarthrography）

关节充气造影是把空气经穿刺针头注入关节内，以显示普通X线摄影所不能显示的关节软骨、关节间隙、骨骺软骨、关节囊憩室及关节内组织的解剖结构和病理变化。通常用于大家畜四肢系关节以上、肘关节和膝关节以下的关节（图片4-31）。但跗关节只限于胫-距关节或近侧列的距-跗关节。在牛的肩关节亦可进行充气造影，并有过研究报道。小家畜则可用于犬的膝关节。

被检动物按需要可用镇静剂、局麻或全麻。大动物一般在柱栏内确实保定，牛肩关节充气造影需横卧保定。关节穿刺点按外科关节穿刺术定位，局部周围剪毛、清洁并做严格消毒，用接有橡胶管的针头按外科方法穿刺关节，确认已刺入关节内，抽吸无回血后，即把关节液吸出，然后按气腹造影的充气方法，连接充气装置，或用注射器注入经过滤的空气。注气量依关节不同而异，在牛的腕关节为40～80 mL、系关节为90～100 mL、肘关节和跗关节为80～100 mL、肩关节为90～150 mL、膝关节为450～600 mL。注气完毕，夹住管子，立即拍摄关节照片。除膝关节以检查半月状板为目的而必须加拍尾头位（CdCr）片外，各关节主要拍摄外内侧位（LM）片。最后松开夹子，接上注射器，尽量吸出关节腔内的气体后拔除套管或针头。

关节充气造影必须严格按无菌操作进行，并注意勿随便反复穿刺，以防止关节内感染或注入气体漏出于邻近组织中，造成气肿而发生干扰。

第四节　胶片冲洗

胶片冲洗即暗室技术，是X线技术工作的一个重要组成部分。照片质量的优劣，除胶片特性和曝光条件外，与暗室技术有着极其重要的关系。如果暗室技术处理的不当，即使投照条件相当完善，也会降低照片的质量，甚至成为废片；相反，暗室技术处理得好，便可弥补部分摄影中的不足，而获得较为满意的照片。

一、暗室设计

在暗室的设计上，首先要考虑工作的方便和保证X线胶片的安全。暗室的位置应紧邻摄影室，在有多台X线机的情况下，可选择居中的位置（图4-1），以便于传递暗盒，减少工作中不必要的往返。暗室的实用面积应足够大，一般不小于12 m^2，高度不低于3.5 m。地面以水磨石或水泥为好，并附有地漏以免地面积水。墙壁除具有防护放射线能力外，在色泽方面应以黄色、深绿色、橙黄或浅蓝色为宜，最好用无光漆涂刷，天棚可涂白色。操作台应镶有耐酸碱的瓷砖。

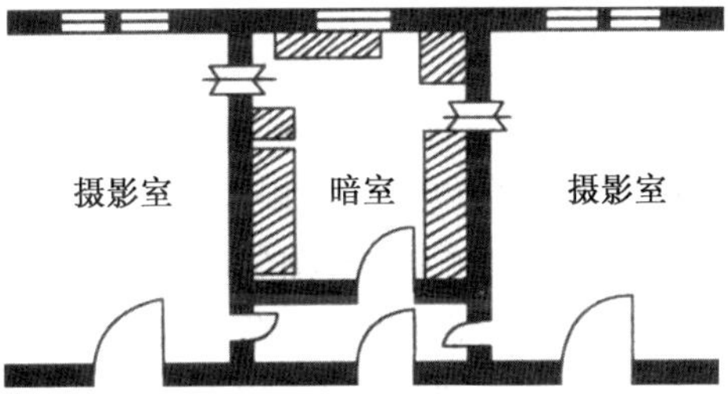

图4-1　暗室位置设计

暗室的窗口应向北开，以防日光的直射。窗门应有两层，一层为普通玻璃窗，另一层为防光通风窗，这样既不漏光，又能改善室内空气，不至于使暗室内的空气过于污浊。暗室的门应有两个，一个为迷路，能够随意进出而不影响室内工作；另一个门为普通门，供换药及搬运东西用。迷路的建设以狭长为原则，它的宽度能侧身通过两个人即可。迷路的间隔墙可涂以亚光漆，装设红灯照明。迷路设计的样式甚多，可参照图4-2。

为方便暗室和摄影室传送暗盒，于两者的隔墙上应设置传片箱（图4-3）。形式及大小可按工作量设计，原则为双箱双门，为避免双门同时启开，可设机械连锁装置，或安装指示灯，以确保暗室安全。靠近摄影室一侧的传片箱应有防X线设备。

暗室用水较多，易造成室内湿度过高，使胶片粘连、变质，增感屏、器械受潮；再加上门窗关闭，空气不流畅，对工作人员的身体健康也有影响，所以暗室应设置通风设备。

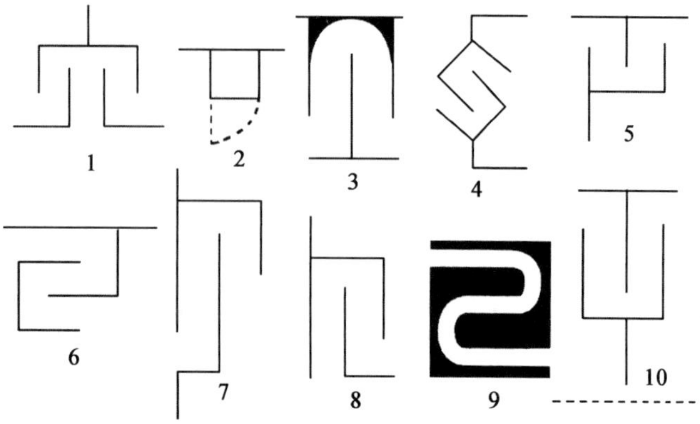

图 4-2　暗室迷路式样

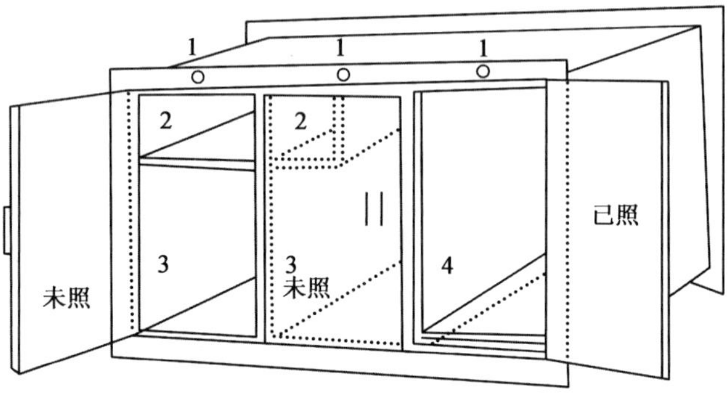

图 4-3　传片箱

目前常用排气风扇进行通风，进、出气口要注意防光。

暗室温度保持在 18～20℃，最好用空调设备调节室温。

暗室中的照明对于暗室操作来说是非常必要的，但必须绝对安全，保证不致引起 X 线胶片的曝光。X 线片多对红色光线感光迟钝，所以称红色光为 X 线片盲色。一般 X 线对蓝、紫色光线敏感，对黄绿色较迟钝。安全灯是装卸胶片和冲洗胶片时用的照明灯，安全灯的光源亮度一般用 5～15 W 的灯泡，加以红色或橙红色的滤光片制成。装卸胶片时，胶片不宜距红灯过近。红灯过亮、胶片距红灯过近或在红灯下暴露时间过长均会使 X 线片产生灰雾而降低对比度。红灯应安装在比较高的地方，通过反光罩或淡色天花板和墙壁间接照明。

湿片观片灯主要用于观看冲洗出的照片之用，安装于定影桶(池)附近，用时开启，不用时关闭。

室内照明灯用来在工作间隙使用，为普通白炽灯或日光灯，有直射式和反射式两种。其开关必须与安全灯的开关分开安置，以防工作中误开白炽灯而使胶片曝光。

暗室的布局一般根据工作需要分干片操作区和湿片操作区两部分，在安排时应便利工作。干片区用于装卸胶片和储存胶片，设有储片箱或储片柜。暗合和 X 线胶片均存放于此处，因此，干片区绝对不能被显影液或其他液体污染。湿片操作区是冲洗胶片的地方，显影、漂洗、定影和流水冲洗都在此处进行。干、湿两个操作区一定要分开，避免干扰。

暗室内还应备有洗片桶或洗片盘，不能少于三个，分别用于显影、漂洗和定影。冲片池是X线片完成定影后进行清水冲洗的地方，可用搪瓷盆或水泥砌成，上接自来水，下设排水管，以形成循环流动水。

另外暗室内还应备有洗片架、晾片架、裁片刀、定时钟、温度计等常用器械，有条件的还可配备胶片干燥箱。

二、胶片的冲洗过程

洗像包括显影、漂洗、定影、流水冲洗及干燥五个步骤。前三个步骤须在暗室内进行。

（一）显影

显影是将X线胶片药膜中的潜影经化学反应还原成可见的黑色金属银组成的影像。显影剂是一种还原剂，常用的还原剂有对甲氨基酚硫酸盐、对苯二酚和菲尼酮。对甲氨基酚硫酸盐，又名米吐尔，还原能力强，初显快，以后逐渐减慢，能显出层次丰富柔和的照片。对苯二酚，商品名为海得尔，其特点是显影速度比较缓慢，比米吐尔约慢20倍。但影像一经出现，显影作用就变得相当强烈，能使强光部分以较快的速度显出，对阴影部分的作用较慢，从而得到反差较强的影像。一般对苯二酚和米吐尔配合使用，这是广泛采用而效果极好的显影液。菲尼酮的特性是显影能力很弱，但是与对苯二酚合用，能获得很强的显影能力，尤其对高对比度的照片显影效果更好。

促进剂是在还原剂中加入的碱性成分，在显影液配方中加入碱类，提高了溶液的pH，从而提高显影速度，所以它是显影促进剂。常用的碱类有碳酸钠、硼砂、碳酸钾、氢氧化钠和氢氧化钾。

保护剂，也称抗氧化剂。最常用的是无水亚硫酸钠，它有三个作用。一是保护显影剂防止被氧化失效；二是能与显影剂的氧化产物反应，防止生成污染力强的氧化物；三是起溶剂作用，轻微溶解卤化银颗粒，得到相对的微粒显影效果。

抑制剂，又称防灰雾剂。在显影液中加入适量的溴化钾，以防止灰雾的产生，并起抑制作用，延迟显影速度。

显影液的配方有多种，目前市场上已经出售各种成分按比例配制好的成品显影粉，使用时按包装上的说明书配制成显影液，静置24 h后即可使用。

显影时将曝光后的X线片从暗盒中取出，然后选用大小相当的洗片架，将胶片固定四角，先在清水内润湿1或2次，除去胶片上可能附着的气泡。再把胶片轻轻放入显影液内，进行显影。可以采取边显边观察的方法，也可以采取定时的显影方法。但后者必须保持恒定的照射量，否则难以保证照片的密度一致。在这一过程中应该注意显影液的新鲜程度、显影效果、显影时间的控制和显影液的搅动。通常以固定的温度、显影时间和搅动方式为好。

显影效果受显影药液的温度、显影时间及药液效力的影响。正确的显影时间，能获得密度深浅和对比度适中的影像，显影时间过长，往往造成影像密度过深，对比度过大，灰雾增高，层次遭到破坏；时间不足则会造成影像密度太淡，对比度过小，层次也受到损失。因而，适当延长或缩短显影时间，可以对曝光不足或过度的照片有一定的补救。一般显影时间为5～8 min。最适的显影温度为18～20℃，温度过高或过低，其结果与显影过长和不足相同，即显影过度或不足。另外，温度过高易使显影液氧化，影像被染上棕黄色污斑，并降低显影液的使用寿命；温度过低，对苯二酚的显影能力大减，当温度在12℃以下时，几乎不起显影作用。显影液的药力，随洗片数量的增加而逐渐减弱，通常在药液的整个使用期间，可分为甲、乙、丙三期，各期中洗片数不同，显影时间也不同。一般来说，温度、时间和药力三者的关系是在温度相对稳定不变的情况下，显影时间的长短就取决于药力的衰减程度(图4-4)。在显影中活动洗片架2或3次，可以加速显影液的循环，使乳剂膜经常接触新鲜显影液，提高显影速度。

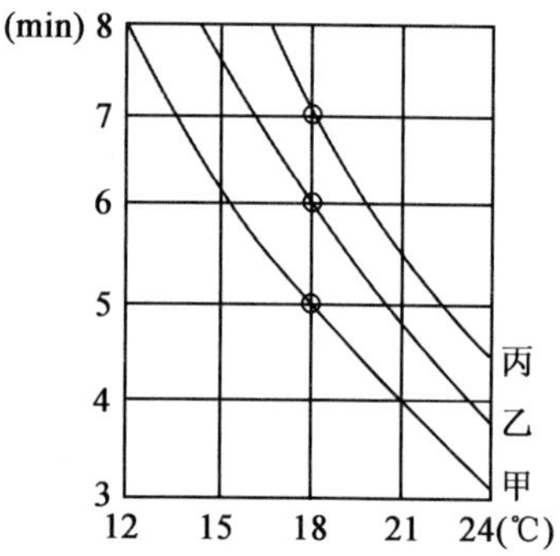

图4-4 显影液温度与时间关系

(二)漂洗

即在清水中洗去胶片上的显影剂。漂洗时把显影完毕的胶片放入盛满清水的容器内漂洗10～20 s后拿出，滴去片上的水滴即行定影。

(三)定影

定影的作用是将X线胶片上未曝光的卤化银溶去，而剩下完全由金属银颗粒组成的影像。通常定影液中含有定影剂、保护剂、坚膜剂、酸以及缓冲剂等。

最常用的定影剂是硫代硫酸钠，俗称大苏打或海波。硫代硫酸钠的定影过程分为两个阶段进行：第一个阶段，硫代硫酸钠与卤化银发生反应，先形成不溶于水的一银一硫代硫酸钠。完成这一反应时，乳剂层已经透明，但生成物仍留在乳剂膜中；在第二阶段反应中，这种不溶于水的一银一硫代硫酸钠与硫代硫酸钠继续反应，形成可溶于水的一银二硫代硫酸钠，才能真正完成定影过程。

亚硫酸钠在定影液中是一种保护剂，其作用是：在定影液中若不加入亚硫酸钠时，硫代硫酸根离子便与氢离子结合，形成亚硫酸氢根离子，并析出沉淀；若在定影液中加入亚硫酸钠，亚硫酸根离子与氢离子结合形成亚硫酸氢根离子。这种结合就避免了硫代硫酸根离子与氢离子结合形成沉淀。所以在配定影液时，未加酸前先加入保护剂亚硫酸钠。

为防止乳剂层在冲洗过程中过分吸收水分而膨胀，产生脱膜现象，或易被划伤，在定影液中加入一些坚膜剂。常用的坚膜剂有钾矾(明矾)、铬矾，它们能增高明胶的凝固点。坚膜剂必须在酸性定影液中才能起坚膜作用，定影液的pH应稳定在4左右。含有坚膜剂的定影液，提高了X线片药膜的强度，在稍高的温度下定影，也不致损坏药膜。

定影液中要加入适量的酸，目的是中和X线片从显影液中带来的碱，从而迅速抑制显影，防止斑迹。加入的酸为醋酸之类的弱酸。

将漂洗后的胶片浸入定影箱内的定影液中，定影的标准温度和定影时间不像显影那样严格，一般定影液的温度以16～24℃为宜，定影时间为15～30 min。当胶片放入定影液中时，不要立即开灯，因为定影不充分的胶片，残存的溴化银仍能感光，如果过早暴露在灯下，会使影像发灰。如连续洗片时，应按顺序排列，在晃动和观片时要避免划伤药膜及相互粘连。

(四)水洗

定影后的乳剂膜表面和内部，残存着硫代硫酸钠和少量银的络合物。如不用水洗掉，残存的硫代硫酸钠以后会与空气中的二氧化碳和水发生化学反应：

$$Na_2S_2O_3 + CO_2 + H_2O = H_2S_2O_3 + Na_2CO_3$$

硫代硫酸钠　二氧化碳　水　硫代硫酸　碳酸钠

$$\underset{\text{硫代硫酸}}{H_2S_2O_3} \rightarrow \underset{\text{亚硫酸}}{H_2SO_3} + \underset{\text{硫}}{S\downarrow}$$

分解出的硫与照片上的金属银作用，形成棕黄色的硫化银，使影像变黄，反应式为：

$$2Ag+S=Ag_2S$$

上面反应形成的亚硫酸，又能被空气中的氧所氧化，变成硫酸。硫化银与硫酸缓慢作用，便生成白色的硫酸银，并放出硫化氢气体，使影像褪色。同时所生成的硫化氢气体，又能与金属银作用，形成棕色的硫化银。

$$2H_2SO_3+O_2=2H_2SO_4$$

$$H_2SO_4+Ag_2S=Ag_2SO_4+H_2S$$

$$2Ag+H_2S=Ag_2S+H_2$$

这样影像逐渐变为黄褐色，失去保存的价值。由此看来水洗是相当重要的。

水洗时把定影完毕的胶片放在流动的清水池中冲洗 0.5～1 h。若无流动清水，则需延长浸洗时间。

（五）干燥

冲影完毕后的胶片，可放入电热干片箱中快速干燥，或放在晾片架上自然干燥。禁止在强烈的日光下曝晒及高温烘烤，以免乳剂膜溶化或卷曲。

三、X 线胶片自动冲洗

目前，随着门诊工作量的增加，自动洗片机在一些大、中型动物医院已有应用。机器占用空间不大，只有 1～2 cm^2 的面积。机器内分设显影、定影、水洗和干燥几部分。一张胶片的冲洗全过程为 2～3 min，4 min 内可看到已完成显影、定影、漂洗和干燥的 X 线照片，连续可在 90 s 以内产生一张已干燥的照片。冲洗过程在高温、高速下进行，胶片从入口缝插入机箱内，由滚筒传送，匀速通过显影、定影、水洗和干燥程序，然后从出口缝传出（图 4-5 和图 4-6）。自动洗片机一般都有专用的 X 线胶片和配套的冲洗药液。

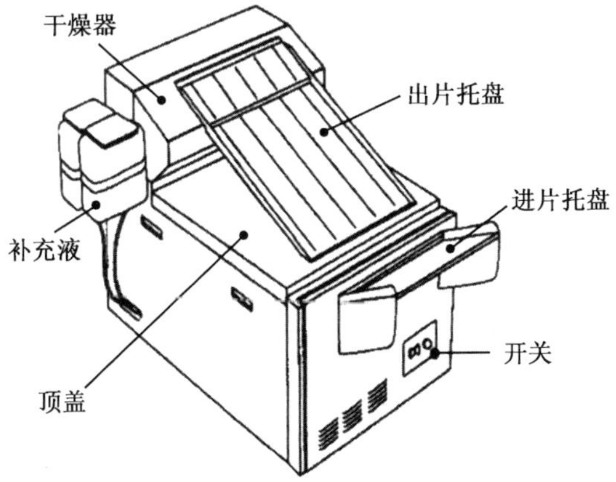

图 4-5　自动洗片机示意图

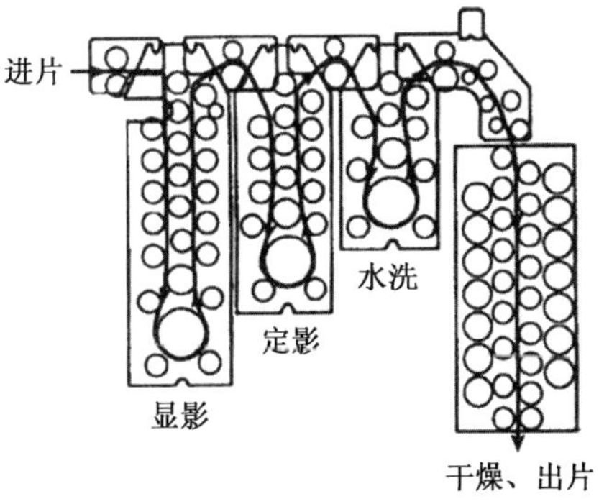

图 4-6　自动洗片机工作原理示意图

在门诊工作量大时，采用自动洗片机冲洗 X 线片方便、快捷。但对曝光量的掌握也更应准确，此外，在保持相对恒定的照射量的同时，尚可根据显影剂药力情况适当延长或缩短冲洗时间，以保证 X 线照片有适当的密度。此外，由于自动冲洗过程时间较短，全程仅需 2～3 min，往往 X 线片水洗不够充分，如再用流水池中冲洗 0.5～1 h，干燥后则可较长时间保存。

第五章　四肢骨及关节系统疾病的影像检查

骨骼、关节以及邻近软组织在临床上经常发生疾病，常见的有外伤、炎症、肿瘤，另外有些全身性疾病如营养代谢障碍和内分泌失调等疾病也可引起骨骼的改变。对于骨关节的检查，目前影像学的各种成像手段都能在一定程度上反映疾病的病理变化。在人类医学上目前已经使用X线照片、CT断层扫描和MRI及三维成像技术进行检查。在兽医临床的研究和实践中，发达国家也已经应用CT、MRI等现代影像技术检查马和犬等动物的骨关节疾病。就这些影像检查方法而言，虽然X线技术比较古老，但由于其方法简便，费用低廉，仍为常用和首选的检查方法，如那些病变细微、X线检查有困难，再应用CT和MRI做进一步检查。

第一节　骨与关节的检查方法

一、X线检查

骨骼中含有大量的钙盐，是动物体中密度最高的组织，与其周围的软组织有鲜明的天然对比。在骨的自身结构中，骨皮质和松质骨及骨髓腔也有明显的密度差别。由于骨与软组织有良好的天然对比，因此，一般X线摄影就能对骨与关节疾病进行诊断。

需要指出的是，某些疾病在病变的早期，X线检查可能表现为阴性，随病情的发展会逐渐表现出X线征象，故应定期复查，以免发生遗漏造成误诊。

（一）普通检查

普通检查包括透视和拍摄X线平片，但透视一般很少应用。透视仅在检查疑为明显的骨折或脱位、进行异物定位及监视手术摘除异物、监视矫形手术方面才有意义。

普通摄影是骨与关节的X线检查法中最常用的技术。拍片时要注意以下几点：

(1)任何部位都要拍摄正、侧两个方位的X线片，有些部位可能要加拍斜位、切线位或轴位以及关节伸展和屈曲位。

(2)摄影范围应当包括骨骼周围的软组织。除拍摄病变部位外还应包括邻近的一个关节。

(3)拍摄关节时，应设法使X线束的中心平行通过关节间隙。检查关节的稳定性及关节间隙的宽窄时，应在关节负重的情况下进行拍摄。

(4)两侧对称的骨关节，病变在一侧而症状不明显或经X线检查有疑虑时需摄取对侧相同部位的X线片进行比较。

（二）特殊检查

当普通摄影检查不能满足诊断需要时，选择性地应用一些特殊检查技术则更具有诊断意义。常用的方法有关节造影和血管造影以及体层摄影和放大摄影。

关节造影可对关节面、滑膜囊及关节内结构进行详细显示；血管造影多用于肢体动脉，主要用于血管疾病的诊断和良、恶性肿瘤的鉴别。

二、CT 检查

CT 检查骨关节，是在普通 X 线检查的基础上对有疑问的病变做进一步检查。CT 不仅能够显示组织结构横断解剖的空间关系，而且其密度分辨力高，可区分密度差别小的脂肪、肌肉、软骨组织等，能显示细微的钙化和骨化，易于查出病灶，还能确定病变部位、范围、形态与结构。

CT 检查分平扫和增强扫描两种形式。平扫时一般实行横断扫描，病侧和健侧同时扫描，根据病变的性质和范围决定层厚。由于骨和软组织的 CT 值相差很大，一般对同一层图像需用较低的窗位和较窄的窗宽来观察软组织，用较高的窗位和较大的窗宽观察骨组织。对于软组织病变和骨病变的软组织肿块须进行增强扫描以进一步了解病变是否强化、强化的程度以及有无坏死。增强扫描常对确定病变的范围和性质有较大帮助。

三、MRI 检查

MRI 是检查骨骼和软组织病变的一种影像技术，对软组织的显示效果更好，但对钙化和细小骨化的显示不如 X 线和 CT。所以对多数骨和软组织病变的检查应在 X 线平片的基础上进行。

MRI 对骨关节的检查也分平扫和增强扫描两种方法，扫查的层面方向可根据部位和病变选用横断、冠状、矢状或各个方向的斜切面。一般而言，对一个部位至少应有包括 T_1WI 和 T_2WI 在内的两个不同方向的切面检查。

第二节 骨与关节的正常解剖结构

动物骨与关节共同完成了对机体的支持和运动等多种重要功能。掌握动物骨、关节的正常解剖结构和生理功能，特别是掌握与 X 线诊断密切相关的骨与关节的解剖特征，是对骨与关节疾病进行 X 线检查与诊断的基础。

一、骨骼

动物的骨骼由于机能不同而有不同的形态，基本可分为四类，它们是：长骨，呈长管状，四肢的大部分骨属于此类，主要作用是支持体重和形成运动杠杆；短骨，形状略呈立方形，大部分位于承受压力较大而又运动较复杂的部位，多成群分布于四肢的长骨之间，如腕骨和跗骨，有支持分散压力和缓解震动的作用；扁骨，呈宽扁板状，分布于头、胸等处，常围成腔以支持和保护重要器官，如颅骨；不规则骨，形状不规则且功能多样，一般构成动物体的中轴，如椎骨。

（一）骨的结构与发育

1. 骨的结构。长骨的结构典型，按其结构分为骨密质、骨松质、骨髓腔和骨膜。在未成年动物还有骨骺、骺板（生长板）和干骺端（图 5-1）。

（1）骨密质（dense compact bone）。长骨的骨皮质和扁骨的内外板为骨密质，主要由哈氏系统组成。哈氏系统包括哈氏管和以哈氏管为中心的多层环形同心板层骨。管状骨骨干的骨皮质较厚，骨结构密实，X 线片显影密度高而均匀。

(2)骨松质(spongy bone)。位于骨密质的内侧,由多数骨小梁组成,骨小梁自骨皮质向骨髓腔延伸互相连接成网状结构,骨小梁的排列方式与受力的作用方向一致,其间充以骨髓。

(3)骨髓腔(medullary cavity)。位于骨干的中央,腔内充有骨髓。

(4)骨膜(periosteum)。这里指的是骨外膜,是致密结缔组织构成的膜,被覆于除骨端关节面之外的所有骨的表面。骨膜分为内外两层,外层为纤维层,对骨膜有固定、营养和保护作用。内层为成骨层,富有细胞,在幼龄期非常活跃,直接参与骨的生长。它始终保持分化能力,在骨受损时能参与骨质的再生和修补。

(5)骨骺(epiphysis)。为继发骨化中心,只存在于未成年动物的关节骨端和骨的突出部。在胎儿和幼龄时期多为软骨,即骺软骨。骺软骨有骨化功能,随年龄的增长逐渐骨化。到成年后骨骺完全骨化变成松质骨与骨干或骨体融合在一起。

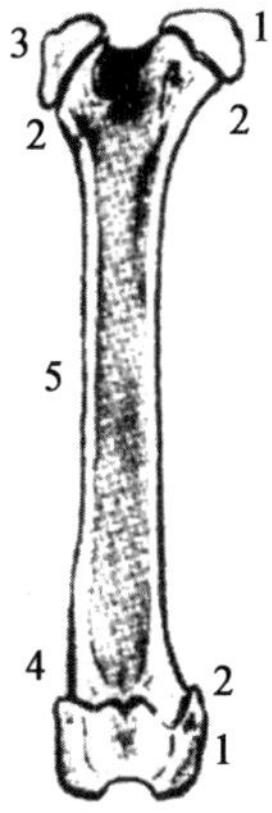

1.骨骺;2.骺板;3.骨突;
4.干骺端;5.骨干

图 5-1　正常长骨解剖结构示意图

(6)骺板(epiphyseal plate, physis)。骺板又称为生长板(growth plate),是位于骨骺和干骺端之间的一层软骨组织,是骨生长最活跃的部位。随年龄的增长骺板不断变薄,成年后完全骨化消失,即骺与骨干结合,完成骨的发育。

(7)干骺端(metaphysis)。为骨干两端的粗大部分,靠近骺板,由骨松质形成,骨小梁彼此交叉呈海绵状,周边为薄的骨皮质,是骨干纵径延长的部位。

2.骨的发育。骨组织起源于中胚层。骨的发育包括早期的骨化与生长和后期的塑形。骨化与生长在胚胎期就开始进行。骨化有两种形式:一种为膜化骨,如颅顶骨、颅侧骨和大部分面骨。膜化骨是间充质细胞演变为成纤维细胞,形成结缔组织膜,在膜的一定部位开始骨化,成为骨化中心,再逐步扩大完成骨的发育。另一种为软骨内化骨,四肢骨等均属此类形式的化骨。软骨内化骨是由间充质细胞演变为软骨并形成骨化中心,并通过该骨化中心内软骨细胞的成骨活动而成骨。骨化中心不断扩大最后全部成骨。

骨的生长是长骨纵径的延长,是一个软骨内化骨的过程。依靠骺板内软骨细胞的不断增殖,干骺端旁的软骨即不断被骨化,骨干会延长,此过程至骨骺闭合后终止。长骨横径的增粗是一个膜内化骨的过程,依靠骨膜内层成骨细胞的活动,骨皮质的外层不断形成新骨使骨增粗,这个过程也是到骨骺闭合后才终止。

骨骼在生长发育过程中不断增大,为适应生理功能的需要,通过破骨细胞的活动而进行塑型。塑型最突出的表现是随着长骨的增长,干骺端逐渐变细且骨髓腔不断增大。

3.影响骨发育的因素。骨组织的形成和生长过程是在成骨细胞活动中向细胞外分泌骨基质,将细胞埋于其中后形成骨样组织。然后矿物盐在骨样组织上沉积矿化,同时由破骨细胞活动进行骨吸收,成骨和破骨始终处于一种动态平衡。一旦这种动态平衡被打破,骨的发育将受到影响。钙磷代谢平衡失调、由于其他内科疾病或内分泌器官的病变引起内分泌紊乱、维生素供应或代谢障碍都会影响骨的正常发育。

(二)骨的正常X线解剖

熟悉和掌握骨骼的正常X线解剖结构是诊断骨病的基础,在骨骼X线解剖结构中管状长骨的结构最为典型。可分为以下几个部分(图片5-1):

1. 骨膜。骨膜属于软组织结构，在X线片上不易与骨周围的软组织相区别，故X线影像不能显现，当骨膜发生病变后则可以显现。

2. 骨密质。X线影像称为骨皮质，位于骨的外围，呈带状均匀致密阴影。阴影在骨干中央最厚，在两端变薄。外缘光滑整齐，在肌、腱或韧带附着处粗糙。

3. 骨松质。位于长骨两端骨密质的内侧，呈网格状有一定纹理的阴影，影像密度低于骨密质。阴影在骨端最厚，到骨干中段变薄。

4. 骨髓腔。骨髓腔位于骨干骨密质的内侧，呈带状边缘不整的低密度阴影，阴影两端消失在骨松质当中。骨髓腔常因骨密质及骨松质阴影的遮盖而显现不清。

5. 骨端。骨端位于骨干的两端，体积膨隆，表层为致密阴影，其余为骨松质阴影。

（三）未成年动物骨骼的X线解剖特点（图片5-2）

（1）由于处于生长发育阶段，骨皮质较薄，密度较低，骨髓腔相对增宽。

（2）在长骨的一端或两端存在骨骺。为继发骨化中心，动物在出生时大多数骨骺已有骨化，随年龄的增长逐渐增大。骨骺在X线片上表现为与骨干或骨体分离的孤立致密阴影。

（3）骺板（生长板）为位于骨骺和干骺端之间的软骨，X线片上显示为一低密度带状阴影。随年龄的增长逐渐变窄，成年后消失，不同部位的骺板消失的时间不同。

（4）干骺端是幼年动物骨干两端的较粗大部分，由松质骨形成，顶端的致密阴影为临时钙化带。骨干与干骺端无明显分界线。

二、关节

关节是连接两个相邻骨的一种结构，根据其能否活动及活动程度分成三种类型，即不动关节、微动关节和能动关节。四肢关节多为能动关节，结构典型。

（一）能动关节的解剖结构

关节有两个或两个以上的骨端，每个骨端的骨性关节面上覆盖着透明软骨。表面光滑，具有较强的弹性，在功能范围内滑动自如，并能承受重力，对骨性关节面具有保护作用。

关节囊（joint capsule）是结缔组织膜，附着于关节面的周缘及附近的骨面上，形成囊状并封闭关节腔。关节囊的滑膜层为疏松结缔组织构成，附着于关节软骨的周缘，能分泌滑液，有营养软骨和润滑关节的作用。

关节腔（joint cavity）是由关节囊的滑膜层和关节软骨共同围成的密闭腔隙，其内含有少量的滑液。有的关节腔内还含有关节内韧带、半月板等结构。

在关节内还有丰富的血管、淋巴管和神经纤维分布。

（二）能动关节的X线解剖结构

一般能动关节可表现出如下的X线影像（图5-2）：

1. 关节面（articular surface）。X线片上表现的关节面为骨端的骨性关节面，由骨密质构成，呈一层表面光滑整齐的致密阴影。

2. 关节软骨（articular cartilage）。大体解剖上见到的关节软骨在X线片上不显影，但在关节的造影影像上可以在关节面和造影剂之间显示出一条低密度线状阴影，即为关节软骨。

3. 关节间隙（joint space）。由于关节软骨不显影，在X线片上显示的关节间隙包括大体解剖中见到的微小间隙和少量滑液以及关节软骨。正常的关节间隙宽度均匀，影像清晰，呈低密度阴影。关节间隙的宽度在幼年时较大，老年后变窄。

4. 关节囊(joint capsule)。关节囊包围在关节间隙的外围，属于软组织密度，正常关节囊在普通的X线影像上不显影，经关节造影可显示关节囊内层滑膜的轮廓。

(三)关节的CT影像特征

CT能很好地显示关节骨端和骨性关节面，关节软骨同样不能显示。骨性关节面表现为线样高密度阴影。在适当的窗宽和窗位时，可见关节囊和周围的软组织，它们表现为中等密度阴影。正常关节内的少量关节液在CT上难以辨认。关节间隙为关节骨端间的低密度阴影。

(四)关节的MRI影像特征

MRI能较好地显示关节的各种结构。关节软骨位于关节骨端的最外层，表现为中等偏低信号影，信号较均匀，表面光滑。关节软骨下的骨性关节面为一薄层清晰锐利的低信号影。骨髓腔为高信号影。关节囊、囊内外韧带为低信号，关节腔内的少量滑液在 T_1WI 呈薄层低信号，在 T_2WI 表现为高信号。

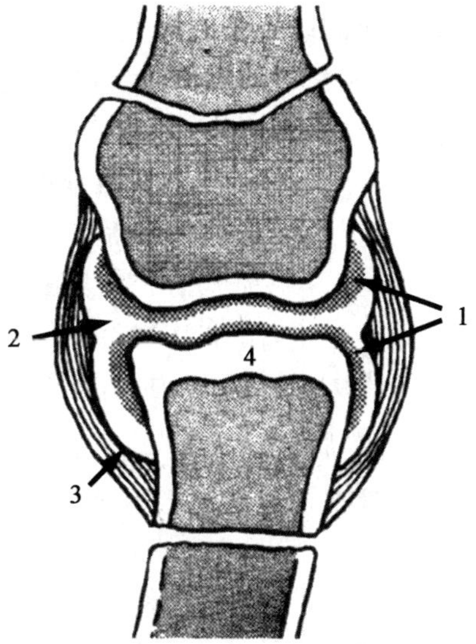

1. 关节软骨；2. 关节腔；
3. 关节囊；4. 软骨下骨

图 5-2　关节的解剖结构示意图

第三节　骨病变的基本影像表现

一、骨骼系统病变的基本X线征象

(一)骨密度的变化

许多内外科疾病都可以引起骨密度的变化，因此，骨密度的变化是各种原因所致骨疾病的主要的X线征象。

1. 骨密度降低。在某些病理过程中，出现骨基质分解加速或骨盐沉积减少，吸收增多，使骨组织的量减少或单位体积骨组织内的骨盐含量减少，导致骨组织的X线密度下降。密度下降可呈广泛性发生或局限性发生。

(1)广泛性骨密度降低可见于某一整块骨骼，也可发生在全身骨骼。X线征象为广泛性骨密度下降，骨皮质变薄，骨小梁稀疏、粗糙紊乱或模糊不清。常见于废用性骨质疏松、老龄性全身骨质疏松、肾上腺皮质肿瘤、长期服用皮质类固醇及因钙磷代谢障碍所致的佝偻病或骨软化症。

(2)局限性骨密度降低只发生于骨的某一局部，常因骨组织被破坏，病理组织代替骨组织而形成，骨松质和骨密质均可发生破坏。常见的原因有感染、骨囊肿、肿瘤和肉芽肿等。X线征象可见患部有单一或多发的局限性低密度区。形状规则、界限清楚的多为非侵袭性病变；无定型、蚕食样或弥散性边界不整的低密度区可能为侵袭性病变。另外也可以根据病变发展的速度推断病因，如炎症的急性期或恶性肿瘤骨质破坏常较迅速，轮廓多不规则，边界模糊。炎症的慢性期或良性肿瘤则骨质破坏进展缓慢，边界清楚。骨质破坏是骨骼疾病的重要X线征象，观察破坏区的部位、数目、大小、形状、边界及邻近组织的反应等，进行综合分析，对病因诊断有较大的帮助。

2. 骨密度增高。某种病理过程造成骨组织内骨盐沉积增多或骨质增生而使骨组织的X线密度增高。X线表现为骨质密度增高，伴或不伴有骨骼的增大，骨小梁增多增粗、密集，骨皮质增厚、致密，骨皮质与骨松质界限不清，长骨的骨髓腔变窄或消失。局限性骨密度增高可发生在骨破坏区的周围，这是机体对病变的一种修复反应。广泛性骨密度增高可见于犬全骨炎、犬肥大性骨病、鸡骨型白血病、羊骨质石化症及氟中毒等疾病。

(二)骨膜增生

正常骨膜在X线片上不显影，当骨膜受到刺激后，骨膜内层成骨细胞活动增加产生新生骨组织，发生骨膜骨化。骨化后的骨膜便呈现出X线可识别的阴影。骨膜增生多见于炎症、肿瘤、外伤、骨膜下血肿等情况。

骨膜增生的X线表现形状各异，这与病变的性质有一定关系。骨膜增生的常见类型(图5-3)如下：

1. 均质光滑形。骨膜骨化后形成的新骨形态厚而致密，边缘光滑，与骨皮质的界限清楚。此为非侵袭性疾病或慢性疾病的征象，如慢性非感染性骨膜炎、骨折愈合、慢性骨髓炎。

2. 层面形。新生骨沿骨干逐层沉积，呈层片状层次纹理清楚。当疾病呈间歇性反复发作，每次发作就会出现一次沉积而形成。常见病种有反复创伤、细菌性骨髓炎、某些代谢性骨病等。

3. 花边形或不规则形。形成的新骨呈花边型沿骨干分布，边缘清楚、界限明显。常见于骨髓炎和肥大性骨病。

4. 放射形。骨膜骨化形成的新骨呈放射状从骨皮质发出，形如骨针或骨刺，密度不均，与骨皮质的界限不清。这种类型常表明疾病病程急发展快，具侵袭性。见于恶性骨肿瘤或急性骨髓炎。

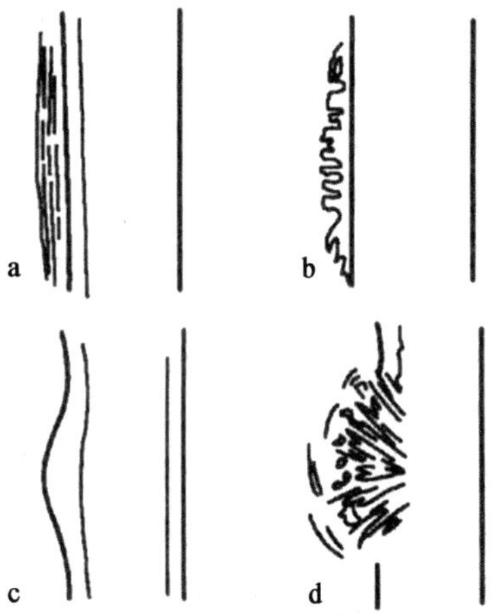

a. 层面形；b. 花边形；c. 光滑均质形；d. 放射形

图5-3 骨膜反应类型示意图

(三)骨质坏死

当骨组织局部的血液供应中断后，骨组织的代谢停止，失去血液供应的组织则发生坏死。坏死的骨质即为死骨。在骨坏死的早期尚无X线异常表现，随时间的推移，肉芽组织长向死骨，死骨骨小梁表面有新骨形成、骨小梁增粗，骨髓腔内也有新骨形成，在肉芽脓液等衬托下X线片上死骨的密度增高且局限化。骨质坏死常发生于慢性化脓性骨髓炎，也见于骨缺血性坏死和骨折后。

(四)骨骼变形

骨骼变形常与骨骼大小改变并存，可发生在单一骨骼，也可多个骨或全身骨同时发生。局部病变或全身性疾病均可引起骨骼变形。各种先天性骨发育不良可致先天性畸形；佝偻病、骨骺提前闭合或骺板延缓钙化、骨折畸形愈合等可引起长骨弯曲变形；骨膜骨化、肥大性骨病、骨质软化、骨应力线改变等可引起骨皮质宽度的改变；骨皮质宽度的改变、骨髓腔内骨质增生可致骨髓腔宽度改变；佝偻病、骨软骨病等导致干骺端膨隆；完全骨折可引起骨结构破坏性变形，骨肿瘤、骨囊肿、骨髓炎等疾病引起局灶性骨结构破坏性变形。

（五）骨病变的部位和轮廓

掌握某些骨病变的常发部位和病灶的轮廓特征对于推断病因、了解病性很有帮助。原发性骨肿瘤、血源性骨髓炎的易发部位为骨端或干骺端；骨软骨病、增生性骨发育不良的常发部位在骺板和干骺端；犬全骨炎、肥大性骨病、转移性骨肿瘤的易发部位则在骨干。

骨病灶的边缘整齐、轮廓清晰，预示病变是良性的或非侵袭性的；如果病灶边缘模糊不清与健康组织界限不明显，说明病变发展迅速且极有可能是恶性、侵袭性病变。

二、CT 表现

骨骼的 CT 检查一般做横断扫描，在以骨窗显示的 CT 图像上，骨皮质表现为致密的线状或带状影，骨小梁显示为细密的网状影。骨髓腔因骨髓内的脂肪成分而表现为低密度。

骨骼系统病变的基本 CT 表现的病理基础和临床意义与其基本 X 线表现相同，但 CT 形成的断面图像因具有较高的密度分辨力，对微小病变的反映更敏感细致。松质骨的破坏表现为斑片状松质骨缺损区；骨皮质破坏表现为其内外表面的不规则虫蚀样改变、骨皮质变薄或斑块状的骨皮质缺损。CT 显示骨内与软骨内钙化和肿瘤内的骨化也比较敏感。

三、MRI 表现

在 MRI 图像中，骨组织因缺乏能发生磁共振的氢原子核，在任何扫描序列的图像中均表现为极低的信号，但在骨髓组织和骨外软组织的衬托下仍可清晰地显示其形态和结构。韧带、肌腱、纤维软骨和空气也均呈低信号，肌肉和透明软骨呈中等偏低信号。骨髓中因含有脂肪成分而呈较高信号。MRI 对骨和软组织内的钙化和骨化不敏感。在长骨的纵切面图像上较易发现恶性骨肿瘤的跳跃病灶和骨转移瘤。大多数肿瘤在 T_1WI 上表现为低信号而在 T_2WI 多表现为程度不同的高信号。出血和血肿在 T_1WI 和 T_2WI 上多为高信号。

第四节　关节病变的基本影像表现

一、关节病变的基本 X 线征象

关节发生病变时经 X 线检查所能见到的主要 X 线影像变化有以下四个方面。

（一）关节外软组织阴影的变化

1. 关节肿胀。主要原因是关节发生炎症所致。由于关节积液或关节囊及其周围软组织充血、出血、水肿和炎性渗出，导致关节周围软组织肿胀。X 线表现可见关节外软组织阴影增大、密度升高及组织结构不清。

2. 关节萎缩。关节外软组织萎缩可引起关节外软组织阴影缩小，密度降低。常见于关节废用，如长时间的骨折固定。

3.软组织内异物。关节发生开放性损伤，软组织内进入异物，关节外软组织阴影内出现气影或异物阴影。

4.出现骨性阴影。关节囊或关节韧带的撕脱性骨折以及肌、腱、韧带或关节囊在关节骨抵止点处的骨化，会使关节外软组织阴影内出现高密度的骨性阴影。

(二)关节间隙的变化

1.关节间隙增宽。由于炎症造成关节大量积液，可见关节囊膨隆、关节间隙增宽。见于各种积液性关节炎和关节病。

2.关节间隙变窄。当关节发生退行性变化时，关节软骨变性、坏死和溶解，引起关节间隙变窄。见于化脓性关节炎的后期、变性性关节病等(图片 5-4)。

3.关节间隙宽窄不均。当关节的支持韧带如侧韧带发生断裂时，关节失去稳定性，关节则会表现出一侧宽一侧窄的 X 线影像(图片 5-5)。

4.关节间隙消失。多为关节发生骨性连接即关节骨性强直的 X 线表现。当关节明显破坏以后，关节骨端由骨组织连接导致骨性愈着。多见于急性化脓性关节炎愈合后、变性性关节疾病。

5.关节间隙内异物。关节内骨折的结果是骨折片游离于关节腔内，出现骨影；关节透创时外界异物可进入关节腔，可见异物阴影；关节感染产气菌后则在关节间隙内出现气影。

(三)关节面的变化

1.关节面不平滑。关节软骨及其下方的骨性关节面骨质被病理组织侵蚀、代替，导致关节破坏，关节面不平滑。在疾病早期只破坏关节软骨时出现关节间隙变窄，骨性关节面受破坏后呈蚕食状毛糙不平或有明显缺损。见于化脓性关节炎后期、变性性关节病、犬类风湿性关节炎等。

2.关节缘骨化。关节面周缘有新骨增生，形成关节唇或关节骨赘。见于变性性关节病、肌腱、韧带抵止点骨化。

3.关节骨囊腔。关节软骨下骨出现圆形或类圆形缺损区阴影，阴影边缘清楚，与关节腔相通或不相通，称为骨囊肿。常见于马和犬的骨软骨病和骨关节病。

4.关节面断裂。关节面出现裂缝或关节骨有较大的缺损。见于关节内骨折或骨端骨折。

(四)关节脱位

关节脱位是组成关节的骨骼脱离、错位。根据关节骨位置变化的程度分为全脱位和半脱位两种。关节脱位多为外伤性，也有先天性和病理性关节脱位。

二、CT 表现

关节病变的基本 CT 表现的病理基础和临床意义与其 X 线表现相同，CT 是断面显影且密度分辨力大大高于 X 线平片，因此，关节病变的基本 CT 表现形式和内容与 X 线表现有所不同。在 CT 上可见关节肿胀时的关节囊肿胀、增厚，也可见到关节积液时关节腔内的水样密度影。CT 可以清楚地显示关节软骨下的骨质破坏，即使是微细的改变也能发现。CT 还可以发现关节面断裂、关节间隙狭窄、骨囊肿和关节面边缘骨赘形成。CT 图像避免了组织的重叠，易于显示一些平片难以发现的关节脱位(图片 5-6)。

三、MRI 表现

MRI 能较 CT 更好地显示关节的各种基本病变。关节肿胀时除见到关节囊增厚外，在 T_2WI 上呈关节囊滑膜层的高信号。MRI 对关节积液很敏感，一般积液 T_1WI 低信号、T_2WI 高信号。关节周围的软组织肿胀也多呈 T_1WI 低信号、T_2WI 高信号。关节软骨的破坏早期可见关节软骨表面毛糙、凹凸不平、局部软骨变薄，严重时可见关节软骨不连续、呈碎片状或者大部分破坏消失。关节骨质破坏时低信号的骨性关节面中断或不连续。关节面下的骨质增生在 T_1WI 和 T_2WI 上均为低信号。骨赘的表面为低信号的骨质，其内为高信号的骨髓。骨囊肿区呈 T_1WI 低信号 T_2WI 高信号，大小不等，边缘清晰。MRI 不但可显示关节脱位，还可直观地显示关节脱位的合并损伤，如关节内积血、囊内外韧带和肌腱断裂以及关节周围的软组织损伤。

第五节　骨骼疾病的影像表现

一、骨折(fracture)

(一)定义与病因

骨的完整性或连续性中断时称为骨折。动物长骨骨折最常见，其次为骨盆骨折、下颌骨骨折和脊椎骨骨折。

导致骨折的原因多种多样，主要有以下几种：

1. 直接暴力。骨折发生在暴力直接作用的部位，如车祸造成的股骨或胫骨骨折。

2. 间接暴力。暴力通过传导、杠杆或旋转作用使远处发生骨折，如动物由高处跳下时桡骨远端骨折或肱骨髁上骨折。

3. 肌肉拉力。肌肉突然猛烈收缩，可拉断肌肉附着处的骨质，如胫骨脊骨折。

4. 骨骼疾病。有骨骼疾病时，如骨髓炎、骨肿瘤等，骨骼即使遭受轻微外力就可发生断裂。

(二)临床与病理

动物发生骨折后局部会出现肿胀、疼痛、功能障碍，有些还出现肢体局部畸形。临床检查时可见肢体反常活动，即在无关节处有不正常的活动；也可听到骨摩擦音。骨折后在断端之间及其周围形成血肿，是以后形成骨痂修复骨折的基础。

(三)影像学表现

骨折的检查、诊断与治疗主要依靠 X 线技术，X 线可以确定骨折的类型、程度，可辅助骨折的复位固定，可观察骨折的愈合过程。

1. X 线检查技术。骨折在进行 X 线检查时一定要注意不能再加重骨折的程度，一定将患病部位保定稳妥后方能检查，疼痛严重的病例可对动物实行安定术或进行浅麻醉后再进行检查。检查要点有：

(1)X 线摄影范围应至少包括一个邻近的关节，以便确定骨折部位。

(2)必须拍摄正、侧位，有时还要加拍斜位等特定体位，或加拍健侧相同部位的对比 X 线片。

(3)设法使 X 线束中心线对准骨折线且与骨折线平行。X 线与骨折线垂直时可能显示不出骨折线。

(4)怀疑关节骨折时,需拍摄关节伸、屈位 X 线片以便观察骨折线。

(5)有些正常解剖结构或解剖变异易被误认为是骨折,这些结构有滋养孔、骺板、籽骨分裂、韧带联合(桡尺骨、胫腓骨、掌骨间韧带联合)。

2. 骨折的基本 X 线表现。

(1)骨折线。骨骼断裂以后,断面多不整齐,X 线片上呈不规则的透明线,称为骨折线。骨皮质显示明显,在骨松质则表现为骨小梁中断、扭曲、错位。当 X 线中心通过骨折断面时则骨折线显示清楚,否则可显示不清,甚至难以发现。嵌入性骨折或压缩性骨折骨小梁紊乱,甚至骨密度增高,看不到骨折线。

(2)骨变形。骨折后由于断端移位可使骨骼变形。X 线可见的移位种类有分离移位、水平移位、重叠移位、成角移位和旋转移位等(图 5-4)。

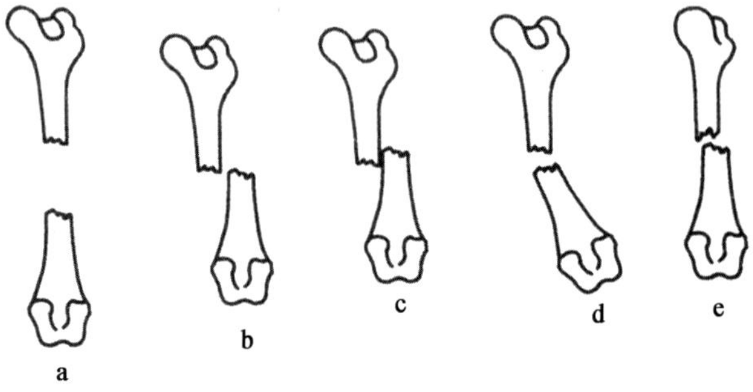

a. 分离移位;b. 水平移位;c. 重叠移位;d. 成角移位;e. 旋转移位

图 5-4 骨折移位类型示意图

(3)软组织肿胀。外伤性骨折常伴有骨折部软组织损伤肿胀,X 线影像密度增高,层次不清。

3. 骨折的类型。

(1)闭合性骨折(closed fracture)。骨折处皮肤或黏膜完整,不与外界相通。

(2)开放性骨折(open fracture)。骨折附近的皮肤或黏膜破裂,骨折处与外界相通。耻骨骨折引起的膀胱或尿道破裂均为开放性骨折。X 线征象显示骨折处软组织阴影内存有气性或异物阴影。

(3)完全骨折(complete fracture)。骨的完整性和连续性完全中断,管状骨骨折后形成远近两个或两个以上的骨折段,在 X 线片上可见骨折线,骨折线的方向各异。根据骨折线的方向可分为斜骨折、横骨折、旋转骨折(图 5-5)。

(4)不完全骨折(incomplete fracture)。骨的完整性和连续性仅有部分中断。

①裂缝骨折。骨骼上只出现裂纹,见于颅骨、肩胛骨等处。

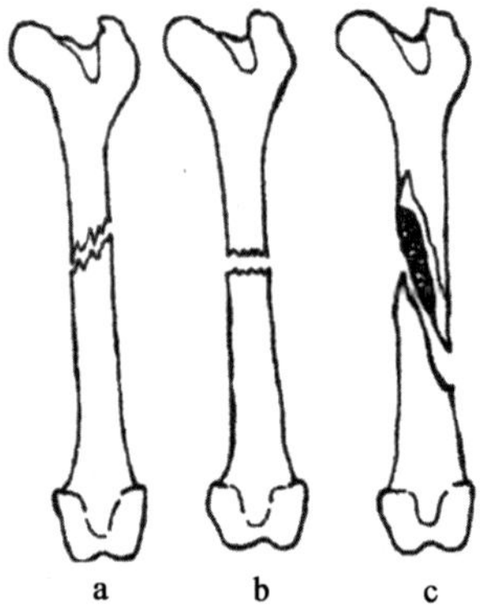

a. 斜骨折;b. 横骨折;c. 旋转骨折

图 5-5 骨折线方向示意图

②青枝骨折(greenstick fracture)。一侧骨皮质有断裂,与青嫩的树枝被折时的情况相似(图 5-6)。

(5)粉碎性骨折(comminuted fracture)。骨碎裂成两块以上,骨折线呈"Y"形或"T"形等(图 5-7)。

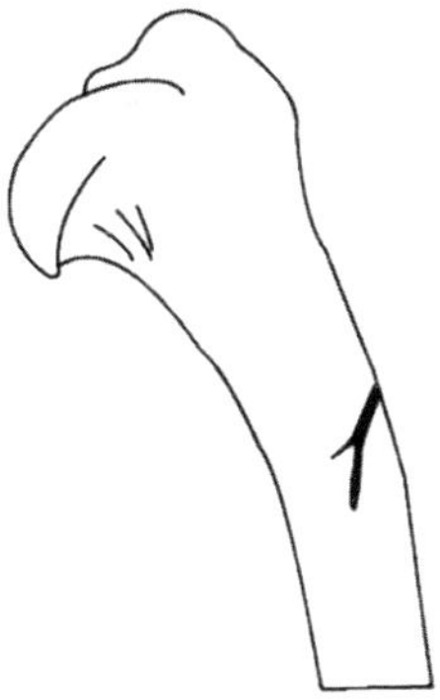

图 5-6　青枝骨折(不完全骨折)

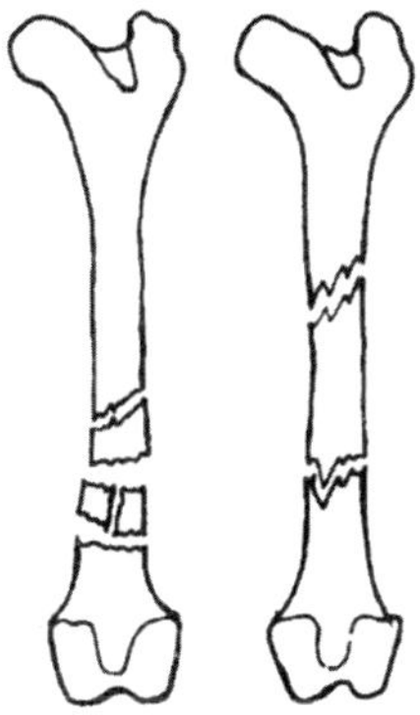

图 5-7　粉碎性骨折

(6)嵌入性骨折(impacted fracture)。发生在长管状骨端,一骨断端插入另一骨断端内。嵌入骨折无骨折线,断裂处骨横径增宽、密度增高。

(7)压缩性骨折(compression fracture)。主要发生在椎骨,松质骨因压缩而变形。X 线征象为患骨变形,体积缩小、密度增高、骨小梁变形,无明显骨折线。

(8)撕脱性骨折(avulsion fracture)。由于肌肉、腱、韧带的强力牵拉而使其在骨的抵止点处发生的骨折为撕脱性骨折。撕脱性骨折常发生在骨端及关节周围骨,在幼龄动物骨骺易被撕脱。被撕脱的骨体上留下的缺损称为骨折"床",撕脱的骨块则位于"床"周围的软组织阴影内(图片 5-7a,b)。

(9)骨骺骨折(epiphyseal fracture)。发生在未成年动物骨骺、骺板和干骺端的骨折称为骨骺骨折。根据 Salter-Harris 分类法,骨骺骨折分为五种类型。Ⅰ型为骨骺分离,骨骺与骺板一起沿干骺线与干骺端分离,骺血管一般完好,预后良好。Ⅱ型为骺板-干骺端骨折,骨折线沿干骺线延伸一段距离后斜行进入干骺端,造成干骺端三角形骨折,预后良好。Ⅲ型为骺板-骨骺骨折,骨折线纵行穿过骨骺到骺板后转折沿骺板伸向骨皮质,整复困难。Ⅳ为骺板-骨骺-干骺端骨折,骨折线纵行穿过骨骺、骺板后斜行穿过一侧干骺端,常引起畸形愈合。Ⅴ型为骺板压缩骨折,骺板软骨受挤压缩,骨骺与干骺端直接接触,引起畸形愈合。

骨骺骨折后,骨折线与骺板的 X 线密度相近,读片时不易识别。骨骺相对骨干的移位、骨骺线中断或其附近出现骨折片是区分骨骺骨折的重要 X 线征象。骨折移位不明显时应与对侧肢对照或待 10～14 d 后复查。若发生了骨折,一段时间后将出现骨骺生长紊乱的 X 线征象(图 5-8)。

(10)病理性骨折(pathological fracture)。因发生在骨的某种病理过程而继发的骨折称为病理性骨折。骨髓炎、骨肿瘤、骨质疏松和骨质软化等骨病都可使骨质松软变脆,强度下降,易在正常应力下发生骨折。X 线片见骨折处广泛性骨密度降低或有明显的骨质破坏病灶(图片 5-8)。

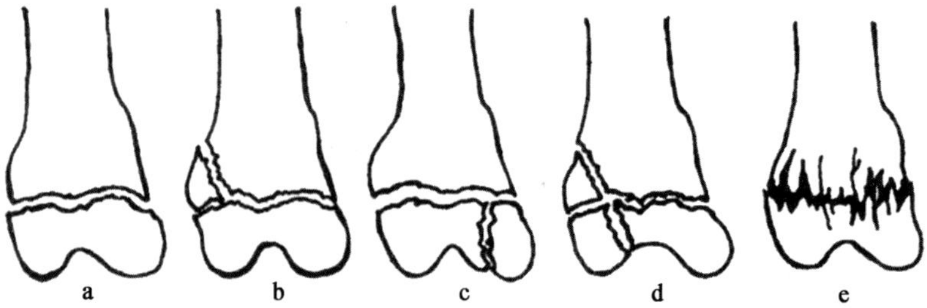

a. Ⅰ型骨骺骨折；b. Ⅱ型骨骺骨折；c. Ⅲ型骨骺骨折；d. Ⅳ型骨骺骨折；e. Ⅴ型骨骺骨折

图 5-8 骨骺骨折示意图

4. 骨折愈合。从 X 线角度可将骨折愈合分成三个阶段，即骨痂形成期、骨痂钙化期和骨痂改建期。了解这三个阶段的 X 线征象及其与新鲜骨折 X 线征象的区别，有助于通过 X 线检查来判断骨折的新旧和愈合程度。

(1)骨痂形成期(callus formation)。骨折之后，在两断端之间、骨髓腔内和骨膜下形成血肿。骨折处的炎性反应使骨断缘骨组织因缺血坏死和破骨细胞的活动而被吸收。骨内外膜成骨细胞的增生及机化的血肿内成纤维细胞分化成的成骨细胞和成软骨细胞的活动，使骨断端处形成了原始骨痂。此期内骨折线变得模糊不清。这一过程需 1～2 周方能初步完成。

(2)骨痂钙化期(callus ossification)。原始骨痂通过膜内成骨或软骨内成骨形成的原始骨痂逐渐钙化成骨性骨痂。随着骨痂的不断增大，骨折断端不再活动，即达到临床愈合。此后，骨痂范围加大，生长于骨折断端之间和骨髓腔内，使得骨折连接坚实。X 线影像上见骨折线模糊以至消失，骨折处为较大面积的高密度阴影。这个过程约需 3 周(图片 5-9)。

(3)骨痂改建塑形期(callus reorganization)。新形成的骨痂为排列不规则的骨小梁组成，尚欠牢固，应防止外伤，以免发生再骨折。机体为了负重和活动的需要，骨骼还进行再建，使应力线上的骨小梁致密，非应力线上的骨痂逐渐被吸收。而骨痂不足之处，如弯曲、变形则经骨膜生骨而补足，使断骨恢复正常形态。骨皮质加强、骨髓腔再通，骨折愈合。在 X 线影像上见骨折线消失，骨断端连接，骨皮质内外面连续平滑，骨髓腔恢复为低密度阴影。这个阶段约需 8 周。

5. 骨折愈合的影响因素。骨折愈合的速度与动物的年龄、骨折类型和部位、动物的营养状况和治疗方法有关。一般而言，未成年动物、肌肉丰富血液供应充足的部位骨折后愈合快；小动物比大动物愈合快；斜骨折、嵌入性骨折比横骨折愈合快；骨折对位良好、固定牢固愈合快；老年关节内骨折、骨折断端移位严重、营养不良、并发感染则愈合慢，需时较长。

6. 骨折异常愈合。由于各种原因引起骨折出现并发症，致使骨折不能正常愈合。

(1)骨折延迟愈合或不愈合(delayed healing or non-union)。引起此种情况的原因有复位不良、固定不佳、局部血供不足、全身营养代谢障碍、肌肉嵌入骨断端间及并发感染。愈合不良的 X 线表现是骨痂出现延迟、骨痂稀少或没有骨痂出现，骨折线消失迟缓或长期存在。不愈合的 X 线表现骨断端为骨密质封闭，阴影致密光滑，或骨折断端吸收变尖，断端间有明显裂隙，周围无骨痂形成。有时形成假关节(图片 5-10)。

(2)骨折畸形愈合(malunion)。骨折虽然愈合但变形，有成角、旋转、缩短或延长改变。轻者不影响外观功能。复位不正或固定后移位是畸形愈合的常见原因。

(3)废用性骨质疏松(disuse osteoporosis)。骨折整复固定后,由于长期不运动引起废用性骨质疏松。固定时间越长骨质疏松越明显,轻者恢复,重者则持续较久并影响功能。X线片上见骨密度降低、骨小梁稀疏、骨皮质变薄及骨髓腔变宽。

(4)缺血性股骨头坏死(ischemic femoral head necrosis)。在发生股骨颈骨折后,很容易破坏股骨头的血液供应,股骨头失去血液供应而逐渐坏死。X线片见股骨头形状不整、密度降低。

(5)关节退行性变(degeneration of joint)。关节内骨折或骨折畸形愈合导致关节软骨破坏,软骨下骨增生。X线片见关节结构不清、间隙变窄、关节面模糊。

二、外伤性骨膜骨化(traumatic periosteal new bone)

(一)定义与病因

外伤性骨膜骨化是骨膜直接受外伤或骨膜长期受机械性外力反复刺激所引起的一种慢性骨膜炎,以骨膜增生和在骨表面形成新骨为主要病变,新生的骨称为骨赘。

发病原因除了骨膜直接受到损伤外,动物在行走、使役或训练中,使骨间纤维性韧带及其附近的骨膜经常受到过度的牵引,均可引起骨膜炎。

(二)临床与病理

本病的好发部位为掌(跖)骨和指(趾)骨,5岁以下的马多发。由于存在长期慢性的刺激,骨膜内层成骨细胞活动增加引起骨质增生。组织学上可见骨膜内层成骨细胞增多,有新生的骨小梁。

当骨赘较小或隐藏在深部时,临床检查难于发现。此时患病动物也没有跛行,只有在骨赘增大后可见患部局限性隆起,触之较硬,无热无痛。当骨赘发生在肌腱或韧带的经路上可引起跛行症状。

(三)影像学表现

1.关节囊附着点处骨赘。常见于马腕骨前部中央、冠关节缘、蹄关节缘及犬的膝盖骨、腕骨、跗骨,又称为关节周围骨赘。X线征象为关节无异常,但关节骨的边缘出现新生骨阴影,骨影在早期呈刺状或毛刷状从骨基部突出,后则融合为致密、均质、边缘平滑的骨赘。

2.关节、韧带及肌腱附着点处骨赘。常见于马系关节、冠关节、股胫关节侧韧带的附着点,悬韧带的近籽骨附着点,悬韧带在大掌(跖)骨的附着点,第2掌(跖)骨近端后方及蹄骨伸腱突的肌腱附着点;也见于犬髋结节、坐骨结节、椎骨棘突等肌腱附着点。X线征象为在关节囊外的关节韧带或肌腱附着点处骨皮质粗糙隆起,密度增高,或有明显突起的骨影,骨影致密均质,边缘清晰(图片5-11)。

3.骨间韧带附着点处骨赘。常见于马第2与第3掌(跖)骨近端的韧带联合处。X线检查需加斜位投照。X线征象为骨间隙两侧骨皮质粗糙隆起或骨间隙融合消失。

三、化脓性骨髓炎(pyogenic osteomyelitis)

(一)定义与病因

化脓性骨髓炎是骨组织包括骨、骨膜和骨髓的化脓性炎症。化脓性骨髓炎的主要病原菌是金黄色葡萄球菌,另有链球菌或其他细菌甚至霉菌引起感染。

骨髓炎的感染途径有三种，即开放性骨折伤口、附近软组织或关节病灶蔓延和血源性感染。外源性骨髓炎可发生在身体的任何部位的骨组织；血源性骨髓炎则主要发生在长骨的干骺端且病变往往呈多发性。

（二）临床与病理

血行感染时，细菌经滋养动脉进入骨髓，广泛地分布于骨髓和骨皮质，常较多地停留于干骺端的骨松质部分，使此处明显充血、水肿，大量中性粒细胞浸润，形成局部脓肿。脓肿虽可局限化，但病灶经常蔓延发展扩散到较广的区域，甚至涉及整个骨干。病灶向外扩展，突破干骺端的骨皮质，在骨膜下形成脓肿，再经哈氏管进入骨髓腔。脓肿将骨膜掀起使骨膜剥离，密质骨失去血液供应造成部分骨质和骨膜坏死，坏死的骨质称为死骨（sequestrum）。死骨可能被吸收，也可能长期存在成为骨内感染源。

在骨髓炎的急性期，临床表现明显。发病急、有高热，局部肿胀、压痛，患肢活动障碍，全身反应剧烈。

如果急性骨髓炎未得到及时而充分的治疗，则发展为慢性化脓性骨髓炎。由于死骨的存在及形成排脓瘘管，临床可以见到始终有脓汁由瘘管排出。因死骨可积存细菌，抗生素不易渗入，因而阻挠病变愈合，使炎症呈长期慢性经过。

在整个炎症过程中，一方面骨质被破坏，另一方面病灶周围的骨膜增生，包围死骨形成死骨腔。一旦死骨被吸收或清除，由肉芽组织填充死骨腔。

（三）影像学表现

1. X 线征象。炎症早期仅见软组织肿胀，经 7～10 d 可见骨骼变化，骨松质出现局限性骨质疏松，继续发展则出现多数分散不规则的骨质破坏区，骨小梁模糊、消失，破坏区边缘模糊，区内可见有密度较高的死骨阴影。由于骨膜下脓肿的刺激，骨皮质周围出现骨膜增生，表现为一层密度不高的新生骨与骨干平行。

慢性化脓性骨髓炎时，骨破坏区界限清楚，破坏区周围骨质增生反应明显，死骨阴影仍可见到。

骨髓炎的病理过程随病原、感染途径、动物种类、发病部位、机体反应及治疗情况不同而不尽一致，骨质破坏与骨质增生可相继出现、交错出现或单独出现。所以上述 X 线征象在有的病例不可能都表现出来。在犬和猫，急性骨髓炎的 X 线征象与骨肿瘤的 X 线征象类似，容易混淆，故需进行鉴别诊断（图 5-9）。

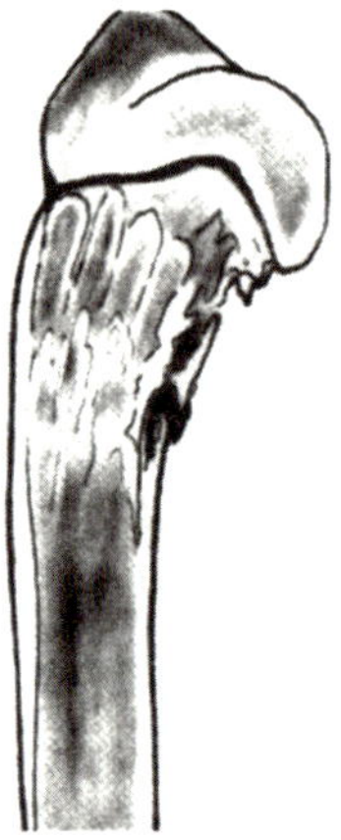

图 5-9 急性骨髓炎

2. CT 表现。CT 能很好地显示出急性化脓性骨髓炎的软组织感染、骨膜下脓肿、骨髓内的炎症、骨质破坏和死骨。特别是能发现 X 线片不能显示的小破坏区和小的死骨。

慢性炎症时可见骨质明显增厚、骨髓腔变窄甚至闭塞、骨质密度增高。

3. MRI 表现。MRI 可很好地显示骨髓的充血、水肿、渗出和坏死，在 T_1WI 上均表现为低信号，与正常的骨髓信号形成明显的对比。在矢状面和冠状面上，骨髓腔受累的范围显示良好。

四、骨放线菌病(osteal actinomycosis)

(一)定义与病因

骨放线菌病是一种由放线菌引起的慢性传染病，病原菌为牛放线菌。动物常经破损的口腔黏膜感染，引起下颌骨放线菌性骨髓炎。

(二)临床与病理

临床上常患本病的动物有牛，犬、猫等动物也有发病。病原体在受侵害组织内引起以慢性肉芽肿为形式的炎症。在肉芽中心，可见含有放线状菌的化脓灶。有时无化脓过程而以结缔组织大量增生为主，发展形成肿瘤样赘生物。骨内肉芽组织增生的结果是骨组织破坏、骨小梁崩解，同时也有骨质新生。由于骨质的不断破坏与增生，而形成疏松性体积增大，有的形成下颌骨瘘。患病动物下颌骨肿大，界限明显，肿胀进展缓慢。严重者呼吸、吞咽和咀嚼困难。

(三)影像学表现

X线片上，放线菌病的早期病变与化脓性骨髓炎相似。由于骨膜受到刺激，可见不规则的骨膜骨化产生的絮状骨阴影，同时出现骨质疏松(图片5-12)；由于结缔组织肉芽肿大量增生，破坏和取代骨质，使骨质变薄，下颌骨膨胀变形；膨大的骨体内有数目不等、大小、形状不定的网状骨缺损区，缺损区内无骨结构；由于颌骨膨胀和肉芽肿对骨质的压迫与破坏，齿槽骨形状改变，致使牙齿脱位；也可见下颌骨骨折(图片5-13)。

五、骨肿瘤(bone neoplasia)

(一)定义

骨肿瘤是骨组织受肿瘤细胞的侵害，引起骨质破坏、吸收或增生硬化等一系列病理变化的一种骨骼疾病。骨肿瘤分为原发性、继发性(转移性)或邻近软组织肿瘤侵入局部发生的肿瘤。在兽医临床上犬、猫等小动物的骨肿瘤发病率较高，在我国发病率也逐年增加，但大动物极少见。小动物的骨肿瘤多为恶性的，造成严重的骨骼损伤。恶性骨肿瘤的病理特征是骨溶解和骨增生反应。

(二)病因与分类

1. 原发性恶性骨肿瘤。

(1)骨肉瘤(osteosarcoma)。骨肉瘤多发生于犬和猫(90%)，常发部位有桡骨远端、肱骨近端、股骨远端及胫骨近端，好发于成年大型犬，易早期发生肺转移。

(2)软骨肉瘤(chondrosarcoma)。多发生于犬，常侵害扁骨，发病动物为中型至大型中年犬。生长较骨肉瘤慢，临床过程持续时间长。

(3)纤维肉瘤(fibrosarcoma)。起源于骨膜或骨内膜的成纤维组织，侵害长骨的干骺端或上、下颌骨，生长速度不一。

(4)血管肉瘤(hemangiosarcoma)。最常侵害肱骨或股骨近端，多发于老年犬，德国牧羊犬尤甚。早期出现血源性广泛扩散。

(5)多发性骨髓瘤(multiple myeloma)。犬、猫可见多处骨骼发生孤立病变，常见侵害扁骨、椎骨、股骨或肱骨。

2.继发性骨肿瘤。继发性骨肿瘤均为恶性肿瘤，由身体其他部位的恶性肿瘤转移到骨骼。比原发性骨肿瘤诊断率低。常见类型有淋巴肉瘤和腺癌，多来源于乳腺、前列腺或肺肿瘤灶。肿瘤灶呈多发性，可发生在任何骨上。在长骨主要侵袭骨干，病灶骨质呈浸润性破坏和不同程度的骨质增生。

3.良性骨肿瘤。

(1)骨瘤(osteoma)。主要发生于大动物，犬也有发生。好发部位为四肢和头骨，生长慢，大小不定，质硬。

(2)骨软骨瘤(osteochondroma)。骨软骨瘤常发于长骨远端，在马和犬较常见。

(3)内生软骨瘤(enchondroma)。多见于幼年动物，可单发或多发，与骨软骨瘤相似。

(4)骨纤维瘤(osteofibroma)。由大量纤维组织与少量骨质构成，多发于大动物的掌骨和颌骨。

(5)骨囊肿(bone cyst)。为单发性的骨瘤样病变，并非真正肿瘤，病因不明。多发生在长骨干骺端。

(三)临床与病理

骨肉瘤为临床常见的骨组织恶性肿瘤，多发于成年以上的大型或巨型犬。好发部位是长骨干骺端，病变发展迅速，可发生早期远处转移，预后较差。

生长在长骨干骺端的骨肉瘤开始在骨髓腔内产生不同程度、不规则的骨破坏和骨增生。病变向骨干一侧发展而侵蚀骨皮质，侵入骨膜下则出现骨膜增生，形状呈平行、层状，肿瘤可侵及和破坏骨膜新生骨，当侵入周围软组织时则形成肿块，其中可见多少不等的肿瘤新生骨。在病变过程中若以骨质破坏为主则为溶骨型骨肉瘤；若形成大量高密度新生骨即为成骨型骨肉瘤；如果骨质溶解破坏和新骨增生同时进行则为混合型骨肉瘤，这种类型在临床上较多见。

组织学检查可见间变的瘤细胞、肿瘤性骨样组织和骨组织，有时也有数量不等的瘤软骨。

主要临床表现是局部进行性疼痛、肿胀、跛行、厌食、体重减轻，常并发患部感染。若发生肺转移则有呼吸困难表现。

(四)影像学表现

1.骨肿瘤影像学检查的意义。影像学检查对于诊断骨肿瘤有重要的意义，不仅能准确地显示出肿瘤的部位、大小、邻近骨骼和软组织的改变，对多数病例还可初步判断肿瘤的性质，原发性或转移性，为确定治疗方案和估计预后提供了有价值的信息。

对于骨肿瘤影像诊断所要求的几点是：判断骨骼病变是否为肿瘤；初步确定肿瘤的性质、是原发性还是转移性；肿瘤的侵犯范围。

2.恶性骨肿瘤的X线征象。恶性骨肿瘤生长快，破坏性强，较早出现肿瘤转移。

(1)肿瘤常位于长骨的干骺端。肱骨的近1/3、桡尺骨的远1/3、股骨近1/3或远1/3、胫骨近1/3或远1/3、尺骨近1/3(图片5-14至图片5-16)。

(2)肿瘤灶周围软组织阴影增厚、浓密，有时可见肿瘤性软组织块阴影。

(3)肿瘤浸润性生长。在肿瘤灶和正常骨之间有一块界限不清的过渡区；骨皮质破坏；不同程度的骨质增生，新生骨可伴随肿瘤生长侵入周围软组织。

(4)骨膜浸润性骨化。肿瘤灶处及邻近骨膜多呈放射状、花边状骨化或考德曼三角(Codman's triangle)型骨化，是恶性骨肿瘤常见的骨膜骨化。

(5)可见病理性骨折。

(6)通常不累及关节或越过关节累及其他各骨。

(7)肿瘤的晚期多发生肺转移,胸部X线片上可见多量、大小不等、分布范围较广的球形高密度阴影(图片5-17)。

3.良性肿瘤的X线征象。良性肿瘤的发生一般无明显的品种、年龄和部位的好发性,肿瘤生长缓慢,可引起病理性骨折。

(1)肿瘤灶不侵袭周围软组织,故无炎性肿胀,仅因肿瘤推移而突出。

(2)肿瘤灶骨质密度降低或增高,范围小界限清晰。邻近骨皮质膨胀或受压变薄,但骨皮质不中断。

(3)单发或多发,但不转移。

4.骨肉瘤的影像学特征。

(1)X线平片。除具备前述的X线征象外,骨肉瘤尚有其发病特点。肿瘤灶起源于骨髓腔,表现为骨髓腔内不规则的骨破坏和骨增生;骨皮质破坏;不同形式的骨膜增生和骨膜新生骨的再破坏;软组织肿胀并在其中形成肿瘤骨,确认肿瘤骨的存在是诊断骨肉瘤的关键,肿瘤骨表现为云絮状、针状和斑块状致密影。骨肉瘤可有成骨型、溶骨型和混合型,以混合型多见。

(2)CT表现。骨肉瘤的破坏以溶骨性为主,在CT上表现为松质骨的斑片状缺损,骨皮质内表面的侵蚀或骨皮质全层的虫蚀状、斑片状甚至大片的缺损。骨质增表现为松质骨内不规则斑片状高密度阴影和骨皮质增厚。软组织肿块大多边缘模糊与周围正常的肌肉、神经和血管分界不清,其内常见大小不等的坏死囊变区。肿瘤骨分布在骨破坏区和软组织肿块内,形态与平片所见相似,密度差别较大。

(3)MRI表现。骨质破坏、骨膜反应、瘤骨和瘤软骨钙化在T_2WI上均表现为低信号阴影,形态与CT所见相似。大多数骨肉瘤在T_1WI上表现为不均匀的低信号,在T_2WI上表现为不均匀的高信号。肿块外形不规则,边缘多不清楚。

六、肥大性骨病(hypertrophic osteopathy)

(一)定义与病因

肥大性骨病(又称肺性肥大性骨病)是一种骨骼的继发性、四肢骨骨膜增生性疾病,常见双侧对称性肢骨远端硬固肿胀和广泛性骨膜骨化。可发生于多种动物,尤以犬多发,老龄易发。

发病原因不详,但认为与肺部疾病有关系,如肿瘤、慢性肺炎。也可能继发于腹部疾病,如膀胱肿瘤、肝脏肿瘤。

(二)临床与病理

本病的病理机制尚不完全了解,可能是肺部病变时刺激胸膜,引起迷走神经或肋间神经的反射,导致四肢远端外周血流加速和局部被动性充血。这些过多的血流因含氧不足,进而造成局部组织氧不全,刺激骨膜增生,并逐步向上发展,引起爪和长骨新骨形成。

临床症状表现为所有四肢突然跛行,跛行渐进性加重。病肢远端有连续几个月进行性增粗的病史。触诊四肢见远端长骨呈对称性硬肿,患部温热,有压痛。有的病例长期伴有咳嗽、轻度呼吸困难症状。原发病灶消除后跛行及骨肥大病变可随之消退。

(三)影像学表现

X线片可见如下影像特征:

(1)四肢远端长骨,尤其是掌(跖)骨及第1、2指(趾)骨上出现双侧肢对称的骨膜骨化阴影。早期骨膜骨化多发生在指(趾)骨及非轴向骨,如第2,4(马)或2,5(犬)掌(跖)骨上,以后则逐渐波及整个四肢远端长骨上。

(2)骨膜骨化阴影光滑或不规则,呈现"栅栏形"或花边形。病程长久者,新生骨逐渐增厚、致密、表面平滑。骨内膜及骨髓腔无异常,但可因骨外膜下新生骨的遮蔽而轮廓不清。患部软组织阴影稍微增厚(图片5-18)。

(3)原发病灶被控制或痊愈以后,骨膜骨化的阴影迅速消退,一般需3～4个月时间。

七、犬全骨炎(canine panosteitis)

(一)定义与病因

犬全骨炎是一种暂时性、自限性,主要发生于年轻的、快速生长的大型或巨型犬的骨病。好发部位在长骨骨干或干骺端。骨髓腔内骨质增生和骨膜下新骨形成为本病的特征。

确切的发病原因不清楚,本病在德国牧羊犬有遗传性。其他因素如应激、感染、代谢异常、自身免疫疾病及寄生虫病也可能成为致病原因。

本病又称为内生骨疣(enostosis)或嗜酸性全骨炎(eosinophilic panosteitis)。

(二)临床与病理

犬全骨炎的病理过程为,当骨髓脂肪变性以后,出现基质细胞增加和类骨化产物。类骨化产物激发血管充血,导致骨内膜和骨外膜发生反应,发生骨髓腔内骨化。经一段时间后病变开始消退,骨髓腔内的骨小梁逐渐被吸收,脂肪组织和血管再生重建。

发病动物年龄多在4～16个月,最常见的症状是急性、周期性单肢或多肢轮换跛行,无外伤史。公犬多于母犬发病。触诊长骨骨干和干骺端有疼痛和不适感。尺骨、桡骨、肱骨、股骨和胫骨容易发病,且按前述顺序发病率渐增。动物有时出现发热和厌食现象。

(三)影像学表现

X线征象的表现为:

(1)骨髓腔内密度增高,骨小梁结构消失代之以模糊不清的高密度阴影,此为早期影像(图片5-19)。

(2)骨髓腔内出现弥散性颗粒状或轮廓清晰的、独立的高密度阴影。多个阴影可融合成片状骨影(图片5-20)。

(3)骨皮质内侧增厚,骨外膜增生骨化,新骨呈均质光滑型或层面型。

(4)滋养孔附近病灶明显。

(5)后期炎症开始消退,骨髓腔内的骨影逐渐消散,骨髓腔密度低于正常密度;骨皮质内侧仍粗糙不平,骨皮质比正常厚。

八、犬肥大性骨营养不良(hypertrophic osteodystrophy)

(一)定义与病因

肥大性骨营养不良是青年大型或巨型犬易发的长骨干骺端的发育性骨病。长骨干骺端出现区域性坏死、缺乏骨沉积物、骨小梁因急性炎症发生微骨折。

确切的病因尚不清楚,有人认为与感染有关,但经培养未分离出病原菌。也有观点认为与机体缺乏维生素C或对维生素C的利用效率低有关，因为本病非常类似于人类儿童的坏血病。检测发现患犬血清和尿中维生素C的含量减少，但犬对维生素C的需求不像灵长类动物和豚鼠那样必须依赖于食物的供给，它可在肝脏和肠管合成维生素C。另外对患病动物用维生素C治疗，并没有见到好的效果。第3种观点认为给犬过多的食物添加剂使动物营养过剩、矿物质过多可能是本病的致病因素，因给动物试验性饲喂高蛋白质、高热量和高钙食物可引起骨骼的病变。

（二）临床与病理

本病常发于大型或巨型且处于生长发育快速的犬，一般发病年龄为3～6个月，易发品种有大丹犬、德国牧羊犬等。受累骨骼有桡骨、尺骨和胫骨，发病部位多在长骨远端。患肢常有肿胀、疼痛和跛行，严重病例还会出现肢体变形。有些动物可见发热、精神沉郁和厌食现象。

由于各种原因导致干骺端血液循环紊乱，发生骨化障碍或骨化延迟，干骺端出现一系列病变，包括炎症、坏死、骨小梁骨折和外骨膜成骨，引发不同程度的临床症状。

（三）影像学表现

（1）所有骨的干骺端均可发病，但以桡骨和尺骨最常见，通常为双侧对称性发生。

（2）典型的X线征象是在干骺端出现与生长板平行的、虫蚀状低密度线或低密度带。

（3）干骺端硬化。

（4）干骺端区域有骨膜下新骨形成，伴有光滑或不规则的骨膜骨化反应，可能累及整个骨干（图片5-21，图片5-22）。

九、骨软骨病（osteochondrosis）

（一）定义与病因

骨软骨病是一种关节软骨发育缺陷性疾病，表现为软骨内骨化障碍或软骨发育不良。广泛发生于现代集约化饲养的猪、牛、禽及生长迅速的马、大型或巨型犬，在生长发育的高峰期（4～10月龄）更易发病。

本病的具体发病原因不明，可能与下述因素有关。

1.营养和生长速度。饲喂高价营养饲料和处于生长时期的动物发病率高，生长速度快的和喂精料过多的动物易患本病。生长过速、体重过大使骺软骨和关节软骨过度受压、变形、缺血甚至坏死，导致软骨内成骨障碍可能是引起该病的一个重要因素。

2.外伤。广泛的压迫可影响成熟过程中的软骨细胞的正常生长，反复的外伤可能造成软骨骨折以及骨的离断。

3.遗传因素。目前认为在马、猪、人类及其他种属骨软骨病是可遗传的。

4.激素代谢失调。机体内很多激素都对骨的生长发育有调控作用，这些激素包括雌激素、睾酮、生长激素、甲状腺素等。已知激素代谢失调可引起骨的生长紊乱，但激素在本病发生中的确切作用并不清楚。

（二）临床与病理

骨软骨病是一种软骨内骨化障碍，导致软骨下骨发育异常。在疾病发生时软骨细胞正常增殖，但成熟和分化过程异常，骨骺透明软骨不能成熟转化成骨，在特定部位关节软骨增厚。发育缺陷区的软骨无法获得营养成分而死亡，形成独立的软骨片。当关节运动时或发生微小的创伤就会使软骨遭到破坏，使软骨片分离形成骨瓣或游离到关节腔内形成关节鼠。由于缺乏血液供应和相继发生的炎性反应使软骨缺陷无法愈合，异常软骨或关节碎屑则会引起滑膜炎症。

临床上根据病变的发生部位和程度骨软骨病有三种类型。

1. 骺炎(epiphysitis)。猪和马易患此类疾病，主要发生在桡骨、尺骨、股骨和掌骨远端骺板。患部硬性肿大、有压痛，呈现不同程度跛行，无全身反应。骺板闭合后局部病变可消失。

2. 分离性骨软骨炎(osteochondritis dissecans)。最常见于4～10月龄生长快速的大型犬。主要发生在臂骨头后缘、股骨远端内、外髁、胫骨远端滑车嵴和距骨滑车面等部位的关节面上。可有两肢同时发病。局部病变表现为骨节软骨与软骨下骨分离，关节软骨掀起软骨瓣、软骨瓣脱落及软骨下骨受侵蚀。可见关节有轻度炎症，通常继发变性性关节病。临床可见不同程度或逐渐加重的跛行症状。

3. 关节软骨下囊样病变(subchondral cystic lesion)。主要发生于马，病变位于肩关节、膝关节和蹄关节的关节软骨下骨上。表现为局限性囊腔，囊腔内充有软骨或纤维性结缔组织。关节可能有轻度炎症，病初跛行不明显或有间歇性跛行，晚期有严重跛行。

(三)影像学表现

骨软骨病的类型不同其X线征象也各有特点。

1. 骺炎。干骺端横径增宽，边缘呈唇样突出，干骺端骨内可能有低密度骨缺损区。缺损区外周可能有骨增生带，骺板增厚，骺板与骨骺及干骺端的界面不整，骨骺正常或呈楔形变形。长骨可能弯曲，弯折点位于骺板处，临近骨皮质因应力改变而改塑增宽或变薄。

2. 分离性骨软骨炎。病初X线检查一般无明显变化，有时需经关节造影才能见到病变。当软骨下骨受侵蚀后可见关节面局灶性变平、凹陷或有缺损，关节腔内有小骨片或钙化的软骨片游离于关节腔内或附着在骨缺损旁。为了更清楚地观察病变，检查时可做多个方位投照，如臂骨头应做侧位投照、肘部应做前后位和斜位投照、股骨远端及跗关节做斜位投照(图片5-23)。

3. 关节软骨下囊样病变。关节面内出现囊腔样低密度骨缺损区，区内一般无结构，边缘清楚整齐，区外可能围以骨增生带，囊腔与关节腔通或不相通。

十、缺血性股骨头坏死(ischemic femoral head necrosis)

(一)定义与病因

缺血性股骨头坏死又叫累-卡-佩氏病(Legg-Calve-Perthes disease)，是以股骨头骨骺缺血性坏死为特征的一种综合征。常发生于小型犬，如约克夏、迷你杜宾、吉娃娃等，一般发病年龄在3～10月龄，5～8月龄发病率最高。可单侧发病也可双侧同时发病。

关于本病的发病原因仍不清楚，可能因损伤和炎症，关节液增多，由于关节内压力增高影响股骨的血液供应，导致骨骺血流减少；各种原因引起的骨骺血管脂肪栓塞、毒血症、激素紊乱、代谢和遗传等因素促使疾病的发生与发展。

(二)临床与病理

由于各种原因引起股骨头骨骺缺血，骨细胞死亡，骨化中心停止生长。被滑液营养的关节软骨仍在生存，且继续生长使得关节软骨增厚。软骨下骨和钙化的关节软骨出现明显的吸收，连续的关节负重引起骨小梁骨折、变形及缺损。病变骨出现血管重建、重吸收和骨结构重建。在重建过程中，纤维组织或纤维软骨填充骨缺损处替代了骨组织。由于股骨头的这些部位力学性变弱，正常的生物力学作用于疏松的重吸收的软骨下骨上，导致股骨头和股骨颈塌陷。同时纤维血管组织代替了生长板的位置，故生长板的结构消失。还会继发变性性关节病。

本病的常见临床症状是后肢跛行，呈逐渐加重趋势，严重时呈三脚跳。他动活动髋关节时疼痛明显，有时能听到噼啪声音；关节活动范围减小，患肢肌肉萎缩明显。

(三)影像学表现

最初 X 线表现可能不明显，但随病情的发展可见 X 线征象变化如下。

(1)早期阶段股骨头骨骺出现不规则的骨溶解吸收区域，呈现散在的点状或斑块状低密度区(图片 5-24)。

(2)随病情的发展，则出现骨骺变形、股骨颈变厚、关节腔增宽(图片 5-25)。

(3)在严重的病例表现为股骨头塌陷和骨折碎裂，同时伴有继发性变性性骨关节炎。

(4)本病的影像学表现应与股骨近端骨骺骨折、创伤性髋关节脱位及髋关节发育不良相区别。

十一、桡骨和尺骨发育不良(radial and ulnar dysplasia)

(一)定义与病因

由于近端或远端生长板受到损伤，生长板部分或完全融合，导致骨的生长速度不一致，而发生桡骨和尺骨发育异常。骺板受损常见于创伤、不良发育和骨化、限制性植入物的植入或由于骨折愈合中造成桡、尺骨骨性连接。发育不良导致前肢角度和长度发生异常，以及腕、肘关节脱位并继发骨关节炎。

本病常发于无软骨形成(achondroplastic)品种的犬，如斗牛犬、巴哥犬、Boston terrier 犬，也发生于软骨形成不良(hypochondroplastic)犬，如腊肠犬、比格犬、巴塞特犬等。与品种特性也有关。

(二)临床与病理

犬前肢正常发育的基础是桡骨与尺骨同步生长，就每一单独骨来说生长速度可有不同，但骨和关节生长发育的一致性不应受限制。任何一个骨骼的生长发生变化，都会影响邻近的骨骼和近端或远端的关节。桡骨是前肢的主要负重骨，其长度的 60％由远端骨骺生长而成。尺骨有约 85％的长度由远端骨骺生长而成。大多数犬在 4～8 月龄阶段骨骺生长加快，9～11 月龄时减慢。任何原因引起任何骨的骨骺病变都会使骺板提前闭合从而影响相邻骨骼。尺骨远端骺板提前闭合时，变短的尺骨限制桡骨生长，可导致桡骨向前弯曲及肘关节半脱位；桡骨远端提前闭合时，使桡骨变短、肘和腕关节异常连接、桡尺骨向后弯曲。

发病犬多数表现为不同程度的跛行，关节疼痛和肢体变形。如为创伤所致则常为单侧发生，对于一些由品种原因发生的发育性病变多为双侧性。

(三)影像学表现

在对该病进行 X 线检查时，投照时应将桡骨和尺骨的远、近端关节包括在同一张 X 线片上，同时要拍摄对侧桡、尺骨 X 线片进行对照。

1. 尺骨远端骺板提前闭合。尺骨远端骺板钙化，桡骨远端骺板仍为线状软骨低密度阴影。

由于桡骨长度大于尺骨而被动向前突出弯曲，远端后方骨皮质增宽。尺骨骨干缩短、变直、横径可增大，远端茎突上移。桡、尺骨间隙增大、桡腕关节及肱尺关节的关节间隙增大，关节骨对位不良，关节处于半脱位状态(图 5-10 和图片 5-26)。

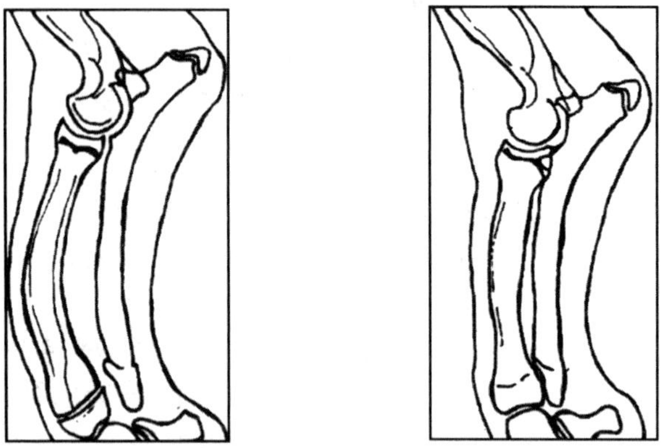

a　　　　b

a. 尺骨远端骨骺提前闭合，桡骨前弯，肱尺关节变宽；

b. 桡、尺骨远端骨骺提前闭合，桡、尺骨变短，肱尺关节半脱位

图 5-10　桡、尺骨发育不良

2. 桡骨远端骺板提前闭合。桡骨远端骺板钙化，尺骨远端骺板仍有线状阴影。桡骨骨干失去正常生理弧度而变直、缩短，尺骨远端茎突下移。桡腕关节的关节间隙增大，肘关节半脱位。

3. 桡骨近端骺板提前闭合。桡骨近端骺板提前钙化，桡骨短缩，尺骨向后方隆突弯曲，桡、尺骨间隙增大，肱桡关节、桡腕关节半脱位。此类病变不常发生。

十二、尺骨肘突不闭合(un-united anconeal process of the ulna)

(一)定义与病因

尺骨肘突是位于尺骨近端鹰嘴突处的呈钩状的部分，是一个独立的骨化中心。在发育正常情况下，肘突通常在 16～20 周龄前与鹰嘴突闭合，过时不闭合则视为病理状态，即为尺骨肘突不闭合。

肘突不闭合是一种先天性疾病，它与骨软骨病或桡、尺骨发育不一致有关。本病多发于大型犬，一般在成熟前体重超过 22 kg 的犬最易发病。在德国牧羊犬具有遗传性。有时可能双侧发病。

(二)临床与病理

肘突是个独立的骨化中心，在正常情况下于 20 周龄左右应与尺骨闭合。肘突超期不闭合将与尺骨部分或全部分离而成为肘关节内的游离骨块，导致肘关节不稳定，并进一步发展成为变性性关节病。最近有学者认为尺骨肘突不闭合可能是尺骨远端骺板提前闭合或桡、尺骨发育生长不一致，导致生物机械力作用于肘突所致。

本病多发生于 5～6 月龄的大型犬，有间歇性负重跛行，在休息和紧张运动后跛行加重。伸展肘关节和对尺骨近端触诊时有痛感。有时可有关节积液。

（三）影像学表现

X线检查对该病的诊断至关重要，拍片时动物取侧卧位，患肢在下面，充分屈曲患肢，应同时拍摄肘关节内、外侧位X片。

X线片可见在肘突和尺骨之间呈现一条低密度带（裂缝）；沿低密度带边缘为高密度骨性硬化阴影；病久后出现继发性变性性关节疾病的征象（图片5-27）。

十三、多发性软骨源性外生骨疣（multiple cartilaginous exostosis）

（一）定义与病因

多发性软骨源性外生骨疣是一种年轻犬、猫的增生性疾病。其特征是由长骨干骺端骨皮质表面、椎骨或肋骨长出多发性骨化性突起物。犬猫均可发生，无品种差异。尽管本病的病因尚未确定，但怀疑犬有家族发病倾向，而在猫身上可能与病毒相关的恶性转移有关。

（二）临床与病理

本病的病理发生一般认为是软骨细胞异常分化所造成的。在生长发育过程中发生软骨细胞自生长板移位，随后出现沿近皮质处的骨性分化。内软骨骨化呈一圆柱状骨疣突出于骨皮质，它有正常的骨组织结构。犬的这些骨性结节在骨成熟时停止生长，猫的骨性结节在骨成熟后仍继续生长，类似肉瘤。

多数发病动物为6～18个月的青年犬和2～4岁的成年猫。动物通常无临床症状，但当结节侵犯神经、血管、腱或韧带时则会出现症状。发生在肢体时有疼痛、跛行，若发生在椎骨则有可能压迫脊髓而瘫痪。

（三）影像学表现

触诊患病动物时会发现在长骨、肋骨或椎骨上有硬性肿胀，X线片显示起源于多处骨皮质表面的大小不等的致密骨性突出物，突出物有蒂或无蒂，表面光滑或不规则。

十四、营养性继发性甲状旁腺机能亢进症（nutritional secondary hyperparathyroidism）

（一）定义与病因

营养性继发性甲状旁腺机能亢进症是一种继发于营养不良而使甲状旁腺素升高，引起以骨组织进行性脱钙为主要病理变化的营养性/代谢性疾病。

本病最常见于以纯肉日粮或纯谷物日粮的年轻动物。目前临床上以3～4月龄、以动物肝脏为主食的幼猫多发。

各种动物都会发生本病，但动物的种类不同，疾病的发生及经过也有差别。对马来说，饲料中钙不足或钙正常而磷过多是主要病因；对牛、猪和羊来说，饲料中磷含量不足是主要病因；对犬和猫来说，其发病原因是长期以动物肝脏、肉类为主要食物，摄入的磷过多而钙过少。

（二）临床与病理

甲状旁腺分泌的甲状旁腺素具有调节钙、磷代谢和维持血钙浓度的作用。甲状旁腺素通过激活破骨细胞，动员骨组织来增加血钙浓度，通过抑制肾脏对磷的重吸收而降低血磷。机体分泌甲状旁腺素的量受血钙浓度负反馈调节。营养性继发性甲状旁腺机能亢进症即是由于饲料中或食物中钙的绝对或相对含量不足、血钙浓度降低，刺激甲状旁腺大量分泌甲状旁腺素，从而增加破骨细胞的活性。其结果为骨组织大量脱钙以保证维持正常的血钙浓度，骨组织进行性脱钙的结果是骨质软化变形。

在马、猪、山羊、犬和猫，脱钙后遗留下来的骨间隙被富含细胞的纤维组织所代替填充，骨骼纤维化，骨体积膨大，故又称为纤维性骨营养不良(osteodystrophic fibrosa)。在牛和绵羊，脱钙后留下的空隙则被未钙化的、缺乏成骨细胞的骨样组织所代替，又称为骨软症。

临床上常见患病动物有异嗜、消化紊乱、跛行或骨骼变形，极易在长骨和椎骨继发病理性骨折，在幼猫常见腰椎凹陷、后躯瘫痪和腹围增大现象。

(三)影像学表现

(1)X线检查技术。在进行X线检查中应重点检查颅骨、下颌骨、面骨、齿槽、椎骨、骨盆骨、肋骨胸端、尺骨的肘突和跟骨的跟端上。因为这些多为非负重骨和松质骨，发病后出现X线征象变化较早。

(2)X线征象显示全身各骨的密度呈不同程度的降低，严重者骨密度近似于周围软组织的密度(图片5-28)。

(3)四肢长骨骨皮质变薄，骨髓腔变宽，严重者骨皮质如线状(图片5-29)。松质骨骨小梁稀疏、粗糙、结构紊乱，或松质骨内散在有点状、囊状低密度区。跟端、肘突、下颌骨等处骨边缘呈蚕食样毛糙不整。

(4)幼猫可见脊柱呈“S”状弯曲，长骨或脊柱还可发生病理性骨折(图片5-28)。

十五、肾性继发性甲状旁腺机能亢进症(renal secondary hyperparathyroidism)

(一)定义与病因

本病肾性继发性甲状旁腺机能亢进症是因为先天性或获得性肾功能不足致使甲状旁腺素水平升高而引发的代谢性骨病。本病可发生于患有渐进性肾病的年轻或老年动物。慢性肾炎、肾盂肾炎、梗阻性肾盂积水或肾发育不全均可引发本病。

(二)临床与病理

肾脏的基本功能是排泄水分、代谢废物和体内多余物质，这些物质的排除大部分是通过肾小球滤过，小部分通过肾小管分泌，另外肾小管还有重吸收功能。肾脏参与维生素D和磷的代谢。维生素D_2或维生素D_3吸收后在肝脏和肾脏经羟化成为具有活性的维生素D，才能发挥其生理功能。体内多余的磷需经肾小球滤过，而肾小管又能回收尿中的磷以维持正常的血磷水平。

当发生肾小球或肾小管病变后，出现肾功能异常，从而影响维生素D的作用，使肠道钙吸收减少，影响骨样组织钙盐沉积；又因肾小球滤过磷减少，使血磷增高又造成血钙降低。低血钙刺激甲状旁腺，引起增生，故发生甲状旁腺功能亢进，分泌过多的甲状旁腺素，增加破骨细胞活性，导致骨破坏、吸收。

该病在临床上常出现与尿毒症综合征相关的代谢紊乱性症状。烦渴/多尿、呕吐、腹泻、厌食，体重减轻。患病动物可出现牙齿松动和咀嚼障碍，下颌较软即“橡皮颌”。少见运动器官病变。

(三)影像学表现

患病动物的骨骼 X 线变化主要出现在头部颅骨,尤其是下颌骨(图片 5-30)。主要 X 线征象有下面几个方面:

(1)头部扁骨密度很低,已被纤维组织所替代。

(2)牙齿松动,排列不整。

(3)有时可在肺、肾、胃和心脏等处见到软组织钙化。

十六、维生素 D 缺乏症(hypovitaminosis D)

(一)定义与病因

本病是一种代谢性骨病,主要病因是食物中缺乏维生素 D 或日常生活中光照不足,体内合成维生素 D 减少。本病若发生在年轻动物时称为佝偻病(rickets),发生在成年动物时则称为骨软症。

(二)临床与病理

维生素 D 是一种脂溶性维生素,种类很多,与动物营养有密切关系的主要是维生素 D_2 和维生素 D_3。维生素 D_3 对骨骼的形成及生长发育极为重要,主要功能在于能增加骨细胞的活动性和软骨内骨化。它还能促进肠道对钙和磷的吸收,以保证骨骼生长发育的需要。

处于生长发育时期的动物,若饲料或食物中维生素 D 缺乏、钙供应不足、钙磷比例失调或缺乏足够的日照,就会使钙磷在骨基质的沉积不足而发生佝偻病。另外,当动物的肠道和肾脏发生疾病后也可引起钙、磷、维生素 D 吸收或重吸收不良而导致该病的发生。

本病的病理变化是全身性骨基质钙化不足,骺板软骨内骨化障碍和继发性负重长骨弯曲变形、严重者发身骨折。其中骺板和干骺端是主要病变区,生长迅速的部位如肋骨胸端、桡骨远端、尺骨远端、股骨远端及胫骨两端的骺板区是主要发病部位,由于软骨基质钙化不足和骨样组织不能钙化而大量堆积于骨骺软骨处,使之向四周膨大。再加上骨质脱钙和原有的骨结构被吸收而发生普遍性的骨质软化、密度降低,骨小梁稀少、粗糙、骨皮质变薄、分层等改变。

临床上患病动物发育不良,异嗜、消化紊乱、跛行、四肢变形、骨端膨大、串珠肋等。

(三)影像学表现

由于维生素 D 缺乏引起的佝偻病一般做 X 线检查即可确诊,其 X 线征象可见:

(1)典型病变在长骨的干骺端,主要的 X 线检查部位为桡骨、尺骨远端及肋骨的胸端。较早的变化在骺板,表现为临时钙化带不规则、模糊、变薄以致消失。

(2)干骺端边缘凹陷变形,明显者呈杯口状变形,其边缘因骨样组织不规则钙化而呈毛刷状致密阴影,干骺端宽大(图片 5-31)。

(3)骨骺出现延迟,密度低、边缘模糊以致不出现。

(4)骨骺与干骺端的距离由于骺板软骨增生、肥大、堆积、不骨化而增宽。

(5)肋骨胸端由于软骨增生而膨大,形成串珠肋,X 线表现为肋骨胸端呈宽的杯口状。

(6)长骨弯曲变形。

十七、猫维生素 A 过多症(hypervitaminosis A)

(一)定义与病因

维生素 A 过多症是常见于猫的一种代谢障碍性疾病,发病猫主要是长期以肝脏和奶类为食物来源，导致摄取的维生素A过多，引起中毒反应。

（二）临床与病理

维生素A也是一种脂溶性维生素，其主要生理功能是维持正常视觉、保持上皮细胞的正常形成，与动物生殖功能关系密切，维生素A可促进动物生长以及骨骼、牙齿发育。

维生素A对软骨内生成骨质是必需的物质，其作用就像成骨细胞的刺激剂。过量的维生素A刺激骨膜下新骨形成。在幼龄动物长骨的纵向生长受损害，成年或老龄动物则在颈椎、胸椎、肋骨、四肢关节周围形成骨赘，使关节强直、疼痛、活动受限制。

本病常发生于2～5岁长期饲喂动物肝脏的成年猫。病猫不愿走动，勉强活动则运步拘谨、颈部僵直而不敢回头，前肢或后肢跛行，跛行呈双侧性或多肢发生，有的病猫在站立或运步时失去平衡性。

（三）影像学表现

（1）颈椎的椎弓和椎体外侧面新骨增生是本病的特征性X线征象。

（2）新骨增生量大，可导致椎体腹侧面骨化性椎体连接，即形成骨桥（图片5-32）。

（3）在四肢，骨质增生多发生在肘关节周围，引起关节周围骨化性关节强硬。

（4）在胸椎、腰椎、肋椎关节、荐髂关节、髋关节及四肢其他关节也可能发生骨质增生。

（5）可能伴有废用性骨质疏松。

（6）本病应与变形性椎体间关节硬化病相区别，变形性椎体间关节硬化病多发生在老龄猫的腰椎、荐椎上，且椎体腹侧的新生骨增生程度比维生素A过多症的轻。

（7）对于孤立的骨骼病变应注意与骨肿瘤相区别。

十八、蹄骨骨折（fracture of the third phalanx）

（一）定义与病因

蹄骨骨折多是由外伤引起的。马发生蹄骨骨折，软骨症是发病因素之一。此外，蹄骨骨髓炎、蹄骨骨质疏松、装蹄不当等也是引起蹄骨骨折的因素。蹄部直接受到外力的作用，如撞击、摔倒于硬地、重载轧压等都易造成蹄骨骨折。

（二）临床与病理

蹄骨骨折一般有以下类型。未波及关节的蹄骨翼斜骨折、波及关节的蹄骨翼斜骨折、蹄骨矢状面纵向全骨折、复合骨折、蹄骨底缘小片骨折、伸腱突骨折。马多发伸腱突和蹄骨翼及矢状骨折，其他形式的骨折少见。

伸腱突骨折主要发生在前肢，发生骨折后有的无跛行，或表现为悬跛。骨折时间较长时，在蹄关节背侧出现骨刺，该处蹄冠呈现肿大和异常角质增生。

蹄骨翼和矢状骨折是马的常发类型，前肢比后肢多发。除蹄骨翼骨折外，跛行明显、疼痛剧烈。关节内骨折时，关节内可能有溢血，几天后蹄冠部可出现肿胀，当作X线检查时可能看不到骨折线。几天后由于移位和骨折区脱钙，才能见到骨折线。

牛蹄骨骨折也是前肢多发，常见于内侧肢。发生骨折后将不以患指负重，常常卧倒休息。

（三）影像学表现

蹄骨骨折时通常无明显移位，由于X线诊断骨折的标准是应观察到骨折线，所以应采取多方位投照以使X线中心线束能够平行通过骨折缝。摄影前要去除蹄铁、清洁蹄底、用软皂等软组织密度物填充蹄叉沟以提高蹄骨的影像质量。另外，蹄骨摄影时应使用蹄骨摆位辅助器材。

X线征象有：

(1)蹄骨上出现的线性低密度阴影即骨折线，骨折远端一般无明显的移位或仅有轻度移位(图片5-33和图片5-34)。

(2)无明显移位的蹄骨背侧底缘矢状骨折时的骨折线容易与蹄骨血管沟阴影混淆，因此，如果不能明确诊断，应在数周后重新检查。一般间隔一段时间后骨折线会变得更明显一些。

十九、蹄叶炎(laminitis)

(一)定义与病因

蹄叶炎是蹄真皮的弥散性、渗出性、无菌性炎症，常发生在马的两前蹄或所有四蹄，奶牛发生此病的比例也较高。蹄叶炎可分为急性、亚急性和慢性三种类型。

蹄叶炎的确切发病原因尚无定论，可能是多因素性的。

蹄形不正，如广蹄、低蹄、倾蹄等在蹄的构造上的缺陷；运动不足又给难以消化的食物；精料过多引起消化不良，同时肠道吸收毒素，使血液循环发生紊乱；长途运输；在坚硬的地面上长期站立等均能诱发本病。蹄叶炎有时是传染性胸膜肺炎、流行性感冒、肺炎、疝痛等的并发病或继发病。

牛的蹄叶炎约占牛跛行的17%，另有许多亚临床型蹄叶炎存在。其发病原因也不能明确。但长期以来一直认为蹄叶炎是全身代谢紊乱的局部表现，它似乎是许多因素的结合。包括分娩期间和泌乳高峰后过多的碳水化合物、运动不足、遗传和季节因素等。

(二)临床与病理

关于蹄叶炎的病理发生目前的看法尚不统一，有学者发现病马的血浆中组织胺的水平明显升高。更多的学者认为血液循环障碍或紊乱在疾病的发生中起重要作用。许多学者观察真皮微血管形成栓塞与马蹄叶炎的发生有直接关系。有人从血小板记数、血小板存活时间、血小板在血管壁的黏性、凝血时间和全血再钙化时间而确定患蹄叶炎马的凝血机理发生改变。

蹄叶炎患牛的血浆中的内毒素和组织胺含量均高于健康牛。

蹄叶炎在急性期时小叶间渗出物增加，引起角小叶和真皮小叶剥离，蹄骨和蹄匣的关系遭到破坏。临床上可见有明显的疼痛，蹄温升高，指动脉亢进，蹄部感觉过敏。转为慢性时由于蹄骨与蹄匣的关系遭到破坏，此时在深屈腱负重时的牵引下，再加上体重落于蹄骨关节面的影响，引起蹄骨转位。蹄尖转向下方，蹄骨变成直立状态，蹄骨压迫蹄底下沉，甚至蹄底穿孔。

临床表现为不愿运步，患肢蹄踵负重，紧张步样，蹄壁增温、敏感，指动脉亢进。慢性病例则继发蹄变形或蹄底穿孔。

(三)影像学表现

(1)蹄叶炎的典型X线征象是在蹄的侧位X线片上可见蹄骨的背侧缘与蹄壁的背侧缘不平行，彼此间出现夹角。蹄骨背侧缘与蹄壁背侧缘之间出现任何程度的夹角都表明已发生了蹄骨转位。如果蹄骨与蹄壁之间的间隙与蹄冠缘或蹄底贯通，则间隙内出现气性条纹状阴影(图片5-35)。

(2)在慢性病例，可见蹄骨背侧缘粗糙不平、蹄骨底缘骨质疏松，蹄骨尖部向上翘起，有时出现蹄骨骨折。在背—掌位X线片上显示蹄底缘血管沟增多增粗。

(3)蹄骨转位后发生凝缩性骨炎。是由于骨内血管网的进行性破坏、蹄骨营养不良所致。蹄部背—掌(跖)位投照显示蹄骨缩小、骨小梁弯曲。

二十、蹄软骨骨化(ossification of collateral cartilage)

(一)定义与病因

蹄软骨骨化是指马蹄软骨部分或全部钙化变成骨质,失去弹性,压迫和刺激周围的组织,引起炎症,导致跛行。

蹄软骨骨化的常见原因包括不正肢势,如广踏、狭踏;变形蹄,如倾蹄、窄蹄、内向蹄和外向蹄。另外,削蹄时内外侧削切不均,蹄铁铁尾厚薄不一致;蹄软骨的化脓性疾病,结果也可以造成蹄骨骨化。

(二)临床与病理

马匹长期在硬路面上使役,使蹄侧壁经常遭受震荡和冲击,首先使起缓冲作用的蹄软骨受到损伤。蹄软骨蹄骨韧带和蹄软骨舟状骨韧带发生剧伸,蹄软骨在炎症基础上逐步化骨。骨化若发生在蹄内或外的一侧蹄软骨上、或内外侧骨化不均匀,说明骨化的一侧或骨化严重的一侧异常受力或有炎症侵袭。骨化一般从蹄软骨附着处的蹄骨翼开始,逐渐向整个软骨扩展。病初无显著的临床症状,随病势的发展,骨化后的蹄软骨逐渐成为异物而压迫和刺激周围组织,引起炎症。此时可出现明显的临床症状,特别是硬地上行走时则跛行更严重。触诊蹄软骨,可感到其弹性消失,软骨变成骨质。

(三)影像学表现

(1)在检查蹄软骨骨化时应根据需要选择适当的X线检投照方位,以获得最佳的投照效果。

(2)在背掌位、背外—掌内斜位或背内—掌外斜位X线片上,可见双侧或单侧蹄骨翼顶端有骨性阴影向后内上方呈弧形延伸,此即蹄软骨骨化的阴影。蹄软骨完全骨化后,骨化阴影如角突状可高达冠关节水平(图片5-36)。

(3)在少数病例可见骨化的阴影与蹄骨翼顶端间或在骨化的阴影内有低密度横行的线状或带状阴影。对此征象应根据临床经验来鉴别是蹄软骨骨化段骨折还是单纯的蹄软骨骨化。

二十一、舟状骨病(navicular disease)

(一)定义与病因

舟状骨病是在马舟状骨上所发生的一系列病理变化的总称。曾经认为舟状骨病是慢性骨炎,发病与下籽骨滑膜囊炎和掌侧腱的疾病有关。本病多发于赛马,发病年龄为4～9岁。一般前肢多发。

确切的病因尚不清楚。蹄部构形不良、修蹄装蹄不当、硬地运动、舟状骨血液循环障碍都可诱发本病。

(二)临床与病理

关于本病的发病机理,目前有舟状骨黏液囊炎学说、舟状骨血液循环障碍学说和舟状骨受屈腱的压迫而改塑变形学说。病理过程表现为变性性病变,首先表现为舟状骨屈腱面泛黄或发棕,随后屈腱面纤维增多,软骨受侵糜烂,软骨下骨裸露、发红、肉芽增生、骨质疏松,营养血管增数、管径增粗,舟状骨与屈腱粘连,舟状骨韧带钙化。

临床表现为站立时患肢向前伸，负重时蹄踵不着地，以蹄尖支持体重。两前肢同时发病时则见交互负重。运步时呈现后方短步，蹄尖先于蹄踵着地，并可以看到颤抖。压迫蹄叉动物有疼痛表现。

（三）影像学表现

1. X线检查技术。

（1）除去蹄铁，清洁蹄底蹄壁，用软组织密度物质填充蹄叉沟。

（2）拍摄不同方位的舟状骨X线片。舟状骨的常用投照方位有背掌斜位、内侧位和切线位三种。具体投照方法见图5-11。其中第1及第4种体位可显示舟状骨的近侧缘和内、外两侧缘；第2及第5种体位可显示舟状骨的远侧缘和内、外两侧缘；第3种体位可显示舟状骨屈腱面的皮质骨、松质骨和中央隆突。拍摄侧位时，要求X线束与舟状骨的横切面平行，这样可使影像上舟状骨的内、外两端完全重叠。

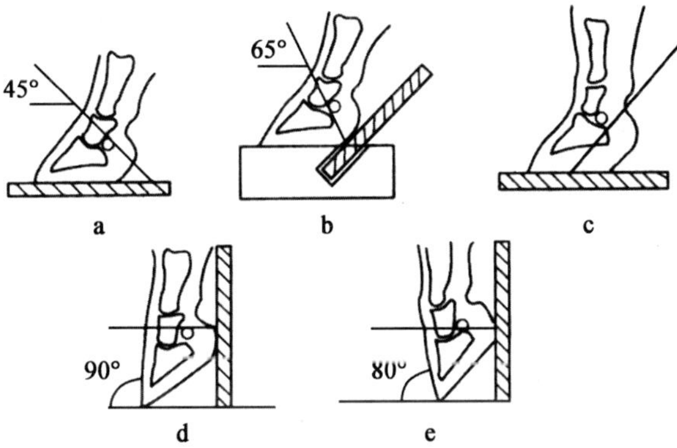

a. D45°Pr—PaDiO；b. D65°Pr—PaDiO；c. 切线位；d. DPa；e. DPa

图5-11　马舟状骨投照方位示意图

2. 舟状骨的正常X线解剖。图5-12显示了不同投照方位下舟状骨的正常及疾病状态下的X线解剖形态。

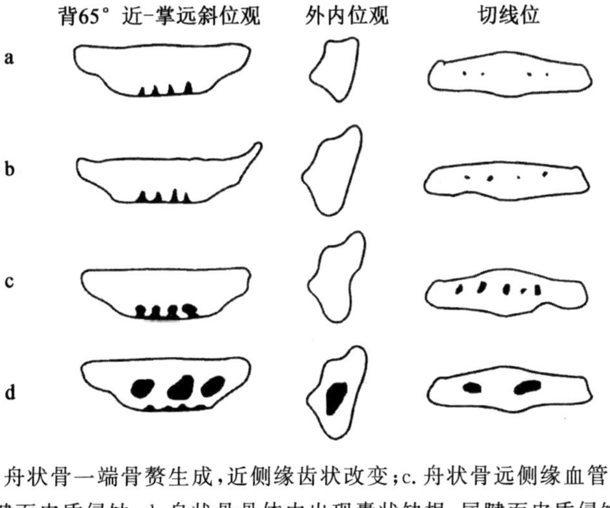

a. 正常；b. 舟状骨一端骨赘生成，近侧缘齿状改变；c. 舟状骨远侧缘血管沟增粗，屈腱面皮质侵蚀；d. 舟状骨骨体内出现囊状缺损，屈腱面皮质侵蚀

图5-12　马舟状骨骨病X线征象示意图

(1)背掌斜位。舟状骨呈纺锤形或船形重叠在冠骨上。密度一致,两端对称,边缘隆起,近侧缘平滑,远侧缘有 4～5 个锥形低密度缺口,此为血管切迹。

(2)侧位。舟状骨内、外两端完全重叠后呈不规则四方形。骨皮质和骨松质界限清楚,屈腱面微隆,关节面、近侧缘、远侧缘微凹,表面平滑。

(3)屈腱面切线位。屈腱面中央向掌(跖)侧隆突,表面平滑,骨皮质厚度、密度均一、界限整齐。骨松质内有 4～5 条小的低密度血管沟,两端圆隆、与蹄骨翼部分重叠,关节面因与蹄骨重叠而显影不清楚。

3. X 线征象。

(1)由于舟状骨表面骨赘增生,使其形态、轮廓发生改变。骨赘多出现在舟状骨的两端,向上增生。近侧缘和远侧缘也可有细小骨赘增生,使其形似锯齿。

(2)舟状骨远侧端血管沟增多,直径增粗,舟状骨的形状也由锥形变为蘑菇形(图片 5-37)。

(3)舟状骨松质骨小梁中出现囊状低密度缺损区,屈腱皮质面上出现侵蚀性凹陷(图 5-38)。

(4)舟状骨屈肌面皮质层,尤其是中央隆突处皮质变薄变扁,表面粗糙不整。

(5)舟状骨囊状缺损或骨质疏松可继发病理性骨折。

(6)上述征象不一定同时出现在同一病例,此外有些征象也可能属正常变异,因此,在诊断时应结合临床检查结果进行综合分析。

第六节 关节病变的影像表现

一、关节扭伤(sprain of the joint)

(一)定义与病因

关节扭伤是关节在突然受到间接外力的作用下,关节过度伸屈或扭转,使关节超出了生理活动范围而发生的关节损伤。

导致关节扭伤的原因在大动物常为在不平坦的道路上重度使役,急转、急停,或不合理的保定、肢势不良、装蹄不合理等。在小动物常见于跳跃障碍、失足蹬空、肢体嵌夹于洞穴时急速拔腿等因素引起。

(二)临床与病理

由于上述致病因素的间接作用,引起关节超出生理范围的活动,或过度屈伸或侧方牵拉。轻者引起关节韧带和关节囊的剧伸,严重者导致韧带和关节囊撕裂以及关节软骨或骨骺损伤。关节囊或滑膜囊破裂引起关节腔内出血或关节周围出血、渗出,关节周围软组织的损伤还会出现循环障碍和局部水肿。转为慢性后可继发关节周围纤维化或骨化,发展为变性性关节疾病。

在临床上动物受伤后立即出现跛行,疼痛明显,患病关节肿胀、温热,固定不稳或脱位、半脱位。

(三)影像学表现

1. X 线检查技术。为了显示有无关节韧带、骨和关节软骨损伤,可摄患关节在强迫负重下的 X 线片,还应拍摄患关节在伸、屈、收、展、旋及拉开等状态下的 X 线片,必要时可施行关节造影进行检查。

2. X 线征象。在扭伤后立即拍片的急性病例，可见患关节周围软组织阴影密度增高、增大。可能发现关节周围撕脱性骨折、碎片骨折、关节内骨折，严重者可见关节脱位或半脱位。侧韧带断裂者还可见关节间隙宽窄不均(图片 5-5)。在慢性病例，关节周围可能呈现骨赘或广泛性骨化的致密阴影，关节面可能呈现变性性关节疾病的 X 线征象。

二、关节脱位(luxation or dislocation of joint)

(一)定义与病因

关节脱位又称脱臼，是关节各骨的关节面失去正常的对合关系。部分失去正常对合关系者称半脱位或不完全脱位。关节脱位常是突然发生，有的间歇发生或继发某些疾病。本病多发生于马、牛的髋关节和膝关节，在犬、猫常发关节有前肢的肘关节、后肢的髋关节、膝关节的髌骨。

导致关节脱位的原因有外伤性脱位、先天性脱位和病理性脱位。临床上比较常见的是外伤性脱位，由直接或间接外力作用所致。直接外力包括打击、冲撞等；间接外力包括蹬空、跳跃等。由于两种不同的外力作用于关节，受害关节的活动超出生理范围，引起关节韧带和关节囊的破坏，导致关节变位。先天性脱位是因胚胎发育异常或胎儿在母体内时，受外界因素影响而引起脱位。病理性脱位是因关节结构被病变破坏后发生的脱位，如因患变形性关节炎引起的变形性脱位。

(二)临床与病理

患畜发病后(外伤性)常伴有以下特征性症状：

1. 关节畸形。关节脱位处有明显的畸形，移位的骨端可在异常位置摸到。肢体型态异常，可变短或变长、内收或外展、屈曲或伸张。

2. 异常固定。主要因为关节周围肌肉的痉挛和关节囊与韧带的扭曲，使患肢保持在异常的位置上，被动活动时可感到弹性抗力。

3. 关节肿胀。在严重的外伤性脱位，关节组织破坏较重，因关节出血、血肿及剧烈的急性炎症反应可出现明显的肿胀。

4. 机能障碍。在受伤后立即出现，由于关节骨端变位和疼痛，患肢运动障碍或完全不能运动。

关节脱位常伴有关节囊的撕裂，有的还有骨折。

(三)影像学表现

1. X 线检查技术要点。当怀疑患部不完全脱位时，应在患肢负重情况下进行 X 线摄影检查，必要时摄取对侧关节进行对照。读片时要注意判断关节脱位的类型与程度，对于外伤性关节脱位更要仔细观察有无撕脱性骨折、碎片骨折和关节内骨折同时发生。

2. 关节脱位的主要 X 线征象。

(1)关节不完全脱位时，表现为关节间隙宽窄不一或关节骨移位但关节面之间尚保持有部分接触。

(2)关节完全脱位时，相对应的关节面完全分离移位，无接触。

(3)先天性关节脱位可能有关节或骨发育不良的 X 线征象；外伤性关节脱位常有关节周围软组织肿胀、撕脱性骨折、碎片骨折或关节内骨折的 X 线征象；病理性关节脱位可见原发性关节疾病的 X 线征象，如化脓性关节炎、变性性关节疾病和发育不良性关节疾病等。

(4)关节脱位后久未整复或整复不良者,可继发关节骨端废用性骨质疏松或变性性关节疾病的征象(图片 5-39)。

3. 常见的四肢关节脱位。

(1)犬髋关节脱位。犬髋关节脱位可因外伤引起,也可因髋关节本身发育异常造成。X 线投照需做腹背位和侧位两个方位,可见股骨头自髋臼内脱出,脱出方向有前内、前外、上方、内方或后方。由外伤引起的脱位其脱出方向多为前外方,完全脱出。常伴发髋臼、股骨头或大转子的撕脱性骨折(图片 5-40 和图片 5-41)。

(2)犬髌骨脱位。犬髌骨脱位常见于小型犬,多因膝关节发育异常所致。可见后肢弯曲(膝内翻),常见内侧脱位。侧位投照时显示髌骨与股骨髁重叠;正位投照可见髌骨位于内侧或外侧(图 5-13);水平位投照时可显示滑车沟的深度及脱出髌骨的位置;对于髌骨半脱位 X 线片可能显示不出异常。

图 5-13 犬髌骨内侧脱位

(3)犬肘关节脱位。肘关节完全脱位多因外力作用所致,常为后脱位。尺骨和桡骨端同时向肱骨后方脱位,尺骨鹰嘴半月切迹脱离肱骨滑车(图片 5-42)。也有侧方脱位,桡、尺骨向外侧移位。肘关节脱位常伴发骨折,关节囊及韧带严重损伤,还可并发血管和神经损伤。

(4)马蹄关节脱位。蹄骨近端向背侧移位,冠骨远端向掌(跖)侧移位,远籽骨随冠骨移位。多伴发蹄骨曲腱面撕脱性骨折。常发于曲腱发育不良的幼驹、指深曲腱断裂或曲腱止点撕脱性骨折的病例(图片 5-43)。

三、感染性关节炎(infectious arthritis)

(一)定义与病因

关节感染病原微生物后所发生的关节炎症称为感染性关节炎。

感染的途径有:细菌从身体其他部位的化脓灶经血液循环传播至关节腔,即血源性传播;有时为关节附近的化脓性骨髓炎直接蔓延所致,如股骨颈或髂骨的骨髓炎蔓延至髋关节;也可因关节外伤,细菌经伤口进入关节。引起化脓性感染的病原菌有金黄色葡萄球菌、大肠杆菌、绿脓杆菌等。

(二)临床与病理

病变的发展大致可分为三个阶段。最早为浆液渗出期,关节滑膜充血、水肿,有白细胞浸润;关节腔内有浆液性渗出液,液体内有大量白细胞。关节软骨没有被破坏。随着炎症的发展出现浆液纤维蛋白性渗出,渗出液量增加,性质黏稠,细胞增多,内有白细胞、细菌和纤维蛋白。滑液中出现酶类物质,酶类物质破坏软骨的基质,使胶原纤维失去支持,在负重和活动时受压力和碾磨而断裂,关节软骨遭到破坏。滑膜和关节软骨遭到破坏后,炎症继续侵犯软骨下骨质,关节囊和周围软组织有蜂窝质炎改变,附近有骨质增生,病程长久后继发变性性关节疾病,引起关节骨间和关节周围骨性愈着。

临床常见动物跛行明显,患关节肿胀、热、触诊疼痛,有的形成脓瘘。全身反应明显,有发热;化验可见白细胞总数升高。

(三)影像学表现

(1)X线片在急性期仅可见关节周围软组织阴影扩大或关节囊膨胀,阴影密度增高,关节间隙增宽,此时化脓病变极易破坏关节囊、韧带而引起关节的脱位或半脱位。构成关节的骨骼可有一时性废用性骨质疏松。

(2)后期关节软骨被破坏则引起关节间隙的狭窄或消失,骨面毛糙。当感染侵犯软骨下骨时,可见骨质破坏和增生(图片5-44)。附近骨质有骨髓炎时,则出现骨髓炎的一系列改变。

(3)愈合期骨质破坏停止,而出现修复。病变区骨质增生硬化,关节有纤维性或骨性融合,关节间隙模糊甚至消失。如软骨与骨质破坏不太严重,关节间隙可部分保留,并有一部分功能,严重时关节发生骨性愈着(图片5-45)。

四、变性性关节疾病(degenerative joint disease)

(一)定义与病因

变性性关节病是一种慢性关节疾病。它的主要病变是关节软骨的退行性变和继发性骨质增生,该病从病性上属非炎性关节疾病,故常称为骨关节病(osteoarthrosis)。

变性性关节疾病按致病因素可分为原发性和继发性两种类型。原发性骨关节病多因机体关节常年应力不均,随年龄的增长,结缔组织易发生退行性变化,尤其是软骨可因承受不均应力而出现破坏,过多的关节活动容易提前出现局部的骨关节病。任何使关节不稳或改变其负重功能的损伤都可引起继发性骨关节病。如先天性关节构形不良(膝内翻、膝外翻)、犬髋关节发育不良、髌骨脱位、关节内骨折、股骨头软骨溶解、关节不稳定、长期不恰当地使用皮质激素引起关节软骨病变等。马削蹄、装蹄失宜,幼驹使役过早等都能促使变性性关节疾病的发生。

(二)临床与病理

骨关节病的原发病损是透明软骨的退行性变,软骨软化、糜烂,最后骨端暴露,继发滑膜、关节囊和肌肉的变化。

最早的病理变化发生在关节软骨,关节软骨软化、失去弹性,在关节活动时发生磨损。磨损最大的关节面上的软骨被磨掉,使软骨下骨显露。由于不断摩擦,骨面变得很光滑,呈象牙样骨,即骨质硬化。磨损较小的外围软骨面出现增殖和肥厚,在关节缘形成软骨圈,骨化后形成骨赘,而外围的骨质发生萎缩形成骨质疏松。关节囊和韧带产生纤维性变、增厚和紧张,限制关节的活动。关节周围的肌肉因疼痛而产生保护性痉挛,使关节处于畸形位,关节的活动进一步受到限制,这将增加局部受压部位的退行性变,其结果是关节的纤维性强直。

本病可发生在一个关节,也可多个关节发病。负重关节如髋关节、膝关节及肘关节最易发病。骨关节病的早期症状不明显,只有在关节功能出现障碍时才可见到明显跛行。关节不灵活,触摸患部疼痛。疼痛有时与气候有关,每当天气突变,疼痛也会加重。

(三)影像学表现

(1)关节间隙均一性或不均性狭窄(图片5-46)。

(2)关节软骨下骨增生致密,关节面磨损凹陷(图片5-46)。在马的跗关节,变性性骨关节病时还可见关节面蚕食状破坏,在一些病例可见邻近骨端骨皮质不对称性增宽、增密。

(3)关节面边缘有唇样骨质增生,关节囊和关节韧带附着点骨质增生(图片5-47)。

(4)病程长久者可发展为关节脱位或发展为关节愈着。关节内骨折和关节感染继发的变性性关节疾病可发展为关节周围骨性愈着或关节内骨性愈着。

五、犬髋关节发育不良(hip dysplasia of canine)

(一)定义与病因

犬髋关节发育不良是一种由多种病因导致的复合性疾病,疾病的特征是髋臼变浅、股骨头变形、髋关节半脱位及变性性关节炎。几乎发生于所有品种的犬,但大型犬发病比例较高,其中德国牧羊犬最高,且具有遗传性。引起发病的原因与遗传、营养、骨盆部肌肉状态、髋关节的生物力学,滑液量等都有关。

(二)临床与病理

犬髋关节发育不良是发育性、与年龄相关的疾病。出生时髋关节发育正常,一般在 6 个月至 2 岁这一时间段内逐渐发病。多呈两侧发病,无性别差异,发病后病情随年龄的增长逐渐加重。早期的关节病变表现为非化脓性滑膜炎和局部变性性关节病变,当滑液大量增加、韧带损伤加重时则出现下列变化。软骨外围骨赘形成;股骨头和股骨颈重建;髋臼重建;股骨头和髋臼软骨下骨骨质硬化。在变性性关节炎过程中,髋臼变浅、股骨头变扁、股骨颈增粗。

临床表现为后肢步幅异常,走路摇摆,起立困难。髋部疼痛,跛行,患肢减负或免负体重。他动运动感觉关节松弛,可听到异常声音。

(三)影像学表现

1. X 线检查时需正确摆位。髋关节的摄影体位多采用腹背位,前肢前拉固定,后肢充分伸展、后拉。两膝内旋使两股骨平行,膝盖骨正位于滑车沟上方。将躯干两侧垫住防止身体转动。X 线束中心指向两髋关节连线的中点,投照范围应包括骨盆、股骨和膝盖骨。如摆位正确,成像后可见双侧髂骨翼等宽;骨盆口接近圆形;两闭孔大小相等;双侧股骨平行、膝盖骨位于股骨远端上方中央(图 5-14)。

2. 正常髋关节 X 线解剖结构。犬髋关节正常 X 线解剖结构如下:关节间隙的前上 1/3 部分应等宽;至少有 1/2 股骨头位于髋臼内;股骨头外形为圆形且平滑,股骨头窝为一扁圆区域;股骨颈平滑、无增生变化;股骨颈倾角约为 130°(图 5-15 和图 5-16)。

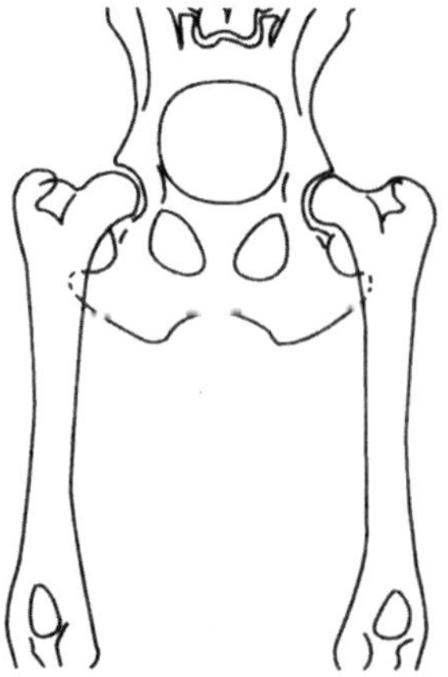

图 5-14　犬髋关节腹背位投照包括的范围

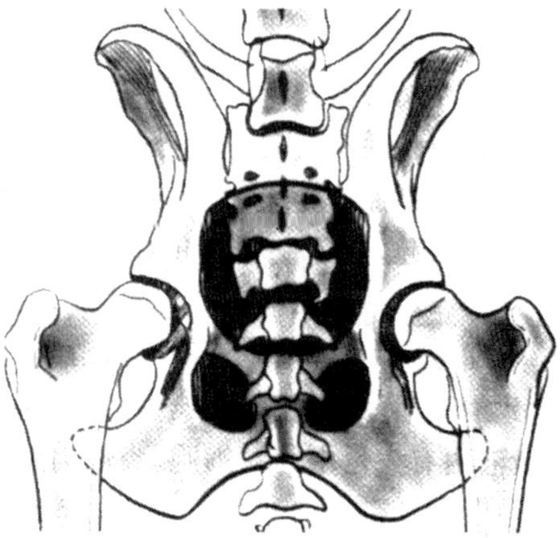

图 5-15　犬髋关节 X 线征象示意图

3.髋关节发育不良的X线表现。髋臼变浅、股骨头扁平、关节间隙增宽;髋臼与股骨头关节软骨下骨质硬化,影像密度升高;髋臼缘骨质增生,呈唇样突起;股骨颈骨质增生,倾角改变,呈髋内翻或髋外翻;髋关节半脱位或脱位(图5-17,图片5-48和图片5-49)。

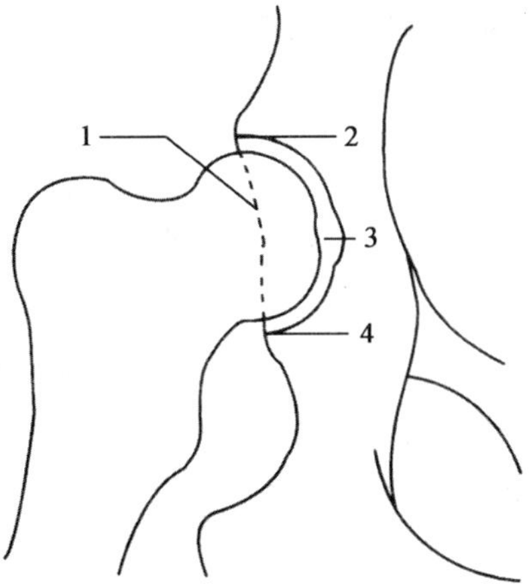

1.髋臼背缘;2.髋臼前缘;
3.股骨头窝;4.髋臼后缘

图5-16　犬髋关节正常X线解剖示意图

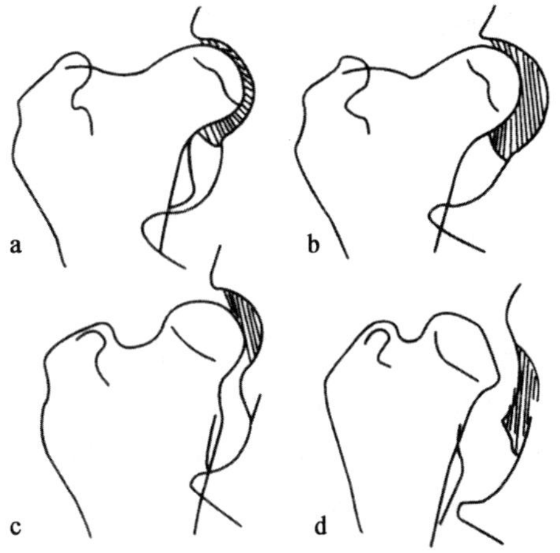

a.正常;b.半脱位;
c.髋臼浅、半脱位;d.股骨头扁、脱位

图5-17　髋关节发育不良的各种表现示意图

六、犬类风湿性关节炎(rheumatoid arthritis of canine)

(一)定义与病因

类风湿性关节炎是一种严重慢性、进行性、侵蚀性及多发性关节炎,本病常侵害小型或中型的中年犬。类风湿性关节炎的病因尚不完全清楚,一般认为是多因素相互干扰引起,与免疫机制有关,属于免疫介导性疾病。

(二)临床与病理

早期变化可见滑膜炎性反应,滑膜充血、水肿、纤维蛋白渗出、滑膜增殖和绒毛增生致滑膜增厚,滑膜内有典型的单核细胞、淋巴细胞和浆细胞浸润。关节内有积液,滑液内有大量中性粒细胞。炎性肉芽组织侵袭滑膜下结缔组织,引起肿胀,并侵及关节囊和韧带。肉芽组织布满关节面,形成血管翳,干扰关节软骨摄取来自滑膜的营养物质,引起软骨坏死。在关节边缘,肉芽组织侵袭软骨下骨,产生局部骨溶解,吸收后形成囊性病变。除此之外,关节周围的肌腱、腱鞘也可发生类似的肉芽组织浸润,影响关节功能。

易发病关节有腕关节、膝关节、肘关节、跗关节、肩关节。患病动物表现为关节液渗出,关节周围软组织肿胀,跛行。疾病的发生有游走性、对称性,容易复发。关节活动受限,疼痛、肌无力、萎缩和关节畸形。实验室检查血清类风湿因子常呈阳性。

(三)影像学表现

常发于肢体的远端关节,早期只见发病关节周围出现非特异性肿胀,关节囊扩张。关节间隙早期因关节积液而增宽,待关节软骨破坏则变窄。病后数周才出现骨的病理变化,表现为关节面边缘骨质侵蚀，并可累及邻近的骨皮质；骨性关节面模糊、中断、软骨下骨吸收囊变；关节邻近的骨骼，特别是韧带附着处发生骨质疏松、溶解；还可见继发于肢体废用性的骨萎缩；晚期可见四肢肌萎缩，关节脱位或半脱位；骨端破坏后形成骨性融合（图片 5-50）。

七、猫慢性进行性多关节炎(feline chronic progressive polyarthritis)

（一）定义与病因

猫慢性进行性多关节炎是发生于幼年至中年猫的一种关节疾病，多发于公猫。致病原因尚不清楚，怀疑可能与免疫机制有关，与猫的白血病病毒和猫合胞型病毒有联系。

（二）临床与病理

本病的病理发生有两种类型：一种是骨膜增生型，另一种是骨质侵蚀型，其中骨膜增生型的发病报道最多。病猫的临床表现有发热、不适、僵硬。随后出现关节周围软组织肿胀，局部淋巴结肿大。最易发病的关节是前后肢的小关节，特别是腕关节和跗关节。膝关节、肘关节、肩关节和髋关节等发病率较低。

在发病的第 1 个月，主要临床表现是关节周围软组织肿胀，肿胀为关节囊内的或关节囊外的。出现临床症状后 1～3 个月，在关节囊附着处可见骨膜骨化，关节邻近骨质密度降低、骨小梁稀疏。发病后 2～3 个月在软骨周围出现新骨。

过多的骨赘使小关节骨性连接，更严重的是软骨周围骨质侵蚀、软骨下骨囊变。晚期则发病关节间隙变窄。

（三）影像学表现

猫慢性进行性多关节炎的放射学表现包括：关节周围软组织肿胀；骨膜骨化；软骨周围形成骨赘；软骨周围和软骨下侵蚀；软骨下骨质囊变；发病关节的邻近骨萎缩；关节间隙变窄（图片 5-51）。

八、绒毛结状滑膜炎(villonodular synovitis)

（一）定义与病因

绒毛结状滑膜炎是关节囊内关节病，是关节囊滑膜层的慢性增生性炎症，增生呈结节状，认为是滑膜对创伤的反应。本病在人和马均有报道。在犬也有关于髋关节的可疑病例报道。

（二）临床与病理

绒毛结状滑膜炎在马多发于系关节关节囊在背侧近端的折转处。系关节震荡、剧伸引起关节囊附着处滑膜褶损伤，这是引起滑膜慢性结节状增生的主要原因。增生物为致密纤维组织，内有炎性细胞浸润，增生物压迫邻近骨引起骨皮质侵蚀。触诊感觉系关节背侧有较硬的无波动肿胀，患肢跛行，屈曲患关节后跛行加重。

（三）影像学表现

X 线表现为关节周围软组织肿胀、阴影浓密。软骨与滑膜交界处的骨皮质侵蚀，侵蚀灶呈囊状，周围轻微硬化。关节阳性造影可显示关节囊内有占位性肿块引起的充盈缺损，关节囊扩张（图片 5-52）。

九、滑膜性骨软骨瘤(synovial osteochondromas)

(一)定义与病因

滑膜性骨软骨瘤是滑膜细胞发生化生而形成的成软骨细胞,最后在滑膜内有软骨组织沉积。本病起因不明。

(二)临床与病理

沉积的软骨变成骨化中心,不断生长,呈蒂状,然后脱落于关节腔内成游离体,又称为“关节鼠”。

本病犬、猫均有发生,临床表现为关节肿胀、疼痛和跛行。

(三)影像学表现

滑膜性骨软骨瘤的X线片上常见在关节内出现多个圆形、边界清楚、结节状高密度阴影。有些软骨瘤钙化,有些无钙化征,因此经关节造影可将其显示(图片5-53)。

十、滑膜肉瘤(synovial sarcoma)

(一)定义与病因

滑膜肉瘤是一种起源于滑膜外间充质细胞的恶性肿瘤。本病原因不清。

(二)临床与病理

滑膜肉瘤在犬和猫均不常见,最常侵害的关节是膝关节和肘关节。滑膜肉瘤生长缓慢,初期认为是关节内或关节邻近的软组织肿块,肿块可有部分钙化。犬的滑膜肉瘤更易累及邻近骨骼,常发生远处转移,特别是向肺转移。

多发于大型犬,呈单肢慢性跛行。关节附近慢性渐进性肿胀,关节触诊及活动时引起疼痛。

(三)影像学表现

初期X线片上只见到软组织肿块,当肿瘤部分钙化后则表现为模糊的、打孔状或线状钙沉积像。邻近骨受累后首先出现针状骨膜反应,继而出现骨皮质侵蚀而粗糙不整。关节骨端两侧同时发生松质骨破坏(图片5-54)。

第六章　头部疾病的影像检查

第一节　头部影像检查技术

一、头部 X 线检查技术

为了更可靠地评阅头部的病理变化，必须拍摄头部多方位 X 线照片。头部的标准投照体位有侧位投照和腹背位或背腹位投照。一些组织结构只能借助附加的特殊投照体位才能显示。如张口侧位投照、头部扭转侧位投照、头部扭转张口侧位投照、咬合腹背位与背腹位投照、张口腹背位投照、额部投照、张口额部投照及改良枕部投照等。

（一）侧位投照

头部标准侧位投照（图 6-1），需将头部准确侧卧。下颌骨、鼓泡等成对的组织结构必须相互重叠投照在 X 线照片上。因此，可将泡沫物等 X 线可透性垫料置于鼻尖和下颌部，使鼻部抬高、下颌的两垂直支与暗盒相互平行。侧位投照适合于检查鼻部和颅脑等。

（二）腹背位投照

腹背位投照（图 6-2），需将动物仰卧，头颈成一直线。头部不允许扭转。下颌骨、额窦和头部其他组织结构，对称成像在 X 线照片上。腹背位投照适合于检查下颌骨、颅脑、颧弓和颞颌关节等。

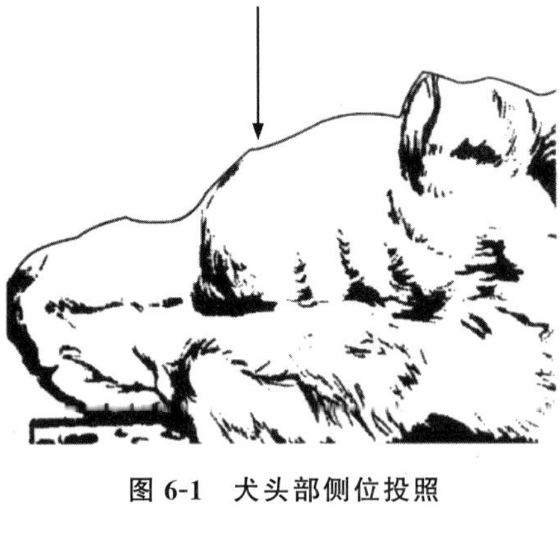

图 6-1　犬头部侧位投照

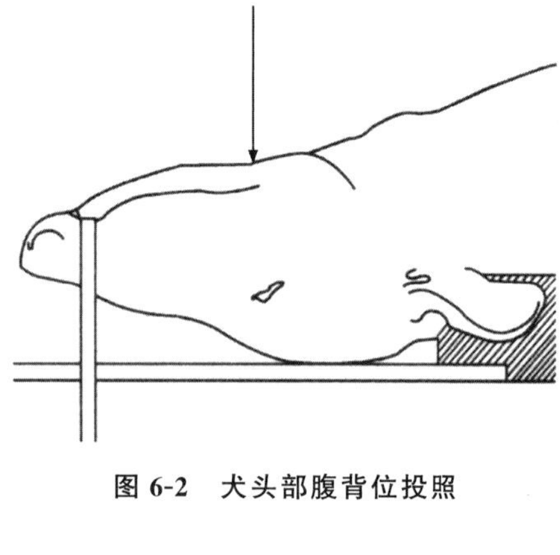

图 6-2　犬头部腹背位投照

（三）背腹位投照

背腹位投照（图 6-3），需将动物俯卧，头颈成一直线。患畜不允许纵轴旋转。下颌骨、额窦和头部其他组织结构，对称成像。背腹位投照适合于检查下颌骨、颞颌关节、颧弓、颅脑侧壁和中脑等。

（四）张口侧位投照

张口侧位投照，需将动物如头部标准侧位投照那样放置。动物张大口，可用卷轴绷带或 X 线可透性管状物使动物口张开。由于下颌骨的冠状突向下拉开，并因此使颅骨的顶部和额部不重叠，张口侧位投照可更好地评估颅脑的前部。

（五）头部扭转侧位投照

头部扭转侧位投照（图 6-4），需将动物侧卧。动物的躯体和头部不必支垫，头部按需要做适度扭转。头部扭转侧位投照适合于检查颞颌关节、鼓泡和颅脑的颞部等。

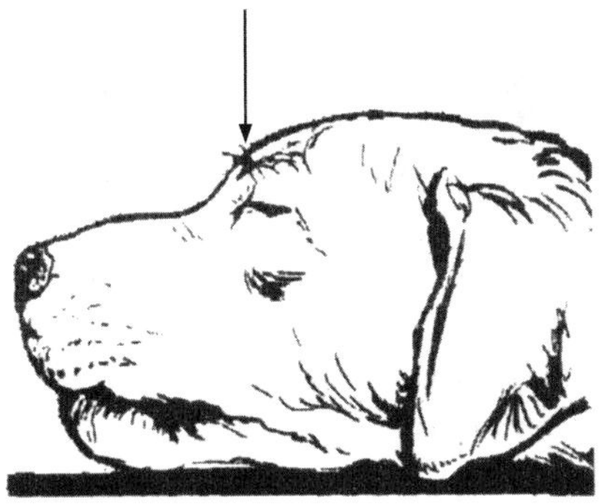

图 6-3　犬头部背腹位投照

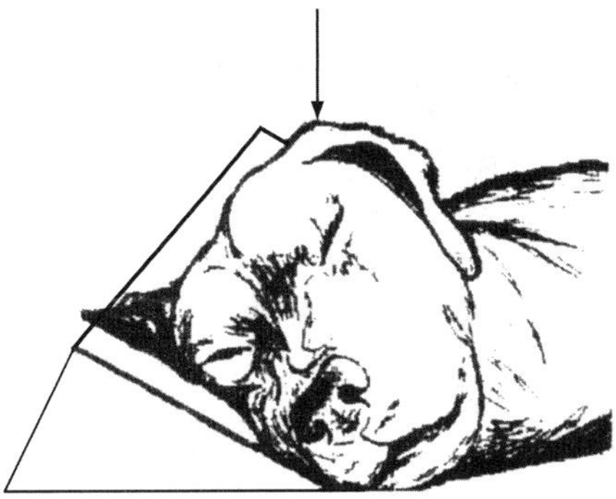

图 6-4　犬头部扭转侧位投照

（六）头部扭转张口侧位投照

头部扭转张口侧位投照，一可显示上颌和上颌齿弓，二可显示下颌和下颌齿弓。

如做上颌和上颌齿弓检查（图 6-5）时，头部侧卧。用卷轴绷带或 X 线可透性管状物使动物张大口。鼻部略抬高，使上颌骨与暗盒相互平行。随后，头部做适度扭转，使下颌骨向上扭。上颌左右两齿弓即可错开，显示在 X 线照片上。注意舌勿与拟检查的齿弓重叠。

如做下颌和下颌齿弓检查（图 6-6）时，头部做与上相反方向适度扭转。鼻部同样略抬高，使下颌骨与暗盒相互平行。头部扭转至拟检查的一侧下颌骨，与另一侧下颌骨和上颌骨不重叠即可。

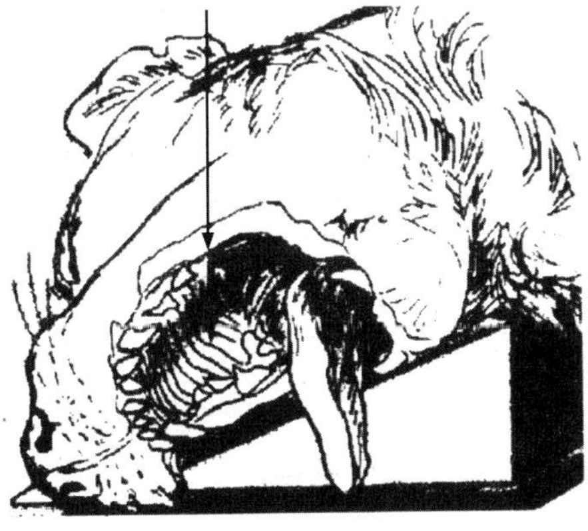

图 6-5　犬头部扭转张口侧位做上颌和上颌齿弓投照

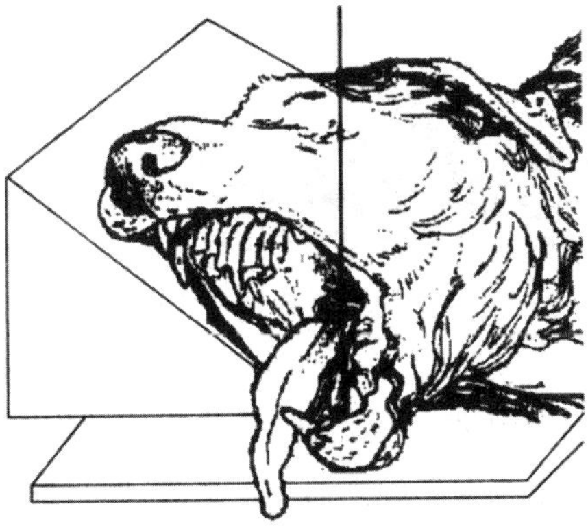

图 6-6　犬头部扭转张口侧位做下颌和下颌齿弓投照

(七)咬合腹背位与背腹位投照

咬合腹背位投照(图 6-7)是为了显示下颌的前部牙齿。需将动物仰卧,舌置于一侧,X 线暗盒置于口内。X 线中心应略向后。咬合腹背位投照适合于检查颏部联合、切齿和犬齿等。

咬合背腹位投照(图 6-8)则适合于检查切齿骨、上颌切齿和犬齿等。

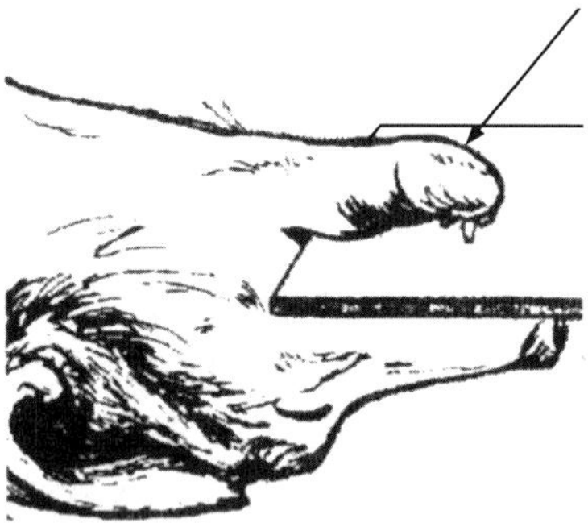

图 6-7 犬咬合腹背位投照

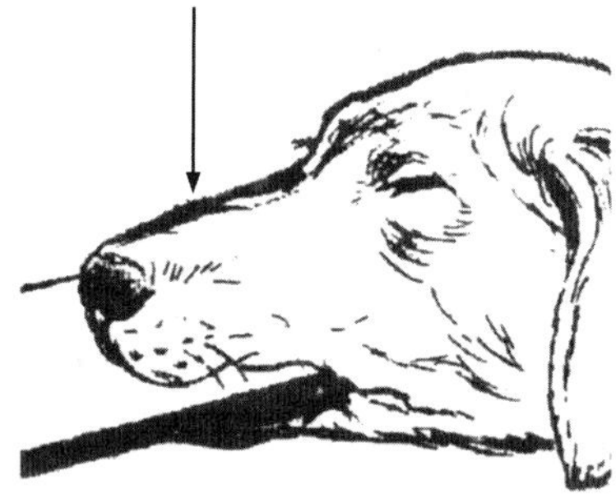

图 6-8 犬咬合背腹位投照

(八)张口腹背位投照

张口腹背位投照(图 6-9),需将动物如腹背位标准投照那样放置。用卷轴绷带或 X 线可透性管状物使动物尽可能张大口。舌和气管插管固定于下颌。X 线中心应略向后,以免下颌骨与鼻道重叠。X 线球管通常须旋转 20°。张口腹背位投照适合于检查鼻道和上颌牙齿。

(九)额部投照

额部投照(图 6-10),需将动物仰卧,躯体、头、颈成一直线。头部弯曲,与脊柱成直角,额窦不与头部其他组织结构重叠。额部投照主要适合于检查额窦。

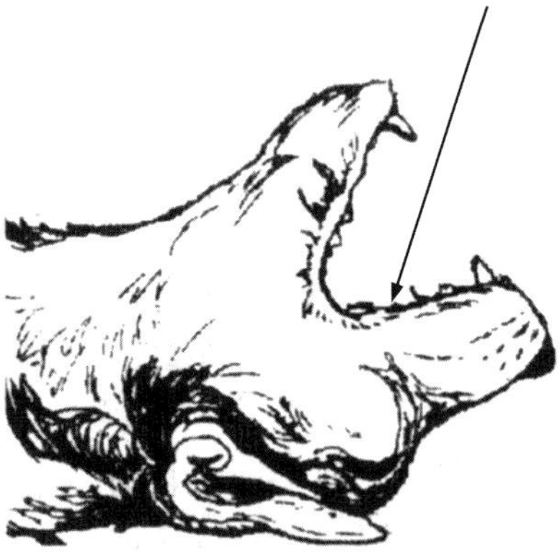

图 6-9 犬张口腹背位投照

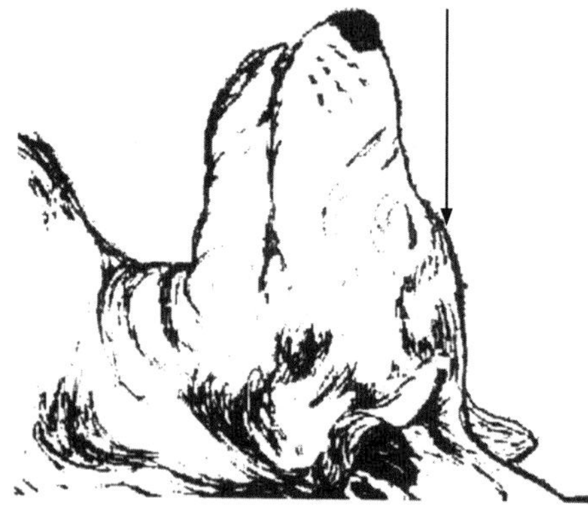

图 6-10 犬额部投照

(十)开口额部投照

开口额部投照(图 6-11),需将动物如额部投照那样放置。动物口尽可能张开。X 线中心对准口中咽部,X 线中心线将腭与下颌骨之角平分。舌和气管插管位于中央。开口额部投照主要适合于检查鼓泡和第 2 颈椎齿状突。

（十一）改良枕部投照

改良枕部投照（图 6-12），需将动物如额部投照那样仰卧。头部 10°弯曲。改良枕部投照主要适合于检查颅脑两侧、枕骨大孔和第 2 颈椎齿状突等。

图 6-11　犬张口额部投照

图 6-12　犬改良枕部投照

二、CT 检查

被检动物取俯卧姿势，前肢位于头后且置于扫描平面外。对于猫和小犬可直接将头部固定于检查床面上，头的位置要保持正确，不能偏斜。一般扫描层厚为 3 mm，对于很小的动物可用 1.5 mm。常用窗位 35，窗宽 150，先做平扫，再做增强扫描。

三、MRI 检查

对头部做 MRI 检查，可进行矢状面、横断面和冠状面检查，兽医较常使用横断面。首先选择合适的麻醉剂将动物麻醉，然后使动物取俯卧位。将头部放入扫描架，注意在整个检查过程中，要始终保持头部的正确姿势，这样可以显示出左右对称的图像。事先定好层厚和扫查层数，先扫出一幅图像以确定摆位是否正确并找出即将检查的区域，然后进行逐层扫查。

第二节　头部正常 X 线解剖

头部 X 线解剖虽然尤其复杂，但因所有的结构左右对称，因而在阅读头部 X 线片时，可将患侧与对侧的正常结构做比较。重要的是阅读头部 X 线片的系统过程。可按单个区域或局部解剖进行阅片。只有这样，才能全面评阅，不出现遗漏。犬猫的头部正常 X 线解剖（图 6-13 至图 6-16）如下：

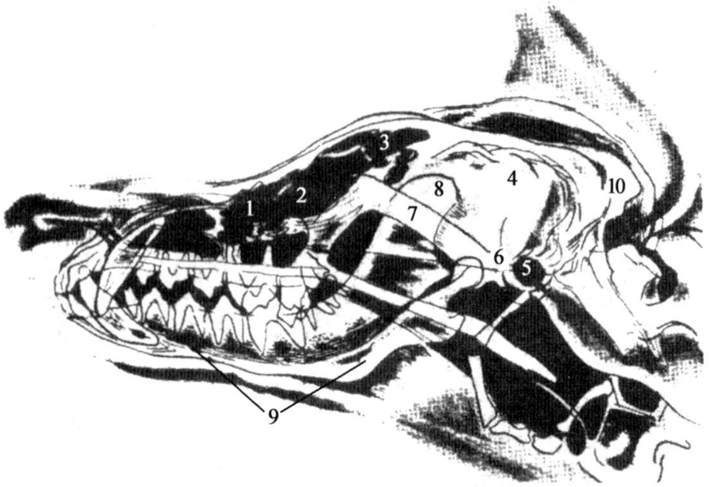

1. 鼻腔;2. 筛骨部;3. 额窦;4. 颅脑;5. 鼓泡;6. 颞颌关节;
7. 颧弓;8. 下颌骨冠状突;9. 下颌骨;10. 外矢状嵴

图 6-13 犬头部侧位正常 X 线解剖

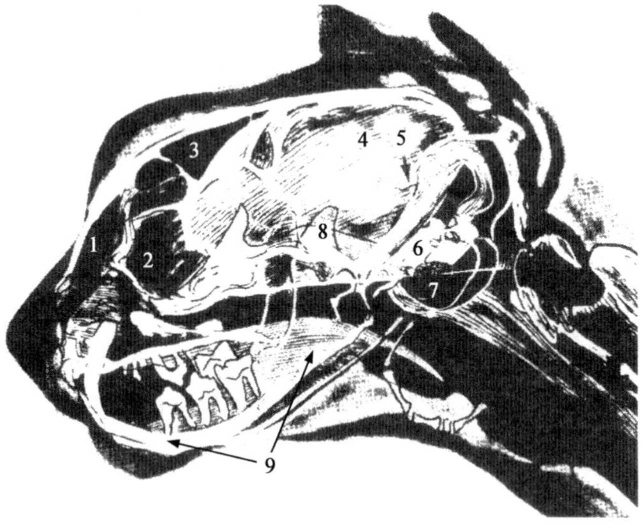

1. 鼻腔;2. 筛骨部;3. 额窦;4. 颅脑;5. 小脑骨性幕;
6. 岩骨;7. 鼓泡;8. 下颌骨冠状突;9. 下颌骨

图 6-14 猫头部侧位正常 X 线解剖

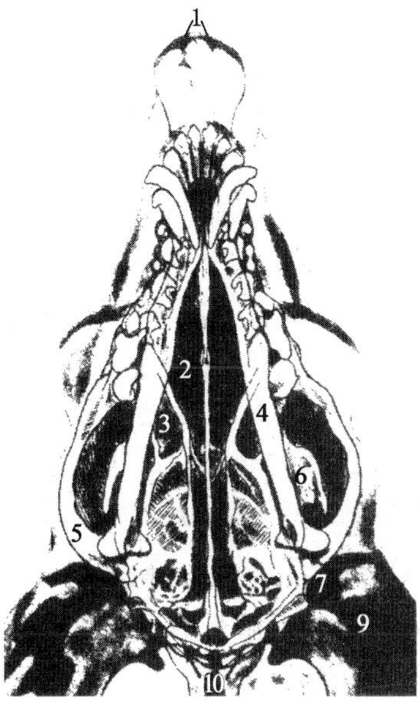

1. 鼻镜；2. 鼻腔；3. 额窦；4. 下颌骨；5. 颧弓；6. 下颌骨冠状突；7. 颞颌关节；8. 岩骨和鼓泡；9. 外耳道；10. 枕骨

图 6-15　犬头部背腹位正常 X 线解剖

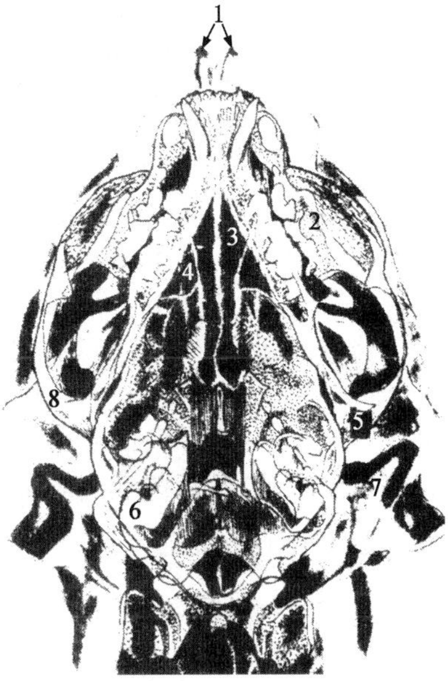

1. 鼻镜；2. 上颌骨；3. 鼻腔；4. 额窦；5. 颞颌关节；6. 岩骨和鼓泡；7. 外耳道；8. 颧弓

图 6-16　猫头部背腹位正常 X 线解剖

一、鼻道与副鼻窦(nasal cavity and paranasal sinus)

犬猫的鼻道(nasal passage)由不同部分组成。前端为软组织结构的鼻境。鼻道内因含有空气而显示边界清晰。鼻道后段显示鼻道含气结构，被周围的上颌骨和鼻骨围绕。张口腹背位投照，显示左右鼻腔。鼻腔的后下方与鼻咽相通，后界为颅骨的额骨，背部为额窦(frontal sinus)。一些大型犬尚可见上颌骨。上颌窦(maxillary sinus)就在额窦的前方，显示为位于上颌骨背部的小三角形样的含气结构。小型犬和猫则不可见到上颌窦。额窦的大小形状随犬品种而异。小型犬的额窦小、部分结构不可显示、呈金字塔样。猫和大型犬的额窦的确较大，显示部分骨性密影。

二、颅顶(skull)

颅顶由额骨(frontal bone)、颞骨(temporal bone)、顶骨(parietal bone)、枕骨(occipital bone)和颅骨基部组成。颅部形状随品种而异。Pit-Bull-Terrier 等犬的颅顶较厚，而吉娃娃等犬的颅顶较薄且呈明显拱形。幼犬尚可见骨缝。一些细小品种犬的骨缝甚至终身存在。颅顶密度通常不均匀。在侧位 X 线照片上，尚可见血管孔。血管孔显示为 X 线可透性直线或分叉状影。

三、后脑骨

后脑骨在 X 线照片上很难评阅。枕骨突起构成后脑的背部，界限清晰，向后突出超出第 1 颈椎。枕骨突起的大小随品种而异。后脑骨的髁骨位于腹正中部，在侧位和腹背位 X 线照片上，显示为向后突出的骨性突起。颌关节面呈光滑、规则的弧形。枕骨大孔（foramen magnum）位于左右髁骨之间，呈一轮廓清晰的、规则的卵圆形。

四、脑底、中耳、颞颌关节

除了颈突外，鼓泡（tympanic bulla）和颞颌关节（temporomandibular joint）是X线上很难显示的脑底部结构。颈突（jugular process）为后脑骨的小三角形骨性突起，在侧位X线片上就位于鼓泡后部，其轮廓光滑。鼓泡在腹背位X线片上呈类圆形，含气结构并有细小的骨壁。鼓泡的外侧为外耳道。鼓泡在侧斜位X线片上显示为光滑、薄壁的含气结构。颞颌关节在鼓泡前部，由下颌骨的髁突和颞骨的颌窝所组成。颞颌关节在腹背位X线片上由呈类三角形的下颌骨髁突、颞骨的颌窝关节面所组成。颌窝关节轮廓光滑、规则。颧骨弓（zygomatic arch）从颅骨底部向侧方弓起，由后部的颞骨颧突和前部的颧骨组成。这两部分骨骼之间的骨缝呈斜长形。幼龄犬猫通常可见该骨缝，而成年犬猫仅个别可见。

五、下颌骨与牙齿

下颌骨（mandible）可分为下颌骨体和下颌骨支两部分。后部的下颌骨支有三个突起。最长的突起向背侧突出，为喙突（coronoid process）。第2个突起是髁突（condylar process），即颞颌关节的颌部。角突（angular process）是第3个突起。下颌骨支无牙齿。下颌骨体前至下颌骨联合部。在侧位X线片上，贯穿整个下颌骨体的下颌管显示为牙根下方的X线透亮线。X线照片上尚可显示颏中孔和颏后孔。门齿骨、上颌骨、下颌骨有牙齿。

犬的齿式为：

乳齿式：

$$2\left(\frac{\text{切齿 3}\quad\text{犬齿 1}\quad\text{前臼齿 3}\quad\text{臼齿 0}}{\text{切齿 3}\quad\text{犬齿 1}\quad\text{前臼齿 3}\quad\text{臼齿 0}}\right)=28$$

恒齿式：

$$2\left(\frac{\text{切齿 3}\quad\text{犬齿 1}\quad\text{前臼齿 4}\quad\text{臼齿 2}}{\text{切齿 3}\quad\text{犬齿 1}\quad\text{前臼齿 4}\quad\text{臼齿 3}}\right)=42$$

猫的齿式为：

乳齿式：

$$2\left(\frac{\text{切齿 3}\quad\text{犬齿 1}\quad\text{前臼齿 3}\quad\text{臼齿 0}}{\text{切齿 3}\quad\text{犬齿 1}\quad\text{前臼齿 2}\quad\text{臼齿 0}}\right)=26$$

恒齿式：

$$2\left(\frac{\text{切齿 3}\quad\text{犬齿 1}\quad\text{齿冠 3}\quad\text{臼齿 1}}{\text{切齿 3}\quad\text{犬齿 1}\quad\text{前臼齿 2}\quad\text{臼齿 1}}\right)=30$$

切齿小，有一牙根。上颌切齿齿冠为三峰型，下颌切齿齿冠为二峰型。犬齿特别大而弯，其牙根长度是齿冠的两倍。猫无第1前臼齿，但犬第1前臼齿呈小圆锥形，有一牙根。犬的第2、3前臼齿大，有二牙根，而猫的上颌第2前臼齿小，仅有一牙根。第4前臼齿强有力，有三牙根。犬上颌臼齿较第4前臼小，有三牙根。猫仅有一上颌臼齿，有二牙根。犬下颌第2、3前臼齿和猫下颌第 3 前臼齿与上颌对应前臼齿相似。有二牙根的下颌第 4 前臼齿略比第 2、3 前臼齿大。下颌臼齿是下颌最大的牙齿，有二牙根，但下颌第 3 前臼齿小，仅有一牙根。

第三节　头部疾病的影像表现

一、头颅骨折(skull fracture)

(一)定义与病因

头颅骨折通常因重力打击所致，如头部摔地、车辆撞伤、暴力打击等。装开口器、粗暴拔牙等操作偶然可致骨折。头颅骨折多见于面部和颌骨，颅部骨折较少。X 线检查对于确定诊断、判断预后、制定治疗方案有着重要意义。颅部组织厚度大，X 线不易显示，应与颅部正常 X 线照片作详细比较。

(二)种类与影像学表现

1. 下颌骨骨折。为较常见的头颅骨折，多发于下颌骨体的近切齿部和两侧下颌骨的联合部。侧位 X 线照片，下颌骨骨折可显示清晰透明骨折线，断端不同程度移位，下颌骨变形，上下切齿咬合不对位(图片 6-1)。下颌骨联合分离通常需腹背位 X 线照片方能清晰显示，两侧下颌骨联合部的透明缝隙增宽、不整齐，可发生不同程度的分离或移位。

2. 颌前骨骨折。颌前骨骨折多发生于颌前骨的鼻突部。侧位 X 线照片可显示清晰的透明骨折线。骨折线有时可经过上颌骨的齿槽间，波及上颌骨，重者齿间隙间骨折致使牙齿移位或脱落。

3. 鼻骨骨折。为较常见的头颅骨折，多发于鼻骨背侧部和鼻骨前面楔状突出的游离端。X 线摄片时，X 线中心线应对准鼻骨骨折做切线位摄片。鼻骨背侧部骨折常为凹陷性骨折，鼻骨连续性中断，局部鼻骨骨片陷落而形成缺口。鼻骨前面楔状突出的游离端骨折，可与近端折成角度，甚至分离。

4. 颧骨骨折。多见于犬的颧骨弓处。做头部背腹位或腹背位 X 线照片，显示颧骨连续性中断，颧骨弓有横断或倾斜的透明骨折线。折断的颧骨弓可分离移位，向内凹陷。常需仔细观察并与对侧颧骨弓比较，以发现未移位的颧骨骨折。

5. 额骨骨折。X 线摄片时，中心线应对准患部，做切线位摄片，以显示额骨骨折的骨折线。X 线显示为额骨连续性中断，有轻度分离或移位。如凹陷性额骨骨折，局部额骨可因骨折片下陷而显示缺损。

6. 角折。角折可发生于角斗、摔倒或猛力碰撞。如在角鞘未断离但怀疑角突骨质损伤、折断时，可做角部 X 线摄片，经 X 线显示透明的骨折线加以证实。

二、颞颌关节脱位(dislocation of the temporomandibular joint)

颞颌关节脱位并不常见，可单侧或双侧发生，常伴发下颌骨骨折。临床上，患畜张口，患侧颞颌关节不稳、颌部疼痛，咬合不正。

本病的 X 线摄片不易，可做腹背位、张口侧位、斜位(左 20°腹-右背斜位或右 20°腹-左背斜位，左 20°前-右后斜位或右 20°前-左后斜位)和张口颞颌关节切线位投照。颞颌关节由颌骨髁和颞骨鳑状部的颌骨窝所组成。盂后突的前面参与形成颌骨窝。X线可显示颌骨髁向前上方脱位,关节间隙明显增宽。单侧性颞颌关节脱位时,做对侧颞颌关节比较检查有助于诊断(图片 6-2)。

三、头颅异物(skull foreign body)

头颅内的X线不透性异物通常易于显示,这些异物常位于口腔、咽或鼻腔中。X线可透性异物则需X线造影方能显示。

四、颅下颌骨骨病(craniomandibular osteopathy)

(一)定义与病因

颅下颌骨骨病是主要发生在下颌骨的一种双侧性、骨肥大硬化的骨骼疾病。它可伴发桡、尺骨干骺端骨化,并有遗传性,目前对其发病原因了解较少。

(二)临床与病理

本病多发于3～12月龄的幼犬,性别不限。各种品种犬均可发病,但以西部高地犬多发。本病与医学上的婴儿骨外层肥厚病相似。

在动物的生长发育期,骨组织的吸收与沉积呈周期性交替进行,保持动态平衡,从而完成骨的生长发育。患本病的动物则出现双侧对称性正常层状骨吸收,而沿骨内和骨膜表面沉积编织状(不成熟)骨。最终编织状骨被成熟骨取代,但很少恢复正常结构。

下颌骨骨病的临床表现以上、下颌骨部肿胀、疼痛、软组织肿胀、张口疼痛、下颌运动受限等为特征。主要发生于下颌骨、其他颅骨以及桡、尺骨。

(三)影像学表现

X线表现为下颌骨和其他颅骨部,呈左右对称性密质骨肥大,密质骨硬化,骨结构增粗增厚,可出现颞颌关节僵硬(图片 6-3)。

五、颅骨肿瘤(skull tumor)

颅骨肿瘤并不常见,多见于犬。骨肉瘤可发生于颅骨的任何部分。其X线表现呈破坏性病灶外观,常伴发广泛性骨膜新生骨反应(图片 6-4)。如为浅在性肿瘤,则伴有大的软组织肿胀。如波及颅顶,则骨膜新生骨反应和骨质硬化较骨质破坏明显。纤维肉瘤、软骨肉瘤等其他肿瘤偶尔可见。

六、鼻腔肿瘤(nasal cavity neoplasms)

(一)定义与病因

鼻腔肿瘤有鼻骨瘤、鼻息肉、血吸虫性赘瘤等,临床上不易见到,但有牛、马和骆驼的个别放射学报道。患畜的临床表现为鼻孔张开、呼吸困难,有黏液性、脓性或血性鼻漏。

(二)分类与影像学表现

X线检查可检出鼻腔的早期占位性病变。通常需拍摄鼻部侧位和腹背位X线照片,但大家畜鼻部腹背位摄片较困难。

1. 鼻骨瘤。X线显示为轮廓清楚的骨样密影。初期呈半边椰菜花样的、规则的、分支状突起密影，后期可转变为密度均匀一致的、边缘光滑的、长圆形大块骨性密影（图片6-5）。

2. 鼻息肉。鼻息肉起源于鼻腔黏膜下组织，附着于鼻腔侧壁或鼻中隔后部。X线显示为鼻道内大小不一、数量不定、轮廓较清楚、密度均匀、圆形或椭圆形的软组织样密影。通常不侵犯鼻骨。鼻息肉中心如感染坏死，可出现圆形透明区。

3. 血吸虫性赘瘤。X线显示鼻腔内较大的、占位性、软组织样密影，甚至堵塞鼻道。

七、猪萎缩性鼻炎(atropic rhinitis of the swine)

（一）定义与病因

猪萎缩性鼻炎主要是由支气管败血性波氏杆菌引起的、以鼻炎和鼻甲骨萎缩为特征的一种慢性传染病。猪萎缩性鼻炎在国外广泛流行，20世纪70年代末随着我国引进瘦肉型种猪该病开始大量侵入我国。

（二）临床与病理

本病的主要病理变化是病猪的鼻甲骨萎缩、鼻中隔弯曲、鼻歪斜以及上颌变形。病猪的临床症状有生长发育不良，出现鼻痒、喷嚏、泪斑、鼻衄，少数患猪因上颚变形引起歪鼻或咬合不正等典型临床症状。

病理剖检、细菌学检查、血清学检查和X线检查可用于诊断本病。病理剖检虽可获得确实诊断，但仅可用于少数具有歪鼻或咬合不正等典型症状的患猪，而不能有效用于猪群。细菌学检查、血清学检查对猪萎缩性鼻炎阳性检出率不高，分别仅达37.18%、6.41%。X线检查对猪萎缩性鼻炎诊断具有高度准确性，并与病理剖检100%相符。采用X线摄片诊断与细菌学检查相结合的方法，既可检出有萎鼻病变患猪，又不漏检无病变带菌猪，完善了猪萎缩性鼻炎的诊断检疫，已用于猪群的普查诊断检疫和防治净化。

（三）影像学表现

国内用于猪萎缩性鼻炎的X线诊断法，是经陈白希教授等1979年做了技术改进而形成的。患猪不做麻醉，以短绳套鼻做站立保定。借助特制口腔片夹，做猪鼻背腹位垂直投照。必要时，补充拍摄猪鼻侧位X线照片。

猪鼻背腹位X线表现为：

1. 鼻甲骨萎缩。正常鼻甲骨在X线照片上表现为由3～4条平行条状密影组成的长梭状骨样致密结构阴影，左、右侧鼻甲骨均匀对称（图片6-6）。鼻甲骨萎缩时，体积缩小、结构不清或不完整，左、右侧鼻甲骨不对称，重者仅残存部分鼻甲骨，甚至一侧或双侧鼻甲骨消失。

2. 总鼻道增宽。正常总鼻道为鼻中隔两旁的长条状直线透明阴影，左、右侧鼻道均匀对称。3～4月龄仔猪的总鼻道宽度不超过2 mm，成年猪的总鼻道则略宽。鼻甲骨萎缩时，总鼻道出现不同程度增宽，左、右侧总鼻道不对称，重者出现透明的大空腔（图片6-7）。

3. 鼻中隔变形。正常鼻中隔外形笔直，但厚度不完全一致，与两侧鼻甲骨距离相等。鼻中隔变形时，鼻中隔可向一侧弯曲或呈“S”状弯曲（图片6-8）。

八、马上颌窦蓄脓(empyema of the maxillary sinuses in horse)

(一)定义与病因

马上颌窦蓄脓指的是上颌窦黏膜发生化脓性炎症而导致的窦腔内脓汁蓄积。本病通常由上呼吸道感染、马腺疫或牙齿疾病引起。临床上表现为浆液性或脓性鼻漏,尤其以摇头或垂头时明显。

(二)临床与病理

由于各种原因引起窦黏膜发炎,初期多为浆液性炎症,后期转为化脓性炎症。脓汁在窦内积聚,随数量的增多,病马表现为单侧脓性鼻漏,低头时更多。常见病马频频摇头,一侧局部肿胀,叩诊有钝性浊音。也可出现鼻塞音,呼吸困难。

(三)影像学表现

X线检查可确定是否蓄脓及其程度。患马自然站立,做上颌部侧位水平投照,必要时,需拍摄头部背腹位或腹背位照片,以确定单侧或双侧上颌窦蓄脓。

上颌窦蓄脓可显示空气液平面的典型X线征,即脓液积蓄的下半部为均匀致密的软组织阴影,阴影上缘呈水平状。无脓液积蓄的上半部为含气的透明区。

九、马喉囊蓄脓(empyema of the guttural pouches in horse)

(一)定义与病因

喉囊蓄脓是由喉囊卡他性炎症、咽部炎症波及、饲料碎屑进入喉囊、耳下腺或咽背淋巴脓肿破溃、马腺疫或细菌感染引起的上颌窦化脓性炎症。临床上主要表现为耳下腺部肿胀和黏液脓性鼻漏。

(二)临床与病理

马的喉囊与鼻咽相通,在吞咽机能障碍的情况下,动物吞咽时耳咽管开放,部分饲料与细菌通过耳咽管侵入喉囊发生感染。当各种原因引起抵抗力降低时,引起本病的发生发展。炎症过程中,喉囊黏膜发生充血与渗出,渗出物多为黏液-脓性。病马常由鼻孔流出脓性渗出物,当低头或压迫喉囊时流出的量增加。喉囊部位发热、肿胀和痛感。

(三)影像学表现

患马自然站立,做喉部侧位水平投照。必要时,做斜位投照,以确定单侧或双侧喉囊蓄脓。正常喉囊为单蹄兽特有的一对黏液囊,是耳咽管下外侧的膨大部。喉囊前界达下颌支后缘前方4~5 cm,后界达寰椎翼前缘,上界达颅底部与寰椎关节处,下界达寰椎后下角与颌骨后缘中部连续,与咽喉后壁邻接,以一裂隙与咽相通,喉囊内充满空气,X线表现为正常透亮状态。

喉囊蓄脓时,可出现致密的液平面典型X线征。喉囊下部为软组织密影,阴影上缘呈液平面。如喉囊充满大量脓液未能排出,则呈现为广泛软组织密影,喉囊的正常透亮状态消失。

十、齿周病(periodontal disease)

(一)定义与病因

最常见的牙病是发炎和感染。齿龈炎是一种常见牙病,其病因是拔牙后或牙折后的残牙余留，未治疗和慢性的齿龈炎可引起牙周炎。牙结石、食物嵌塞等机械性刺激均为致病因素。

（二）临床与病理

由于牙根膜炎症，齿槽吸收，导致其牙齿下方的骨骼丢失，牙根不能充分镶嵌于骨性骨槽内。慢性感染者，牙根部分吸收，齿槽扩大，甚至在牙根部形成脓肿。临床表现为齿龈红肿、变软、口臭、流涎、牙齿松动。

（三）影像学表现

X 线显示局部齿槽骨密度丧失，牙根尖部周围有 X 线密度透明区，透明区周围为骨质硬化带。严重者出现齿髓脓肿，X 线表现为齿髓腔扩大。

犬猫龋齿较少见，但猫较犬多发。犬猫龋齿并非发生在齿冠，而多发生在齿龈线处或就在齿龈线之下。X 线显示龋齿为珐琅质中有一小的密度降低区。还有一种牙病是牙折。牙折时易发生感染、形成脓肿。

第七章　脊柱疾病的影像检查

第一节　脊柱的影像检查方法

脊柱X线检查的主要目的是评价单肢、双肢或四肢麻痹,前肢或后肢轻瘫,共济失调,脊柱疼痛,僵硬和评价脊柱畸形等。由于在脊柱X线检查时要求动物位置准确,以免发生运动性模糊,因而通常需将动物麻醉。只有那些怀疑脊椎骨折或脱位的动物,可不做麻醉进行脊柱X线检查,避免发生进一步的损伤。

一、普通检查

(一)小动物脊柱X线投照

1.颈椎侧位投照。颈椎侧位投照时,动物侧卧。需将动物的鼻部轻度抬高,支垫下颌部,使头部与检查床平行(图7-1)。为避免颈部中段下弯,可在第4至第7颈椎之间用泡沫类的X线可透性材料支撑颈部。前肢同样做适度支撑,以免胸部扭转(图7-2)。颈部在侧位投照时,呈其自然状态,既不伸展也不弯曲(图7-3)。前肢向后牵引,以减少与后颈段的重叠。小犬和猫的颈椎侧位投照,X线中心对准颈中部即可。X线照片应包括颅后部和前几节胸椎。大犬的颈椎侧位投照可分成两段拍摄,X线中心分别对准C2—C3、C5—C6椎间隙。尚可在全身麻醉下做颈椎伸张和屈曲侧位投照。

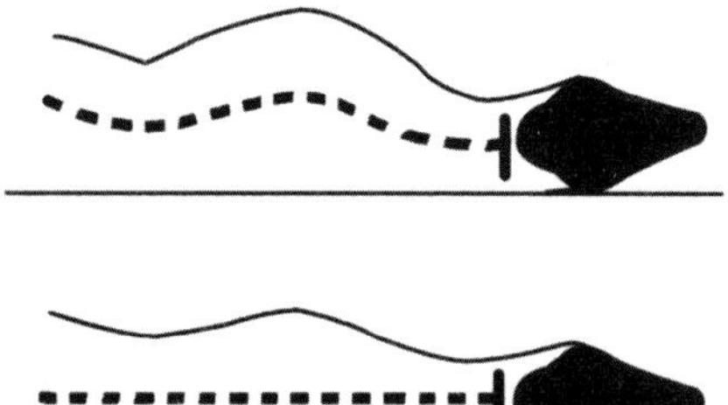

图7-1　犬脊柱侧位投照支撑

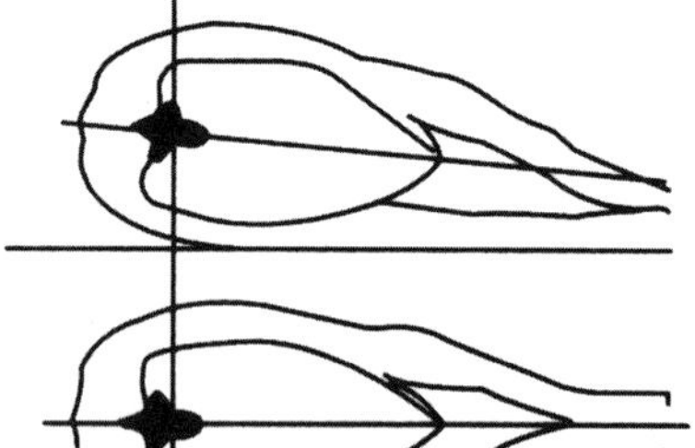

图7-2　犬脊柱侧位投照四肢支撑

2.颈椎腹背位投照。颈椎腹背位投照时,动物仰卧,颈胸成一条直线。动物的躯体不允许向左、右侧倾斜,X线中心对准颈中部(图7-4)。大犬的颈椎腹背位投照可分成前、后段拍摄,以免前段颈椎曝光过度、后段颈椎曝光不足。

3.胸椎侧位投照。胸椎侧位投照,需将动物侧卧,胸骨部略为抬高,使椎体平行。如做前三节胸椎侧位投照,则向后牵引前肢,以免与肩胛骨重叠。如第3节以后的胸椎侧位投照,则

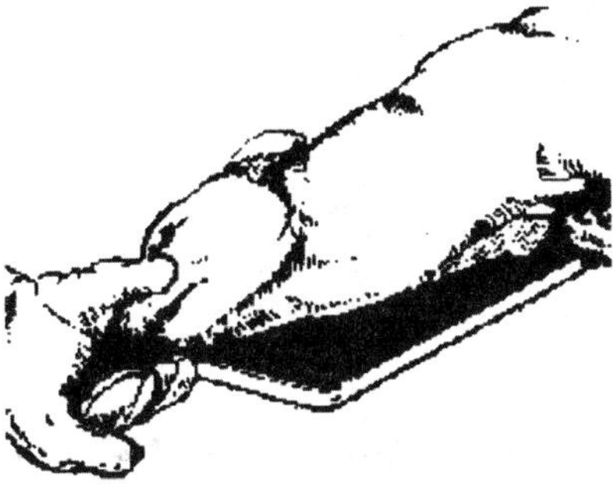

图 7-3　犬颈椎侧位投照

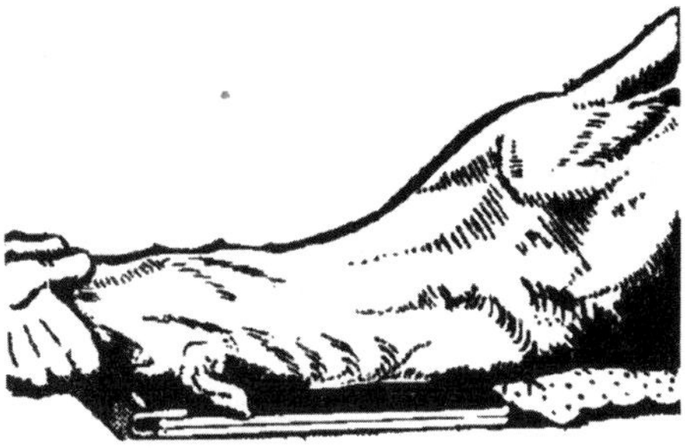

图 7-4　犬颈椎腹背位投照

向前牵引前肢(图 7-5)。X 线中心对准可疑部位。如为常规检查,则可以 T6－T7 椎间隙为中心。

4.胸椎腹背位投照。胸椎腹背位投照,需将动物仰卧。前肢向前牵引,置于颈旁。可做必要的辅助支撑,使脊柱成一条直线(图 7-6)。大犬胸椎腹背位投照,可做适度(约 5°)倾斜,以避免与胸骨重叠。X 线中心对准 T6—T7 椎间隙。

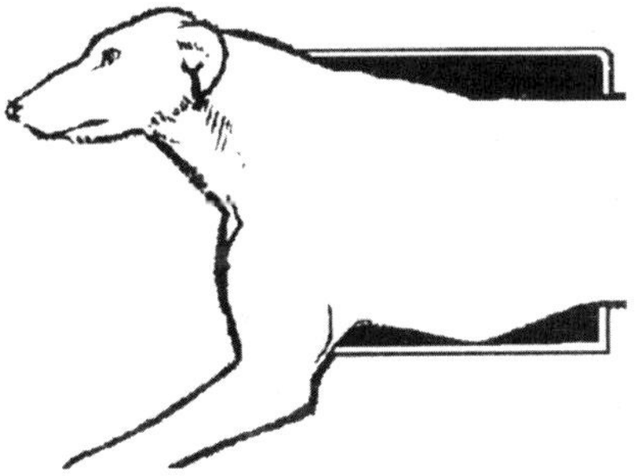

图 7-5　犬胸椎侧位投照

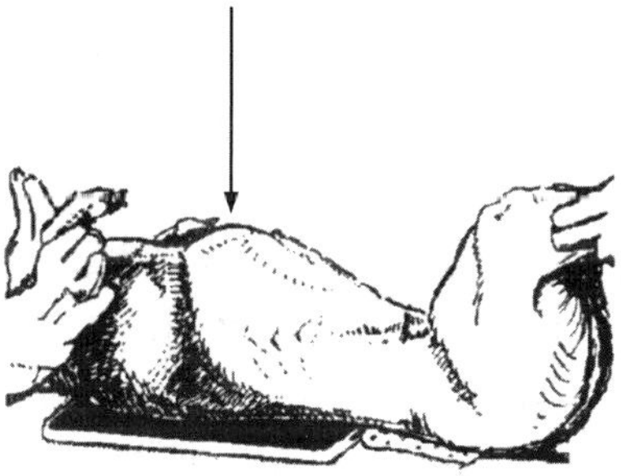

图 7-6　犬胸椎腹背位投照

5.腰椎侧位投照。腰椎侧位投照,需将动物侧卧,胸骨部略为抬高,使椎体平行(图 7-7)。在两后肢之间,可用泡沫类的 X 线可透性材料适度支撑。确定曝光条件时,应以最厚部分为准,以免曝光不足。常规检查时,X 线中心可分别对准胸腰椎间隙、L3－L4 椎间隙。

6.腰椎腹背位投照。腰椎腹背位投照,需将动物仰卧。X 线中心对准 L3—L4 椎间隙(图 7-8)。

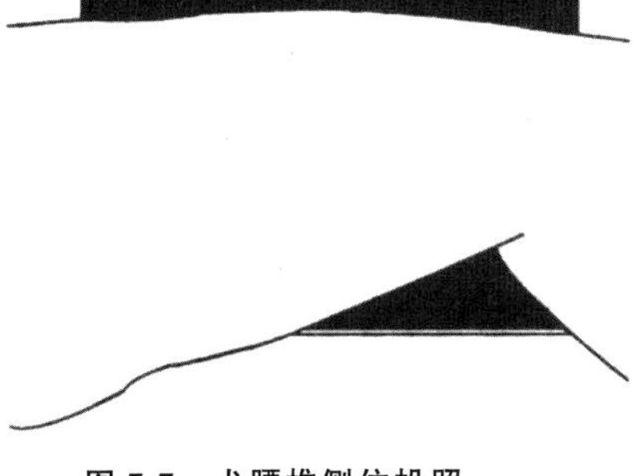

图 7-7　犬腰椎侧位投照

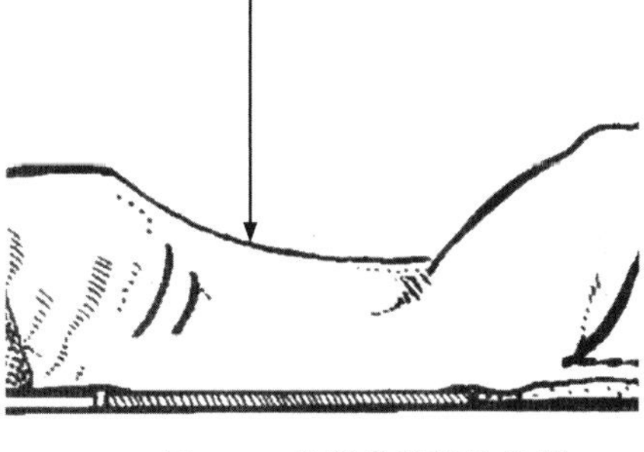

图 7-8　犬腰椎腹背位投照

7. 荐骨、骨盆和前段尾椎侧位投照。荐骨、骨盆和前段尾椎侧位投照，需将动物侧卧，在两后肢之间，可用泡沫类的 X 线可透性材料适度支撑，以避免脊柱扭转。X 线中心对准荐骨中部（图 7-9）。

8. 荐骨、骨盆和前段尾椎腹背位投照。荐骨、骨盆和前段尾椎腹背位投照，需将动物仰卧。后肢向后伸展。可做必要的辅助支撑，使脊柱成一条直线。骨盆的两侧对称，长轴勿倾斜。X 线中心对准荐骨中部（图 7-10）。

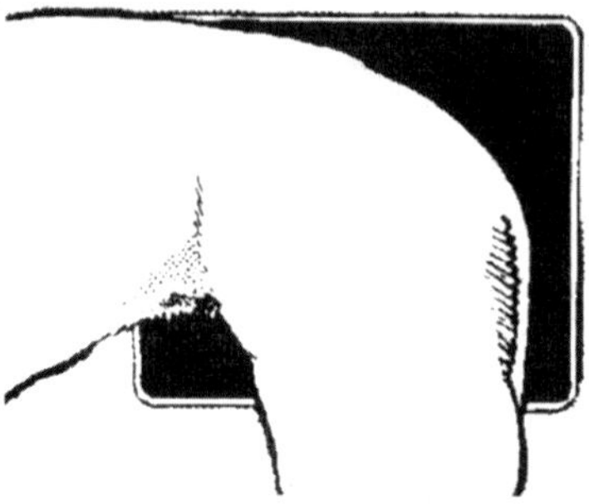

图 7-9　犬荐骨、骨盆和前段尾椎侧位投照

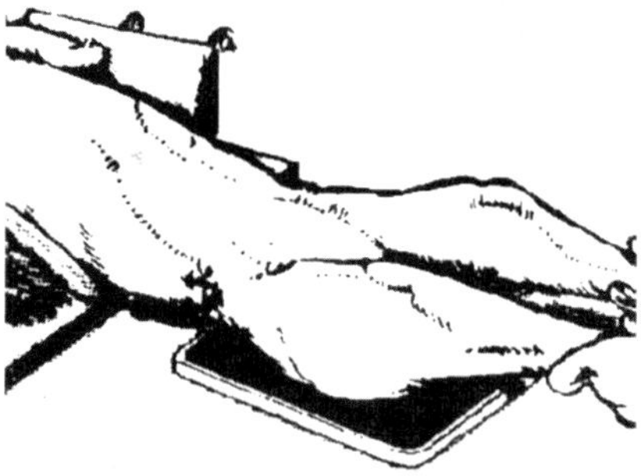

图 7-10　犬荐骨、骨盆和前段尾椎腹背位投照

（二）大家畜脊柱 X 线投照

马、牛等大家畜脊柱，尤其是腰荐部的 X 线诊断，曾长时间是技术上难于逾越的禁区。20 世纪 70 年代后期，随着大型、超大型 X 线机在兽医领域的应用，国外才建立马脊柱的常规 X 线摄影技术和腰荐部线性体层摄影技术。国内 1987 年借助人工气腹造影、直肠暗盒配合高速增高屏，用普通 X 线机的条件已成功拍摄到牛腰椎侧位和腰荐部背腹位 X 线照片。

1. 颈椎投照。颈椎侧位投照，动物可做站立或侧卧保定。通常可分成三段拍摄，X 线中心分别对准 C2，C4，C6 颈椎。投照条件为 75～90 kV，15～40 mAs，FFD75 cm。必要时，可做颈椎腹背位投照，但需将动物麻醉、仰卧保定。

2. 胸椎投照。胸椎侧位投照，动物可做站立保定。因大家畜胸椎较长，需分别拍摄 2 或 3 张 X 线照片。前部胸椎由于局部较厚的软组织，并与肩胛骨重叠，而不易显示。投照条件为 80～90 kV，20～30 mAs，FFD100 cm。如使用 150～200 kV，1 000～1 250 mA 大功率 X 线机，配合 8∶1 滤线器和高速屏等，可以 85 kV，200 mAs，FFD150 cm 的投照条件，做马胸椎站立侧位投照。

3. 腰椎投照。可借助人工气腹造影、直肠暗盒配合高速增高屏，做牛腰椎侧位投照。人工注气量 4 000～8 000 mL。投照条件为 80～90 kV，25～40 mAs，FFD100 cm。如使用 150～200 kV，1 000～1 250 mA 大功率 X 线机，配合 8∶1 滤线器、高速屏和超速胶片等，方可以高达 120 kV，250 mAs，FFD150 cm 条件，做马腰椎站立侧位投照。亦可使用有柄直肠暗盒配高速屏，做牛局部腰椎背腹位垂直投照，投照条件为 80～85 kV，4～6 mAs，FFD50 cm。

4. 荐椎投照。荐椎腹背位投照，需使用大型、超大型 X 线机。马全身麻醉，仰卧保定，两后肢向侧方张开。配合 12∶1 滤线器、高速屏等，投照条件为 120～150 kV，250～400 mAs，FFD130 cm。

二、特殊检查

（一）脊髓造影检查

脊髓造影检查（myelography）是将造影剂注入脊髓蛛网膜下腔以显示脊髓内、脊髓外硬膜内和硬膜外疾病的一种放射检查技术（图片 7-1）。目前首选的造影剂有非离子性水溶性含碘化合物如碘比多（iopamidol）、欧乃派克（iohexol）和碘曲伦（iotrolan）。其含碘量通常为 180～240 mg/mL。这些造影剂经颈部穿刺被注入小脑延髓池，或经腰部穿刺被注入到脊髓蛛网膜下腔。脊髓造影检查是一种损伤性检查方法，具有一定的风险和并发症，因此须慎重进行。最常见的并发症是动物麻醉苏醒期的抽搐，可用静注安定药 0.2～0.5 mg/kg 或苯巴比妥 2～4 mg/kg 处理。

（二）数字式 X 线摄影

数字式 X 线摄影（digital radiography），是 X 线曝光后在影像增强器—电视上形成的图像资料，经处理转化成数字化图像后，以数字化形式储存图像。数字式 X 线摄影的曝光宽容度宽，也可与 CT 或 MRI 那样做图像后处理。但因其价格昂贵，不可避免地限制其在兽医上的应用。

（三）体层摄影

普通 X 线摄影是立体三维空间组织结构的所有影像重叠成像于 X 线胶片上，病变被前后上下各层组织所遮盖。体层摄影（tomography）则是通过 X 线球管和 X 线暗盒的相对运动处理，获得某一特定层面的组织结构影像，而不在该选定层面的组织结构则模糊掉。最常见的是线性体层摄影。

（四）计算体层摄影（CT）和磁共振成像（MRI）

计算体层摄影和磁共振成像是现代影像诊断技术，尤其适合做颅脑和脊柱疾病的检查。

在做脊柱 CT 检查时，被检动物取俯卧位，使扫描面与椎管长轴垂直，扫查范围至少包括病变区前、后各一个椎间隙。如果病变区域定位准确，则使用 1.5 mm 层厚，否则使用 3 mm 层厚，以保证能扫查较大范围的脊柱。在进行脊髓造影扫查时，使用骨窗（窗位 420，窗宽 1 500），非造影检查时，如腰荐部则使用软组织窗（窗位 35～40，窗宽 300～500）更好。

MRI 检查脊髓时，以矢状面为主，可全面观察脊髓的解剖结构和病变，同时辅以横断面和冠状面可以确定病变与周围组织的关系。

第二节 脊柱的 X 线解剖

一、小动物脊椎

犬、猫正常脊椎由 7 节颈椎（cervical vertebrae）、13 节胸椎（thoracic vertebrae）、7 节腰椎（lumbar vertebrae）、3 节荐椎（sacrum）和 20～25 节尾椎（caudal vertebrae）组成。

犬椎体侧位投照显示似方形，多数脊椎可显示椎弓（vertebral arch）、椎管（vertebral canal）的背侧缘与腹侧缘、椎体前后端骨骺（epiphysis）、棘突（spinousprocess）、横突（transverse process）和椎体（vertebral body）。猫的椎体较长，侧位显示似长方形，椎弓根、关节突欠清楚，椎间孔背侧缘不如犬易见。棘突在腹背位投照上呈致密狭长的断面阴影。侧位投照，相邻椎骨的大小、形状和密度大致相同。第 2 颈椎棘突靠近第 1 颈椎椎弓，或与之重叠。第 6 颈椎横突宽大、呈翼状。胸椎椎体长度略比颈椎椎体短。第 11 胸椎（直椎）棘突垂直向上。直椎之前的胸椎棘突斜向后上方，而直椎以后的胸腰椎棘突则斜向前上方。后段 4～5 节胸椎的关节后突下方、椎间孔的前上界处，可显示一细小、类三角形的附突致密阴影（图 7-11 和图 7-12）。

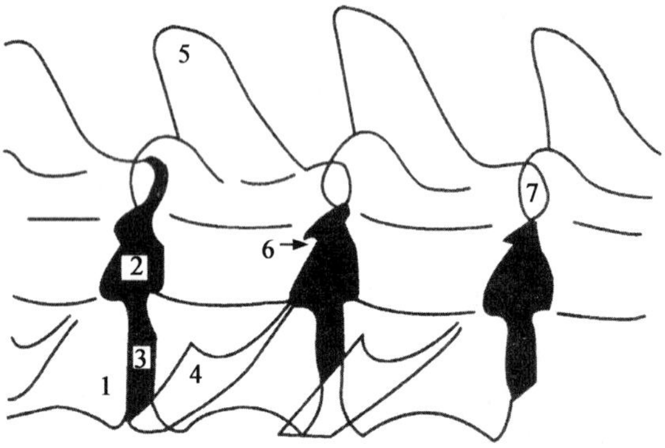

1. 椎体；2. 椎间孔；3. 椎间隙；4. 横突；
5. 棘突；6. 附突；7. 关节突

图 7-11　犬腰椎侧位正常 X 线解剖

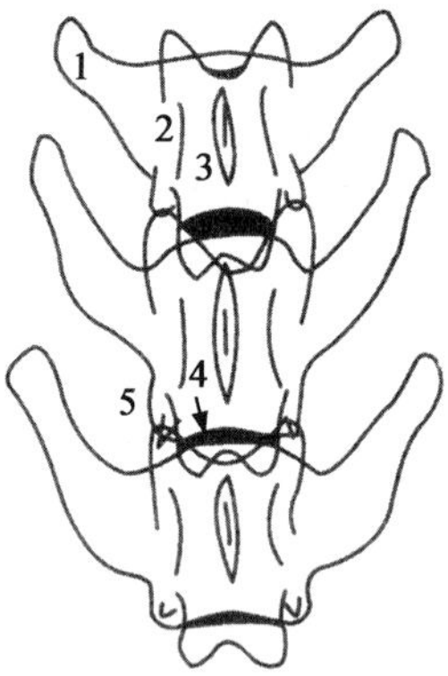

1. 横突；2. 椎弓；3. 棘突；
4. 椎间隙；5. 关节突

图 7-12　犬腰椎腹背位正常 X 线解剖

正常肋骨（ribs）有 13 对，肋骨头位于其相应胸椎骨的前部。腰椎椎体的长度略比胸椎长，前 5 节腰椎也可显示附突致密阴影。3 节荐椎相互融合为一块。前段尾椎椎体较后段尾椎椎体长。

椎间盘（intervertebral disk）由髓核（nucleus pulposus）和纤维环（anulus fibrosus）组成，呈软组织密影。邻近的椎间隙（intervertebral disk space）大致相等，但正常第 10～11 胸椎椎间隙较狭窄，第 1～2 颈椎关节、3 节荐椎之间无椎间盘。

二、大家畜脊椎

马正常脊椎由 7 节颈椎、18 节胸椎、6 节腰椎、5 节荐椎和 15～20 节尾椎组成。颈椎椎体呈长筒状，胸腰椎椎体呈长方形。除 1～2 颈椎外，各椎体间的椎间隙内有椎间盘。第 3 颈椎以后的椎体前后端，在发育期可辨认出骨骺。颈椎前端骨骺通常在 2 岁时融合，后端骨骺可延迟在五六岁后融合。胸椎骨骺在 3～3.5 岁融合。第 1 颈椎无棘突，前与枕骨髁、后与第 2 颈椎齿状突成关节。第 2 颈椎最长，棘突大而明显。第 6 颈椎横突大、呈翼状，其外下方有大而显著的肋突。第 7 颈椎短，棘突明显较长，但横突不明显。腹棘小且分成两半。自第 2 颈椎以后的颈椎间隙清晰呈弧形透明阴影，前一椎体的后端关节面呈凹面，后一椎体的前端关节面呈凸面。第 16 胸椎之前的胸椎椎体腹侧，可借助肺的对比而清晰显示，但关节突、横突和肋椎关节难以显示。胸椎棘突最高点通常位于第 6 胸椎。前段胸椎棘突末端的骨凸软骨约在 1 岁时钙化，并持续至 15 岁以上不与棘突融合。直椎通常位于第 15 胸椎。在横膈线后方的胸椎至第 3 腰椎的椎体、关节突和横突一般可为侧位投照所显示。但后段腰椎、荐椎及前段尾椎须直肠内背腹位、甚至借助大功率 X 线机腹背位投照才能显示其主要结构。第 1～3 尾椎尚可见椎管结构，以后的尾椎椎弓、关节突、横突、棘突逐步消失。

第三节　脊柱疾病的影像表现

一、脊椎骨折与脱位(fracture and dislocation of vertebrae)

(一)定义与病因

脊椎骨折与脱位常由交通意外、摔倒、跳跃、打击、踢伤、咬伤等暴力作用所致。脊椎横骨折、压缩性骨折、横突骨折、棘突骨折等各种典型骨折均可单独发生,也可与脊椎半脱位或全脱位一并发生。

(二)临床与病理

脊椎骨折与脱位多发于犬后段胸腰椎和第1～2颈椎。胸腰椎骨折后,常表现希-谢二氏现象(前肢极度伸展和截瘫)。脊髓如因脊椎骨折与脱位受压、损伤或毁坏,则临床视其部位而异,可出现轻瘫、截瘫、痛觉减退、无痛觉、反射减弱、无反射等。如果损伤位于较前段脊柱,则后段脊柱反射消失或增强。粪尿失禁。损伤部疼痛,脊柱移位。阅读X线片时,应注意有无脊椎轻度移位和方向改变、压缩性骨折、椎间隙狭窄、棘突或横突骨折以及游离骨碎片等。所有检查和搬运时应确保脊柱的稳定。犬最好以侧位进行检查。

(三)影像学表现

图片7-2至图片7-4显示了脊椎骨折与脱位的类型及程度。

1. 椎体骨折。可波及椎间隙,椎间隙狭窄或增宽。脊柱异常成角,椎体的外侧缘、腹侧缘或背侧缘中断。与邻近脊椎比较,椎体或椎弓的形状、大小发生改变。

2. 骨骺分离。主要见于幼龄犬。分离的椎体骨骺通常向腹侧移位,骨骺线增宽。

3. 棘突骨折。多发于胸腰椎。常多发性棘突横骨折。

4. 横突骨折。常为一侧多发性骨折,合并腹部或胸部损伤。

5. 寰枢椎半脱位。通常为齿状突缺陷的先天性疾病,多见于小贵妇犬、约克夏犬和吉娃娃犬等。也可因外伤使齿状突骨折所致。X线显示寰椎背侧椎弓与枢椎棘突之间距离明显变宽,齿状突不存在或发生骨折。

二、半椎体(hemivertebrae)

(一)定义与病因

半椎体是犬猫常见的一种先天性脊柱畸形。它是椎体不融合或部分融合形成裂椎的一种椎体发育不良症。以胸椎多发,常伴发脊柱背弯(kyphosis)。多见于斗牛犬、法国斗牛犬、巴哥犬和波士顿犬等。本病极少有临床症状,仅在X线检查时偶尔发现。

(二)影像学表现

侧位X线照片可显示椎体呈楔形,细端向腹侧。其邻近椎体常代偿性过大发育,相应的局部不同程度突出(图7-13)。腹背位可显示椎体中部前后端裂开,中央部很细,椎体似两个顶端相对的楔形,呈蝴蝶状,又称“蝴蝶椎”(butterfly vertebrae)。

三、椎体融合(block vertebrae)

椎体融合是因胚胎发育时期节间动脉异常引起的两个或两个以上的椎体、椎弓或棘突相互融合成一块椎体。可发生于脊柱的任何部位。X线显示若干椎体融合在一起，椎间隙不清或不能显示，脊柱异常成角或椎管狭窄(图7-14)。应注意与继发椎间盘脊椎炎、脊椎骨折或脱位、椎间盘手术后的椎体融合鉴别。

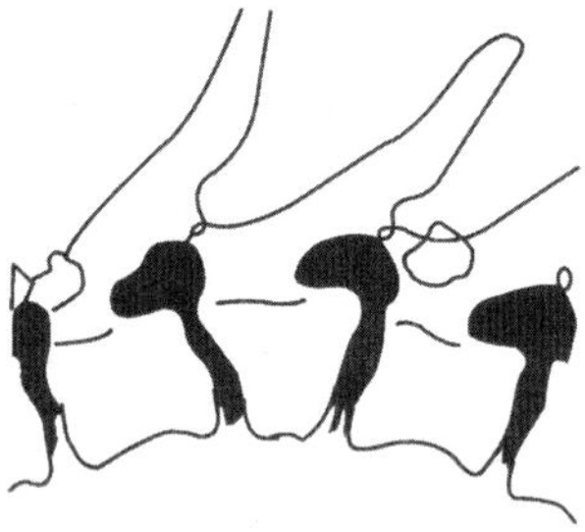

图7-13 犬胸椎半椎体

图7-14 犬腰椎椎体融合

四、脊柱裂(spina bifida)

脊柱裂是脊椎两侧的椎弓不融合，于棘突处形成不同程度的裂隙。多见于斗牛犬和Manx猫，可能与遗传有关。如无脊膜膨出，则多无临床症状。腹背位X线显示椎弓中央有裂隙，棘突不融合者可见患椎有2个棘突。侧位则显示患部椎管横径增加。脊髓造影检查可显示造影柱分叉，提示脊髓变宽。脊膜膨出者可见局部有软组织块影。

五、椎间盘疾病(intervertebral disk disease)

(一)定义与病因

椎间盘硬化是组成椎间盘的髓核和纤维环发生钙化的一种退行性疾病。多发于1岁以上的软骨营养障碍犬。临床症状不明显，X线显示单个或多个椎间隙处高度致密的钙化影。

椎间盘突出则是犬的一种重要脊柱疾病，常由于外力作用于退化变性的椎间盘，导致椎间盘纤维环撕裂、髓核突出进入椎管，造成脊髓、脊神经或神经根压迫并出现相应的临床症状。

(二)临床与病理

椎间盘突出以腊肠犬、比格犬、西班牙可卡犬、北京犬和小贵妇犬多发。发病部位多见于后段胸椎和前段腰椎。后段颈椎的椎间盘突出则多见于杜伯曼犬、德国大丹犬等大种犬。

软骨营养障碍犬椎间盘的生化和形态学变化最早始于4月龄，至1～3岁时则进一步发展。其变化过程主要表现为髓核丢失水分，代之以软骨样组织并发生钙化。纤维环变性后很容易破裂，变性的髓核经破裂的纤维环而突出。临床急性超急性发生，以剧痛、轻瘫和麻痹为特征。重者出现四肢瘫痪或截瘫，括约肌松弛，病灶后的部位无痛觉。

(三)影像学表现

X线平片显示椎间隙狭窄，椎间孔形状与大小改变，椎管中有椎间盘脱出的致密阴影。椎间隙呈楔状，背侧端较腹侧端狭窄。但有20%～30%的椎间盘突出在X线平片上不显示有任何异常。

脊髓造影检查可准确地确定椎间盘突出部位。椎间盘突出显示为硬膜外病灶，脊髓受压移位(图片 7-5)，造影剂在椎管内的柱状影像向背侧突起或分布中断。

六、脊椎炎和椎间盘脊椎炎(spondylitis and diskospondylitis)

(一)定义与病因

脊椎炎是脊椎发生感染的结果。脊椎炎可由肾、卵巢或子宫感染的直接扩散，异物迁移，外伤所致。

椎间盘脊椎炎则是椎间盘和椎体感染，以中幼龄大型公犬的胸腰椎多发，其主要病因是血源性感染、椎间盘手术后感染和脊椎炎继发感染等。最常见的病原体是中间型葡萄球菌，另有链球菌、绿脓杆菌、大肠杆菌、溶血性巴氏杆菌也可引起感染。真菌也可引起感染但不常见。

(二)临床与病理

大多数病例是由微生物经血液传播引起，它们可来自皮肤、尿道和心脏。转移至椎体后则寄居于椎体骨骺内的血管袢中，引起脊椎或/和椎间盘发炎。脊椎炎时以骨膜反应为特征，发生骨膜骨化形成新生骨。椎间盘脊椎炎则主要引起与受侵椎间盘相邻的椎体终板溶解。由于新生骨和纤维组织增生压迫脊髓，引起神经机能障碍。本病的好发部位有胸部中段脊椎、胸腰结合部、C6—C7 和 L7—S1。发病的动物常见感觉过敏、高跷步态、驼背或颈部僵直。重者后躯麻痹或瘫痪，常伴随发热等全身症状。本病常见于大型犬，公、母的发病比例为 2∶1，中年犬的发病率最高。

(三)影像学表现

脊椎炎的 X 线表现为一个或多个椎体出现异常骨膜新生骨反应，尤其是在椎体的腹侧和外侧明显(图 7-15)。

椎间盘脊椎炎的早期 X 线表现为椎间隙的椎体端异常骨质破坏，椎间隙增宽或塌陷(图 7-16)。后期则显示椎体端骨质硬化，椎间隙塌陷，椎体有骨赘形成，严重者甚至椎体融合。

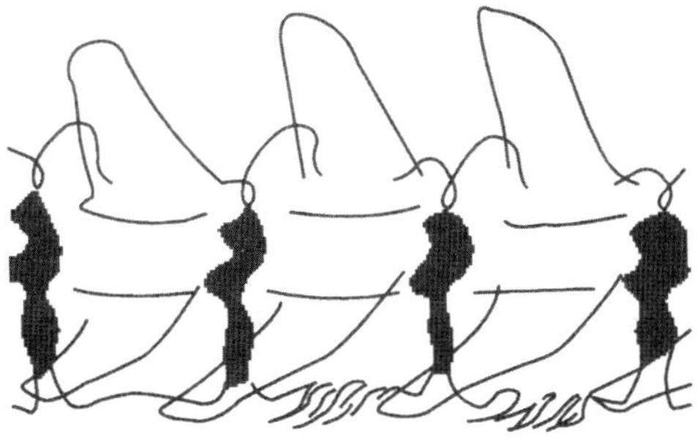

图 7-15　犬腰椎脊椎炎

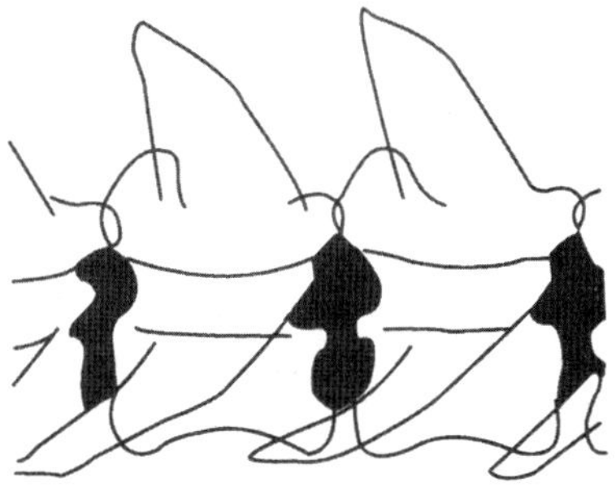

图 7-16　犬腰椎椎间盘脊椎炎

七、变形性脊椎关节硬化(spondylosis deformans)

(一)定义与病因

变形性脊椎关节硬化是以相邻椎体的椎间隙腹侧形成骨赘、甚至形成骨桥为特征的一种常见慢性退行性疾病。多发于中老龄大犬的胸腰椎和腰荐椎。其病因尚未清楚，可能与脊柱段的运动性增加，椎间盘、韧带疲劳有关。也可继发多种脊柱疾病。一般无临床表现，仅在脊髓或神经根受压时，才表现脊柱僵硬、灵活性降低等症状。

（二）临床与病理

本病的发生可能与年龄的增长和脊柱遭受外伤有关。外层纤维环的破坏导致椎间盘与椎体终板的连接减弱，继而发生椎间盘向腹侧突出并与前纵韧带接触，在椎体与韧带连接处有骨赘形成。骨赘主要在椎体腹侧和两侧面生长，所以很少压迫脊髓和神经，故多数不见临床症状。若有骨赘进入椎管内则会引起疼痛和神经障碍。

（三）影像学表现

X线表现为单个或多个椎体的椎间隙处骨质增生或骨赘形成。骨赘样突起多发生于椎体的腹侧和外侧。严重者腹侧新生骨跨越椎间隙，融合成骨桥（图7-17和图片7-6）。

本病所引起的骨刺外观上呈良性发展，新生骨起源于椎体两端骨骺，与脊椎炎新骨增生活动性、侵犯性强并涉及整个椎体有重要区别。犬血色食道虫病时，除第8～13胸椎腹侧骨质增生外，常伴有食道壁肿块。猫维生素A过多症时，骨质增生既可发生于颈、胸、腰椎，又可见于一些长骨和四肢关节周围等。

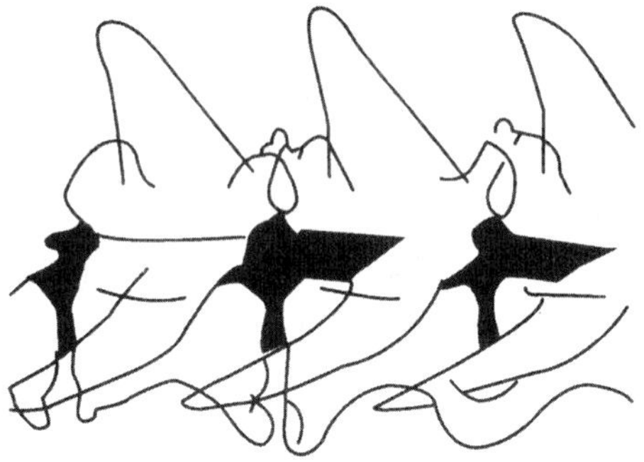

图7-17 犬腰椎变形性脊椎关节硬化

八、脊椎骨髓炎(vertebral osteomyelitis)

脊椎骨髓炎是由血源性感染或邻近软组织感染蔓延引起椎骨组织感染。可发生细菌性脊椎骨髓炎和霉菌性脊椎骨髓炎，以犬前段腰椎多发。主要X线表现为单个或多个脊椎出现形状不规则、边界不清的骨质破坏与骨质增生硬化，异常骨膜新生骨反应。感染可侵犯脊膜，引起脊膜炎。

九、脊椎肿瘤(neoplasia of spine)

（一）定义与病因

脊椎肿瘤包括脊椎、脑脊膜、脊神经根和/或脊髓的原发性或继发性肿瘤。目前发病原因仍不清楚，猫的淋巴瘤与猫白血病病毒有关。

（二）分类

1. 脊椎肿瘤按肿瘤的种类，可分为三类：

（1）神经源性肿瘤，如星形细胞瘤、室管膜细胞瘤、神经根神经纤维肉瘤等。

（2）骨与脊髓周围软组织原发性肿瘤，如椎骨肉瘤、脑膜瘤等。

（3）直接侵犯神经组织或其周围组织的转移性肿瘤，如转移性腺癌、血管肉瘤、淋巴肉瘤等。

2. 按解剖部位，又可将脊椎肿瘤分为：

(1)脊髓内肿瘤，如星形细胞瘤、室管膜细胞瘤、侵犯脊髓实质的转移性肿瘤。

(2)脊髓外硬膜内肿瘤，如神经根神经纤维肉瘤、脑膜瘤。

(3)硬膜外肿瘤，如椎骨瘤、脊神经肿瘤等。

(三)影像学表现

脊椎肿瘤可发生于任何年龄的犬猫，中老年犬猫未必多发。脊椎肿瘤可急性或慢性发作。其临床表现视脊椎肿瘤的区域与范围而异。脊椎肿瘤多为局灶性，且并非对称性。临床可出现偏瘫、单瘫。

神经放射学是诊断脊椎肿瘤使用最多和最易做到的手段。虽然平片可显示多发性脊髓瘤、脊椎骨肉瘤和病理性骨折，但多仍需做脊髓造影检查证实诊断和判断预后。应全面做脊髓造影侧位、背腹位或腹背位 X 线照片，必要时还应做斜位投照。

脊髓内肿瘤时，所有投照位均显示脊髓扩大，髓内压迫处蛛网膜下腔变狭窄。脊髓外硬膜内肿瘤时，则至少有一个投照位显示为蛛网膜下腔增宽，压迫部椎管变狭窄，脊髓受压偏移。硬膜外肿瘤时，脊髓受压处蛛网膜下腔变狭窄、脊髓受压偏移。注意与椎间盘脱出相鉴别。

椎骨肿瘤可显示椎体骨质溶解、破坏呈虫蚀状，骨质增生，骨质破坏通常不涉及椎端和椎间盘间隙(图片 7-7)。

第八章　胸部疾病的影像检查

在兽医临床上对小家畜胸部的影像检查,特别是X线检查已十分普遍。随着现代影像技术的发展,在兽医临床上也已开始使用CT和MRI技术对小动物的胸部进行检查。胸部具有良好的自然对比,是X线检查的有利条件。CT密度分辨力高、无影像重叠,对细小病变的发现及显示病变的细节方面优于X线胸片。MRI检查对纵隔病变的定位和定性诊断价值较大,利用MRI的流空效应,使心血管成像,这有助于了解纵隔病变与心脏大血管之间的关系。

第一节　检查技术

一、X线检查

很多肺部病变可借助X线检查显示其部位、形状及大小,诊断效果明显,方法简单,因而应用最广,已成为诊断胸部疾病首选的、不可缺少的检查方法。

胸部的X线检查不仅对呼吸系统疾病的诊断有特别价值,而且对循环系统、消化系统(胸部食管)的某些疾病的诊断也有帮助。这是因为肺内含有空气,它与周围组织器官之间自然对比明显;对于体型较小的动物或小动物检查起来比较方便,可做正、侧位检查,对病变的发现率和诊断的准确性都比较高。体型较大的动物尤其是大动物则只能取站立姿势进行侧位检查,这难免出现影像重叠、清晰度差等问题。因此,胸部X线检查法在大动物的应用仍受到一定限制。

透视和摄影是小动物进行胸部X线检查的两种方法,具体选用哪种方法应根据临床需要而定。可先做透视进行一般检查,再用摄影做局部的详细检查。

(一)胸部透视

方法简单,可以在移动体位的情况下进行观察,并可观察呼吸时膈的运动及心脏和大血管的功能状态。缺点是不能发现微细病变,被检动物和工作人员接受的放射线剂量较大。

1. 透视前的准备。无论是对小家畜或是大家畜做透视,一般均应在专门的暗房中进行(如为带电视的影像增强装置则在明室中进行)。在动物带进暗房之前,应将动物身体清扫干净,以免污物干扰影像造成误诊。

透视者在透视前必须做好暗适应,这对透视检查和正确诊断都非常重要,也关系到检查者和X线机的使用安全。

2. 透视方法。对小家畜可进行自然站立的侧位透视,也可将动物两前肢向上提举,两后肢下垂直立姿势做背腹位、侧位和斜位透视;还可进行倒卧下的侧位、背腹位透视。大家畜只做站立状态下的侧位透视。由于侧位的影像重叠,当要决定病变存在于哪一侧时,须进行两个侧位的透视比较。因为投照物在荧光屏上的清晰度受投照物与荧光屏距离的影响,距离近者成像清晰，若在两侧位透视比较时，左—右侧位检查病变阴影清晰度高于右—左侧位检查，则病变在右侧肺内。

透视时应先浏览一下整个胸部和肺野的透明度，然后按一定顺序进行观察。先观察心脏的位置、形态、边界，进而观察肺门、后腔静脉、主动脉和横膈。对肺野和肺纹理的观察，若为背腹位检查，应从肺野的上方向下观察，再从肺野的外侧向心脏方向观察。侧位检查时，先从背侧开始向胸骨方向，然后从横膈向头侧方向观察。

大家畜的肋骨长而宽，侧位检查时两侧肋骨都在荧光屏上形成影像。因其密度较高会遮挡大片肺野，因此在检查时可通过改变动物姿势，将被遮挡的肺野暴露出来。这一过程应与曝光同时进行，此种方法也有助于检查心膈三角区内有无液体的存在。

透视用的 X 线机头上应装有可变孔隙遮线器，以便随时调节透视范围。

（二）胸部摄影

胸部摄影能更清晰地观察微细病变，动物接受的放射剂量低。但只为静态图像，影像重叠。

1. 胸部摄影的技术要求。由于呼吸运动胸部始终处于运动状态，除非在麻醉状态下，动物不会控制自己的呼吸动作，更不能与检查人员配合，所以给动物拍摄胸片多在呼吸的瞬间进行。因此为避免呼吸的影响而降低胸片的清晰度，胸部摄影的曝光时间应在 0.04 s 以下。一般中型机器的管电流可达 200 mA，曝光时间可以短到 0.04 s 以下，而小型机器达不到这个条件，故难以保证 X 线片的质量。所以有条件者应使用中型以上的 X 线机拍摄胸片。

滤线器可减少散射线在胶片上产生的雾影，动物胸厚超过 15 cm 时就应使用滤线器；如怀疑有较大面积的肺实变或胸腔积液时，应将胸厚标准降低为 11 cm。

2. 常规摄影体位。在小动物胸部摄影时，标准位置是左侧位或右侧位和背腹位。侧位投照时应将怀疑病变的一侧靠近胶片。拍摄侧位片时，动物取侧卧姿势，用透射线软垫将胸骨垫高使之与胸椎平行。颈部自然伸展，前肢向前牵拉以充分暴露心前区域，X 线中心对准第 4 肋间。拍摄背腹位 X 线片时，动物取腹卧姿势，前肢稍向前拉，肘头向外侧转位，背腹位能较准确地表现出心脏的解剖位置。腹背位投照时两前肢前伸，肘部向内转，胸骨与胸壁两侧保持等距离，胸骨与胸椎应在同一垂直平面。除标准位置外，还可以根据临床诊断需要拍摄站立或直立姿势的水平侧位、直立背腹位或腹背位以及背腹斜位片。

3. 大家畜胸部摄影。一般进行站立姿势下的水平侧位投照，摄影时注意将胶片中心、被照部位中心和 X 线中心束对准在一条直线上。由于大家畜的胸廓大，一次投照不可能把整个胸部拍全，因此可分区拍摄。如分别拍摄前胸区、后胸区或前胸区、中胸区和后胸区。在读片时再将它们拼接起来进行观察。对大家畜拍胸片要使用滤线器，尽量在吸气终末曝光，投照条件力求准确。

（三）造影检查

胸部的造影检查方法有呼吸系统的支气管造影和心血管系统造影。

1. 支气管造影。为通过支气管导管注入造影剂，非选择性或选择性地使两肺或某一肺叶显影的方法。可直接显示支气管的病变，如支气管扩张、狭窄及梗阻等。

2. 心血管造影。是将造影剂快速注入心脏或大血管，借以显示其内部的解剖结构、运动及血流情况的影像学检查方法。心血管造影检查可分为常规造影如右心造影、左心室造影和选择性造影如冠状动脉造影。数字减影心血管造影术所获得的影像，无心血管以外的组织结构影像干扰，可进行心脏大血管壁的形态、功能及腔内结构的运动和血流动力学研究。

二、CT 检查

CT 具有较普通 X 线片高 10 倍的密度分辨力，能将微小的、早期病变显示出来，可提供更多的诊断信息。对于肺及纵隔肿块、与胸腔肿块相关的脊柱和肋骨病变的评估均可用 CT 进行。

对胸部的 CT 检查可采用普通扫描（平扫），不施加任何特殊条件，对动物定位后直接进行扫描。先对全肺进行扫描，发现病变后再进行补充扫描。当平扫不能满足诊断要求时，如了解病变的血液供应情况、鉴别病变的性质等，可通过静脉快速注射造影剂后再进行扫描，即增强扫描。

通常将被检动物麻醉后取腹卧姿势，肢体不能在扫描平面内，对全胸或特定部位扫描。根据部位和动物体型来确定层厚，一般大型犬做全胸扫描时，层厚需 10 mm；小型犬为 3～5 mm 即可。胸部扫描应使用不同的窗技术，即要选择窗宽和窗位。包括：肺，窗位 700，窗宽 1 000；纵隔和胸壁的软组织，窗位 35，窗宽 500；骨，窗位 420，窗宽 15 000。

对病灶的观察包括大小、形状、边缘轮廓、所处位置及密度变化，也包括骨的增生性或溶骨性变化。由于动物处于麻醉状态，可出现通气不足和肺的坠积性充血，因此容易造成假象，在读片时应在综合考虑的情况下进行鉴别。

三、MRI 检查

MRI 检查不是胸部检查的常用方法，只作为 X 线和 CT 检查的补充。然而 MRI 具有很高的软组织分辨力，又有流空效应特点，不用造影剂也能显示出心脏及大血管，因此对纵隔肿瘤和心脏大血管病变具有很高的诊断价值。

第二节　胸部的正常 X 线解剖

家畜种类虽然不同，但其胸部结构基本一样，均以软组织、骨骼、纵隔、横膈、肺及胸膜组成。这些组织和器官在 X 线片上互相重叠构成胸部的综合影像（图片 8-1a，b）。然而不同的动物种类、不同的年龄之间也存在着解剖形态、位置和大小比例上的差异。

一、胸廓（thorax）

胸廓是胸腔内器官的支撑结构，保护胸腔器官免受侵害。X 线片上的胸廓是由骨骼结构和软组织结构共同组成的影像，在读片时不能忽略这些结构的存在及可能发生的病变。

（一）骨骼

骨骼构成胸廓的支架和外形，主要的骨骼有：

1. 胸椎（thoracic spine）。在侧位片上位于胸廓的背侧，排列整齐，轮廓清晰，椎间隙明显。

2. 胸骨（sternum）。在侧位片上位于胸廓的腹侧，密度稍低于胸椎。在正位片上胸骨与胸椎重叠。

3. 肋骨（ribs）。肋骨左右成对，为弓形长骨。在侧位片上常为左右重叠影像，近片侧肋骨影像边缘清晰，远胶片侧影像边缘模糊且影像增宽。在正位片上可见肋骨由胸椎两侧发出，上段平直，下段由外弯向内侧，影像不太清楚。在肋软骨钙化之前，肋骨末端呈游离状态。肋软骨钙化程度大致与年龄成正比，钙化形式有两种：一种是沿肋软骨边缘的条索状钙化，并与肋骨皮质相通；另一种是肋软骨内部的斑点状钙化。

（二）软组织

胸部的软组织主要有由背阔肌等构成的胸部肌群和臂后部肌群，X线表现为灰白的软组织阴影，有时会遮挡一部分前部肺叶。

二、心脏与大血管(heart and great vessels)

心脏的形态大小和轮廓因动物品种、年龄的不同而变化很大。就犬来说，胸深的动物（雪达犬、柯利犬和阿富汗犬）心脏影像在侧位片上长而直，约为2.5肋间隙宽，正位片上心脏显得较圆较小（图8-1a，b）；呈圆筒状宽胸动物（腊肠犬、斗牛犬）心脏影像在侧位片上右心显得更圆，与胸骨接触面更大，气管向背侧移位更明显，心脏宽度为3～3.5肋间隙宽，正位片上右心显得扩大而且更圆（图8-2a，b）。幼年动物的心脏与胸的比例比成年动物大，心脏收缩时的形态比舒张时小，但一般在X线片上不易显示。拍片时动物处于吸气状态，心脏较小（图8-3a，b）；呼气时则右心与胸骨的接触面增加，气管向背侧提升，心脏显得增大（图8-4 a，b）。

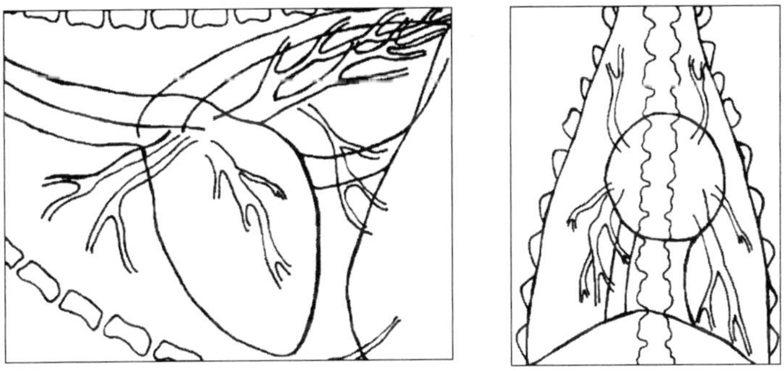

a　　b

a. 侧位，心脏显得窄而直立；b. 正位，心脏显得圆而小

图8-1　深胸犬的心脏形态

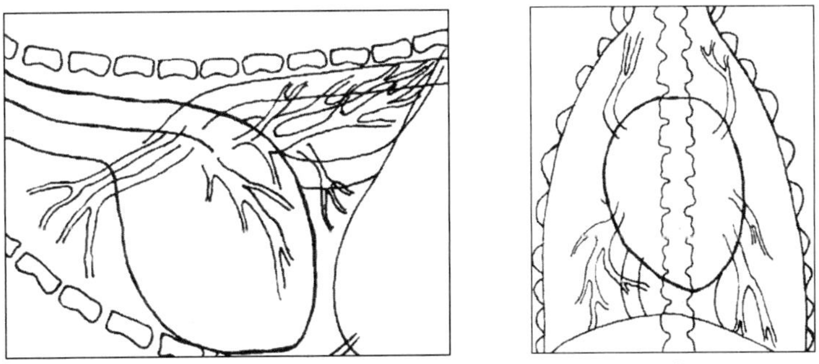

a　　b

a. 侧位，心脏显得较大，右心室更圆，气管与胸椎的夹角小；b. 正位，心脏显得大而圆

图8-2　浅胸犬的心脏形态

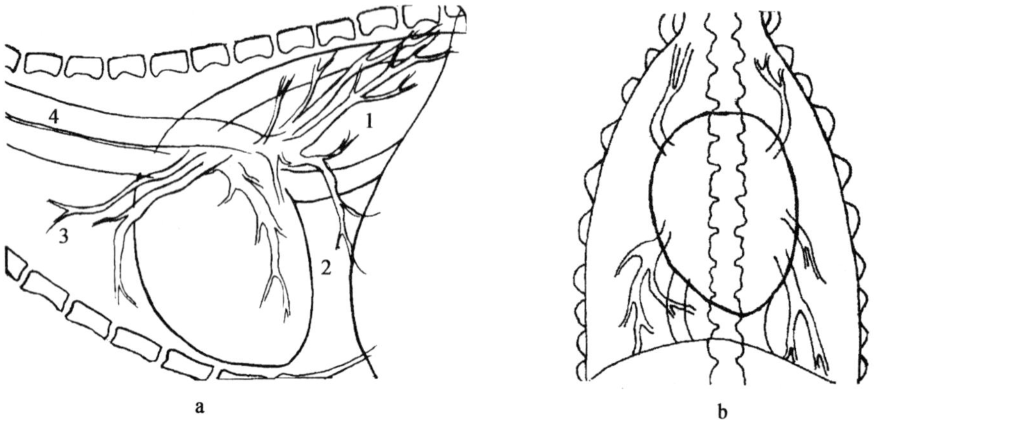

1. 椎膈三角区；2. 心膈三角区；3. 心胸三角区；4. 气管

a. 侧位，吸气时心脏显得小，心尖与膈之间距离较大；b. 正位，注意心脏大小及与膈的位置关系

图 8-3　吸气时的心脏形态

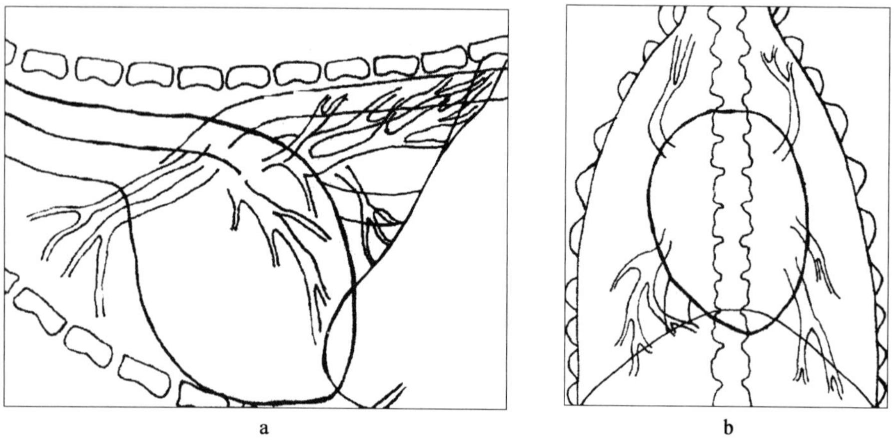

a. 侧位，呼气时心脏显大，右心与胸骨接触增加，心尖与膈重叠，气管向背侧提升；

b. 正位，注意心脏大小及与膈的位置关系

图 8-4　呼气时的心脏形态

犬侧位拍摄的心脏影像，其头侧缘为右心房和右心室，上为心房，下为心室，在近背侧处加入前腔静脉和主动脉弓的影像。头侧缘向下（即右心室）以弧形与胸骨接近平行，若在胸骨下有较多的脂肪蓄积时，心脏下缘影像将变得模糊，这在左侧位片上儿为明显。心脏的后缘由左心房和左心室影像构成，与膈影的顶部靠近，其间的距离因呼吸动作的变化而不同。心脏后缘靠近背侧（左心室）的地方加入了肺静脉的影像，从后缘房室沟的腹侧走出后腔静脉。心脏的背侧由于有肺动脉、肺静脉、淋巴结和纵隔影像的重叠而模糊不清。主动脉与气管交叉清晰可见，其边缘整齐，沿胸椎下方向后行（图 8-5）。

背腹位 X 线片上心脏形如歪蛋，右缘的头侧形圆，上 1/4 为右心房，向尾侧则为右心室和右肺动脉。心尖偏左，左缘略直，全为左心室所在，左缘近头侧的地方为左肺动脉。后腔静脉自心脏右缘尾侧近背中线处走出。

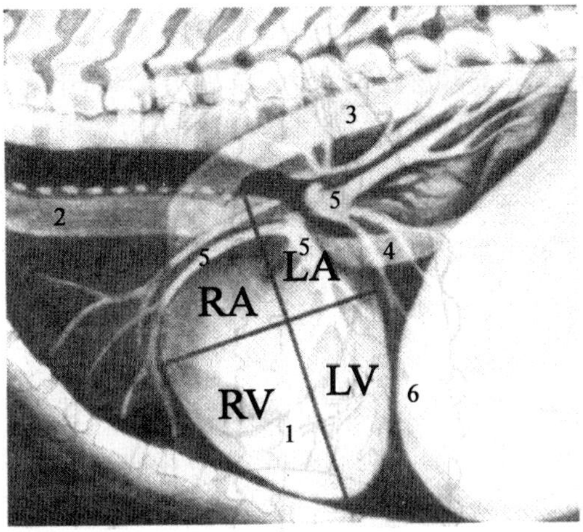

1. 心脏；2. 前腔静脉；3. 主动脉；4. 后腔静脉；5. 肺血管；6. 横膈
RA 右心房；LA 左心房；RV 右心室；LV 左心室
图 8-5　心脏与大血管示意图

三、纵隔(mediastinum)

在侧位片上，纵隔以心脏为界限可分为前、中、后三部分。前纵隔位于心脏之前，中纵隔将心脏包含在内，后纵隔则位于心脏之后。纵隔也可按经过气管分叉隆起的平面分为背侧部和腹侧部两部分。

在正位片上，前纵隔的大部分与胸椎重叠，其正常厚度不超过前部胸椎横截面的两倍。在肥胖的犬，由于脂肪在纵隔内堆积而增加了纵隔的宽度，有时易与纵隔肿块混淆，应注意鉴别，以免误诊。

犬和猫后纵隔的腹侧部分存有孔隙使两侧胸膜腔相通。另外纵隔与胸膜腔不同，纵隔不是一个密闭的腔，前面通过胸腔入口与颈部筋膜面相通；后面通过主动脉裂孔与腹膜后腔隙相通。因此这些部位的病变可能互相传播。

犬侧位胸片上的纵隔，前部以前腔静脉的腹侧线为下界，其内可见到气管阴影，如果食管内有气体存在或存有能显影的食物时，也能见到食管的轮廓。在腹背位或背腹位的胸片上，前腔静脉影像形成了右纵隔的边缘，左锁骨下动脉形成左侧纵隔影像的边缘。

纵隔内的器官种类很多，但只有少数几种器官在正常的胸片上可以显示，包括心脏、气管、后腔静脉、主动脉、幼年动物的胸腺。纵隔内器官或由于体积太小或由于器官之间界限不清、密度相同而不能单独显影。

四、肺(lung)

在胸片上，从胸椎到胸骨，从胸腔入口到横膈以及两侧胸廓肋骨阴影之内，除纵隔及其中的心影和大血管阴影外，其余部位均为含有气体的肺脏阴影，即肺野。除气管阴影外，肺的阴影在胸片中密度最低。透视时肺野透明，随呼吸而变化，吸气时亮度增加，呼气时稍微变暗。

侧位胸片上，常把肺野分为 3 个三角区(图 8-3a)。

（一）椎膈三角区

此三角区的面积最大，上界为胸椎横突下方，后界为横膈，下界是心脏和后腔静脉。三角形的基线在背侧，其顶端被后腔静脉切断。椎膈三角区内有主动脉、肺门和肺纹理阴影。

（二）心膈三角区

此区涵盖后腔静脉下方、膈肌前方和心脏后方的肺野。这个三角区比椎膈三角区小得多，几乎看不到肺纹理，其大小随呼吸而变化。

（三）心胸三角区

胸骨上方与心脏前方的肺野属于心胸三角区，此区一部分被臂骨和肩胛骨阴影遮挡，影像密度较高。在投照时应将两前肢尽量向前牵拉，否则臂部肌肉将遮挡该区，影响诊断。

在正位胸片上，由于动物的胸部是左右压扁，故肺野很小，不利于观察。一般将纵隔两侧的肺野平均分成3部分，由肺门向外分别为内带、中带和外带。

肺门是肺动脉、肺静脉、支气管、淋巴管和神经等的综合投影，肺动脉和肺静脉的大分支为其主要组成部分。在站立侧位片上，肺门阴影位于气管分叉处、心脏的背侧、主动脉弓的后下方，呈树枝状阴影。在小动物正位片上，肺门位于两肺内带纵隔两旁。多种肺部疾病可引起肺门大小、位置和密度的改变，也是心源性肺水肿的易发部位。

肺纹理是由肺门向肺野呈放射状分布的干树枝状阴影，是肺动脉、肺静脉和淋巴管构成的影像。肺纹理自肺门向外延伸，逐渐变细，在肺的边缘部消失。在侧位胸片上，肺纹理在椎膈三角区分布最明显。在正位片上观察可见肺纹理始于内带肺门，止于中带，很少进入外带。所以中带是评价肺纹理的最好区段。观察肺纹理时应注意其数量、粗细、分布和有无扭曲变形。

五、气管和支气管(trachea and bronchus)

气管由喉头环状软骨后缘向后延伸，经颈部腹侧正中线在胸腔入口处进入胸腔，然后进入前纵隔后行，在心基部背侧分成两条主支气管进入左右肺。

气管在侧位片上看得最清楚，在颈部它几乎与颈椎平行，但到颈后部则更接近颈椎。进入胸腔后，在胸椎与气管之间出现夹角，胸椎向背侧而气管走向腹侧。

气管的影像特征为一条均匀的低密度带，其直径相对恒定(图8-3a)。在小动物，气管的变化受呼吸的影响不大，所以管径也无变化。头部过度伸展会时胸腔入口处气管变窄，为避免与相关疾病混淆，在拍片时应注意摆位姿势，不可造成人为假象。

气管在颈部的活动范围不大，但在前纵隔内有较大的活动度，所以一些纵隔占位性病变会使气管的位置偏移，这在正位片上观察更清楚。在正位片上气管处于正中偏右，偏移的程度在一些体型较短品种的犬就更明显。有时在一些老年动物还可见气管环钙化现象。

支气管由肺门进入肺内以后反复分支，逐级变细，形成支气管树。支气管在正常X线片上不显影，可通过支气管造影技术对支气管进行观察。

六、膈(diaphragm)

膈是一层肌腱组织，位于胸腔和腹腔之间。在透视下观察膈的运动清晰可见，它是呼吸运动的重要组成部分，其运动幅度因动物种类不同而异，一般为0.5～3.0 cm。膈呈圆弧形，顶部突向胸腔。

背腹位片膈影左右对称，圆顶突向头侧接近心脏，与心脏形成左右两个心膈角。外侧膈影向尾侧倾斜，与两侧胸壁的肋弓形成左右两个肋膈角。侧位检查时，横膈自背后侧向前腹侧倾斜延伸，表现为边界光滑、整齐的弧形高密度阴影。

横膈的形态、位置与动物的呼吸状态有很大关系，吸气时，横膈后移，前突的圆顶变钝，呼气时横膈向前突出(图 8-5)。另外动物种类、品种、年龄和腹腔器官的变化都会影响横膈的状态。

第三节 胸部病变的基本 X 线征象

一、胸廓

(一)软组织包块

胸壁发生的突出性肿胀以及乳腺、乳头等都可以在胸部 X 线片上形成软组织密度的包块影像，使该区肺的透明度降低。对于经产母犬或哺乳期的动物做背腹位投照时可在两侧心膈角部见到乳房及乳头的影像。

(二)胸壁肿胀

在小家畜背腹位检查时，若胸壁发生水肿或严重挫伤，可见胸壁软组织层次不清，皮下脂肪层消失。

(三)胸壁气肿

胸壁外伤导致肋骨骨折刺透胸膜而形成气胸时，气体可窜至胸壁软组织间，形成胸壁气肿。在 X 线下见皮下或肌间有线条状或树枝状透明阴影(图片 8-2)。

(四)肋骨

肋骨的病变包括肋骨局部密度增高，多见于肿瘤、细菌性骨髓炎、肋骨骨折愈合期或异物存留；局部密度降低，常发生于骨折、肿瘤和骨髓炎；局部肋间隙密度降低，当发生穿透性创伤时可见肋间隙增宽，密度低于邻近组织，此时可能伴有肋骨骨折或胸膜穿透，若发生产气菌感染也会出现肋间密度降低，但形状规则。

二、肺部

肺部发生疾病后会产生各种病理变化，而 X 线影像则是对其病理变化的反映。病理变化的性质不同，表现出的 X 线影像也不同。

(一)渗出性病变(exudative lesion)

多见于肺炎的急性期，炎性细胞及渗出液代替空气而充满于肺泡内，同时也在肺泡周围浸润。当炎症发展到一定阶段时，肺组织出现渗出性实变。造成渗出性实变的液体可以是炎性渗出液、血液或水肿液，可见于肺炎、渗出性结核、肺出血和肺水肿等。病变区域可以互相蔓延，所以在正常与病理组织间无明显界限。实变区域大小、形状不定、多少不等。在 X 线片上渗出性病变的早期，表现为密度不太高的较为均匀的云絮状阴影，边缘模糊，与正常肺组织无明显界限，称为软性阴影(图片 8-3)。发生实变后阴影密度增加，一般阴影中心区密度较高，边缘区淡薄(图片 8-4)。以浆液性渗出或水肿为主的实变密度较低;以脓性渗出为主的实变密度较高;以纤维素渗出为主的实变密度最高。当实变扩展至肺门附近,则较大的含气支气管与实变的肺组织形成对比,因而在实变的影像中可见到含气的支气管分支影,称支气管气象或空气支气管征(air bronchogram)。

(二)增殖性病变(proliferation lesion)

在急性肺炎转变成慢性炎症过程中,肺泡内的炎性渗出物被上皮细胞、纤维素和毛细血管等代替而形成肉芽组织增生性病变。这种结节样病变在奶牛肺结核的中、后期常常出现,也可在肺外伤性出血机化过程中见到。增殖性病变形成的影像密度比渗出性阴影高,因而影像浓厚,由于病变进展缓慢,病灶常为孤立型,病灶界限分明,没有明显的融合趋势。在 X 线下表现为斑点状或梅花瓣状的阴影,密度中等,边界清楚。

(三)纤维性病变(fibrotic lesion)

纤维性病变在病理上为肉芽组织被纤维组织所代替或被纤维组织所包围,是肺部病变的一种修复愈合的结果,原病灶形成瘢痕。小范围的纤维性病变多为肺的急性或慢性炎症病变愈合的结果,X 线表现为局限性的条索状阴影,密度较高,边缘清楚锐利,称为硬性阴影。较广泛的纤维性病变是由于肺部慢性炎症反复发作,病变被纤维组织所代替后,肺组织收缩呈致密的、边缘清楚的块状阴影。如病变累及一叶或一叶大部时,可使部分肺组织发生疤痕性膨胀不全,则呈大片状致密阴影,密度不均,其中可见条索状及蜂窝状支气管扩张的影像。

弥漫性纤维性病变的范围广泛,以累及肺间质为主,X 线表现为不规则的条索状、网状或蜂窝状阴影自肺门向外延伸,多见于慢性支气管炎。

(四)钙化病变(calcified lesion)

钙化病变是由于组织的退行性变或坏死后钙盐沉积于病变破坏区内所致。钙化为病变愈合的一种表现,常见于肺和淋巴结的干酪性结核灶的愈合阶段。某些肿瘤、寄生虫病等也可产生钙化。另一种钙化为钙磷代谢障碍引起的血钙增高,见于甲状旁腺机能亢进,长期大量服用维生素 D 等。

钙化灶在 X 线片上表现为密度极高的致密阴影。形状不规则、数量大小不等,可为小点状、斑点状、块状或球形,边缘清晰。

(五)空洞与空腔(cavitary lesion)

空洞是肺组织坏死液化,内容物经支气管排除后形成的,常见于异物性肺炎的病例。空洞周围的肺组织常有不同程度的炎性反应而形成不同厚度的空洞壁,空洞内可有液体。在 X 线下空洞多呈圆形结构,密度甚低,若洞内有液体则可见液状平面。依病理变化可分为三种类型:

1. 虫蚀样空洞。又称无壁空洞,是大片坏死组织内的空洞,较小,形状不规则,常多发,洞壁由坏死组织形成。X 线表现为实变肺野内多发小的透明区,轮廓不规则,如虫蚀状,见于干酪性肺炎。

2. 薄壁空洞。洞壁薄,由薄层纤维组织和肉芽组织形成。X 线表现为内壁光滑型透明区,内无液面,周围很少有实变影,常见于肺结核。

3. 厚壁空洞。洞壁较厚，空洞呈形状不规则的透明区，周围有密度较高的实变区。内壁光滑或凹凸不平，其中可见液平面。常见于肺脓肿、肺结核和异物性肺炎后期。

空腔是由局限性肺气肿、肺泡破裂等引起的肺部空腔，空腔内只有气体，没有坏死组织和其他病理产物，周围也没有炎性反应带。因此在 X 线下，空腔是一圆形或椭圆形的透明区，透明区内无其他结构，外壁很薄，周围多为正常的肺野。

（六）肿块状病变（massive lesion）

肺内肿块性病变可分为以下两种情况：

1. 瘤性肿块。又可以分成原发性和继发性两种。原发性者包括良性或恶性肿瘤，良性肿瘤生长慢、有包膜，X 线片上显示为边缘锐利的清晰的圆形阴影；恶性肿瘤生长速度快、无包膜、呈浸润性生长，X 线片上显示为边缘不规则、不锐利的圆形或椭圆形阴影，可见短毛刺征，因生长不均衡还可出现分叶征象；继发性肿瘤多由血行转移而来，在 X 线上呈多个大小不等的球形阴影（图片 8-5）。

2. 非肿瘤性肿块。常见于炎性假瘤、肺内囊性病变等，在 X 线片上均可呈密度增高的块状阴影，其密度均匀或不均匀，边缘清楚规则。要结合其他临床表现和临床资料做出正确诊断。

三、膈

膈的变化有以下几种类型。

（一）胸膜面膈影轮廓广泛性消失

膈影变得无法识别是由于在胸腔出现病变而使膈的影像失去正常对比所致，如两侧胸膜腔积液、肺膈叶广泛性病变等均可使肺的含气减少或不含气体而失去膈的对比。

（二）胸膜面膈影轮廓局限性消失

与膈相邻的胸腔内肿瘤、膈疝、肺膈叶局限性病变均可使膈影轮廓局限性消失。

（三）膈影形态的变化

形态的变化主要出现在膈顶，常见原因有横膈附近的胸腔肿块、裂孔处赫尔尼亚、胸膜炎症引起的粘连、肿瘤。

（四）膈影位置的变化

膈影前移的主要原因有肥胖、腹腔积液、腹痛、腹腔肿块或器官肿大、肝肿大及肿瘤、广泛性膈麻痹；膈影后移常见于呼吸困难和气胸。

四、纵隔

在胸片上，大部分纵隔是不显影的。但纵隔内所含的一些器官能够显示出来，据此可以辨认纵隔的大致轮廓。纵隔影像的常见变化包括纵隔移位、纵隔肿大和气纵隔。

（一）纵隔移位

单纯性纵隔移位是由于胸腔内一侧压力偏大或偏小造成的。在发生纵隔移位的同时可见纵隔内的组织结构也偏向一侧。出现胸腔内一侧压力增大的原因可能是胸内发生肿瘤将纵隔挤向一侧或在发生膈疝时腹腔内容物进入胸腔推压一侧纵隔偏向另一侧。

（二）纵隔肿大

纵隔肿大可能是生理性的也可能是病理性的。生理性纵隔肿大主要是因为青年犬的胸腺较大，使纵隔偏向左侧扩大，在腹背位X线片上，可在心脏的前方左侧见到向左扩大的三角形软组织阴影即胸腺的影像。此外在某些肥胖的小动物，由于纵隔内蓄积脂肪使得前纵隔变宽。病理性纵隔肿大可由纵隔炎、淋巴结病、食管扩张以及外伤所致的纵隔血肿引起。纵隔炎可由食管穿孔引起，也可能由于颈部的深层炎症沿筋膜面进入纵隔引发的。正常情况下，前纵隔淋巴结比较小，X线片不能显示，但肿大后或瘤变后的淋巴结可致纵隔肿大和移位，此时气管的位置会发生明显的变化。

（三）气纵隔

气纵隔是继发于气管或在食管损伤以后，气体进入纵隔形成的。由于气体进入纵隔，使纵隔内的结构如食管、头臂动脉、前腔静脉等都能比较清楚地显示出来。若进入纵隔的气体很多，压力较大，气体可向后进入腹膜外间隙，这时在腹部侧位片上可见到腹膜外有气体存在，有时在胸部和颈部皮下也可见到有气体存在。

五、胸膜腔

胸膜腔病变在X线上的表现主要有气胸和胸膜腔积液。

（一）气胸

空气进入胸膜腔则形成气胸，进入胸腔的气体改变了胸腔的负压状态，肺可被不同程度地压缩。气体可经壁层胸膜进入胸腔，如创伤性气胸、人工气胸及手术后气胸。气体也可因脏层胸膜破裂而进入胸腔，如肺破裂。X线片上由于气体将肺压缩，肺内空气减少，肺的密度比周围气体明显增高，可见压缩的肺脏与胸壁间出现透明的含气区，其中无肺纹理存在。在萎缩肺的周围出现密度极低的空气黑带。

侧位检查时，随动物的位置不同而有不同的影像特点。侧卧位时，在肺的周围有空气黑带区，心脏明显向背侧移位与胸骨分离（图片8-6）。如在动物站立侧位投照时，心脏的位置仍能保持正常，空气则集中在胸腔的背侧。

（二）胸腔积液

胸腔积液是指在胸膜腔内出现不同数量的液体。液体的性质在X线片上很难区分，可能是炎性渗出液、漏出液、血液或乳糜液。胸腔积液的X线征象与液体的量、投照体位有直接关系，如果液体量比较少，在水平直立腹背位检查时，由于液体积聚于肋膈脚而使肋膈脚变钝或变圆。当液体量比较大时，站立侧位投照时可见液平面和渐进性肺不张；腹背位投照时，心脏轮廓仍清楚，可见许多叶间裂隙，肺叶也被液体与胸壁分开，其间为软组织密度；背腹位投照时，心脏影像模糊不清，膈影轮廓消失，肺回缩而离开胸壁，整个胸腔密度增加；侧卧位投照时，由于心脏周围有液体存在，心影部分模糊或消失，胸腔密度增加，叶间裂隙明显，通常在胸骨背侧出现一扇形高密度区，此为液体积聚于胸腹侧所致。

第四节　胸部病变的X线表现与诊断

一、支气管炎(bronchitis)

(一)定义与病因

支气管炎是支气管黏膜表层或深层的炎症。支气管炎常发生于气候转变之时,如初春或秋冬之交,寒冷刺激导致支气管黏膜抵抗力减低,病原菌感染而致病;机械性或化学性刺激、某些传染病和寄生虫病等也可导致动物支气管炎的发生;此外,慢性心、肺疾病、全身性疾病(鼻疽、结核、白血病等)也可继发慢性支气管炎。各种家畜均可发生,以幼龄和老龄动物多见。临床上分为急性支气管炎与慢性支气管炎两种。

(二)临床与病理

临床上以咳嗽、流鼻液、呼吸困难、啰音不规则热为特征。严重时可出现阻塞性肺气肿病症、肺膨胀不全、支气管狭窄、支气管扩张等。

急性支气管炎的病理学改变,主要为支气管黏膜的充血、水肿,乃至出血。慢性支气管炎时,除上皮细胞变性、坏死脱落和白细胞浸润外,支气管黏膜上皮有显著的增生,使管腔狭窄,管腔中常有黏液或黏脓性分泌物。同时发生支气管周围炎。

(三)影像学表现

支气管炎在X线片上缺乏明显表现,而X线检查的目的主要是为了排除疾患,进行鉴别诊断。急性支气管炎时,肺组织和支气管的密度不发生明显的改变,有时可见肺纹理增重现象。在慢性支气管炎时,由于长期发炎的结果,肺纹理增粗、紊乱或肺门扩大,肺纹理增重,呈粗乱的条索状阴影。严重的慢性支气管炎,可见大支气管壁明显增厚,密度增高,管腔变得较为狭窄,内壁粗糙不平。在透亮的肺野和支气管内空气的对照及衬托下,显示两条平行的粗线条状的致密阴影,呈现明显的"双轨征"现象。增厚的支气管外壁亦表现粗糙不整。若病蔓延到细支气管和肺泡壁,则可呈现不规则的网状阴影。慢性支气管应与支气管肺炎、肺结核、马属动物气喘病相区别。

二、支气管扩张(bronchiectasis)

(一)定义与病因

支气管扩张是一种慢性支气管疾病,引起支气管内腔的局限性扩大。

严重的慢性支气管炎是发病的主要原因之一。也是肺内长期炎症的结果。支气管扩张的主要发病机制是:①慢性感染引起支气管壁组织的破坏;②支气管内分泌物淤积与长期剧烈咳嗽,引起支气管内压增高;③肺不张及肺纤维化对支气管壁产生的外在性牵拉。这3个因素互为因果,促成并加剧支气管扩张。

(二)临床与病理

支气管扩张的主要症状是咳嗽。常有呼吸道感染及反复发热。支气管扩张可两肺弥漫存在,亦可局限于一侧肺、一叶肺或一个肺段。

支气管扩张可分为圆柱状支气管扩张和囊状支气管扩张以及混合型 3 种类型,在支气管造影检查下可以准确判断。

圆柱状支气管扩张(cylindrical bronchiectasis)是支气管内壁的整个管腔受到慢性感染所致,其病理变化为支气管壁的组织变性和破坏,或支气管内分泌瘀积引起支气管内压增高,致使支气管的整个内腔发生均等性扩张。

囊状支气管扩张(sacculated bronchiectasis)是支气管的一种不均等性的袋状不规则扩张,支气管壁的侧方呈囊状突出。常为多个薄壁空腔,其中可能有液体。

(三)影像学表现

为正确诊断支气管扩张,必须进行支气管造影检查。造影可以确定支气管扩张的部位、范围和类型(图片 8-7)。常规透视和平片往往不易明确其病变。过去均首先做胸部平片检查,然后根据情况确定是否选用支气管造影。

早期轻度支气管扩张在平片上可无表现,较明显的支气管扩张在平片上可以发现某些直接或间接征象。

1. 肺纹理改变。支气管及肺间质的慢性炎症引起支气管壁增厚及纤维增生,表现为肺纹理增多、紊乱或呈网状。扩张而含气的支气管可表现为粗细不规则的管状透明影,扩张而有分泌物的支气管则表现为不规则密度增高阴影。囊状扩张可表现为多个薄壁空腔,其中可有液平面。

2. 肺内炎症。在增多、紊乱的肺纹理中可伴有小斑片状模糊影。

3. 肺不张。病变区可有肺叶或肺段不张,表现为密度不均三角形致密影,多见于中叶及下叶。肺膨胀不全可使肺纹理聚拢。

支气管造影可以确定支气管扩张的部位、范围及类型,为手术治疗提供重要资料。圆柱状扩张,造影表现为支气管腔粗细不均、失去正常时由粗渐细的移行状态,有时远侧反较近侧粗,柱状支气管扩张的管径,在大动物可达 1 cm,甚至更大;囊状扩张,表现为末端呈多个扩张的囊,状如葡萄串,对比剂部分充盈囊腔,在囊内形成液平面;混合型扩张,表现为柱状和囊状扩张混合存在。

三、支气管哮喘(bronchial asthma)

(一)定义与病因

支气管哮喘是一种以支气管发生可逆性阻塞为特点的疾病。主要是由于过敏性因素所致的支气管阵发性痉挛所致,犬、猫等中小动物可有发生。

(二)临床与病理

临床上支气管哮喘表现为发作性气急、咳嗽和肺内可闻喘鸣音,最明显的特征是症状与体征的可逆性。于缓解时期患畜既无症状又无体征,与正常时无异。病理变化是以支气管平滑肌痉挛、支气管黏膜分泌亢进和支气管黏膜肿胀为主。病理的特征是支气管内气流阻力在一定的时限内变化显著。多数患畜发病与支气管产生变态反应有关。

(三)影像学表现

一般单纯支气管哮喘的 X 线检查无特异性发现。仅于发作时呈过度充气状态。反复发作的病畜由于肺泡内压力升高,肺泡扩大、肺泡壁萎缩及破裂,最后导致肺气肿改变。照片显示肺野透亮度增高，往往以肺野外围或下肺野更为明显。如合并肺大泡、则大泡部位透亮也较明显，肺纹理一般减少。有的病例因合并肺间质纤维化，可显肺纹理增多。胸廓显示增宽、肋骨变平、肺尖部变圆。侧位照片显示胸椎向后弯曲、胸骨前凸、胸部前后径明显增加呈“筒状胸”。膈肌位置低而平，肋膈角增大、膈肌运动减弱。心脏后移。

四、肺气肿(pulmonary emphysema)

(一)定义与病因

肺气肿分肺泡气肿和间质性肺气肿两种，这里主要叙述肺泡气肿。

肺泡气肿按发病快慢及病程可分为急性肺泡气肿和慢性肺泡气肿。急性肺泡气肿是指肺组织弹性一时性减退，肺泡极度扩张，充满气体，容积增大。急性原发性弥漫性肺泡气肿主要病因是由于急剧使役或长期重役。老龄马骡，肺泡弹性降低，更易发生。也常继发于弥漫性支气管炎、上呼吸道狭窄及持续性痉挛性咳嗽。

慢性肺泡气肿，又称气喘病，是肺泡持续扩张，肺泡弹性丧失，造成肺泡壁、间质组织、弹力纤维萎缩直至崩解的一种慢性肺病。发病原因通常认为是急性肺泡气肿的结果。

间质性肺气肿系指肺泡、漏斗和细支气管发生破裂，气体窜入肺小叶间质而发生的一种肺病。起因于吸入刺激性气体、肺脏被异物刺伤，以及肺线虫损伤等。在马，多由于重剧使役、奔驰、冲击、呛水、长途运输及剧烈咳嗽等引起肺泡破裂而发病。

(二)临床与病理

急性肺泡气肿表现为突然发病，主要症状是呼吸困难、咳嗽、结膜发绀、胸部叩诊呈广泛的过清音，叩诊界后移1～2个肋间，严重可达肋骨弓。听诊有啰音。慢性肺泡气肿主要表现为高度呼吸困难和两段呼气，并在肋弓处出现息痨沟(喘线)。间质性肺气肿常突然起病，迅速呈现呼吸困难，甚至窒息危象，肺叩诊呈过清音或鼓音，但肺界一般正常，颈部、肩部甚至全身皮下气肿，触诊可有捻发音。

肺泡气肿，一是由于支气管或细小支气管的不全阻塞产生活塞作用，空气能被吸入而不能完全呼出，致使该支气管所分布的肺泡内的空气越积越多，肺泡过度充气而膨胀，形成肺气肿，即阻塞性肺气肿；二是由于一部分肺组织失去呼吸功能，而健康的肺组织加倍工作，以维持机体的正常呼吸所致的局限性非阻塞性肺气肿，即代偿性肺气肿。多个肺泡壁破裂，可合并形成较大的含气空腔，称为肺大泡(bullae)。根据其发病原因、病变性质及分布范围可分为广泛性肺气肿、一侧性肺气肿和代偿性肺气肿。肺气肿常见于马类动物气喘病、牛非典型性间质性肺炎、黑斑病甘薯中毒和猪气喘病等，另外在乘马、赛犬和猎犬的靠近膈肌的肺野常出现代偿性肺气肿。

(三)影像学表现

肺气肿的X线表现为肺野透明度显著增高，显示为非常透亮的区域，膈肌后移，且活动性减弱。气肿区的肺纹理特别清楚，并较疏散。吸气和呼气时肺野的透明度变化不大。小动物发生广泛性肺气肿时，背腹位上可见胸廓呈筒状，肋间隙变宽，膈肌位置降低，呼吸动作明显减弱。

一侧性肺气肿时，则纵隔被迫向健侧移位。在站立侧位时可见膈肌后移，膈圆顶变直，椎膈角变大，肋间隙变宽，呼吸运动亦明显减弱。有时在可以看到在透明区周围由于被肺大泡挤压而引起部分不张，肺纹理相互靠拢，透明度减低。

代偿性肺气肿，在X线下，除原发病部位密度增加的阴影外，其余的肺组织透明度增高，如果原发病变为一侧性，于背腹位观察时，则健侧透明度增高，纵隔向对侧移位。

间质性肺气肿，一般肺内无改变，膈、心脏和大血管外缘呈窄带透亮影，颈部或胸壁皮下小泡状透光区，可有肌间隙透光增宽。

五、肺水肿(pulmonary edema)

(一)定义与病因

肺水肿是由于液体从毛细血管渗透至肺间质或肺泡内所造成。其主要因素有：①毛细血管压力的改变；②毛细血管的通透性改变。

肺水肿的最常见病因是毛细血管压增高，绝大多数因左心疾患所造成的肺静脉回流障碍而引起。左心衰竭而右心功能正常是引起肺水肿的主要原因。

毛细血管通透性的改变是引起肺水肿的另一个重要原因。大多是由于血管损伤所引起。产生这种改变的体内因素为低血氧、贫血、低蛋白血症等，可由肾小球肾炎和菌血症等所产生的毒素以及对某些药物的过敏性反应等引起；体外因素包括各种吸入性病变，如吸入各种毒气和酸性胃液等。

此外，由胸部淋巴管或淋巴结病变所造成的淋巴液引流障碍可以促进肺水肿的形成，但一般不是引起肺水肿的单独因素。

(二)临床与病理

病理学上可将肺水肿分为间质性肺水肿和肺泡性肺水肿两类，往往两者同时存在而以其中一类为主。从临床上，可以将肺水肿分为急性肺水肿和慢性肺水肿两类，间质性肺水肿多为慢性肺水肿，肺泡性肺水肿可为急性也可为慢性肺水肿。

(1)肺泡性肺水肿使肺的体积增大变实，在表面加压时形成陷窝。由左心功能衰竭所致者，肺水肿以在两肺下部和后方为显著，切面观肺组织浸满液体并从切面外溢，在单纯的肺水肿病例，液体呈白色，如有肺充血同时存在，液体呈红色或棕色。临床上，急性肺泡性肺水肿的典型表现为严重的呼吸困难和肺听诊水泡样啰音，一般伴有咳嗽并有大量的泡沫样痰。若为粉红色泡沫痰，同时患畜可有其他瘀血性心力衰竭现象，如全身性静脉压增高、肝脾肿大和周围性水肿等。

(2)间质性肺水肿大多见于心脏病患畜，是由于左心功能衰竭所引起的肺静脉和肺毛细血管高压的一种征象，是肺瘀血进一步发展的表现。由毛细血管渗出到肺组织的液体首先出现于间质部分。如果肺静脉高压的程度较轻或仅为暂时性，渗出液可以大部分存留在肺血管鞘层周围和小叶间隔内，其余部分分布于肺的间质组织内。

(三)影像学表现

1.肺泡性肺水肿的X线表现主要是腺泡状增密阴影、代表一组肺泡为渗出液体所充填。但在大多数的病例中，这些阴影已相互融合而成为片状不规则模糊阴影，可以见于一侧或两侧肺野的任何部位，但以围绕两肺门的两肺野的内、中带较为常见。如果水肿范围较广，则往往显示为均匀密实的阴影，中间可以看见含气的支气管影(图片8-8)。

2.间质性肺水肿X线表现较为特殊。肺血管周围的渗出液可使血管纹理失去其锐利的轮廓而变得模糊，并使肺门阴影变得亦不清楚。小叶间隔中的积液可使间隔增宽，形成小叶间隔线，即 Kerley B 线和 Kerley A 线。

Kerley B 线常见于二尖瓣狭窄病例，以在两侧下肺野肋膈脚区显示最为清楚，与胸膜垂直，在肋膈脚区呈横行走向，在膈面上呈纵行走向。B 线也可见于两肺中、上肺野的外带，亦呈横向走行。

Kerley A 线较 B 线少见，多出现于肺野中央区，显示为细而增密的线条状阴影，较 B 线为长，往往略呈弧形，或有屈曲现象，斜向肺门，与 B 线的横行和纵行方向不同。间质性肺水肿以在慢性左心功能衰竭的病例中最为常见。在这类病例中，于胸片上除见有上述的肺门阴影模糊、边界不清、肺纹理模糊、Kerley B 线和 A 线以及肺野的透亮度和清晰度减低外，还有可能会见到下列改变：①心影一般有增大现象，但在心肌梗死的病例中可不明显；②胸腔内可行少量积液存在，以致使肋膈脚区和肺基底部的 B 线不易察出；③可见有肺动脉高压征象，即两上肺野的静脉阴影的宽度显示正常或增粗，而下叶肺静脉的宽度往往变窄，称之为“鹿角征”或称为“倒八字征”。间质性肺水肿一般多随着慢性肺瘀血的发展而产生，故两者之间不易划清明显的界限。

经过适当的治疗，肺瘀血和肺水肿可于短期内即行减轻以至消失。

六、肺不张(pulmonary atelectasis)

(一)定义与病因

肺不张也称肺膨胀不全，是由于支气管完全阻塞，肺泡内的气体被吸收后而引起的肺萎陷和容积缩小。

(二)临床与病理

先天性局限性肺不张，动物可无明显症状，但如果发生一侧肺脏或一大叶发生肺不张，则可能出现呼吸困难，于病侧肺野叩诊呈浊音。

当主支气管或小支气管发生完全阻塞时，肺泡内的气体被完全吸收而实变，沿此支气管分布的肺脏即发生肺不张。

(三)影像学表现

X 线表现为患肺呈密度增高的阴影。其部位和范围取决于被阻塞支气管的大小和部位。如果一侧主支气管阻塞，可引起一侧性肺不张，患侧肋间变窄，横膈及纵隔向患侧移位。如果为多发性的小叶肺不张，则显现多发斑块状致密阴影。一叶性肺不张，则呈三角形或扇形、尖端指向肺门的致密阴影(图片 8-9)。

七、小叶性肺炎(lobular pneumonia)

(一)定义与病因

小叶性肺炎是指肺小叶或小叶群的炎症。患病肺泡内充满浆液性、卡他性渗出物和脱落的上皮细胞，故又称卡他性肺炎(pneumonia catarrhalis)。因为病变常从支气管或细支气管开始，之后再向邻近的肺小叶群蔓延，所以也称支气管肺炎(bronchopneumonia)。

肺炎双球菌、链球菌、葡萄球菌和巴氏杆菌等为常见致病菌。热、化学、粉尘和过敏等因素亦可致病。受寒感冒、饲养管理和卫生条件不良等常为主要诱因。本病可为原发，也可为继发。

（二）临床与病理

支气管肺炎多由支气管炎和细支气管炎发展而来。肺泡病变以小叶支气管为中心经过终末细支气管延及肺泡，在支气管和肺泡内产生炎性渗出物。病变范围为小叶性呈散在性两侧分布，也可融合成片状。由于细支气管炎性充血水肿及渗出，极易导致细支气管不同程度的阻塞。可出现小叶性肺气肿或肺不张。亦可阻塞节段支气管造成节段性不张。支气管肺炎在小叶内可经孔氏孔及兰勃管蔓延，也可通过分隔不全的小孔间隔蔓延至邻近小叶，还可经支气管蔓延至邻近或远隔小叶。

本病发生多见于幼畜、老龄和体弱动物。在犬常继发于犬瘟热。患畜临床表现较重，多有高热，呼吸困难、流鼻液、咳嗽、有啰音。一般有白细胞增多症，嗜中性粒细胞增多，核左移。

（三）影像学表现

小叶性肺炎的X线表现，在透亮的肺野中可见多发的大小不等的点状、片状或云絮样渗出性阴影，多发生在肺心叶和膈叶，常呈弥漫性分布，或沿肺纹理的走向散在于肺野。支气管和血管周围间质的病变，常表现为肺纹理增多、增粗和模糊。小叶性肺炎的密度不均匀，中央浓密，边缘模糊不清，与正常的肺组织没有清晰的分界（图片 8-10 至图片 8-12）。大量的小叶性病灶可融合成大片浓密阴影（图片 8-13），称为融合支气管肺炎。X线上如像大叶性肺炎，但其密度不均匀，不是局限在一个肺的大叶，或大叶的一段，往往在肺野的中央、肺门区、心叶和膈叶的前下部，致心脏的轮廓不清，后腔静脉不可见，但心膈角尚清楚。在膈叶的后上部显得格外透亮时，表示伴有局限性肺气肿。

小叶性肺炎，在马属动物应与马气喘病和肺型马鼻疽做鉴别；在牛应与肺结核和牛肺疫做鉴别；在猪应与猪气喘病和猪肺疫做鉴别；在羊应与链球菌病和山羊传染性胸膜肺炎相区别。

八、大叶性肺炎（lobar pneumonia）

（一）定义与病因

大叶性肺炎是整个肺叶或肺大叶的一段发生急性炎症。以肺泡内充满大量纤维蛋白性渗出物为特征，又称格鲁布性肺炎（croupous pneumonia）。

大叶性肺炎的病原至今尚无一致意见。有人认为这是一种独特的非传染性疾病，病原菌主要是肺炎双球菌。另外，链球菌、葡萄球菌、巴氏杆菌、绿脓杆菌和大肠杆菌等也可引起。亦有人认为是一种过敏性疾病。还有人认为是一种传染性疾病，在马为病毒引起的传染性胸膜肺炎（马肺疫），在牛、羊和猪则为巴氏杆菌所致。引起本病最主要的诱因是受寒感冒，吸入粉尘和刺激性气体。

（二）临床与病理

在马属动物多采取定型经过，先是充血期，肺毛细血管扩张和充血，肺泡内有水肿和浆性渗出，其中有脱落的上皮细胞和大量白细胞和红细胞。继而进入红色肝变期，该期为肺泡内充满大量纤维蛋白、红细胞、白细胞、脱落上皮等渗出物，使肺发生实变而不含气体，形成肝样实变，呈红色或暗红色，病变继续演变进入灰色肝变期，肺泡内充满大量白细胞和纤维蛋白，使肺组织变成灰色。病变可进一步发展，进入消散期，肺泡内纤维蛋白渗出物被白细胞破坏时所产生的溶蛋白酶所溶解，由淋巴和血液吸收，部分被咳出。细胞碎屑被巨噬细胞带到区域性淋巴结。最后肺泡重新充气。

临床症状严重。体温升高，呈稽留热。流铁锈色或黄红色鼻液，有短弱的咳嗽。呼吸频数，叩诊有大片浊音或弓形浊音区。出现支气管呼吸音、啰音。心音亢进，以后减弱，脉搏加快并不与体温升高相适应。当体温升高 2～3℃或更高时，脉搏每分钟不过增多 10～15 次。一般出现白细胞增多症，嗜中性粒细胞增多，核左移。

（三）影像学表现

本病的病理过程十分典型，而且带有明显的阶段性，所以在其病理经过的各个阶段，具有较典型的 X 线表现。

1. 充血期。即发病数小时至一昼夜之间。此期可能无明显的 X 线征象。或仅可发现病变部的肺纹理略有增加、增重或增粗，肺部的透亮度稍降低。表示肺泡内有浸润和水肿。如果在临床上怀疑本病，或为了系统观察和研究，应定期进行 X 线复查。

2. 肝变期。病程 4～5 d，在病理上分红色肝变期和灰色肝变期，但 X 线检查不能区分各种肝变期，只能显示肺的实变。呈现为大片浓密阴影，密度均匀一致。其形态可呈三角形、扇形或其他不规则的大片状，与肺叶的解剖结构或肺段的分布完全吻合。其边缘一般较为整齐而清楚，但有的则较模糊。

肝变期 X 线呈现最典型的表现，在肺野的中、下部，相当于肺体的中下部，显示大片广泛而均匀致密的阴影。阴影上缘（背侧）呈弧形向上隆起为其特殊表现，此征可与叩诊出现的弓形浊音区符合。心脏及心膈三角区、后腔静脉等，皆因与病变重叠而不能显现。膈叶的大叶性肺炎时，显示肺门后上部的大片状广泛浓密的阴影，密度均匀一致，边缘模糊不清，此即所谓非典型性大叶性肺炎。当实变扩展至肺门附近时，在大片状均质性阴影中，含气支气管与实变的肺组织形成明显的对比，从而出现空气支气管征。肺段性大叶性肺炎在马属动物较为常见，多发生在肺膈叶的后缘部，呈三角形致密阴影，尖端朝向肺门为其特征。在大叶性肺炎时，肺膈叶的后缘可有局部透明度增高和膈后移的表现，表示有代偿性肺气肿的存在。大叶性肺炎见图片 8-14。

3. 消散期。大叶性肺炎通常在发病两周内即可消散和吸收，称为消散期。由于吸收的先后不同，X 线表现常不一致。吸收初期可见原来的肺叶内阴影，由大片浓密、均质，逐渐变为疏松透亮淡薄，其范围亦明显缩小。而后显示为弥散性的大小不等、不规则的斑片状阴影，最后变得淡如飞絮而全部消失。

但是近年来由于各种抗菌药物的广泛应用，往往使大叶性肺炎的发展受抑制，而失去典型临床经过和 X 线表现，此时应进行综合性诊断。另外，在大叶性肺炎时常常发生胸膜炎，伴发胸膜增厚和胸腔积液，在 X 线上亦有相应的改变。经过不良的大叶性肺炎，消散作用延迟，宜特别注意继发肺脓肿、肺坏疽和肺硬变等并发症。

猪的大叶性肺炎，以一侧膈叶或右肺尖叶较多发。发生在肺尖叶时以直立背胸位检查容易发现，尖叶区呈均质性致密的阴影，以叶间裂隙为界，与心叶的界限分明。发生在膈叶时，显示膈叶有大片状均匀致密阴影，其形态与肺叶的轮廓一致。当心叶有全叶性实变阴影时，应注意与猪气喘病相区别。在猪肺疫（巴氏杆菌病）时，可显示各肺叶的大支气管最为明显。猪的大叶性肺炎常并发胸膜炎，在 X 线上除有肺炎征象外，常可显示胸膜增厚和胸腔积液的 X 线征象。

犬大叶性肺炎在军犬及警犬中也常有发生，一侧性的居多。有时病变部相当广泛，可占据一侧肺脏，也可占据整个肺野(图片 8-15)，呈均质致密阴影。

九、吸入性肺炎(aspiration pneumonia，inhalation pneumonia)

(一)定义与病因

吸入性肺炎是由于误咽(药物或异物)所引起的肺部的急性炎症。通常发生于在给病畜灌药时误将药物灌入肺内，或全身麻醉或昏迷的病畜将呕吐物吸入肺内所致。

(二)临床与病理

主要症状为咳嗽、呼吸高度困难。两肺可闻及广泛的中小水泡音。发病急骤，于短时间内即出现心力衰竭的症状，严重时可有发绀及休克。患畜常由于极度衰竭而死亡。

吸入胃内液体物质引起的肺内反应，其轻重取决于吸入物性质及量。如吸入大量高度刺激性异物，死亡率将增加。进入肺内后对毛细血管壁造成直接损害作用，引起毛细血管壁的通透性增加，当毛细血管内大量液体渗出至肺间质和肺泡内时，则形成急性肺水肿。由于支气管痉挛、肺水肿、出血及肺表面张力的减低，可有严重的低血氧。

(三)影像学表现

由于吸入的异物沿支气管扩散，所以病初于肺野上部呈现沿肺纹理分布的小叶性渗出性阴影，即密度较淡的斑片状，云絮状阴影。随着病情的发展，小片状阴影发生融合，形成弥漫性阴影，而且密度多不均匀、边缘不清(图片 8-16，图片 8-17)。急性吸入性肺炎经过适当的治疗其 X 线征象可于数日内迅速消退。

十、真菌性肺炎(mycotic lung disease)

(一)定义与病因

真菌性肺炎是由于动物的生活环境中存有真菌和真菌孢子，通过呼吸道吸入而引起肺部感染。由于饲料存放时间过长、环境潮湿，极易造成霉菌大量繁殖，污染环境，生活在这种环境下的动物感染机会大大增加。

引起马、牛感染的真菌主要有烟曲霉菌(*Aspergillus fumigatus*)和青霉菌(*Penicillium*)等。引起犬发病的真菌有粗球孢子菌(*Coccidioides immitis*)、皮炎芽生菌(*Blastomyces dermatitidis*)、荚膜组织胞浆菌(*Histoplasma capsulatum*)、新型隐球菌(*Cryptococcus neoformans*)和黄曲霉菌(*Aspergillus flavus*)。

(二)临床与病理

上述霉菌的孢子在潮湿的环境下很容易发育，其适宜的温度为 37～40℃。因此在自然界中分布广泛。健康动物能抵抗在自然情况下存在的霉菌孢子的感染，当机体抵抗力减弱，或有其他病原微生物感染时则会同时发生真菌性肺炎。

肺部发生真菌感染后，真菌能刺激肉芽组织增生，形成肉芽肿性结节。结节大小不等，在结节中间有化脓灶，并混有霉菌丝。肉芽结节为多发性、散在分布。

患病动物的临床表现类似小叶性肺炎，咳嗽、流鼻液、呼吸困难，肺部听诊可见啰音。

(三)影像学表现

病的 X 线征象可见：

(1)肺实质浸润性病变,可见散在性或融合成片状的云絮状阴影。

(2)肺门周围分布有大小不等的粟粒状阴影,并向四周散播,阴影密度较高(图片 8-18)。

(3)在肺门处的结节经久后会发生钙化。

(4)结合临床及其他相关信息,应注意与肺结核和恶性肿瘤的肺转移进行鉴别。

十一、肺脓肿(pulmonary abscess)

(一)定义与病因

肺脓肿是由化脓性细菌引起的肺坏死性炎性疾病。早期发生化脓性炎症,然后出现坏死、液化,在液化坏死的同时常伴有肉芽组织和结缔组织增生而形成脓肿。脓肿可以单发,也可以多发,分急性和慢性两种。

发病原因可分为原发性和继发性。原发性肺脓肿的主要感染途径是吸入或投药不慎造成异物性肺炎;小叶性肺炎、大叶性肺炎或肺不张会引发继发性肺脓肿;另外邻近器官感染蔓延、其他器官化脓性炎症造成脓毒败血症后则可经血源感染。造成化脓性病变的主要细菌有链球菌、葡萄球菌、肺炎球菌和化脓棒状杆菌。

(二)临床与病理

发生化脓性感染后,肺实质在化脓细菌的作用下发生炎变,继而病变区坏死并液化,最后形成肺空洞。在肺脓肿空洞的周围有较厚的炎性浸润,如果肺脓肿发生在肺的表面,轻者可引起胸膜炎和胸膜粘连,重者脓肿破裂后则会导致脓胸或脓气胸。

发病动物的临床表现有体温升高呈弛张型、咳嗽、流恶臭鼻液、呼吸困难。如果脓液能够排出,空洞逐渐缩小,全身状况好转。空洞周围的炎性浸润也逐渐吸收。若病情未能控制,脓肿周围纤维组织增生,脓肿壁变厚而转为慢性脓肿。此时病畜有间歇性发热和持续性咳嗽。

(三)影像学表现

在急性化脓性肺炎阶段,肺内出现大小不等的致密阴影,边缘模糊不清,密度比较均匀,与一般肺炎无明显区别。病变中心组织发生坏死液化后,则在致密的实变区中出现含有液平面的空洞,呈现为圆形或椭圆形透亮区,大小不等,壁内缘光滑或不规则(图片 8-19)。

慢性肺脓肿时,周围炎性浸润大部被吸收,纤维结缔组织增生,表现为厚壁空洞。空洞壁清楚,多数空洞内有液平面。空洞周围有紊乱的条索状及斑片状阴影,少数空洞由于周围纤维组织的牵拉而形状不规则。若肺组织多处被破坏可形成多房性空洞,空洞内的液平面表现为高低不一。

十二、马胸疫(pleuropneumonia of horses)

(一)定义与病因

马胸疫又叫马传染性胸膜肺炎,是马属动物的一种急性传染病,发病后在肺内发生大面积的纤维素性肺炎或纤维素性胸膜肺炎。

病原微生物主要是经过污染的空气、飞沫,从呼吸道侵入而感染。发病及带毒动物为主要的传染源,病毒或支原体主要存在于肺组织、支气管分泌物及胸膜渗出物中,病马在咳嗽、喷鼻时排出病毒。本病的发生无季节性,但冬秋与早春多发,常呈地方流行性或散发,马匹长期舍饲、卫生条件差、通风不良、受凉和感冒是本病的诱发因素。

(二)临床与病理

马、驴、骡都有易感性,多发于1岁以上的马匹,4～10岁的马常发。病毒侵入肺脏以后,在肺脏中繁殖,引起体温升高和全身反应,随后发生纤维素性肺炎变化。同时伴发细菌感染,进一步加重了肺脏和胸膜炎症的病理过程,使病灶扩大蔓延。肺脏一般有很大的病变部,硬度如肝,切面存在着各期肝变的特征,间质变厚增宽,呈灰白色条索状。各期肝变互相交错如大理石样。

临床上可分典型胸疫和非典型胸疫两种类型。典型胸疫比较少见,非典型胸疫表现为突然发热,体温可达39～40℃,咳嗽、流鼻液,肺泡音增强,有的出现啰音。

(三)影像学表现

非典型经过的马胸疫,由于病程较短呈一过性,所以只在肺门周围有大片云絮状阴影,一般左右两侧同时出现。心脏上后方的轮廓模糊不清,其下方的轮廓及后腔静脉的影像清晰可见,同时出现代偿性肺气肿。横膈形态发生改变,非典型性经过马胸疫一般不并发胸膜炎。

典型经过的马胸疫,其肺部病变要经过充血期、肝变期和消散期。其X线征象与大叶性肺炎基本相同,常并发胸膜炎。胸腔内存有大量的渗出液,液平面在胸腔内的位置高低不等,有的液平面可高达坐骨结节水平线。由于胸腔积液,心脏和后腔静脉的影像被遮挡。肺部的肝样病变高出液平面时,可看到其向前隆突的弧形致密阴影。

由于典型经过的马胸疫与一般大叶性肺炎的X线征象大致相同,所以在诊断时需进行综合诊断加以鉴别。马胸疫是流行性的,具有传染性,病马结膜黄染、水肿,同时伴发胸膜炎而产生大量胸腔积液,而普通大叶性肺炎则缺乏以上的特征性表现。

十三、牛肺结核(pulmonary tuberculosis of cows)

(一)定义与病因

肺结核是一种人畜共患的慢性传染病,可发生于多种动物,奶牛最易感染。其病原为结核杆菌,可分为人型、牛型和禽型三种类型,其中牛型结核杆菌可以引起牛和人发病。

结核病于世界各国普遍流行。牛肺结核主要由牛型结核杆菌引起,病牛通过分泌物和排泄物向外排菌。传播途径主要有两种,一是呼吸道,另一是消化道。肺结核主要经呼吸道感染,不良的环境条件、不当的饲养管理可促使结核病的发生与流行。

(二)临床与病理

肺结核的病理变化比较复杂,机体的免疫力和细菌的致病力都直接影响着病变的性质和病程的转归。因而肺结核的影像表现也是多种多样的。

本病在病理解剖学上表现为特殊性质的细胞增生和渗出性病变,可在各种器官上形成无血管的结节,当病变发生在肺上即为肺结核。

结核杆菌侵入肺组织后即引起渗出和增殖性病变,在机体免疫力的影响下,未被吸收的渗出性病变可以发生增殖性改变,增殖性病变周围也可出现渗出性病变,两者常混合存在。病变的发展状况与机体抵抗力和治疗是否得当有关。当机体抵抗力下降或未得到恰当的治疗时,病变会进一步恶化。病变在渗出的基础上发生凝固性坏死,变为灰黄色如奶酪样的干酪样坏死;干酪样坏死液化排出后形成空洞;结核菌也可经血管在肺内或向全身散播。

如果机体抵抗力强或经适当治疗,则病变向良性发展。急性渗出性病变可以完全吸收、轻微干酪样或增殖性病变也可以大部分被吸收，留下少量纤维瘢痕；增殖性病变在吸收过程中伴有多量纤维组织增生而发生纤维化；局限性干酪性病灶常发生脱水而钙化；液化排出后形成的空洞发生纤维化，并逐渐收缩靠拢，乃至封闭空洞而形成瘢痕性愈合；当慢性纤维空洞难以闭合时，经长期的治疗，洞内已无细菌则形成净化空洞。

肺结核在临床上常为慢性经过，病初偶尔可听到短而干的咳声，后咳嗽由少增多，且带痛感，有黏性、脓性鼻漏，呈灰黄色。呼出气体有腐臭味。呼吸急促，深而快。患牛消瘦、贫血，当呈弥漫性肺结核时，体温升高至 40℃，呈弛张热或稽留热。

（三）影像学表现

肺结核的病理演变过程是渗出、增殖、干酪性病灶和空洞，与上述病理过程相关的 X 线征象常见以下几种。

1. 渗出性病变。病初在肺门周围见有云絮状阴影，此阴影常由散在的小阴影融合成大的片状阴影，扩散至心膈三角区和椎膈三角区的中、下方。阴影密度不均，病灶中心密度高，周围密度低。渗出性病变在左右两肺的膈叶，一般呈对称性分布。同时肺门、肺门周围的肺纹理影像消失，心脏轮廓模糊不清，后腔静脉影像难以辨认，横膈形态发生改变。注意与小叶性肺炎进行鉴别，在进行 X 线追踪检查时，小叶性肺炎的渗出吸收较快，而肺结核的渗出性病变持续的时间较长，易复发。

2. 干酪性病变。渗出性病变未被吸收即转化成干酪样病变。可单发或多发，小者如豆粒或杏核、大者如拳头，阴影被纤维组织包围，密度较深，轮廓清楚。如果干酪性病变周围有炎性渗出，其轮廓变得模糊不清。局部干酪性病变可融合成大片干酪性病变，融合的过程是结核病变进展的表现。在干酪性病变周围出现炎性渗出时，其范围一般较大，常出现在心膈三角区的中、下方。阴影的密度虽大，但不均匀，成为大片模糊阴影，心脏、后腔静脉及肺门影像均消失不见。

3. 空洞与纤维化病变。干酪性病变坏死溶解，液化后经支气管排出。空气进入腔内即形成结核性空洞，可单发也可多发，大小不等。如果左右两侧肺存有大片云絮状阴影，空洞则不易检出。早期的空洞形态不大，轮廓不明显，常为多发，其 X 线征象为浓淡相间的影像。一旦空洞中的坏死物排出，空气进入，同时纤维组织形成的包膜将其包围则形成厚壁空洞或薄壁空洞。空洞周围的渗出性病变消退后，空洞的 X 线征象比较明显，厚壁空洞表现为轮廓不规则的透亮区，而薄壁空洞呈现为圆形或椭圆形的透亮区，壁的内外表面均光滑锐利。

肺结核的后期常出现纤维化病变，其 X 线征象为条索状阴影，条索粗细不均，方向不定，其密度较大。

若干酪样病变在愈合的过程中逐渐有钙盐沉积，可形成高密度的斑点状阴影，即钙化灶。

十四、猪喘气病(swine enzootic pneumonia)

（一）定义与病因

猪喘气病是由猪肺炎支原体引起的一种慢性、接触性传染病，主要症状为咳嗽、气喘。病变的特征是融合性支气管肺炎，于尖叶、心叶、中间叶和膈叶前缘呈“肉样”或“胰样”实变。本病广泛存在于世界各地，病猪长期生长发育不良，一般情况下病猪的死亡率不高，但在流行暴发的早期以及饲养管理不当、猪的抵抗力降低时死亡率较高。

本病的病原为猪肺炎支原体，病猪及隐性带菌者是主要传染源。任何年龄、性别、品种的猪都易感性。传染途径为飞沫吸入感染。病原体存在于病猪的呼吸道，通过病猪咳嗽、喘气和喷嚏等强力气流将含有大量病原体的渗出物、分泌物喷射出来，形成飞沫浮游于空气中，当健康猪吸入后即被感染。

（二）临床与病理

病变最早发生于心叶，随病情发展在尖叶、中间叶和膈叶的前下方也相继出现病理变化。初期为肺充血和肺水肿，以后则发展为融合性支气管肺炎。病变的颜色呈淡灰红色或灰红色，半透明，界限明显，像鲜嫩的肌肉样，故又叫肉变。随病情的延长或加重，病变部的颜色变深，呈淡紫色、深紫色或灰白色、灰黄色，变得更加坚实。肺脏两侧病变多为对称性，健康肺脏因气肿而膨大，与病肺界限分明。病理组织学检查可见典型的支气管肺炎变化。

肺门淋巴结和纵隔淋巴结显著肿大，呈灰白色。若病猪抵抗力强，治疗及时病变可逐渐消散，肺组织恢复正常。

本病的初期临床症状不明显，急性发作时主要表现为呼吸次数增加，呼吸困难，张口伸舌，口鼻流沫，发出喘鸣声。慢性病例则以咳嗽为主，尤其是在清晨、晚间、运动后或进食后发生咳嗽。咳嗽由轻而重，严重时呈连续的痉挛性咳嗽，随病情的发展则出现不同程度的呼吸困难。另有一些病例临床无异常表现，只有在进行 X 线检查或病理剖检时才可能发现病变，这种为隐性型病例，多见于老疫区的猪。

（三）影像学表现

在进行猪喘气病的 X 线检查时，最佳的体位是直立背腹位。一般先做透视，必要时进行拍片检查。

1. 隐性型。此型临床症状不太明显，直立背腹位透视检查时在心膈角区域内，见有斑片状阴影，导致心脏下缘和横膈顶部的轮廓模糊不清，但仍可见到心脏搏动。病变阴影可在两侧心膈角内同时出现，若为一侧性病变，则多见于右心膈角。

随病情的发展，直立背腹位观察时，两侧心膈角区域内的病变由斑片状模糊阴影变为云絮状阴影。阴影沿心脏边缘向周围肺野扩张，心脏轮廓模糊不清，隐约可见心脏跳动。直立侧位观察时，同样见到模糊不清的心脏影像，心膈三角区内有云絮状阴影，不易辨认出后腔静脉的影像。肺门阴影浓重，肺纹理增粗，健康肺组织亮度增加，形成代偿性肺气肿。

2. 急性型。左右两肺的心叶、尖叶、中间叶及膈叶前下方的边缘部分，发生肺组织实质性病变。宽度为 1～2 cm，因紧靠心脏，故心影消失。上述肺叶的病变继续向周围肺野扩张，病变范围占肺野的 2/3～4/5 时，无论是直立背腹位还是直立侧位检查，由于大片阴影的遮挡，使得心脏、后腔静脉、肺门及肺门周围的肺纹理等影像均重叠而不能显示，但在两肺野的外周还可见到透亮的区域。进行侧位检查时，心膈三角区和心胸三角区以及椎膈三角区的中下方有大片云絮状阴影，边缘模糊不清。此时心脏和后腔静脉的影像消失，同时横膈形态也发生改变（图片 8-20）。

3. 慢性型。包括持久性病变与消散期病变。病猪心膈角的病变一般在数日之内即可沿着心脏的边缘向周围肺野蔓延扩张，表现为急性经过，形成弥漫性云絮状阴影。若饲养管理不当且治疗不及时，病变可持续数月之久，这在老疫区以及生长发育迟缓的小猪更明显。当饲养管理条件良好，机体抵抗力强，治疗及时有效，病猪经过较长时间的肺炎病变后，病变会逐渐消散而痊愈。

4. 消散期。在消散过程中，原有的大片致密阴影逐渐变成较为疏松的败絮状阴影，在大片致密阴影中，出现大小不等的、形状不规则的透明部分，病变阴影浓淡相间。阴影逐渐淡薄，病变范围越来越小，心脏、后腔静脉、心膈三角区等正常的脏器结构影像重新隐约显现。随着消散过程的继续，肺野接近正常的范围越来越大，逐渐透明。心脏、后腔静脉、肺门和肺纹理等结构的影像也越来越清晰，仅有少量网状或斑点状阴影夹杂在肺纹理中。如果病猪体质较好且无并发感染则会恢复正常而不留痕迹。

十五、绵羊肺炎(pneumonia of sheep)

(一)定义与病因

绵羊肺炎是羊呼吸系统的一种重要疾病，发病率较高，以羔羊最严重。本病的发生多为慢性经过，病程较长。本病一年四季均可发生，但冬末春初是发病高峰期，体质虚弱、气候变化、受凉感冒等都可引起发病。

肺炎型巴氏杆菌、链球菌、衣原体等是本病的病原体。

(二)临床与病理

发病初期在左右两肺的尖叶、心叶和中间叶的边缘发生充血与水肿，呈胰样变。随着病程的发展，胰样变范围逐渐扩大，其间出现小的肝变区，膈叶的前下方也出现了胰样或肉样病变。病程较长的病例，除肝变区域扩大之外，有的在膈叶的表面还见有大小不等的结节，呈灰黄色，质感较硬，使得膈叶的表面隆突不平，有的结节还可成为化脓性病灶。

病羊的临床表现为呼吸快而浅，体温升高，咳嗽、流鼻液。

(三)影像学表现

侧位可见心基部的前下方即心胸三角区内有大片渗出性阴影，心脏前部轮廓与阴影重叠而模糊不清。心脏后缘、后腔静脉和肺门的影像仍清晰。随病情的发展，在心膈三角区、椎膈三角区的下面也出现了渗出性阴影，此时心脏和后腔静脉轮廓模糊不清。由于膈叶上方出现代偿性肺气肿，致使横膈形态发生改变。病变进一步加重则心脏和后腔静脉影像消失，渗出性阴影范围扩大、密度增加，发展为致密阴影(图片 8-21)。

十六、胸膜粘连(pleura adhesion)

(一)定义与病因

由于胸膜发生炎症引起纤维素沉着、肉芽组织增生或外伤出血机化，导致胸膜增厚。结缔组织的过度增生使胸膜的壁层和脏层或横膈发生粘连，影响呼吸功能。牛创伤性心包炎、肋骨和胸骨骨折、胸部食道穿孔、大叶性肺炎和胸膜肺炎等胸部疾病均可因引起胸膜炎症而出现胸膜粘连。

(二)临床与病理

当胸膜受到致病因素的刺激后，胸膜的内皮组织和毛细血管受到伤害，引起毛细血管扩张及内皮组织疏松，因而产生大量的炎性渗出液。其中液体部分逐渐被吸收，而纤维蛋白则沉积于胸膜上。如果渗出液的量过多，则积聚在胸腔内不能在短时间内吸收，刺激肉芽组织增生而引发胸膜粘连。局限性的胸膜粘连经过相当长的时间后可被吸收，由脓胸伴发的胸膜粘连范围广、难吸收。患病动物常表现为呼吸异常。

（三）影像学表现

轻度的胸膜肥厚粘连，在进行直立背腹位检查时，可见肋膈角变钝，表现为致密阴影，此处的横膈不随呼吸运动而上下升降。在站立的侧位片上则表现为心膈角变钝、变平或消失。呼吸时膈肌的运动受限制，膈顶变平。

广泛性胸膜粘连，在肺内见有走向不规则的条索状阴影，肺野密度增高。如果条索状阴影与横膈发生粘连，则横膈的形态发生改变，透视时可见横膈粘连处运动功能减弱或消失。

十七、心脏增大(cardiac enlargemen)

（一）定义与病因

心脏增大是指整个心脏体积的增大，是心脏疾病的重要征象。它包括心壁肥厚和心腔扩张，两者常并存。心壁肥厚可单独存在，主要见于肺循环或体循环的阻力增加；心腔扩张是容量增加引起的，主要来自分流（如间隔缺损）或回流（如瓣膜关闭不全）的血液，一般较快地引起心腔普遍扩张。常常是负担过重的或最早受损害的心腔首先增大，而不是所有心腔都同时增大。

扩张型心肌病、肥大型心肌病、中毒性心肌炎、甲状腺机能亢进、犬心丝虫病、犬的先天性瓣膜病等都可造成心脏增大。

（二）临床与病理

心脏增大是心脏疾病的重要征象，上述各种类型的心脏疾病，当发展到一定程度后均会使心脏形态出现改变。心肌收缩力增强以及心肌纤维的增粗，可造成心肌肥大和心壁增厚，这主要发生在左心室，可能是由于左心室排出受阻所致。发生循环障碍时，心室内血液充盈量增多以及压力的升高，则造成心腔扩大。心房与心室不同，房壁薄弱，在阻力增加或容量加大时，常以房腔扩张为主，一般无单纯代偿性肥厚。心脏增大可分为全心增大和各房室增大，不同的疾病引起相应房、室的形态变化。患心脏病的动物常出现咳嗽、气喘、运动能力降低、心动过速、听诊心脏有杂音等临床症状。右心衰竭时还可见肝、脾肿大、腹水。

（三）影像学表现

用X线对心脏进行检查时，很难将心脏肥厚和心脏扩张区别开，因此就X线表现而言，一般统称之为心脏增大，而不是区别肥厚和扩张。

在兽医临床上对于动物心脏疾病的研究还不够深入，多限于对心脏大小做出判断。由于动物的种类、品种、体型和大小差异很大，心脏正常的形态大小也存在较大差别，故对心脏增大尚无统一的判定标准。在进行胸部X线摄影时多采用右侧卧位或背腹位的投照体位，而腹背位会使心脏移位和轮廓变形。目前临床对心脏大小的判定多依心脏与胸廓的比例大小而定。一般认为心脏的最大宽度等于第5肋骨水平胸廓宽度的1/2～2/3，为心脏正常大小的范围，然而这只是个粗略的范围。

1. 全心增大。全心增大常见于心肌肥大或心室扩张，除使用心血管造影技术外，普通X线检查不能区分两者。全心增大的主要X线征象包括在正、侧位X线片上均见心脏变圆，心脏明显占据胸腔的绝大部分。在侧位片上心脏后界变得更直且将要与膈线重叠，气管和大血管向背侧移位；背腹位观察心脏轮廓几乎与胸壁接触，心脏后移。全心增大的最主要原因是瓣膜关闭不全或动脉导管未闭所引发的充血性心力衰竭（图片 8-22）。

2. 左心房增大。左心房紧位于左支气管的腹侧，侧位片上由于左心房增大而使左主支气管向背侧偏移，同时心脏的后背部也增大；因气管被向背侧顶起而显得心脏的高度增加（图片 8-23）。背腹位片上，心脏占据胸腔的 2/3～3/4 宽；当涉及左心耳的增大时，在腹背位或背腹位片上可见到位于肺动脉和心尖之间出现局部膨大。二尖瓣闭锁不全常导致左心房增大。

3. 左心室增大。由于左心室的壁相对较厚，心肌肥厚在侧位片上也不会引起轮廓的变化，但此时心尖到心基的距离增长，心脏看起来比正常时长高，同时使气管向背侧偏移。气管向背侧偏移可见于整段胸部气管，气管与胸部脊柱所形成的夹角变小或消失。心脏的后界变得凸圆（图片 8-24）。在正位片上显示心脏的左后区域增大，心脏轮廓与左侧胸壁和横膈的距离缩短，心尖部变圆。二尖瓣闭锁不全、主动脉狭窄和动脉导管未闭均可引发左心室增大。

4. 右心房增大。右心房增大的侧位片征象具有诊断意义。表现为气管末段向背侧弯曲，如果未并发左心房增大，则气管隆突仍保持在正常位置。心脏的前背部增大（图片 8-25）。背腹位观，可见心脏右前区突出，气管向左偏移。右心房增大很少单独发生，常与右心室增大同时发生。

5. 右心室增大。侧位片可见心前界变圆，心与胸骨的接触范围加大（图片 8-26），在正位片上右心区域隆突，其形状如反写“D”。在有些病例，心尖部明显脱离与胸骨的接触。右心室增大一般不影响心基部的结构。右心室增大常见于间隔缺损、肺动脉狭窄、动脉导管未闭、三尖瓣闭锁不全和法洛四联症。

十八、心包积液（pericardia effusion）

（一）定义与病因

心包为包围在心脏外的一种囊状结构，由两层膜组成，内层是上皮构成的浆膜，外层为纤维结缔组织构成的纤维层。浆膜性心包分为壁层和脏层，壁层衬于纤维性心包的内面，内层即为心外膜。壁层与脏层之间的腔隙称心包腔，正常情况下心包腔内有少量液体，犬为 2～5 mL，猫 0.5～2 mL，具有润滑作用，可减少心脏搏动时的摩擦。由于疾病使心包腔内的液体聚集过多而影响心脏的正常功能，则为心包积液。心包积聚的液体可分为浆液性、浆液血性、化脓性及乳糜性，也有漏出性液体或血液。

心包积聚渗出液主要见于感染和某些免疫性疾病。感染多见于病毒性疾病，如犬瘟热、猫传染性腹膜炎，也可见于细菌性疾病，如结核病、金黄色葡萄球菌、链球菌及大肠杆菌病等。免疫性疾病如系统红斑狼疮、肿瘤、尿毒症、心肌病等均可导致渗出液性质的变化。发生漏出液的主要原因是心功能不全，如心力衰竭、低蛋白血症、黏液性水肿、肾病综合征等疾病的结果是使心包内液体的生成与吸收平衡被破坏，导致大量液体积聚于心包腔。心包积血多见于一些肿瘤、外伤或心包穿刺造成的医源性损伤。

（二）临床与病理

心包积液时，心包腔内压力升高，当达到一定程度时，犬超过 200～300 mL，猫超过 20～100 mL 便可压迫心脏，使心房和腔静脉压力升高，以至于静脉回流受阻。同时，心室舒张及充盈也受阻，心脏收缩期心输出量减少，因而出现心包填塞症状。由于心脏代偿能力较强，若病程缓慢即使心包积液量较多也不会发生休克现象，但体内可发生一系列血液动力学变化。心包可随积液量逐渐增加而扩张，静脉回流量、心输出量下降。机体通过收缩外周血管，进一步扩张心腔及加强钠水潴留而增加中心静脉压。这种代偿的结果可引起腹水或水肿。同时静脉回流及心输出量代偿性增加，基本可维持心血管功能，但如果长此下去将导致右心衰竭。

临床上有发热、疲乏、黏膜苍白、发绀、呼吸困难、水肿、腹水、颈静脉怒张。听诊心音遥远，脉搏微弱，叩诊心浊音区向上向后扩大。

（三）影像学表现

在正常情况下，由于在心包腔内存在少量液体而使心脏边缘显影不清楚，这些液体只显示了心包与心脏边缘的轮廓。当心包腔内积聚大量液体后，导致心脏轮廓增大、变圆，X 线影像表现为球形。在正位片上，心包的边缘几乎与两侧肋骨接触。由于心包液在心脏跳动时移动性很小，所以其边缘轮廓较清楚（图片 8-27）。直立背腹位检查时，由于重力关系液体积聚于心包腔下部，心影正常弧度消失，下宽上小，呈烧瓶状。心搏动减弱或消失而主动脉搏动表现正常。体静脉血液回流到右心房受阻，右心房排出量减少，因而肺纹理减少或不显。如合并左心衰竭则有肺瘀血现象。

十九、犬心丝虫病(heartworm disease)

（一）定义与病因

犬心丝虫病是由于丝虫科的犬恶丝虫（*Dirofilaria immitis*）寄生于犬心脏的右心室及肺动脉，引起循环障碍，呼吸困难及贫血等临床症状。本病除感染犬以外，猫、狐、狼等食肉动物也可遭受侵袭。在北美、非洲、欧洲南部和亚洲都有流行，我国也常发生犬心丝虫病。

本病主要发生于蚊虫较多的季节和地区。由于犬蚤、按蚊或库蚊是心丝虫的中间宿主，它们叮咬病畜后即把幼虫吸入体内，蚤、蚊再次叮咬健康犬猫吸血时，犬、猫即被感染。

（二）临床与病理

犬、猫被感染后，幼虫经皮下淋巴或血液循环到心脏和大血管。成虫寄生于宿主的右心室、肺动脉，由于虫体刺激心内膜而引起心内膜炎，大量的虫体可以阻塞肺动脉，使肺动脉压升高，引发右心室代偿性肥大，经久导致右心充血性心力衰竭。轻微感染时，患犬可能不出现临床症状，严重感染的动物则会出现咳嗽、呼吸困难、运动耐力下降、体质虚弱、心悸亢进、贫血等临床症状。

（三）影像学表现

犬心丝虫病的典型 X 线征象包括（图片 8-28）：

(1)不论在正位片还是在侧位片上均可见明显的右心室增大。

(2)肺动脉干扩张，在正位片上表现为心脏的左前侧膨大突出。

(3)肺动脉弯曲、扩张，然后突然变细。

(4)肺实质发生浸润，肺野血管阴影模糊不清。

(5)如果出现右心衰竭，则 X 线征象还可见到腹水、脾肿大及肝肿大。

二十、牛创伤性心包炎(trumatic pericarditis of bovine)

(一)定义与病因

创伤性心包炎是指由来自网胃的尖锐异物刺伤心包而引起的心包的化脓性、增生性炎症，常导致脓毒败血症、充血性心力衰竭，并常伴有网胃炎、膈膜炎和腹膜炎的发生。本病是牛的一种常发病，尤其在饲养管理不良、粗放的奶牛群中发病率较高。

凡是能引起创伤性网胃炎的原因均可发展成为创伤性心包炎。主要的发病原因是饲料加工调制不细、饲料中混有金属尖锐异物所致。常见的异物有铁丝、铁钉、缝针、发卡、注射针头，非金属性硬质异物如玻璃片、硬质木条或竹针等。上述异物混杂于草料中，由于牛具有采食快、咀嚼不细、采食量大的特点，所以在采食过程中极易将异物食入。

(二)临床与病理

进入网胃内的尖锐异物很容易因网胃的收缩而刺入胃壁，异物可向不同方向穿刺。有关对异物刺伤部位的统计分析结果是：心包为 88.4%、肝脏占 4.7%、肺脏是 3.8%，脾脏为 2.8%。可见异物刺伤心包的机会最大，这主要是因为网胃位于腹腔的前下部，仅隔一层横膈与心脏为邻，这种解剖结构有利于异物对心脏的损伤。

异物进入网胃以后，随网胃的蠕动在胃内移动，随时都有刺入胃壁的可能。刺入胃壁后，在网胃蠕动压力增大或因前胃过满、分娩时的阵缩、突然滑倒等引起腹内压增高时，很容易使异物穿过横膈而刺伤心包甚至心肌。异物带入的病原菌引起感染，使心包局部发生炎症，心包膜表面充血并产生摩擦音。炎症进一步发展，产生炎性渗出液，大量渗出物的积聚使心脏受到压迫，因而发生充血性心力衰竭。

病牛表现为反刍紊乱、食欲废绝，站立时肘部外展。颈静脉怒张、粗硬呈条索状，颈静脉波动明显。随病程延长可见胸下、颌下水肿。听诊心音低沉有拍水音，叩诊心区扩大。由于感染，血检可见嗜中性粒细胞增多。

(三)影像学表现

对于牛创伤性心包炎，进行 X 线检查具有重要的诊断意义。但由于牛的体型较大，需有大功率 X 线机才能完成透视或摄影检查。

正常情况下，牛心脏的前界位于第 3 肋骨，后界达第 6 肋骨，心基至肩关节水平线，心尖朝向后下方，整个心影为由前上向后下的倾斜状。创伤性心包炎时，心脏影像发生以下几方面改变(图片 8-29)。

(1)疾病的早期进行 X 线检查时，心脏的位置和形态尚无明显变化，如为金属异物致伤则可见异物的致密阴影。

(2)疾病的中、后期，心脏失去其圆锥形外观，呈密度均匀一致的圆形阴影，这是因为心包发炎导致心包积液的缘故。

(3)正常心包膜在 X 线下不显影，而心包发炎所产生的渗出液将心包与心肌分开，在心脏周围肺组织正常时，在心膈三角区上方肺野内心包膜呈现为弧形致密阴影。心包内的积液为水平状，其上为含有气体的透明阴影。

(4)一旦心包积液由浆液性转化为脓性后，说明已为疾病的晚期，此时心膈三角区和后腔静脉的影像消失。

(5)当伴发胸腔积脓时,心脏的影像和搏动显示不清。

二十一、气管塌陷(trachea collapse)

(一)定义与病因

气管塌陷是发生在颈部或胸部,有时发生在全部气管的上、下管壁压扁,造成管腔狭窄的一种呼吸器官疾病。本病多发生于中年或生长发育阶段的小型犬和玩具犬。气管塌陷的最常发部位是在胸腔入口处。

发生本病的确切原因尚不清楚,目前有以下几种观点:

(1)有人认为是气管的先天畸形或气管发育不良。

(2)营养性因素、过度肥胖也常与气管塌陷有关。

(3)气管感染发炎造成气管背侧韧带松弛,导致气管塌陷。

(4)曾认为是气管神经分布缺陷或中枢神经中定位神经元的病变。

(5)慢性支气管炎侵害气管透明软骨、气管肌和结缔组织,使气管变弱、变扁平。

(二)临床与病理

气管的结构具有特殊性,其结构大小随呼吸运动而发生变化。吸气时胸外气管的管腔变小,而胸内部分管腔扩张;呼气时胸内管腔缩小,胸外管腔扩张。患病动物的病理组织学观察表明,气管软骨、气管肌、环状韧带和结缔组织出现多处异常。在此情况下,上述的正常呼吸生理现象就会加重病理学变化,引起气管塌陷。

患病动物通常在运动或激动兴奋的时候出现带有响亮喘鸣音的呼吸困难。由于刺激、气管压力、喝水和采食而诱发干咳。在有些病犬于胸腔入口前能触及变形的气管。

(三)影像学表现

管的影像在侧位X线片上看得最清楚。正常气管基本上与颈椎和前部胸椎平行排列由前向后延续。气管的直径均匀一致,呼气与吸气动作对气管的影响在影像形态学上没有明显的变化。气管塌陷导致呼吸不畅,其典型X线征象是在胸腔入口处的气管呈上下压扁性狭窄(图片8-30)。但需引起注意的是,气管直径的变化,特别是胸腔入口处气管直径的变化明显受拍片时颈部所处位置的影响。拍片时头和颈部过度向上方伸展则可导致气管在胸腔入口处同样显示上下压扁的气管塌陷、狭窄现象。因此,在拍片时必须注意正确摆放体位,以免误诊。

二十二、胸部食道扩张与阻塞(thoracic esophageal dilation and obstruction)

(一)定义与病因

胸部食道扩张与阻塞通常是由骨头、石块、木块、布片、塑料、块根、饲料等大块物体所致。大块异物可引起胸部食道完全阻塞、扩张。临床表现为流涎、吞咽困难或食物反流等。

(二)临床与病理

犬发生食道阻塞最常见于吞食骨头或带骨肉。容易发生阻塞的部位多在心基部或横膈食管裂孔前,通常食后由于异物停留而立刻表现出临床症状。主要表现为骚动不安、频繁吞咽、干呕、流涎等。异物在食道局部停留的结果是使该部扩张,其中除有异物外还存留一定量的液体。阻塞经一定时间后,会出现异物周围的食管壁因炎性肿胀而增厚,有时邻近的肺实质的密度也会增加。时间过久则有可能造成食管壁穿孔，引起肺和胸腔合并感染。

（三）影像学表现

金属异物、骨头、石块呈高度致密阴影，边缘锐利清楚，在常规 X 线照片上即可根据其形状而确定。

X 线可透性异物如木块、布片、塑料、块根、饲料等，因缺乏密度异常的阴影，在常规 X 线检查中不易检出。可灌服少量钡剂，借助残钡涂布而显示异物。如食管完全阻塞，则阻塞上段的食管可有扩张、积液，X 线显示食管阻塞部前段的粗大带状阴影。

食管造影检查可准确显示阻塞的部位，钡流到达异物阻塞处停止，不能通过。如食管不完全阻塞，钡流经过异物后附着在异物表面，可显示阻塞物的轮廓。如继发食管穿孔、破裂或形成瘘管，钡剂可从破损处溢出至胸部食管外的胸腔内，故胸部食管造影检查时应慎重（图片 8-31）。

二十三、犬巨食道症（megaesophagus）

（一）定义与病因

犬巨食道症，又称食道失迟缓症，是一种神经—肌肉机能障碍造成的后果。这是胆碱能协调与神经支配功能紊乱。当后段食道括约肌迟缓能力下降时，食道不能继续蠕动。本病的病因尚未清楚，可能与心理、遗传、甚至中毒和外伤有关。犬巨食道症常见于转换成喂固体犬粮之际的幼犬，但已至 7 岁的成年犬也可发生。多见于德国牧羊犬和德国大丹犬，公犬较母犬多发。本病亦可伴发于杰克犬、哄猎犬、猎狐犬及大型犬幼犬的重症肌无力。

（二）临床与病理

食道失迟缓时，食道因无贲门开张反射而长时间紧张收缩，导致食道麻痹扩张。食道扩张常发生于膈裂孔的前段食道，胸腔入口或心基部的前段食道亦可发生。这种神经—肌肉机能障碍可导致后段食道不可逆性的形态明显改变。该部的肌纤维出现髓鞘质或脂质退化，并被胶质结缔组织所取代。最后结果是贲门硬化，甚至贲门纤维化。在食道的后 2/3 段，奥尔巴赫氏神经丛和麦斯纳氏丛的神经纤维发生退行性改变。

患犬临床表现为吞咽困难，采食后呕吐出未消化食物。患犬食欲良好，甚至极度饥饿，但消瘦。后期衰竭死亡。犬巨食道症的临床经过可分为三个阶段。第一阶段是突然发病，以呕吐食物和黏液为特征。X 线造影检查，仅显示食道轻度扩张，食道蠕动和排空减慢。第二阶段是食道不断扩张，排空明显缓慢。第三阶段出现多次自发性呕吐，X 线显示食道巨大扩张。

（三）影像学表现

犬巨食道症的 X 线表现为（图片 8-32）：

1. 常规 X 线检查。显示从胸腔入口至膈裂孔处有一条横置的高度扩大的软组织密影。如扩大的食道有液体和气体时，可见其气液面。背侧的食道壁因气体存在而清晰可见。

2. 造影检查。显示食道异常扩张，呈横置的宽带状密影，可出现气液面。食道的贲门部明显狭窄，边缘光滑整齐。

二十四、纵隔肿块(mediastinal masses)

(一)定义与病因

纵隔肿块可发生于纵隔的前部、中部和后部。前部纵隔肿块的病因有纵隔炎、脓肿、肉芽肿、出血、胸腺增大、水肿、食道异常、淋巴腺病和肿瘤等。右心房增大、肺动脉或主动脉扩张等心血管疾病也可引起纵隔肿块。中部纵隔的门周区域肿块可因纵隔炎、脓肿、淋巴腺病、食道异物、肿瘤(化学感应组织瘤和淋巴肉瘤)等所致。食道异常、脓肿、肉芽肿或肿瘤可引起后部纵隔肿块。

(二)临床与病理

本病的临床症状视肿块的性质与部位而异,在早期肿块较小时无明显临床症状,肿块逐渐增大,压迫或侵及邻近器官后,可出现相应的压迫症状。当气管或主支气管受压时,可出现刺激性咳嗽,严重时发生呼吸困难。迷走神经受压可出现心率减慢、呕吐,食管受压则出现吞咽困难。前腔静脉受压导致颈部和前肢水肿等。

(三)影像学表现

纵隔肿块的X线表现为:

(1)纵隔的前下部肿块显示该部密度增加,前胸部肺野的X线可透性丧失,气管向背侧移位,心脏前界有一阳性密度侧影。注意胸骨上淋巴结肿大,可在第2胸骨上方形成一软组织密影。

(2)纵隔的前上部肿块可使气管向右腹侧移位。

(3)门周区域肿块可使气管分叉部周围组织密度增加、气管干移位。注意气管支气管淋巴结肿大,可使终末气管向腹侧移位,食道向背侧移位。

(4)纵隔的后部肿块形成与后部肺叶重叠的、边界清晰的密影。横膈处有一阳性密度侧影。食道和后腔静脉可发生移位。

(5)胸腔积液是纵隔肿块的常见并发症。可借助改变体位、食道造影、血管造影、胸腔穿刺和利尿等改善病灶的显示。

二十五、气管-食管瘘(tracheo-esophageal fistula)

(一)定义与病因

气管-食管瘘极为罕见,临床上见幼猫有散在发生。常继发于慢性食道异物所致的食管壁坏死穿孔并累及气管,也可见于憩室坏死、新生物或食管炎性病灶,也有先天发生的。

(二)临床与病理

食道内异物对食道壁产生的慢性压迫,引起渐进性缺血坏死并形成纤维性管道与气管相通。食道的内容物经瘘管进入气管,可引起气管或肺部感染。

患病动物一般无吞咽障碍,但在采食的时候发生咳嗽,尤其是在喝水或流食的时候咳嗽更剧烈。若食道有异物或出现明显的食道炎症时,可发生食物反流。

(三)影像学表现

常可见胸积液、纵隔积液甚至带状的肺浸润密影。

可借助造影检查，显示食管与气管、支气管之间相互连接而做出诊断。造影显示造影剂经食管进入气管甚至支气管。气管-食管瘘时，气管的远段较近段含更多的造影剂。

二十六、膈疝(diaphragmatic hernia)

(一)定义与病因

膈疝是腹腔内器官经横膈破裂孔而进入胸腔中。如疝入心包腔内，则为心包疝。膈疝以犬、猫多见，多因外伤而使横膈在肋弓的附着处撕裂引起。先天性膈疝极少见。

(二)临床与病理

膈疝发生后，由于腹腔器官在胸腔内占位并压迫肺脏、心脏，致使肺高度萎陷，引发呼吸障碍和心力衰竭以及循环紊乱。

患畜临床上呼吸困难与腹部器官功能紊乱的严重程度，取决于腹部器官疝入的程度与患畜的全身状况。多数外伤性膈疝的动物表现为明显的腹式呼吸，黏膜发绀，听诊心音模糊不清。若发生嵌闭则可见急腹症症状，肝脏嵌闭可引起急性胸腔积液和黄疸。先天性膈疝或心包疝，临床可无明显异常，但当剧烈运动时，或多量腹腔器官疝入胸腔后则表现气喘、窒息等呼吸困难症状。

(三)影像学表现

X线检查，膈肌的部分或大部分不能显示，肺野中下部密度增加，胸、腹的界限模糊不清。因常并发血胸或胸积液，肺野中下部出现广泛性密影，胸腔内的正常器官影像不能辨认。如胃肠疝入，在胸腔内可显示胃的气泡和液平面、软组织密度的肠曲影和其中的气影(图片8-33，图片8-34)。先天性心包疝时，心脏阴影普遍增大，密度均匀，边界清晰，或可同时显示疝入肝脏的块状影像或疝入肠管的气体阴影(图片8-35，图片8-36)。

二十七、气胸(pneumothorax)

(一)定义与病因

气胸是指空气进入一侧或双侧胸膜腔，引起全部或部分肺萎陷。气胸可分为开放性气胸、闭合性气胸、张力性气胸和中隔积气四种。开放性气胸是空气经胸壁穿透进入胸膜腔，如咬伤、撕裂伤、撞伤或枪伤等。闭合性气胸是空气经胸膜撕裂而胸壁完整的肺损伤进入胸膜腔，如伴有肺、支气管撕裂甚至闭合性肋骨骨折的钝性外伤后、横膈破裂等。张力性气胸是肺创口呈活瓣状，吸气时空气经肺损伤进入胸膜腔，但在呼气时不能完全排出，导致胸膜腔内压力不断升高，肺、静脉受压迫，很快出现窒息，如钝性胸外伤后。中隔积气是指在肺胸膜尚完整的肺撕裂时，空气经支气管周围的胸膜下组织进入纵隔。

(二)临床与病理

无并发症的闭合性气胸，积气量不足胸膜腔的30%者，通常无临床症状，并可缓慢重吸收，积气量较大时，则取决于肺萎陷的程度而出现呼吸困难、腹式呼吸等。胸部似扩大，且外伤部位疼痛。叩诊有很响的鼓音，听诊心肺音不清楚。注意可能伴发有外伤、肋骨骨折和肺出血。

开放性气胸，由于空气可以自由出入胸腔，胸腔负压消失，肺组织被压缩。被压缩的肺组织的通气量和气体交换量显著减少，胸腔负压消失的结果是影响血液回流，造成心排血量减少。因此，患病动物表现出严重的呼吸困难、烦躁不安、心跳加快、可视黏膜发绀和休克等症状。

（三）影像学表现

气胸可经放射检查做确诊。小动物肺野显示萎陷肺的轮廓、边缘清晰、密度增加，吸气时稍膨大，呼气时缩小。在此萎陷肺的轮廓之外，显示比肺密度更低的、无肺纹理的透明气胸区（图片 8-6）。一侧性大量气胸时，纵隔可向健侧移位，肋间隙增宽，横膈后移。

大动物气胸时，显示胸椎下侧缘特别清晰，上部肺野呈一无肺纹理的高度透明区。透明区的下方，显示萎陷肺的轮廓、边缘清晰、密度增加。大量气胸时膈肌后移，膈圆顶变直，椎膈脚变大，肋间隙增宽，膈肌的呼吸运动减弱。

二十八、胸腔积液（pleural effusion）

（一）定义与病因

胸腔积液是指液体潴留于胸膜腔内。它可产生于心脏功能不全、肝肾疾病和血浆低蛋白血症时的漏出液，胸导管受压破裂的淋巴液，胸外伤、恶性肿瘤的血液，化脓性炎症的脓液等。视胸腔积液的量而异，患畜表现不同程度的呼吸急促至呼吸困难。

（二）临床与病理

充血性心力衰竭、肾脏疾病或血浆蛋白过低可产生漏出液潴留于胸腔。胸部外伤、肺脏或胸膜的恶性肿瘤可以发生血性积液。胸膜炎时产生的是炎性渗出液积聚，若为化脓性炎症则为积脓。由于胸腔内积聚的液体影响肺的活动和胸廓运动，故患畜表现出明显的呼吸困难。

（三）影像学表现

X 线检查仅可证实胸腔积液，但不能区别液体性质。

胸腔积液包括游离性、包囊性和叶间积液。胸腔积液多为双侧发生。极少量的游离性胸腔积液（小型犬、猫：＜50 mL；中大型犬：＜100 mL），在 X 线片上不易发现。游离性胸腔积液量较多时，站立侧位水平投照显示胸腔下部均匀致密的阴影，其上缘呈凹面弧线。这是由于胸腔负压、肺组织弹性和液体重力及表面张力所致。大量游离性胸腔积液时，心脏、大血管和中下部的膈影均不可显示。侧卧位投照时，心脏阴影模糊、肺野密度广泛增加，在胸骨和心脏前下缘之间常见三角形高密度区（图片 8-37）。当液体被纤维结缔组织包围并因粘连而固定某一部位，形成包囊性胸腔积液时，X 线表现为圆形、半圆形、梭形、三角形，密度均匀的密影。如发生于肺叶之间的叶间积液，X 线显示梭形、卵圆形、密度均匀的密影。

二十九、肺肿瘤（pulmonary neoplasia）

（一）定义

肺肿瘤是指肺实质、胸膜和支气管壁发生的肿瘤。肺肿瘤有马的黑色素瘤、肉瘤、粒性成肌细胞瘤，牛的淋巴肉瘤，绵羊的肺腺瘤病和淋巴肉瘤，山羊的鳞状细胞型肿瘤，犬、猫的癌瘤和腺瘤，以及纤维瘤、脂肪瘤、皮样囊肿等。肺肿瘤可分为原发性肿瘤和转移性肿瘤两类，原发性肿瘤又分为良性和恶性肿瘤。

（二）影像学表现

1. 原发性肺肿瘤。原发性肺肿瘤多起源于支气管上皮、腺体、细支气管肺泡上皮，如鳞状上皮瘤、腺瘤、淋巴肉瘤和黑色素瘤等。原发性肺肿瘤 X 线显示多为位于肺门区的边缘轮廓清楚的圆形或结节状致密阴影。黑色素瘤呈边缘不平、密度均匀、典型块状阴影。恶性肺肿瘤则呈现边缘分叶状或粗糙毛刷状。肺肿瘤可产生支气管阻塞，导致肺气肿和肺不张。

2. 转移性肺肿瘤。转移性肺肿瘤是由恶性肿瘤经血液、淋巴或邻近器官蔓延至肺部。因此，肺部 X 线检查是恶性肿瘤诊疗的常规检查手段。应注意肺肿瘤与肺结核、肺棘球蚴、霉菌性肺炎、肺炎、肺脓肿做区别。转移性肺肿瘤可见肺野内单个或多个、大小不一、轮廓清楚、密度均匀的圆形或类圆形阴影（图片 8-38）。转移性肺肿瘤可侵犯胸膜，引起胸腔积液。

第九章　腹部疾病的影像检查

腹部的范围为膈以后、盆底以前，可分成腹内脏器、腹膜腔、腹膜后间隙和腹壁。腹内脏器有消化、泌尿、生殖等系统。

目前腹部的影像学检查方法已从过去单纯采用 X 线检查(平片或造影)，发展成 B 型超声、CT、MRI 多种技术并用，这在人类医学活动中更加明显。在兽医领域，世界发达国家已将 CT、MRI 等现代影像技术应用于科学研究和临床实践中，但普及程度还比较低。当前我国主要应用 X 线技术和 B 型超声设备对动物特别是小动物进行腹部的影像学检查。

第一节　X 线检查法

对腹部进行 X 线检查，需要有过硬的技术。只有从高质量的 X 线片中才能获取详细的诊断信息。正常的腹腔内器官多为实质性或含有液、气的软组织脏器，这些器官多为中等密度，其内部或器官之间缺乏明显的天然对比，因而形成的 X 线影像也缺乏良好的对比度。所以腹部 X 线检查除拍摄了普通平片外，通常要进行造影检查。目前由于技术设备的限制，腹部的 X 线检查主要应用于犬、猫等小动物以及部分幼龄大家畜。

一、普通检查

(一)被检动物的准备

一般情况下，若在消化道内存有过多的内容物和粪便，在进行 X 线检查时这些物质的影像会将病灶遮挡，所以通常在 X 线检查之前，要清理消化道。常用方法是在检查前 12～24 h 禁食、1～2 h 前灌肠，如果动物已有废食或呕吐病史则不必禁食。禁食期间可以供应饮水，但在检查之前不能过多饮水。对于患有诸如糖尿病等对生命有严重威胁疾病的动物，不要禁食，可喂给低残渣食物。

检查腹部，特别是要进行造影检查的动物均需做灌肠。应用等渗灌肠液，液体温度应低于动物体温。

对于某些疾病(如胃扩张—扭转综合征)为了不改变腹部的自然状态应立刻进行 X 线检查。患急腹症的动物也应立即检查。

(二)曝光技术

要想得到比较优良的腹部 X 线片，关键是控制横膈的运动，而动物是不能自我控制的，这就要求操作者在曝光时掌握好时机。曝光的最好时机是在动物呼气之末，此时横膈的位置相对靠前，腹壁松弛，从而避免了内脏器官的拥挤，也避免了因膈的运动所造成的影像模糊。呼气之末曝光的另一个好处是在侧位片上还能见到两个分离程度较大的肾脏阴影。

腹部厚度的测量位置应选择在最后肋骨，此处腹部的宽度最大，同时避免前腹部中密度相对较大的器官曝光不足。对于那些明显的深胸动物，在投照后腹部时要适当降低曝光条件。

腹部投照时，为增加 X 线片的对比度，应适当降低管电压(kV)，而增加曝光量(mAs)。

(三)投照方位

1. 侧位投照(left-right lateral or right-left lateral view)。动物取右侧卧或左侧卧，用透射线的衬垫物将胸骨垫高至与腰椎等高水平。将后肢向后牵拉使之与脊柱约成 120°角。射线束中心对准腹中部，照射范围包括前界含横膈，后界达髋关节水平，上界含脊柱，下界达腹底壁。

2. 腹背位投照(ventrodorsal view)。动物取仰卧位，前肢向前拉，后肢自然屈曲呈"蛙腿"状，以避免皮褶影像的干扰。动物体位一定要摆正，避免扭曲。X 线束中心对准脐部，投照范围包含剑状软骨至耻骨的区域。

3. 背腹位投照(dorsoventral view)。动物取腹卧位，前肢自然趴卧，后肢呈"蛙腿"姿势。X 线束中心对准第 13 肋弓后，投照范围包括剑状软骨至耻骨的区域。

4. 水平 X 线投照(horizontal view)。水平 X 线投照主要用于检查腹腔内积气、积液及肠梗阻后肠道内液气的界面，从而建立影像诊断。动物自然站立，或取直立、仰卧体位，X 线自动物体一侧射入，可拍得腹部侧位 X 线片。动物取直立、侧卧体位，用水平 X 线投照可拍得腹部正位 X 线片。

二、造影检查

腹部内脏器官多属均质软组织结构，自然对比较差，拍摄的 X 线平片的影像对比度也不良，故影响诊断价值。为弥补上述不足，选择适当的造影技术对腹部器官进行造影检查是腹部 X 线检查必不可少的。钡饲主要用于检查胃、肠等消化管道的通畅程度、胃内异物、消化道肿瘤、肠梗阻等。气—钡双重造影主要检查消化道黏膜，如溃疡、息肉等。腹部器官常用的造影方法、适应症及禁忌症在本书第四章已有详尽叙述。

腹部的 CT 检查法及解剖结构详见第一章第四节。

三、腹部正常 X 线解剖

影响腹腔脏器正常位置和外观的因素有投照体位、呼吸状态、动物的生理状况及 X 线束几何学因素。一般来说，位于前腹部的横膈、肝脏、胃、降十二指肠、脾脏和肾脏的位置最易发生变化。腹腔器官的基本位置和轮廓见图 9-1，图 9-2。

(一)胃(stomach)

胃的解剖结构包括胃底、胃体和幽门窦三个区域(图 9-3，图 9-4)。大多数情况下胃内都存在一定量的液体和气体，所以在 X 线平片上可以据此辨别胃的部分轮廓，但不可能显示出胃的全部轮廓。胃位于前腹部，前面是肝脏，胃底位于体中线左侧，直接与左侧膈相接触。由于胃内存有一定的气体和液体，且气体常分布在液体上面，故在拍片时选取不同的体位显示胃的不同区域。在侧位投照时，可见充有气体或食物的胃与左膈脚相接触。在左侧位 X 线片上，左膈脚和胃位于右膈脚之前。在右侧位 X 线片上，胃内存留的气体主要停留在胃底和胃体，从而显示出胃底和胃体的轮廓(图片 9-1)，在左侧位 X 线片上，胃内气体则主要停留在幽门，显示为较规则的圆形低密度区(图片 9-2)。通过胃造影术可以清楚地显示胃的轮廓、位置、黏膜状态和蠕动情况(图片 9-3)。

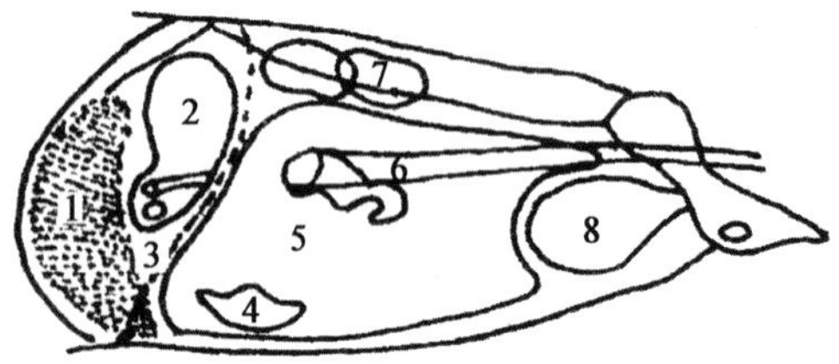

1. 肝脏；2. 胃；3. 最后肋骨；4. 脾脏；5. 小肠；6. 大肠；7. 肾；8. 膀胱

图 9-1　犬腹部侧位 X 线解剖示意图

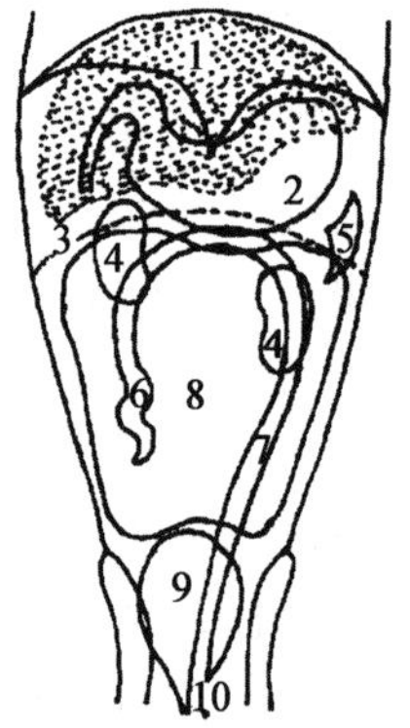

1. 肝脏；2. 胃；3. 最后肋骨；4. 肾；5. 脾脏；6. 盲肠；7. 结肠；8. 小肠；9. 膀胱；10. 直肠

图 9-2　犬腹部腹背位 X 线解剖示意图

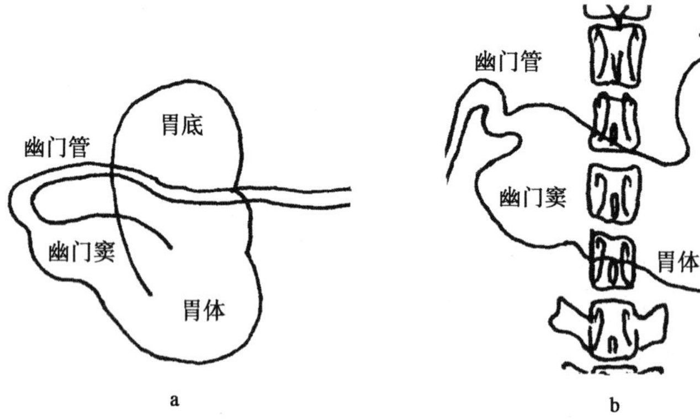

a. 侧位；b. 腹背位

图 9-3　犬胃 X 线解剖示意图

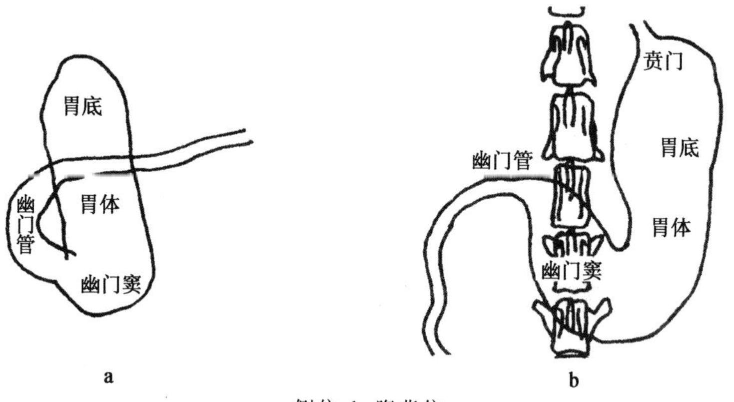

a. 侧位；b. 腹背位

图 9-4　猫胃 X 线解剖示意图

不论在侧位片还是在正位片，均可自胃底经胃体至幽门引一条直线，侧位片上此直线几乎与脊柱垂直，与肋骨平行；正位观察，则见此线与脊柱垂直。

胃在空虚状态下一般位于最后肋弓以内，当胃充满时则有一小部分露出肋弓以外。胃的初始排空时间为采食后 15 min，完全排空时间为 1～4 h。

（二）脾（spleen）

脾脏为长、扁的实质器官，分脾头、脾体和脾尾。脾头与胃底相连，脾体和脾尾则有相当大的游离性。在右—左侧位投照时，整个脾脏的影像可能被小肠遮挡而难以显现。在左—右侧位投照时，在腹底壁、肝脏的后面可见到脾脏的一部分阴影。脾脏的形态常表现为月牙形或弯的三角形软组织密度阴影。

当作腹背位或背腹位投照时，脾脏显示为小的三角形阴影，位于胃体后外侧（图片 9-4）。

（三）肝脏（liver）

肝脏位于前腹部膈与胃之间，其位置和大小随体位变化和呼吸状态而发生变化。肝的 X 线影像呈均质的软组织阴影，轮廓不清，可借助相邻器官的解剖位置、形态变化来推断肝脏的位置。肝的前面与膈相贴，可借助膈的阴影识别。肝的左右缘与腹壁相接，在腹腔内脂肪较多的情况下可清晰显示。肝的下缘可借助镰状韧带内脂肪的对比清楚显现。肝的背缘不显影，后面凹与胃相贴，可借助胃、右肾和十二指肠的位置间接估测。在侧位 X 线片上，肝的后缘一般不超出最后肋弓，后上缘与右肾相接。后下缘呈三角形，显影清晰、边缘锐利，其边缘稍微超出最后肋弓。左—右侧位投照时，使得肝的左外叶后移，故其阴影比右—左侧位投照时大。

在腹背位 X 线片上，肝主要位于右腹，其前缘与膈接触，右后缘与右肾前端相接。左后缘与胃底相接，中间部分与胃小弯相接（图片 9-5）。气腹造影可以显示肝叶的轮廓及表面形状。

胆囊在 X 线片上不显影，胆囊造影或胆囊内存有结石则可以将胆囊显示出。在侧位 X 线片上，胆囊位于肝区前下方，在腹背位 X 线片上显现于肋弓内右腹中部。

（四）肾脏（kidneys）

肾脏位于腹膜后腔胸腰椎两侧，左右各一，为软组织密度。在平片上其影像清晰程度与腹膜后腔及腹膜腔内蓄积的脂肪量有关，脂肪多影像清晰。若平片显示不良，可通过静脉尿路造影显示肾脏和输尿管（ureters）。

通常在质量较好的 X 线平片上可以识别出肾脏的外部轮廓，据此估测肾脏的大小、形状和密度。正常犬、猫的肾脏有两个，左、右肾的大小及形状相同，但位置不同。犬的右肾位于第 13 胸椎至第 1 腰椎水平处，猫的右肾位于第 1～4 腰椎水平处。左肾的位置变异较大，而且比右肾的位置更靠后。犬的位于第 2～4 腰椎水平处，猫的位于第 2～5 腰椎水平处。

目前广泛使用的测定犬、猫肾脏形态大小的方法是测定肾脏长度。测定方法是将肾脏的长度与腰椎椎体的长度进行比较。正常犬肾脏的长度约为第 2 腰椎长度的 3 倍，在 2.5～3.5 倍之内均属正常。猫肾的长度为第 2 腰椎的 2.5～3 倍，幼小的仔猫和大公猫的肾脏相对较大。

肾脏的宽度和形状随体位的变化而变化。在侧位片，靠上面的肾脏会沿长轴转动而显现出肾门，影像为豆形（图片 9-6）。膈的运动也会使肾脏位置发生变化，变化范围通常在 2 cm 左右。在左-右侧位片上，右肾前移 1/2～1 个椎体的距离。因此在实际投照时为使左右肾更明显分开，多采用左-右侧位。静脉尿路造影可清楚地显示肾实质、肾盂憩室（pelvic diverticula)、肾盂(renal pelvic)的大小和形状,也能显示出输尿管的位置、通畅性和形状。

（五）小肠(small bowel)

小肠包括十二指肠(duodenum)、空肠(jejunum)和回肠(ileum)。在腹腔中小肠主要分布于那些活动性比较小的脏器之间。小肠位置的变化往往提示腹腔已发生病变。小肠内通常含有一定量的气体和液体,通过气体的衬托在 X 线平片上小肠轮廓隐约可见。显示为平滑、连续、弯曲盘旋的管状阴影,均匀分布于腹腔内。营养良好的成年犬、猫的小肠浆膜面也清晰可见。各段小肠的直径及肠腔内的液、气含量大致相等,由于犬的体型相差很大,无法用具体数值表示,通常用肋骨的宽度表示。一般犬小肠的直径相当于两个肋骨的宽度,猫小肠直径不超过 12 mm(图片 9-7)。

十二指肠的位置相对固定,十二指肠前曲位于肝右叶后面;降十二指肠沿右侧腹壁向后延续;十二指肠后曲位于腹中部,由此转换为升十二指肠直达胃的后部。

经造影技术可显示出小肠黏膜的影像,正常小肠黏膜平滑一致,而降十二指肠的对肠系膜侧黏膜则呈规则的假溃疡征。造影剂通过小肠的时间,犬为 2～3 h,猫为 1～2 h。

（六）大肠(large bowel)

犬、猫的大肠包括盲肠(cecum)、结肠(colon)、直肠(rectum)和肛管(anal canal)。犬和猫盲肠的 X 线影像不同,犬盲肠的形状呈半圆形或"C"形,肠腔内常含有少量气体,所以在 X 线平片上可以辨别出盲肠位于腹中部右侧。猫的盲肠为短的锥形憩室,内无气体,故在 X 线平片上难以辨认。

结肠是大肠最长的一段,为一薄壁管道,由升结肠、横结肠和降结肠三部分构成。结肠的形状犹如一个"?",升结肠与横结肠的结合部叫肝曲或结肠右曲,横结肠与降结肠结合部叫脾曲或结肠左曲。升结肠和肝曲位于腹中线右侧;横结肠在肠系膜根前由腹腔右侧横向左侧;脾曲和降结肠前段位于腹中线左侧,降结肠后段位于腹中线,后行进入骨盆腔延续为直肠。直肠起于骨盆腔人口止于肛管(图 9-5,图片 9-8)。

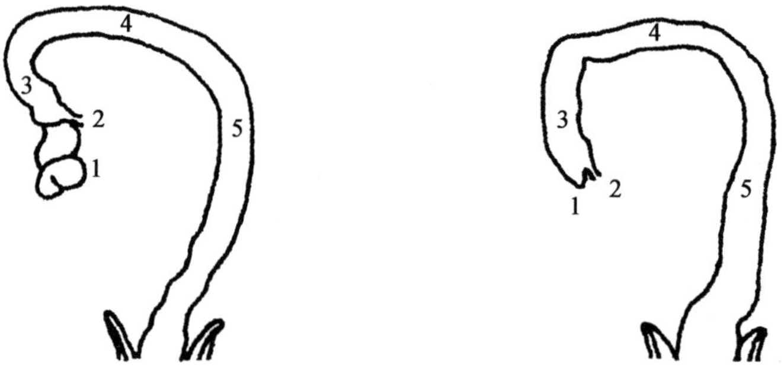

1. 盲肠;2. 回盲瓣;3. 升结肠;4. 横结肠;5. 降结肠

图 9-5　犬猫结肠 X 线解剖示意图

大肠与其相邻器官的解剖位置关系对于大肠及其邻近脏器病变的影像学鉴别有非常重要的意义。升结肠与降十二指肠、胰腺右叶、右肾、肠系膜和小肠为邻;横结肠与胃大弯、胰腺左叶、肝脏、小肠和肠系膜根相邻;降结肠前段与左肾、输尿管、脾脏和小肠紧密接触;降结肠中段与小肠、膀胱、子宫相邻，此段结肠的活动性较大，邻近器官的变化会导致其位置的变化；降结肠后段和直肠与尿道、髂骨、腰椎腹侧、荐淋巴结、前列腺、子宫阴道和盆膈紧密接触。

(七)膀胱(urinary bladder)

膀胱可分为膀胱顶、膀胱体和膀胱颈三部分。正常膀胱的体积、形状和位置处在不断变化之中，排尿后膀胱缩小，故在X线平片上不显影；充满尿液时膀胱增大，X线平片上位于耻骨前方、腹底壁上方、小肠后方、大肠下方的卵圆形或长椭圆形(猫)均质软组织阴影(图片9-9)。极度充盈时，膀胱可向前伸达脐部的上方。

膀胱造影可以清楚地显示膀胱黏膜的形态结构。

(八)尿道(urethra)

雄性和雌性的尿道在长度和宽度上有较大区别。雌性尿道短而宽。雄性尿道长而细，可分成三段(图片9-10)。前列腺尿道起自膀胱止于前列腺后界；膜性尿道(membranous urethra)为自前列腺后界至阴茎尿道球部，相当于坐骨后缘处；阴茎部尿道是从骨盆后沿延伸至阴茎头部的一段，此段在犬背侧有阴茎骨包绕。

(九)前列腺(prostate gland)

前列腺为具有内分泌和外分泌功能的卵圆形副性腺，其位置在膀胱后、直肠下、耻骨上(图9-6)。由于前列腺与膀胱位置关系密切，所以其位置随膀胱位置的变化而变化。当膀胱充满时，由于牵拉作用，前列腺会进入腹腔；若膀胱形成会阴疝，则前列腺进入盆腔管(pelvic canal)后部。其他因素如罹患疾病或年龄的变化也会 引起前列腺位置的改变，通常是向前方变位。

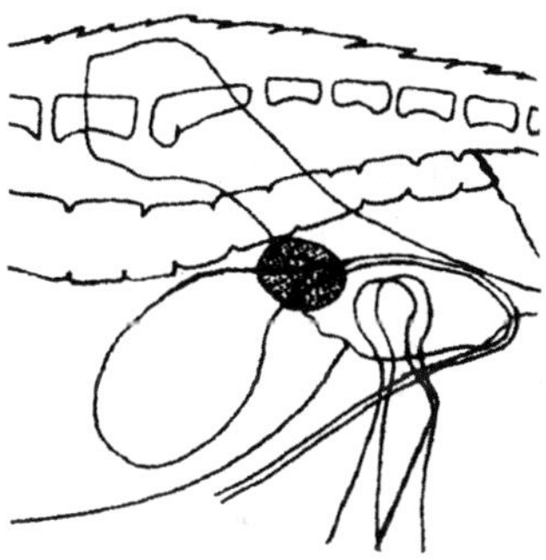

图9-6　犬前列腺X线解剖示意图(侧位)

尿道穿前列腺中部偏上而过，前列腺内部的尿道直径稍增宽，但到前列腺后界处则轻微缩小。

未成年犬的前列腺全部位于盆腔管内，到成年后前列腺增大，3～4岁时腺体前移，大部分位于腹腔内。此后尽管年龄增长，但前列腺体积基本维持恒定，到10岁或11岁时腺体通常发生一定程度的萎缩，其位置又回到盆腔内，但这种情况比较少见，因为很多前列腺疾病都会使前列腺体积增大。成年猫前列腺的位置和形态与犬相似，但比犬的小，在X线片上很难显影。

犬的前列腺可经X线片显示，由于犬的体型在不同品种间相差较大，故前列腺的大小也相差很大。据报道前列腺的相对重量(g)被体重(kg)除，所得的值在所有的犬均相同(scottish terrier犬除外)。用放射学方法确定前列腺的绝对形状、大小是不可能的，一般只能测量其相对大小。正常前列腺的直径在腹背位X线片上很少超过盆腔入口宽度的1/2。前列腺的外形为圆形或卵圆形，其长轴约为短轴的1.5倍。正常前列腺有两个叶，两侧对称，在X线片上很难分出叶间界限。前列腺的密度为液体密度，故其影像显示是否良好主要依赖于其周围脂肪组织的量，如果动物较瘦或有腹腔积液，则前列腺影像模糊不清；当腺体周围有较多脂肪时，则前列腺的影像显示为外表平滑、边缘清晰，而且在侧位片和正位片上都能显示，在侧位片上其前界和腹侧清晰可见。在腹背位X线片上，前列腺位于盆腔入口处的中央，其中间部分可能被荐椎和最后腰椎遮挡，但其边缘轮廓常能显示。当直肠内有粪便蓄积时，前列腺的影像也会被遮挡。

(十)子宫(uterus)

对子宫状况的评估X线检查也是适用的,平片检查主要用于与子宫相关的腹腔肿块或子宫本身增大,另外也可用于检查胎儿发育情况、妊娠子宫及患病子宫的进展变化。

检查子宫需拍摄两个方位的X线片。准备工作包括禁食24 h、灌肠。在投照技术方面要求所拍X线片必须有良好的对比度,才能与膀胱和结肠相区别。也可在腹部加压使结肠、子宫和膀胱形成良好对比。

1.未妊娠子宫。子宫为管状,直径约1 cm,位于中后腹部,子宫体位于结肠和膀胱之间。在正常情况下子宫的密度为软组织密度,在普通X线片上很难与小肠相区别。

2.妊娠子宫。犬的妊娠子宫的形状、大小和密度因犬的品种、胎儿数量及所处的妊娠时期不同而变化。一般来说,大约在排卵后30 d,可查出增大的子宫,子宫角呈粗的平滑管状。胎儿骨骼出现钙化的时间约在45 d。在妊娠的中期和后期,子宫的位置达中后腹部下侧,其上为小肠和结肠,下为膀胱。

(十一)卵巢(ovaries)

在母犬和母猫正常卵巢不易显影,所以普通X线检查正常卵巢有一定的局限性。另外因卵巢是繁殖的基础,故应尽量减少对卵巢的辐射。

卵巢位于肾的后面,属于腹腔内器官。X线检查卵巢的适应症是检查临床不能触及的卵巢肿块,或检查涉及卵巢的腹腔肿块。根据卵巢的位置、邻近器官的变位、影像密度可以确定肿块来源。X线平片对于鉴别诊断卵巢、脾脏和肾脏肿块很有价值。其局限性在于不易确定卵巢肿块的内部结构。

第二节　超声检查法及正常声像图

一、肝脏与胆囊(liver and gallbladder)

肝脏是动物腹腔内最大的实质腺体器官,它具有极其复杂的生理代谢功能。对于肝脏疾病的诊断,除可做肝功能检验,肝脏活体组织学检查,以及临床的各种方法外,由于其是一个均质性很强的实质器官,故可用超声探测法探测肝脏的大小、厚度及内部的某些病变。

胆囊为含液器官,在声像图中呈液性暗区,较易辨认。B超对胆囊的部位、形状、大小等的判定有较高的准确性。

在超声探查时,除可清晰显示肝叶、胆囊外,门脉、胆管和腹腔大血管也是探查及定位的重要指标,并应确定相邻器官的位置关系和回声特点。

(一)健康动物肝胆系统的解剖要点

(1)牛、羊的肝脏扁而厚,略呈长方形,被胃挤到右季肋部,膈面凸,与膈接触;脏面凹,与胃肠接触。背侧缘较厚,腹侧缘薄。牛的肝脏分叶不明显,但也可由胆囊和圆韧带将肝分为右、中、左三叶。肝门在中叶,中叶又分为背侧的尾叶和腹侧的方叶。肝脏的左叶沿瓣胃前线向前下方折转并紧贴在膈肌的后方,这一部分被肺与膈覆盖。牛的胆囊呈梨状,紧贴于肝脏脏面的胆囊窝内,分为底部、体部和颈部。其体表投影位于右侧第10至11肋骨(或第11肋间)。胆囊底部在肝脏边缘或其下 2 cm 左右。胆囊纵径(胆囊颈至胆囊底的长度)和横径(胆囊液平段最宽处)视胆囊内胆汁多少而定。羊的胆囊较细长,体内位置和组成部分同牛。其在体表投影为右腹侧肩关节水平线与第 9 至 10 肋相交点的上下,胆囊底部的横径为 2～4 cm。

(2)马属动物(马、骡、驴)的肝脏呈板状,斜位于膈之后,大部分在右季肋部,即在右侧第 7 至 17 肋骨中下部。小部分在左季肋部,即在左侧第 7 至 10 肋间的中下部。肝脏的右上角位置较高,与右肾接触。肝的背侧缘较钝,腹侧缘锐,壁面(膈面)凸,与膈接触,中央有腔静脉窝,内有后腔静脉通过;脏面凹,朝向后下方,与胃肠相接触。无胆囊,胆管自肝门出肝而入十二指肠,马的肝脏只能在右肾前方一小块部位可探测到。

(3)猪的肝脏比马、牛均发达,中央厚而边缘薄,位于脊柱部和剑状软骨部,大部分在腹腔中线的右侧。肝左侧缘与第 9 肋间或第 10 肋骨相对;右侧缘与最后肋间的上部相对;腹侧缘可延伸至胸骨剑状突之后 3～5 cm。壁面凸,与膈及腹腔侧壁接触;脏面凹,与胃肠相接触。在肺后界之后的左右叶可进行超声探查。猪的胆囊位于肝脏右内叶的胆囊窝中,即在右侧第 10 至 11 肋软骨的直下方。

(4)犬的肝脏较大,约占体重的 3%。前后扁平,前表面隆凸,其形态与膈的凹面相适应。后表面凹凸不平,形成几个压迹。肝的分叶明显,共有六叶,即左外侧叶(呈卵圆形)、左内侧叶(呈梭形)、右内侧叶、右外侧叶(呈卵圆形)、方叶和尾叶。尾叶覆于右肾前极之上,形成一个深窝(肾压迹)。肝的左外侧叶覆盖于胃体之上,形成一个大而深的胃压迹,容纳胃底和胃体。胆囊位于右内侧叶的脏面,隐藏于右内侧叶、方叶和左内侧叶之间(图 9-7)。

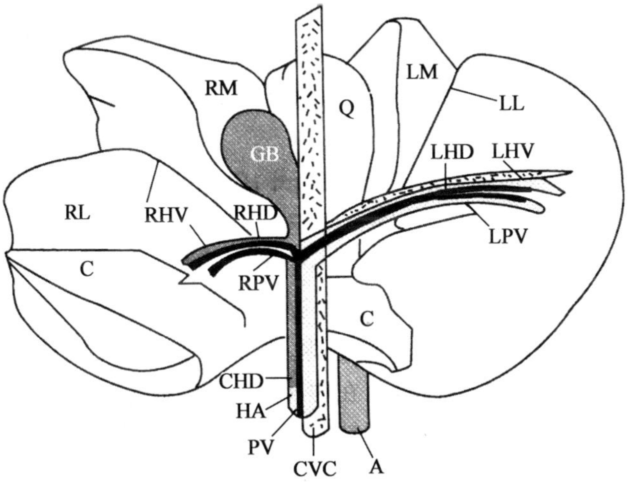

RL 右外侧叶;RIM 右内侧叶;Q 方叶;LL 左外侧叶;LM 左内侧叶;C 尾叶;GB 胆囊;HA 肝动脉;A 腹主动脉;CHD、RHD、LHD 总胆管及右支、左支;PV、RPV、LPV 门静脉及其右支、左支;CVC 后腔静脉;RHV 右肝静脉;LHV 左肝静脉

图 9-7　犬肝叶、胆囊及脉管、胆管的解剖关系示意图

(二)B 型超声探查法

1. 仪器条件及探查方法。大部分 B 型超声诊断仪均可清晰探查肝胆系统,可配 3～5 MHz 线阵或扇扫探头,凸阵探头显示切面更宽。一般大动物因需探测较深而用较低频率探

头,如 3.5 MHz;小动物则用分辨力好的高频率探头,如 5.0 MHz。

大动物采取立柱栏内保定,小动物(如犬、猫、羊等)可依被检位置不同采取各种体位(立位、仰卧位及坐位)保定。局部剪毛(或剃毛)、消毒、涂耦合剂。探头与皮肤保持垂直并充分密合。记录断层像时,应注意避免人为造成探头活动及动物的骚扰,待图像冻结时,再行拍照,或以影像打印机直接打印、输入录像机录像、输入计算机存贮处理等。

2.肝胆系统的扫描部位及声像图特点。见表 9-1。

表 9-1 几种主要动物肝胆系统超声探查的部位及声像图特点

动物种类	牛	羊	马	犬
体位	立位	立位	立位	仰卧、俯卧或侧卧
扫查部位	右侧第 8 至 12 肋间肩关节水平线下	右侧第 8 至 10 肋间肩关节水平线下	右侧第 10 至 14 肋间肩关节水平线下	右侧第 10 至 12 肋间或剑突后方
声像图特点	肝实质为低强细微回声,周边回声强而平滑;胆囊为液性暗区,壁薄而光滑;根据扫查面不同可显示门脉、胆管、大血管、膈肌和相邻器官			

(三)健康动物肝胆系统的声像图表现

正常肝脏实质为均匀分布的细小光点,中等回声。肝内管道结构呈树状分布。肝内门静脉壁回声较强,肝静脉及其一级分支也能显示,但管壁很薄、回声弱。肝内胆管与门静脉并行,管径较细。肝内动脉一般难以显示。

正常胆囊的纵切面呈梨形或长茄形,边缘轮廓清晰,胆囊壁为纤细光滑的高回声带。囊腔内为无回声区,后壁和后方回声增强。横切面上,胆囊显示为圆形无回声区。犬肝胆系统的声像图见图片 9-11 和图片 9-12。

二、脾脏(spleen)

脾脏为腹腔内重要的实质器官之一,其均质程度较高,适用于超声探查。目前兽医临床主要应用于脾脏体表投影面积、体积大小的测定及脾脏疾病的检查。

(一)健康动物脾脏的解剖要点

(1)牛脾脏呈长而扁的椭圆形,羊呈钝三角形,紧贴在瘤胃背囊的左前方,被肺的后线所掩盖。

(2)马脾脏位于腹腔的左侧,紧接肺叩诊区后方,后上端宽大部分为脾头,在最后第 2 至 3 肋骨上端及第四腰椎横突下方;前下端狭小部分为脾尾,斜向前下达第 9 至 10 肋骨下部,呈前缘凹,后缘凸的弓形,后缘可达第 18 肋骨之后。脾脏的位置常随胃的容积大小而改变。

(3)犬的脾脏长而狭窄,下端稍宽,上端尖而稍弯,位于左侧最后肋骨及左侧肷部。

(二)B 型超声探查法

(1)仪器条件及探查方法。与肝脏类似,但更宜用高频率探头探查,如 5~10 MHz。由于脾脏离体表较近,因探头近场回荡效应而近侧脾表显示不清,这时可在探头和皮肤间加以透声垫块。

(2)脾脏的扫描部位及声像图特点。见表 9-2。

表 9-2 几种主要动物脾脏的扫描部位及声像图特点

动物种类	牛	羊	马	犬
体位	立位	立位	立位	仰卧或右侧卧
扫查部位	左侧第 11 至 12 肋间上缘	左侧第 8 至 12 肋间上缘	左侧第 8 至 17 肋间肩端线及肷部下缘	左侧第 10 至 12 肋间或最后肋弓及肷部
声像图特点	脾实质为中等至强度均质微细回声，周边回声强而平滑；根据扫查面不同可显示脾头、脾体和脾尾，以及脾门部的脾静脉。注意与相邻左肾做比较			

（三）健康动物脾脏的声像图表现

正常脾脏的声像图整体回声强度均高于肝脏，脾实质呈均匀中等回声，光点细密。脾包膜呈光滑的细带状回声。外侧缘呈弧形，内侧缘凹陷，为脾门。脾静脉、脾动脉为管状无回声。犬的脾脏正常声像图见图片 9-13 和图片 9-14。

三、胰腺(pancreas)

胰腺是腹腔中难于探查的器官，大动物超声探查胰腺的报道少见。仅以犬为例加以讨论。犬胰腺的解剖位置关系见图 9-8。探查时可采用仰卧位、右侧卧位或站立位。通常用 5.0 MHz 或 7.5 MHz 线阵或凸阵探头在仰卧位下于左腹壁探查，这有利于避开肠腔积气。在腹部胀气时，可灌服温开水或服用消除胀气药物（二甲基硅油片）。有时也可用右侧卧或俯卧位在下方开口的聚酯玻璃台上于左侧第 11 至 12 肋间探查。胰腺声像图较难判断，有时被周围脂肪或积气肠管所掩盖，可根据周围器官和脉管定位，并做横切面与纵切面比较，必要时可向腹腔注入适量生理盐水以增强透声效果。

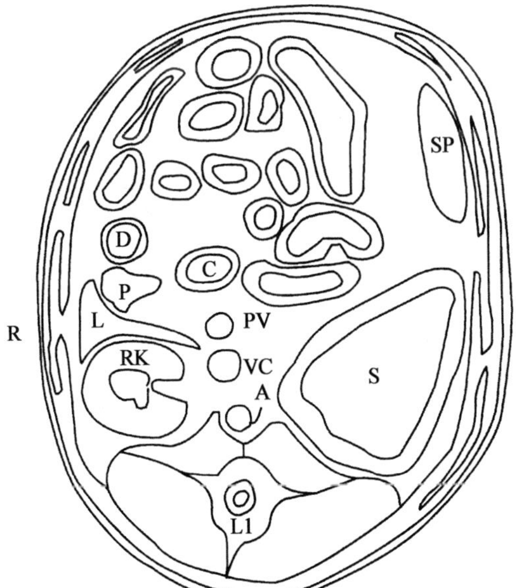

胰腺右翼(P)周围组织器官标示为：十二指肠降支(D)；门静脉(PV)；右肾(RK)；主动脉(A)；后腔静脉(VC)；结肠(C)；肝叶(L)；胃(S)；脾(SP)；第一腰椎(L1)，R 示右侧

图 9-8 通过胰腺右翼横断面的解剖位置关系示意图

胰腺内部声像图呈均匀细小光点回声，多数回声稍强于肝，见图片 9-15，图片 9-16。

四、肾脏(kidneys)

肾脏为腹腔内重要的实质器官之一，各种动物的肾脏均有一定的大小、一定的厚度和较平滑的界面，且距体壁较近，故有利于超声探查。

(一)健康动物肾脏的解剖要点

肾脏位于腹腔主动脉和后腔静脉的两侧，左右各一个，其表面覆有一层纤维膜(肾包膜)，外面被脂肪组织(肾脂肪囊)包围。

牛肾为有沟多乳头状，肾表面有沟，分叶明显。右肾位于第 12 肋间隙至第 2、3 腰椎横突的下方，为稍扁平的椭圆形。左肾位置不固定，一般位于第 2、3 至第 5 腰椎横突下方，可随胃肠充满度而变化，厚而狭窄，呈三棱形，前端小，后端大。

羊肾呈豆形，位于腰下，属于表面平滑单乳头肾。

猪肾呈长而扁的蚕豆形，左、右两肾的外形大致相似，位置几乎对称，位于前 4 个腰椎横突下方。

马肾为平滑单乳头肾，右肾位于最后 2 至 3 肋骨椎骨端及第一腰椎横突的下方，呈圆角等边三角形(心形)；左肾如豆状，较右肾稍后，一般位于最后肋骨和前 2 或前 3 个腰椎横突的下方。

犬肾呈蚕豆形，表面光滑，大部被脂肪包围。右肾较固定，位于前 3 个腰椎体的下方，前部在肝尾叶的深压迹内，腹侧面接降十二指肠、胰腺右叶等。左肾偏后，位置变化大，与 2 至 4 腰椎相对，腹侧面与降结肠和小肠袢为邻，前端接胃和胰脏的左端。

(二)B 型超声探查法

1. 仪器条件及探查方法。与肝脏类似。
2. 肾脏的扫描部位及声像图特点。见表 9-3。

表 9-3 几种主要动物肾脏的扫描部位及声像图特点

动物种类	牛	羊	马	犬
体位	立位	立位	立位	立位、卧位或坐位
扫查部位	右侧第 12 肋间上部或肷部上前方；左侧肷部上后方	同牛	左、右侧第 16 至 17 肋间上部或左侧最后肋骨后缘	左、右第 12 肋间上部及最后肋骨上缘
声像图特点	包膜周边回声强而平滑；肾皮质为低强度均质微细回声；肾髓质呈多个无回声暗区或稍显低回声；肾盂及其周围脂肪囊呈放射状排列的强回声结构。根据扫查面不同可显示肾静脉、后腔静脉、肝或脾			

(三)健康动物肾脏的声像图表现

正常犬肾脏声像图见图片 9-17 和图片 9-18。

五、膀胱与尿道(urinary bladder and urethra)

(一)解剖要点

膀胱的大小,形状和位置随尿液的多少而异。马的膀胱当尿液排空后呈梨形,约拳头大,位于骨盆腔入口的后方。当膀胱内积存一定量尿液时,呈卵圆形,并向前沿腹底壁延伸,充满尿液时则伸入腹腔。公马膀胱位于直肠、尿生殖褶的下方;母马则与子宫体和阴道紧接。牛的膀胱比马的长而细,向前伸到腹腔底壁的部分也比较长。前端圆而钝,叫膀胱顶,膨大的中部为膀胱体,后端较狭小的是膀胱颈或膀胱尾。其他动物与牛类似。尿道在公畜和母畜差异较大。公畜尿道分盆腔段和阴茎段,连接于膀胱尾。母畜尿道均在盆腔内,开口于阴道前庭。

(二)超声探查方法

大型和中型动物多采用直肠探查法,取站立保定位,用 5.0 MHz 或更高频率直肠探头伸入直肠内向下或偏左、偏右扫查,均能清晰显示膀胱和盆腔段尿道的各个纵切面。中小型动物则一般采用体表探查法,取站立或仰卧保定位,于耻骨前缘后腹部做纵切面和横切面扫描。需要显示膀胱下壁结构时可在探头与腹壁间垫以透声垫块。公畜远段尿道探查多在会阴部或怀疑有结石的阴茎部垫以透声块扫描。

(三)声像图表现

膀胱内充满尿液者是无回声暗区,周围由膀胱壁强回声带所环绕,轮廓完整,光洁平滑,边界清晰。近段尿道在膀胱尾端可部分显现,公畜前列腺可作为定位指标之一。远段尿道常显示不清,当作尿道插管或注入生理盐水扩充尿道后可显示清晰。参见图片 9-19 和图片 9-20。

六、前列腺(prostate gland)

(一)解剖要点

前列腺为公畜生殖腺体之一。其大小和位置随年龄和性兴奋状况而异,性成熟后位于骨盆前口后方,于膀胱尾环绕前段尿道。

(二)探查方法

与膀胱类似,可经直肠或耻骨前缘向后扫查,膀胱积尿有助于前列腺影像显现。

(三)声像图表现

其横切面呈双叶形,纵切面呈卵圆形。前列腺包膜周边回声清晰光滑,实质呈中等强度的均质回声,间杂小回声光点。膀胱尾和前段尿道充尿时,在前列腺横切面背侧两叶间可清晰显示尿道断面。参见图片 9-21。

七、肾上腺(adrenal glands)

(一)解剖要点

肾上腺是腹腔内重要的内分泌器官。为镰刀状薄块结构,左右各一个,位于左右肾脏头端靠近腹中线部位,与后腔静脉及主动脉邻近。

(二)探查方法

超声探查时多采用 5.0 或 7.5 MHz 的高频率探头,在仰卧保定、左或右侧卧保定下于前部腹侧壁做横切面、纵切面和斜切面扫描，并做对比观察；也可于 11 至 12 肋间做矢状切面扫描，以避开肠管积气，并可在同一切面上同时显示肾脏和肾上腺。

（三）声像图表现

由于肾上腺小而薄，声像图上难于辨认，应以肾头和大脉管作为定位标志，并做多切面对比观察（图片 9-22）。

八、子宫（uterus）

（一）解剖要点

动物的子宫通过子宫阔韧带悬垂于骨盆腔入口附近、耻骨前缘上下。母畜怀孕后，随着胚胎的发育，位置逐渐前移。一般来说家畜和犬、猫等伴侣动物多为双角子宫，但由于动物的种类不同，子宫的解剖形态也不同。子宫角上邻直肠，下有膀胱，呈管状结构，管壁有一定的弹性。

（二）探查方法

犬、猫等中小动物在探查子宫时，多取仰卧位，探查部位在耻骨前缘。局部除毛，涂耦合剂，使用 5.0 MHz 探头进行扫查，扫查方位有横向和纵向扫查。

（三）声像图表现

正常、未怀孕的母犬，其子宫一般不显像。用高分辨率探头时，子宫颈显示为卵圆形低回声团块。有时在膀胱背侧、结肠腹侧能见到子宫角的管状结构。通常子宫角很难与肠袢区别，在膀胱充满的情况下，膀胱可作为声窗有利于扫查子宫角（图片 9-23）。

第三节　腹部病变的基本 X 线征象

腹腔内的器官种类较多，所患疾病类型也比较复杂，其 X 线征象也各有特点，但归纳起来主要表现为内脏器官体积、位置、形态轮廓和影像密度的变化。

一、体积的变化

体积的变化主要表现为内脏器官的体积比正常时增大或缩小。引起器官体积增大的原因可能是组织器官肿胀、增生、肥大，器官内出现肿瘤、囊肿、血肿、脓肿、气肿或积液。这会使病变的器官比正常增大，有时增大数倍，使病变器官邻近的组织或器官的位置或形态发生变化。体积缩小可能由于器官先天发育不足或器官因病萎缩所致。

在所有内脏器官中，胃、膀胱和子宫的体积在生理状态下变化较大，因此当它们发生病理性增大后单纯从 X 线影像上鉴别仍有一定困难，需结合临床检查和实验室及其他影像技术进行综合分析后做出正确诊断。其他内脏器官若表现出 X 线片上影像体积变化时则多为异常情况。有的器官其体积的异常变化在 X 线片上能直接表现出来，有些在 X 线片上不易显示出来，这可以借助其邻近器官的位置变化进行判断。如肝脏增大或缩小可以根据胃的位置进行判断；前列腺体积增大可以从膀胱和直肠的形态及位置变化进行推断。

二、位置的变化

位置的变化说明内脏器官发生异常移位。腹腔内的器官除空肠游离性较大以外，其他器官的位置均相对固定。发生移位的大多数原因是邻近组织器官发生病变推移所致。例如胃后移常见于肝脏增大或肝脏肿瘤、囊肿的推移，相反胃前移可能是肝萎缩、膈破裂或胃后方的器官如脾或胰腺肿大压迫所致。

三、形态轮廓的变化

形态轮廓的变化表现为内脏器官的变形。胃、肠、膀胱、子宫等管腔器官及肝、脾、肾等实质器官的任何超出生理范围的变形都是病变的征象。变形的类型有几何形状的变化、表面形状的变化和空腔器官黏膜形态的变化。例如肝肿大后肝的后缘变钝圆；肝硬化、肝肿瘤时肝脏的表面不规则；胃溃疡时的直接征象是钡饲造影时出现龛影；膀胱肿瘤时膀胱阳性造影的结果为膀胱黏膜充盈缺损。

四、密度的变化

腹部密度的变化表现为密度增高或密度降低，可表现为广泛性或局限性密度变化。广泛性密度增高常见于腹腔积液、腹膜炎、腹膜肿瘤，X线片表现为广泛性密度增高的软组织阴影，腹腔内脏器轮廓不清。腹部局限性密度增高常见于腹腔器官肿瘤或肿大，X线片上显示为局限性高密度的软组织阴影。若腹腔内出现钙化灶(腹腔淋巴结钙化)、器官结石(胆结石、肾结石或膀胱结石)则表现为高密度异物阴影。腹部出现低密度阴影可见于胃、肠积气，各种原因造成的气腹。应注意的是在正常情况下，消化道内或多或少存留一些气体，也表现为低密度阴影，在实际工作中应与病理性阴影加以鉴别。

第四节　腹部疾病的X线与超声诊断

一、胃内异物(gastric foreign body)

(一)定义与病因

胃内异物是犬、猫因各种原因误食异物引起的疾病，异物种类复杂，不能被胃液消化，又不能通过呕吐或肠道排出体外，使胃黏膜受到损伤，影响胃的功能。

引起胃内异物的原因有以下几种：①幼年犬、猫生性活泼好动，喜欢玩耍、衔叼异物，不慎将异物咽下。这类异物有橡皮球、石头块、线团、缝针、硬币等；②动物主人饲喂不当，将带骨肉、有核的水果如荔枝、桂圆等喂给动物；③长毛猫经常梳理毛发，时间久了会在胃内形成毛团；④动物长期缺乏维生素或矿物质则出现异嗜现象。

(二)临床与病理

胃内存有异物的动物其临床表现有一定差异。有些动物可能没有任何临床症状，或有间歇性呕吐，这是由于异物有时阻塞幽门然后又回到胃腔内所致。胃内存有大量异物或异物形状比较尖锐时，异物对胃黏膜造成强烈刺激，引起胃炎。动物出现顽固性呕吐，呕吐物中可能带有血液。有的动物可能发热、脱水、消瘦。

(三)影像学表现

胃内异物的诊断用X线即可完成,异物的种类有不透射线和能透X射线两类。

(1)高密度不透射线异物在腹部平片易于显示,并可显示出异物的形状、大小及所在的位置(图片9-24)。

(2)低密度异物如线团、碎布、袜子或橡皮球等在平片上不能显现,在检查时可通过变换动物体位,使胃内气体恰好停留在异物周围,形成对比,在气体的低密度背景上衬托出相对高密度的异物影像(图片9-25)。也可以利用造影方法,即进行钡饲。造影时钡剂用量不能过多,以免遮蔽异物,犬的用量在10 mL左右,猫的用量在5 mL左右。在胃的造影像上,碎布块等异物可以吸附钡剂,故在胃排空后仍能显示异物阴影。橡皮球之类的无吸附性异物则呈充盈缺损的X线征象。

二、胃扩张-扭转综合征(gastric dilation-volvulus)

(一)定义与病因

胃扩张-扭转综合征是深胸大型犬的一种急性、致命性疾病,多发于中老年犬,在小型犬、猫也有发病的报道。致病原因不明,但可能的诱发因素有超重、过食、采食速度过快、食后剧烈运动以及脾气狂躁等。胃扩张-扭转综合征在临床上常见3种情况:①胃扩张与扭转同时发生;②只发生胃扩张而无扭转;③只发生扭转而无明显扩张。其中胃扩张与扭转同时发生最严重,常呈急性经过,严重者迅速引起循环衰竭而死亡。

(二)临床与病理

急性胃扩张和胃扭转都能引起胃急性膨大,胃内积气或/和积液,但多以气体为主。气体的蓄积是由于胃肠内容物排出受阻所致,气体不能通过正常机制逸出体外,必然会引起胃扩张。在单纯胃扩张时,胃的体积增大,而胃在腹腔内的位置及胃与其他脏器的解剖位置关系没有变化。

胃扩张-扭转时,胃在腹腔内的解剖位置发生变化,胃发生自身扭转,扭转的程度从90°到360°不等。在动物仰卧位的情况下,从尾部向头看,胃是以顺时针方向发生扭转的。扭转的结果是幽门从腹部的右侧移到左侧,胃底部则随之转到了右侧,约95%的患犬发生此种类型的扭转。

患犬发生胃扭转后,由于胃部扩张,致使腹部后腔静脉受压从而使得回流入心的静脉血减少,相应地心输出量也减少,组织灌注量下降,最终发生循环衰竭。

病犬的临床症状轻者表现为不安、焦躁、唾液分泌增多、干呕,腹部明显扩张,叩诊闻鼓音。严重病例就诊时已经处于休克状态,可视黏膜苍白,毛细血管再充盈时间延长,以及脉速、弱、细。

(三)影像学表现

拍摄X线片是确诊的决定性手段,也是鉴别普通胃扩张和胃扩张-扭转综合征的可靠方法。分别拍摄右侧位、左侧位和正位X线片,但右侧位X线片具有诊断意义。

(1)一般左侧位投照时,胃扩张和扭转均呈显著的积气性/积液性胃膨大阴影,腹腔内其他脏器后移,而且因受挤压而影像不清(图片9-26)。

(2)右侧位投照时,可见 X 线片上出现胃腔被分割成两个或多个小室(图片 9-27),这是由于胃扭转后幽门移向左侧且其中充满气体,和充满气体的胃底共同构成的影像。在小室之间可见线状软组织阴影,是由胃的扭转索或胃的折转处形成。

(3)从平片上不易对胃扩张和胃扭转做出鉴别诊断时可行胃造影。通过观察幽门的位置进行鉴别诊断。但一般胃扭转后由于贲门常受到压迫而阻塞,故造影不易成功。

三、幽门狭窄/阻塞(pyloric stenosis/obstruction)

(一)定义与病因

由于各种原因引起的幽门狭窄或阻塞导致胃排空不畅或排空受阻。幽门狭窄/阻塞有急、慢性之分。急性阻塞常见于胃扭转或胃内异物阻塞在幽门部,使排空受阻;慢性阻塞则是由于幽门的病理性狭窄。幽门病理性狭窄见于幽门肥厚、幽门痉挛、纤维化、肿瘤、黏膜肥大及幽门周围脏器发生占位性病变等。

(二)临床与病理

由于胃扭转或胃内异物引起的幽门阻塞发病急,有相关的发病史及特征性症状。幽门痉挛多发生在幼龄、神经兴奋型的犬和猫。幽门痉挛更可能是胃的运动或蠕动异常所致,而不是真正的幽门括约肌痉挛,因为幽门窦和幽门作为一个整体活动,幽门窦的蠕动控制胃的排空。

幽门狭窄可能源于幽门运动功能异常,也可能是先天性或后天获得性狭窄。局部肥厚性胃炎也可引起幽门阻塞。

当食物因幽门阻塞而滞留时,则引起胃的膨胀,临床常见呕吐发生,呕吐多发生在采食后数分钟至数小时。常为喷射状呕吐,呕吐物为未消化或部分消化的食物,不见胆汁出现。

(三)影像学表现

1. X 线征象。

(1)在普通 X 线片上,慢性幽门阻塞无特异性 X 线征象,一般仅见胃体积增大,胃内容物较多(图片 9-28)。

(2)在胃造影像上,幽门可呈盲端(完全阻塞)、鸟喙状或细线状(部分阻塞),幽门口或其附近可能有充盈缺损(图片 9-29)。胃排空时间延长。

(3)如为幽门痉挛所致,在应用解痉药后幽门括约肌松弛,幽门管通畅,幽门狭窄或闭锁的 X 线征象消失。

2. B 超声像图。B 超对于幽门病变的诊断特别有益,通常胃由于充满液体而膨胀,这使声像图看起来更方便。幽门窦肥厚时可见幽门呈环行增厚,淋巴肉瘤和腺癌能引起广泛性或局限性幽门增厚,回声强弱不等,同时胃壁的正常层次消失(图片 9-30)。

四、胃肿瘤(gastric neoplasia)

(一)定义与病因

与人类相比较,犬和猫的胃肿瘤比较少见。已知的小动物肿瘤有平滑肌瘤、腺癌、淋巴肉瘤和腺瘤。犬的最常见肿瘤是腺癌,最常发生的部位是胃的幽门窦和幽门。淋巴肉瘤是猫的最常见肿瘤。

（二）临床与病理

由于肿瘤的作用影响胃的正常运动性、阻塞幽门、引起黏膜溃疡。患病动物的典型特征是有慢性呕吐史，烦渴多饮和体重减轻。临床症状可为短期，也可持续数月。呕吐物或为胃液和唾液或为食物，但呕吐与采食无明显关联。呕吐物内可带有新鲜或陈旧性血液。动物厌食沉郁。粗毛柯利犬、爱尔兰雪达和 Terrie 犬容易发病，平均发病年龄为 10 岁，公犬多于母犬。

（三）影像学表现

1. X 线征象。

（1）在 X 线平片上，肿瘤灶不易显现，偶尔在胃内气体的衬托下显示胃腔内有软组织块影像突入胃腔内。

（2）在胃造影或胃钡—气双重造影像上，可清楚显示胃变形，胃腔内占位性充盈缺损或有溃疡龛影。胃壁增厚或不规则，幽门狭窄或闭锁（图片 9-31）。

2. B 超声像图。胃肿瘤的声像图显示胃壁异常增厚，呈非均质的低回声，形态不规则隆起。胃壁的多层清晰结构被破坏。肿瘤类型可表现为向胃腔内突入的肿块型，弥漫胃壁增厚的浸润型和溃疡型（图片 9-32）。

五、肠梗阻（intestinal obstruction）

（一）定义与病因

肠梗阻是犬、猫常见的一种消化道疾病，是一种急腹症，发病部位主要在小肠。常于小肠肠腔发生机械性阻塞或小肠正常生理位置发生不可逆的变化，如肠套叠、嵌闭和肠扭转等。引起肠梗阻最常见的原因有异物、肿瘤、肠套叠、先天性或获得性狭窄及麻痹性肠梗阻。

（二）临床与病理

患病动物所表现的临床症状与发生阻塞的部位有密切的关系，近端小肠阻塞后，临床症状急剧，表现为急性、顽固性呕吐，同时伴发腹泻，粪便中带有陈旧的血液。远端小肠阻塞后也会引发呕吐，但不急剧。肠套叠时呕吐与排红色、胶冻样便同时出现。腺癌能部分甚至完全阻塞肠管，临床症状多变，所以能给人一种慢性疾病的感觉。患病动物还会发生脱水、厌食、沉郁及腹痛。

（三）影像学表现

（1）异物造成的肠梗阻，如为高密度异物，X 线平片即可显示出异物的形状和大小以及其阻塞的部位（图片 9-33）。

（2）对于低密度异物或与腹腔软组织密度相近的异物，需进行肠道造影。肠道造影可显示钡剂前进迟缓或受阻；可显示阻塞的部位、程度及类型。

（3）嵌闭性阻塞，普通 X 线检查或造影检查一般可确定肠嵌闭的部位（如膈疝、腹壁疝等）。肿瘤性阻塞，X 线平片可显示腹内肿块的软组织阴影，造影检查可显示肠黏膜不规则、充盈缺损、肠壁增厚、肠腔狭窄或造影剂进入肿瘤组织中。

（4）X 线平片检查还可以见到在阻塞部位之前的肠管有不同程度的充气、充液及肠腔直径增大（图片 9-34）。水平投照检查可见肠管内对比良好的液-气界面阴影。

六、胃肠穿孔或破裂(gastrointestinal perforation or rupture)

(一)定义与病因

胃肠穿孔或破裂在几种情况下发生：一是来自腹部外的钝性或锐性损伤；二是由于胃肠内的异物刺破胃、肠壁；第三种是因胃肠过度膨胀而引起破裂，第四种是胃肠手术后的术后并发症。

(二)临床与病理

胃肠穿孔或破裂后，由于胃肠内容物流入腹腔引起化学刺激和细菌感染，导致急性弥漫性腹膜炎。腹膜充血、水肿并失去光泽，随后产生大量浆液性渗出液，释放腹腔内毒素。渗出液内逐渐出现大量中性粒细胞，加上坏死组织、细菌和凝固的纤维蛋白，使渗出液变为混浊而成脓液。

胃肠穿孔或破裂引发腹膜炎后，其主要临床表现可见呕吐、发热，并出现感染中毒症状。随渗出液的增多，腹部逐渐增大。呼吸方式改变，腹式呼吸减弱。腹痛明显，表现为腹肌紧张，腹壁触诊敏感。

(三)影像学表现

(1)胃肠穿孔或破裂后由于有气体从胃肠道逸出进入腹膜腔，故多用水平 X 线进行站立、直立或侧卧位投照，在所拍摄的 X 线片上，于腹腔的最高处可见到气影。如果腹腔内气体的量较少，可做侧卧位投照，易于发现气影。

(2)由于继发腹膜炎而出现腹腔内积液，因此在 X 线平片上腹部呈均质密度增高的阴影，腹腔器官外形轮廓模糊不清。局限性腹膜炎只是局部感染区的结构轮廓消失，广泛性腹膜炎时，则整个腹部影像模糊不清(图片 9-35)。如果腹腔内同时有一定量的气体蓄积，则在站立水平投照时显示出气-液界面阴影。

(3)当怀疑胃肠穿孔时，如做胃肠造影则应选择刺激性较小的碘制剂做造影剂。造影检查可见造影剂漏入腹膜腔内。

七、肝脏疾病(diseases of the liver)

(一)肝脓肿(hepatic abscess)

1. 病因与病理。肝脓肿多见于牛，常因金属异物通过网胃刺伤肝脏而感染化脓。脓肿小者如鸽卵，大者似人头，一个至数个不等。马、牛和其他动物也可因化脓性细菌转移而形成肝脓肿，但犬、猫等小动物少见肝脓肿。由于肝组织、脓腔壁和脓液的声阻抗不同，可出现声像图。

2. 影像学表现。肝脓肿用 B 型超声显像法诊断，其声像图表现有两个方面：

(1)液性暗区。肝脓肿形成后，由于脓液属于液体范畴，为均质介质，没有声阻差异，因此无回声，故在监视屏上呈现液性暗区。典型的肝脓肿无回声区边界清晰，切面常呈圆形或类圆形，伴后方回声增强效应，内有细小光点回声。一旦发现肝脏内有液性暗区，应从不同方向向同一部位探查，并注意液性暗区的数目、形状、大小等情况。

由于肝脓肿在各个阶段病理变化不一样，脓肿组织结构和脓肿中内容物也不相同，液性暗区情况也会不一样。肝脓肿早期，肝组织还处于炎性浸润期或坏死组织尚未液化时，声像图上表现为一个光点密集区或光团。坏死组织刚开始液化时，在液性暗区内可出现散在的光点或小光团。脓汁黏稠时，在液性暗区中亦会出现散在稀疏光点。

(2)肝脏肿大。由于脓肿大小、数目不同，肝脏可出现不同程度肿大。

(二)肝肿瘤(tumor of the liver)

1. 定义与病因。发生在肝胆系统的原发性或转移性肿瘤。在发病原因上，除了猫白血病病毒能引起淋巴增殖性肿瘤和髓增殖性肿瘤外，犬、猫肝肿瘤的发病原因尚不清楚。

肝肿瘤有原发性和继发性两种类型。犬、猫临床常见的原发性肝肿瘤包括肝细胞瘤、肝细胞癌、胆管癌和血管瘤。常见的转移性肝肿瘤主要来自乳腺癌、心脏或脾脏的血管肉瘤、胰腺癌等。在马已报道的有结肠癌转移到肝脏、恶性淋巴组织瘤(淋巴肉瘤)等。

2. 临床与病理。犬的肝细胞瘤在体积不大时，一般没有症状，当体积较大压迫邻近脏器时就会出现临床症状，并可经腹壁触及。原发性恶性肿瘤对肝脏的破坏明显，引起较严重的临床症状。丙氨酸氨基转移酶和碱性磷酸酶极度升高，同时伴发血清总胆红素升高。血清球蛋白升高而白蛋白下降。患病动物厌食、体重减轻、腹水和发生黄疸。

3. 影像学表现。

(1)X线征象。

①X线平片可见肝脏阴影扩大，在发病肝叶上能显示数量不等、大小不一高密度肿瘤阴影(图片 9-36)。

②钡饲造影显示增大的肝脏将其邻近的胃和结肠向后推移。

③气腹造影则更能清楚地显示肝脏的轮廓和肿瘤的形态(图片 9-37)。

(2)B超声像图。肿瘤的声像图随肿瘤性质不同而异。原发性肝癌呈现肝脏肿大和在肝实质内有癌肿结节样图像，肿块回声可表现为多种类型，有低回声、等回声、高回声、混合回声和弥漫型回声(图片 9-38)。肝脏转移性肿瘤声像图表现为肝内多个结节性肿块，其图像有多种类型(图片 9-39)。

淋巴肉瘤是最常见的肝脏肿瘤。这种肿瘤的浸润过程可导致弥漫性肝肿大，也可出现淋巴结节(图片 9-40)。通过直肠探查或腹部用超声显像法检查，均可发现淋巴肉瘤。

(三)肝纤维化(fibrosis of the liver)

1. 定义与病因。肝纤维化即肝硬化，它是肝脏受到某些有害因素作用后，产生肝细胞变性或坏死，肝细胞再生与结缔组织增生，从而导致肝实质纤维化。马、牛、猪、犬等均可发生。例如，牛由于肝内寄生虫病所致的肝硬化，马由于胆石症所致肝脏内胆汁阻滞，引起胆汁性肝纤维化(biliary fibrosis)。

2. 临床与病理。肝硬化是一种慢性进行性病理过程。这个过程包括广泛的肝细胞变性坏死，肝小叶的纤维支架遭到破坏；再生肝细胞不沿原支架排列，而形成不规则的结节状肝细胞团；自汇管区和肝包膜有大量的纤维结缔组织增生。在肝硬化发展过程中，广泛的肝细胞不断坏死、再生结节形成、肝小叶结构改建和弥漫性结缔组织增生，造成肝内血液循环紊乱，导致门静脉高压。

发病动物食欲降低、体重减轻，出现腹胀、腹水，排出黑粪，沉郁、昏睡，见肝性脑病征候等。

3. 影像学表现。

B超声像图。肝脏由于纤维化的结果，肝区回声增强，即肝区光点增多、变粗或有小光团，而且光点分布欠均匀。在马由于胆石症所致胆汁性纤维化时，除可见肝脏内胆管扩张外，还可见到胆结石图像。肝纤维化时期不同，可出现肝脏肿大或缩小等变化（图片 9-41）。

（四）肝肿大（liver enlargement）

1. 定义与病因。肝肿大是由多种原因引起的，可见于肝肿瘤、肝炎、右心衰竭所致的肝充血、肝脂肪变性、肝结节性增生、肝或胆道囊肿、肝脓肿及肝血肿等。上述疾病都会导致肝的体积增大，但病理过程各异。

2. 影像学表现。利用 X 线对肝脏进行检查可发现肝肿大和肿大的程度，但一般不能鉴别肝肿大的原因和疾病的性质。B 超检查能查出肿大的原因和性质（见上述）。

（1）在侧位 X 线平片上可见肝的后下缘后移，超出最后肋弓一个肋宽以上。肝后缘变钝，在腹腔内有适量脂肪的情况下，肝后缘轮廓显示得较清楚（图片 9-42）。

（2）胃后移，胃轴向后下方倾斜与肋骨形成一定角度，幽门向后背侧移位。

（3）在腹背位 X 线片上，可见胃体和幽门向左后方移位；经胃造影后则更能清楚显示。

（4）气腹造影能清楚显示肿大肝的轮廓、肿大范围及肝表面的形态。

（5）当胸腔积液、积气和肺气肿等疾病时也可引起肝和胃后移，故应注意鉴别。

八、胆石症（cholelithiasis）

（一）定义与病因

胆石症系指胆囊、胆管内有结石，常常合并为胆囊炎，从而使患畜反复出现疝痛、黄疸和体温升高的一种慢性疾病。胆结石含有胆固醇、胆色素等成分，其形状、大小、数量不一。牛、马、犬、猫等均可发生，但不常见。发病原因也不十分清楚，推测其可能的病因包括胆汁瘀滞、肝胆系统炎症或感染、胆汁成分发生变化，也可能与食物有关。牛的胆结石又叫牛黄，是一种名贵药材。

（二）临床与病理

犬和猫胆石形成机理尚不十分清楚，经分析可知胆石中胆固醇含量比人的胆石低。胆石含有胆固醇、胆红素、钙、镁和草酸盐等。胆结石一般无明显症状，当胆囊结石嵌在胆囊颈部时，可导致胆囊内压力升高，胆汁酸刺激胆囊黏膜，造成炎症、水肿、充血、渗出，引起胆囊炎，相应表现出腹痛、呕吐、腹泻、脱水及黄疸。

（三）影像学表现

阳性结石经 X 线平片即可显示，阴性结石需做胆囊造影；胆囊结石首选检查法为 B 超检查。

1. X 线征象。

（1）X 线平片可显示阳性结石，常堆积在胆囊内。结石形状、大小和数量不定，表现为高密度阴影。

（2）造影检查用于发现阴性结石，胆囊造影常显示为多数成堆充盈缺损，呈圆形或多边形。

2. B 超声像图。

（1）胆囊结石的声像图。胆囊内有胆结石形成时，其典型的声像图有下列特点：胆囊内出现强回声光团，由于结石的形态、大小不同，强回声可以呈斑点状或团块状；散在球形结石多呈新月形或半圆形。结石强回声明亮稳定、边界清楚，并伴有声影。声影边缘锐利、明晰，其内无多重反射回声。有时强回声不明显而声影显著。声影的出现对于结石，特别是小结石诊断有重要意义(图片 9-43)。

(2)马胆结石症。关于马胆结石症的报道正在增加，这包括肝(肿)大，特别是在疝痛反复发作，黄疸和体温升高的鉴别诊断时。患有阻塞性肝病的马往往会发生肝(肿)大。在右肺下方和后方以及左侧前腹部进行超声探查，会发现肝脏比正常的大得多。在马严重肝(肿)大时，肝脏可向后延伸至肋骨弓。常常有许多提示“脉管系统征”(vasculature-appearing)结构，其中有一些是扩张的胆道。在病程长的病例，肝脏边缘的胆道可以扩张，而扩张的胆道内可以观察到胆结石。马胆结石症的声像图是强回声并伴有声影或可能透声(图片 9-44)，从而使超声通过到达肝脏深部。

九、胆囊炎(cholecystitis)

(一)临床与病理

胆囊炎常与胆结石合并发生。患胆囊炎时，由于充血、水肿及细胞浸润，可使胆囊壁增厚，胆囊呈不同程度肿大，可因反复发作而使胆囊与周围组织粘连。这是超声诊断胆囊炎的病理基础。

(二)影像学表现

胆囊炎的声像图可见：胆囊增大，形状呈圆形或椭圆形，轮廓不光滑。胆囊壁弥漫性增厚，呈高回声带，其间为低回声带，表现为“双边征”。胆囊内出现稀疏或密集的光点回声，后方无声影。若胆囊内有结石则可见结石高回声伴后方声影(图片 9-45)。

十、培植牛黄(cultured calculus bovis)

牛黄(胆结石)是一种名贵的中药材，在我国应用已有 2 000 多年的历史。现代医学研究也充分肯定了牛黄的镇静、抗惊、解热、强心、消炎和利胆作用。但因天然牛黄产量低，历来供不应求。为此，我国于 1974 年开始了培植牛黄的研究。经过广大科技人员十多年的共同努力，在牛黄形成机理、培植牛黄生产工艺、提高牛黄产量的技术措施，培植牛黄的理化性质、药理作用和临床应用等方面做了大量工作，取得了从理论到实践的重大发展。培植牛黄的基本生产工艺过程虽未统一，但选择适龄健康牛，做胆囊切开和植入黄床(核心或网架)和菌种，到了一定时间再剖腹取黄，则是必不可少的步骤。

在培植牛黄的过程中，借助于超声仪，尤其是 B 型超声仪进行监测是必不可少的。

(一)探测技术

1. A 型超声诊断仪。探头频率为 2.5 MHz，仪器用大灵敏度(一般抑制旋钮置于 5 处，增益旋钮调至最大，胆汁呈液平段)。

2. B 型超声诊断仪。线阵和扇扫仪均可，探头频率为 3.5 MHz，选择适当灵敏度(一经选定即不调节)。

3. 探测时间。一般在牛空腹 6 h 后进行探测，手术前后一个月内各探查一次，监测时间视具体情况而定，取黄前再探查。

4. 保定。局部处理、扫查手法，按超声探查常规进行。

（二）术前探查

术前探查的目的是确定手术部位和取得一些参数以便术后比较。胆囊声像图显示其壁呈光滑的光环，内为无回声暗区。据 12 头黄牛测定结果，胆囊壁平均厚度为 0.27 cm±0.08 cm。

（三）术后探查

目的是探查植入黄床后的胆囊声像图或回声图的特征，以作为监察牛黄形成情况的依据。一般于手术创愈合时进行探测。在声像图上可见胆囊内的无回声暗区中有一椭圆形或圆形（视放入黄床的形状而定）、周边中等强度的回声，此即为放置黄床（网架）的图像。有的黄床与超声束横切的周边（黄床的侧壁）回声光带后伴有明显的声影。术后所测胆囊壁的厚度均呈不同程度增厚，平均为 0.43 cm±0.13 cm。

（四）牛黄形成过程的监测

监测的目的是探索成黄规律，何时牛黄开始形成，何时形成速度最快等。监测时间视具体情况而定，可长可短，一般每隔 3 个月探测 1 次。在实验过程中观察到胆囊内的黄床上，随着牛黄的形成和增多，其回声强度一般是从中等至较强再至强回声；到取黄时均呈强回声，强回声的形状不规则，可成团块或片状，边界清晰，稳定。当胆囊内显示有强回声光团时常伴有声影。通过监测培植牛黄形成过程，发现多数牛在接种 6 个月左右才开始有较明显的牛黄或沉积物的图像出现，而达 1 年左右时，全部实验牛的声像图上均见较典型的牛黄或沉积物的图像，与取黄结果一致。

（五）培植牛黄的声像图表现

（1）胆囊内呈现强回声光团。由于黄床的形状、牛黄的多少、牛黄附着的部位不同，其强回声光团的形状、大小和部位也不一致。

（2）伴有声影，绝大多数培植牛黄在强回声后方都伴有明显的声影（图片 9-46），但有的声影不明显或不产生声影，也有的强回声不明显而声影显著。

（3）黄床壁增厚，胆囊壁增厚也有参考价值。

十一、肾脏疾病（kidney disease）

（一）肾肿大（kidney enlargement）

1. 定义与病因。肾脏的许多疾病都可以引起肾体积增大。双侧性肾肿大可见于急性肾炎、肾盂积水、多囊肾、肾淋巴肉瘤或肾转移性肿瘤、猫传染性腹膜炎、肾周囊肿等肾脏疾病时。单侧性肾肿大可见于代偿性肾肥大、肾被膜下血肿、原发性或转移性肾肿瘤、肾盂积水等肾病。肾肿大可通过腹部触诊发现，临床上多表现出肾功能障碍。

2. 影像学表现。X 线检查可判断肾脏体积大小，并可通过显示肾的形态轮廓及实质结构估测肾肿大的原因。B 型超声检查肾肿大的鉴别诊断及确定疾病的性质具有重要意义。

（1）在 X 线平片上，肾的体积超出正常范围，肾的邻近器官发生移位。左肾肿大时，降结肠向右、下方移位，小肠向右移位；右肾肿大时，十二指肠降段向内、下方移位（图片 9-47）。

（2）肿大肾的形态和表面形状能大致反映肾肿大的性质。若肿大的肾形状规则、表面平滑，则肿大的原因可能是代偿性肾肥大、肾盂积水、肾弥漫性浸润性肿瘤及肾被膜下血肿等。

若肿大的肾形状不规则、表面不平滑，则肿大原因可能是原发性或转移性肾肿瘤、肾脓肿和肾血肿等。

(3)肾造影可见肾肿大后肾实质显影的密度不均质或不显影；肾盂变形或不显影。

（二）肾脏肿瘤(renal tumor)

1.病因与类型。肾脏肿瘤在马、犬和猫均有报道，而且犬的肾脏肿瘤种类很多。通常经过超声探查发现，经组织学检查证实的肾脏肿瘤，在马有鳞状上皮癌和腺癌。犬最重要的两种肾脏原发性肿瘤是肾细胞肉瘤和肾母细胞瘤。肾转移性肿瘤比原发性肿瘤多见，可由邻近器官转移。骨肉瘤、淋巴肉瘤等恶性肿瘤均可转移到肾脏。

犬肾原发性肿瘤的原因尚未阐明；猫肾原发性淋巴肉瘤与猫白血病病毒感染有关。

2.临床与病理。在临床病例中犬肾细胞肉瘤在公犬发病多于母犬，且多为单侧发生；肾母细胞瘤多发生于幼年犬、猫。患病动物的临床症状可见进行性消瘦、贫血、血尿。当双侧肾发生肿瘤时，会出现氮血症。由于肾脏中红细胞生成素过多，引起红细胞过多症。腹部触诊可扪及增大而不规则的肾脏。

3.影像学表现。肾脏肿瘤声像图：由于肿瘤的种类，大小和数目不一。其声像图也不完全一样。一般说来，肾脏肿瘤声像图所见肾脏肿瘤为一种占位性病变，在肾的声像图中出现异常回声。肾实质肿瘤的声像图可分为实质均质暗区、实质不均质暗区和密集强光团回声等。恶性肿瘤可见肾脏表面隆起，肿块边缘不整齐，呈强弱不等回声或混合性回声。可有坏死、囊变所致的液性暗区(图片 9-48)。

（三）肾积水(hydronephrosis)

1.定义与病因。由于尿路阻塞后发生的肾脏压力增大、肾盏肾盂扩张及肾实质萎缩，称为肾积水。泌尿系及其邻近各种病变引起尿流梗阻，最终都可造成肾积水。

2.临床与病理。尿路阻塞在动物主要是机械性原因，如尿路结石和肿瘤等均可导致肾积水。阻塞部位和程度不同，肾积水多少也不同。肾盂输尿管交界处阻塞或输尿管近端阻塞时，容易发生肾积水。由泌尿系各部的结石、肿瘤引起的继发性肾积水，其临床表现为原发病的症状，很少显现肾积水的病象。长时间梗阻引起的肾积水，最终将导致肾功能逐渐减退，长时间无尿则会造成肾衰竭。

3.影像学表现。肾积水声像图可见肾脏体积不同程度增大。少量积水可见肾盂光点分开，中间出现透声暗区，随着积液量增多，透声暗区也随之增大，肾实质明显受压变薄(图片 9-49)。在大动物具有大量肾积水时，肾脏体积太大以致肾脏深侧面超出扫查范围(20 cm 以上)，形成巨大透声暗区或整个肾组织全部为均质的液体所代替，仅远侧壁有回声光带。有的病例还可见输尿管近端扩张。

（四）肾结石(renal calculi)

1.临床与病理。肾结石是在肾内形成盐类结晶的凝结物，使患畜呈现肾性疝痛和血尿，严重时，形成肾积水。肾结石的形状多样(球形、椭圆形或多边形，以及细颗粒状等)，大小不一。结石常由多种化学成分构成，包括草酸盐、磷酸盐、尿酸盐和胱氨酸盐等。

2.影像学表现。

(1)X 线征象。存在于一侧或双侧肾的肾盂或肾盏内，形状、大小、数量不定。高密度结石在普通 X 线片上即可显示(图片 9-50)；低密度结石需经造影检查，在造影像上显示为充盈缺损的阴影;同时常显示肾盂扩张变形的并发征象。

(2)B超声像图。超声探查有助于肾结石的诊断,特别是透X线的结石更有意义。

在声像图上肾结石表现为在肾盂(马)或肾窦内有光亮强回声,其形状和大小随结右不同而异;完全的声影投射到整个深层组织。这两点是肾结石存在的特征。声影提示光亮强回声表面几乎把声能全部反射回去,声束完全不能到达深层组织。肾盂或肾窦结缔组织也可能产生某些回声阴影,因为它比肾实质更易使声能衰减,但并非完全为黑影,其深部组织还可成像。若肾结石导致肾脏阻塞,就会发生肾盂肾窦积水,则兼有积水的声像图特征。

十二、膀胱疾病(disease of the urinary bladder)

(一)膀胱结石(cystic calculi)

1.定义与病因。膀胱结石在动物中时有发生,其中以马和犬的报道较多。犬、猫发病多在中、老龄阶段,犬发病有明显的家族倾向。公、母犬、猫发病率无明显差别。

结石形成原因非常复杂,是由多种因素造成的。可能因素包括日粮配合不当、饮水不足、尿液pH变化、长期尿潴留、尿路感染、黏蛋白过多、甲状旁腺机能亢进等。

2.临床与病理。结石大小和形状不一,其大小有的小如沙粒,大者甚至通过直肠检查都可摸出。结石的种类也很多,在犬、猫,其中主要成分为磷酸盐的占多数,其他类型结石分别以胱氨酸草酸盐、尿酸盐为主,碳酸盐结石较少见。在结石很小时,动物几乎不表现临床症状。随结石的增大,结石对膀胱壁形成机械性刺激,则出现尿频、尿痛和尿血现象。在公犬、公猫,若结石将尿道阻塞,就会出现比较严重的症状。当不完全阻塞时,发生排尿困难、尿痛、排尿时间延长和尿淋漓;完全阻塞则导致尿闭、膀胱膨大,甚至肾功能衰竭。

3.影像学表现。

(1)X线征象。

①大多数膀胱阳性结石经X线平片即可显示,显示为大小、形状、数目不定的高密度阴影。一般雌性动物膀胱内结石个体较大,数目较少;雄性动物结石数量相对较多,体积较小;当结石阻塞尿道后膀胱膨大、密度增高(图片9-51)。

②对于密度较低或透X射线结石,可进行膀胱阳性或阴性造影。透射线结石在进行阳性造影时表现为充盈缺损像,多位于膀胱中部;膀胱充气造影可在低密度背景衬托下显示出较低密度或较小的结石(图片9-52)。

(2)B超声像图。通过超声扫查能确定肿块的性质(是矿物质还是软组织),判定结石的大小、数目、形状、部位和膀胱壁有无增厚等。

结石声像图特征,一是膀胱内无回声区域中有致密的强回声光点或光团,其强回声的大小和形状视结石大小和形状而定。小如沙粒、大如人头的结石(大动物)都能查出来;二是强回声的光团或光点后方伴有声影,膀胱壁也可增厚。末粘连的结石随体位变化而变位(图片9-53)。

(二)膀胱炎(cystitis)

1.定义与病因。膀胱炎是指膀胱黏膜和黏膜下层的炎症。常见于雌性动物和老龄动物。引起膀胱炎的原因有创伤、结石及病原微生物感染。病原微生物的种类有细菌、霉形体及白色念珠菌。另外有些化学药物,如环磷酰胺,也能引起出血性膀胱炎。

2.临床与病理。病理上急性膀胱炎表现为弥漫性充血、多灶性黏膜下出血、浅层黏膜水肿、黏膜有白细胞浸润。一般不涉及肌层。慢性膀胱炎常继发于慢性泌尿道感染,上皮的完整性遭到破坏,因纤维组织增生而增厚,膀胱壁因失去弹性而伸缩性下降,黏膜下和肌层有成纤维细胞、淋巴细胞和单核细胞浸润。膀胱炎的主要症状是尿频、血尿、尿液混浊、尿有异味。

3.影像学表现。

(1)X线征象。普通X线检查法对于诊断膀胱炎意义不大,需做膀胱造影检查。可应用膀胱充气造影或膀胱双重造影,观察膀胱壁的影像变化。造影检查可见膀胱壁增厚;黏膜不规则,呈局灶性或弥散性轮廓不整,其程度从轻度的毛刷状表面到显著的凹凸不平(图片9-54)。

(2)B超声像图。膀胱炎的声像图特征表现为膀胱壁增厚、轮廓不规则;黏膜下层为低回声带(图片9-55)。

(三)膀胱肿瘤(urinary bladder tumor)

1.病因与分类。膀胱肿瘤包括良性和恶性两类,在犬和猫的发病率均较低。发病原因尚不清楚,影响肿瘤发生的可能因素有尿液潴留、尿液中致癌物质诱发及慢性刺激。肿瘤的种类包括乳头状瘤、平滑肌瘤、平滑肌肉瘤、鳞状细胞癌、淋巴肉瘤及一些转移性恶性肿瘤。

2.临床与病理。膀胱内的肿瘤团块有:腔内型、腔外型、壁内型、壁外型和混合型。发生的部位有腹侧壁、顶部和三角区。症状常见尿频、血尿、脓尿;当肿瘤部分阻塞尿道时,则会发生排尿困难和尿淋漓,也有因尿道完全阻塞而导致尿闭。

3.影像学表现。

(1)X线征象。膀胱造影,肿瘤表现为大小不等的充盈缺损,通常单发,也可多发。乳头状瘤一般较小,有蒂,表面光滑。膀胱壁表现广泛性或片状增厚且不规则(图片9-56)。

(2)B超声像图。声像图可见膀胱无回声区内有自膀胱壁向腔内突入的肿瘤团块状回声,呈强光团,边缘清晰,后方不伴声影(图片9-57)。深部浸润性肿瘤可穿透膀胱壁,使膀胱壁回声中断,呈现一向膀胱外突出的实质性肿块图像。

十三、前列腺肿大(prostatic enlargement)

(一)定义与病因

前列腺肿大是犬的常见病,肿大的原因主要是由前列腺增生造成。前列腺增生包括良性增生和囊性增生,未去势公犬随年龄的增长100%有增生迹象。前列腺增生与雄激素和雌激素比例变化、公犬未去势有关。导致前列腺肿大的原因还有前列腺炎、前列腺脓肿、前列腺肿瘤等。

(二)临床与病理

随着前列腺的增生,腺体内的小血管数量也不断增加,因此腺体具有出血倾向,所以临床可见病犬尿道滴血或有血尿。在前列腺增生初期,大多数犬无临床症状。随前列腺体积的增大,对直肠造成压迫,使犬经常出现便意,逐渐发生里急后重。严重者排便困难,表现出痛苦状,后腹部触诊敏感,走路姿势异常。

(三)影像学表现

1.X线征象。

(1)在普通侧位X线片上,肿大的前列腺位于耻骨前缘之前,膀胱向前下方移位,结肠向背侧移位(图片9-58)。

(2)当X线平片不能清楚显示前列腺时,经膀胱充气造影即能显示增大的前列腺对膀胱的压迫象(图片9-59)。

(3)逆行性尿道膀胱造影检查可显示部分前列腺肿大的性质。

2. B超声像图。增大的前列腺结构均质,回声强度正常。可见多个细小的低回声或无回声区。囊性增生的前列腺,如果腺体内出现空洞,则腺体表现广泛的强回声。

十四、子宫蓄脓(pyometra)

(一)定义与病因

子宫腔内积有脓液称为子宫蓄脓。多见于犬,猫也有发生。子宫蓄脓常继发于化脓性子宫内膜炎以及急、慢性子宫内膜炎,机体其他的化脓灶也可转移至子宫。

(二)临床与病理

本病多在发情后1个月左右发生,按子宫颈开放与否分为闭锁与开放两种类型。子宫发生化脓性炎症以后,随炎症的发展,脓汁逐渐增多,若为开放型,则自阴门流出污浊的黏性脓液;若为闭锁型,脓汁不能排出体外,就蓄积在子宫内。闭锁型的临床表现可见腹围逐渐增大,常误认为是妊娠,随病情加重则出现食欲不振、脱水、烦渴,白细胞升高,甚至发生败血症。

(三)影像学表现

1. X线征象。在侧位X线片上,子宫角显示为粗大卷曲的管状或呈分块状的均质软组织阴影。其位置在中、后腹部,当子宫蓄脓较多时,小肠被向前、向背侧推移。当两个子宫角完全被脓汁充满时,X线片显示中、后腹部呈大片均质软组织阴影(图片9-60)。

2. B超声像图。在中、后腹部横断面扫查可见多个增大的圆形或椭圆形低回声区;纵向扫查则显示管状的低回声区(图片9-61)。

十五、腹腔肿块(abdominal mass)

(一)定义与病因

腹腔内器官由于各种原因而发生肿大、膨胀、增生、粘连或移位,导致腹部形成异常肿块。腹部肿块的常见原因有生理性肿大,如饱食的胃、妊娠子宫等;病理性肿大有肝、脾、胰肿大,胆囊等空腔器官的膨胀,各种增生的肿瘤,炎性组织的粘连(腹内脓肿);另外还可见于腹内脏器的移位,如游走肾、移位脾。

(二)临床与病理

病理性肿块有囊性肿块、实质性肿块和混合性肿块。这些肿块可起自不同的组织器官,病理性质也有区别,故在临床上表现出相应的症状和并发症。比如当恶性肿瘤形成肿块时,除疼痛外还出现腹水;而良性肿瘤随肿瘤体积的增大则出现对邻近器官的压迫症状。出现腹腔脓肿时,经腹部触诊可扪及肿块及局部压痛并有感染症状。

腹部肿块在马属动物主要是指癌症,而马最常见的是胃肠道的鳞状细胞癌。由于胃位于腹腔前部,胃肿瘤的探测几乎是不可能的。体重呈慢性减轻和贫血是这种肿瘤的常见症状,但仅靠临床检查做出诊断是极为困难的。通过胃的洗出物或腹腔液体的细胞学检查可能有助于诊断,但实施这些技术都会有一定困难,而且得到结论是模棱两可的。生长在马胃壁上的肿瘤，除了肿瘤很小或位置超出了正常超声扫查范围以外，均可用超声来检查。

（三）影像学表现

1. X 线征象。

（1）当肿块足够大时，X 线平片可以显示。肿块影像多表现为均质的软组织密度块影，有较清晰的边界（图片 9-62）。

（2）当腹腔内积有较多液体时，由于其遮挡而使肿块影像模糊不清，应先将腹水放出一部分再拍片。应用气腹造影则更能清楚显示肿块影像。

（3）应用相应的造影技术，根据脏器的形态变化和移位情况判断肿块的原发位置。如胃后移常提示为肝肿大；腰下肿块可使腹腔器官向腹侧移位。

2. B 超声像图。B 超检查可以鉴别肿块的性质、形态轮廓、肿块的来源及肿块与邻近脏器的关系。

（1）囊性肿块呈现无回声区，肿块暗区边缘光滑、清晰（图片 9-63）。

（2）实质均质性肿块内部呈均匀分布之中等强度光点回声或强光点回声；实质非均质肿块内部回声多变、强弱不等、分布不均、间有低回声区，边缘轮廓不规则；实质浸润性肿块内部回声极不均匀，多数可见强光团回声，肿块边缘不规则，轮廓不清晰。

（3）混合性肿块多为囊性和实质性混合存在，肿块区有上述两种以上图像同时存在。

十六、腹水(ascites)

（一）定义与病因

腹水是指腹膜腔内积液，无论是渗出液还是漏出液都统称为腹水。很多疾病包括腹膜炎、肿瘤、充血性心力衰竭、出血、低蛋白血症和膀胱、子宫或胃、肠破裂乃至某些中毒等，都可导致腹腔有液体聚积。

（二）影像学表现

1. X 线征象。

（1）腹部膨大，全腹密度增大影像模糊，腹腔器官影像被遮挡，有时可见充气的肠袢浮集于腹中部，肠袢间隙增大（图片 9-64）。

（2）站立侧位水平投照时，下腹部的密度明显高于背侧部，肠袢漂浮于背侧液面上。

2. B 超声像图。超声探测腹腔积液，可探出积液的厚度，估算出积液的多少。在需要穿刺放液时，利用超声探查可提示穿刺部位、进针方向、角度和深度，并可在整个病程中监视病情的发展和结局。

超声探查腹腔积液部位在下腹壁或侧腹壁均可。马可在腹中线左侧，腹壁最低部位，即白线左侧 2～3 cm，距剑状突后方 10～15 cm 处，这个部位可避开盲肠及左侧大结肠对探查的干扰。反刍动物在腹中线的右侧距剑状突后方 20～30 cm 处，这可避免瘤胃对探查的干扰。

在用 B 型超声诊断仪扫查腹水时，若存在的液体是清亮（均质）的，由于没有声学界面就不产生回声，于是腹水显示为液性暗区（图片 9-65）。在浆膜面上若有纤维蛋白条状物存在，则有条块强回声，它提示有严重的炎症反应。马有这种图像往往预后不良。

超声显像法可用于证实腹水的存在，也可根据液体性质（清亮或混合的）判断疾病侵害的程度，确定最佳穿刺部位。

第五节　动物妊娠的超声诊断

用超声诊断动物的妊娠，是超声诊断技术在动物上应用最早、最广泛、效果最好的方法，而且已从诊断家畜妊娠，发展到用于诊断伴侣动物（猫、犬）和野生动物的妊娠。现在，不少国家和我国的有些地区或生产单位，已将此技术作为配种后的配套技术，在生产上应用。动物妊娠的诊断要求早、准、简便易行，最好能在配种后一个发情期内就能做出诊断。超声即可通过在机体内的传播，较早地、准确地将妊娠初期子宫中的少量胎水及子宫动脉供血的轻度变化检测出来，达到诊断妊娠早、准、简的要求。

应用超声波进行家畜早期妊娠诊断的方法，在国外早有报道。Lindahl I. L.（1966）首次应用 A 型超声仪进行了绵羊妊娠诊断的试验研究，相继 Fraser 等报告应用超声多普勒仪（Doppler）探测了猪的妊娠情况。20 世纪 80 年代以来，随着电子技术的发展，实时显像超声诊断仪（即 B 超）在英国、美国、日本及德国等国家已广泛用于马、牛、绵羊、猪、犬及兔等动物的早期妊娠诊断。

实践表明，超声妊娠诊断法，操作简单，易于掌握，准确率高，同时还可鉴别胎儿的死活及预测胎儿的数目和胎龄等。据有关资料报道，对于妊娠 40 d 以上的母畜，其诊断准确率可达 100%，且已生产出多种用于胎儿心音显示、灯光或音响显示等专用仪器而应用于动物的早期妊娠诊断。

我国在畜牧兽医工作中，于 20 世纪 70 年代后期已运用超声探查法对动物进行早期妊娠诊断，并取得显著成绩，90 年代已开始普及兽用 B 超。用于妊娠诊断的超声仪器除了借用医学上 CDZ-21 型超声多普勒诊断仪，CTS-5 型 A 型超声诊断仪和部分进口仪器外，目前已研制出可应用于家畜早期妊娠诊断的有 JTC-40 型多功能兽用超声诊断仪，CDZ-83 Ⅰ、Ⅱ型超声多普勒诊断仪、D-2 型超声多普勒诊断仪等，专用的国产兽用 B 超仪也正在研制。

一、解剖生理与超声诊断

（一）子宫

动物的子宫通过子宫阔韧带，一般悬垂于骨盆腔入口附近、耻骨前缘上下。猪的子宫角较长，未孕时即悬垂于盆腔入口前的腹腔后部。子宫角上邻直肠，下贴膀胱。母畜怀孕后，随着胚胎的发育，胎水的增多，子宫的体积逐渐增大，重量增加，位置也逐渐下移前伸。怀孕后期的子宫，牛、羊的贴近右下腹壁，马的贴近左下腹壁，猪的占据整个腹腔下部，有的长达 2 m 以上，可伸展到胸骨柄。根据子宫与其他脏器（如瘤胃、盲肠、乳房等）的解剖学关系和超声传播的特点，诊断母畜早孕最佳的探测部位，牛、马等大动物应在阴道内或直肠内，此处最靠近子宫；猪、羊、伴侣动物和其他中小动物可在腹壁近耻骨前缘处进行；猪、羊也有从直肠内进行探查的。

（二）胚胎及其附属物

1. 胎水及胎体。胎水包括羊水和尿水，马妊娠 1 个月时，羊水约 1.5 mL，尿水 30～40 mL，两个月时羊水 30～40 mL，尿水 700～800 mL。此时，胎体长分别为 5～13 mm 和 40～70 mm，两者相比，说明妊娠早期胎水较胎体容易探查。猪妊娠 18 d 以前，每个胚胎的胎水仅 1～3 mL。

2. 胎心及其搏动。胎儿心率可以通过测量胎心或胎儿动脉搏动(包括脐带动脉搏动,简称胎血音)算出。猪最早测得的胎儿心率为 190 次/min(妊娠 20 d 时),妊娠 21～25 d 时加快到平均 210 次/min 以上,26～50 d 时保持在 220 次/min 以上,有的可达 264 次/min,50 d 后逐步减慢,100 d 以后 150 次/min 左右,但始终较母体心率快。羊的胎儿心率也有最初探到时不快,接着迅速加快,而后逐渐减慢的类似变化。但在妊娠 130 d 以后低于母体心率(湖羊)。其他动物胎儿心率的变化虽无系统探查的资料,估计也有类似的变化。

3. 胎动。胎动是胎儿在羊水中的颤动。用超声多普勒探查似击水声,猪的胎动最早在妊娠 50 d 前后可以探到,每次只动一下,似较弱的击水声。妊娠 55 d 以后胎动逐渐增加,为连续颤动,无规律。妊娠 70 d 以上胎动频繁,似犬咬架声。80～90 d 胎动更频繁,90 d 以上胎动减弱。胎动的这种变化可能与胎儿发育和羊膜囊内活动范围有关,这种变化规律有助于对妊娠期的估计。湖羊的胎动最早在妊娠 42 d 时探到,妊娠 44～48 d 时探到比例增加,妊娠 50～52 d 时均可探到胎动。

4. 胎盘。马、猪为弥散型胎盘,牛、羊为子叶形胎盘,胎盘的血流不能给超声多普勒探查提供有诊断价值的依据。犬为带状胎盘,胎盘集中呈环带状,构成血窦,血液在其中回流,多普勒探查最早可在妊娠 19 d 探到胎盘血流,24 d 探到率为 50%,25 d 为 70%,27 d 后达 100%。

(三)子宫动脉

子宫中动脉和子宫后动脉对诊断妊娠有价值。子宫中动脉和后动脉都有随妊娠的进展,血管逐渐增粗,血流逐渐增强的变化,子宫中动脉出现这种变化较早而明显。在妊娠 3 个月(牛)、4 个月(马)以后,在孕角侧的子宫中动脉开始出现怀孕脉搏,而后逐渐增强、明显。猪在妊娠 2 个月以后出现怀孕脉搏。子宫后动脉在妊娠最后 3 个月以后,也能出现怀孕脉搏。子宫动脉及其血流的变化,是超声多普勒诊断妊娠的重要依据,也是区别于其他动脉的标志。猪在妊娠后才能从体外探到子宫动脉的血流音。在牛的阴道和直肠内可探到子宫动脉的血流音。

二、妊娠诊断的原理及依据

(一)妊娠诊断的原理

如前所述,母畜妊娠后生殖器官的主要变化是子宫中出现胎水、胚胎的发育、胎儿的生长及其一系列活动、子宫动脉及其血流的变化。超声诊断妊娠,是利用超声可以在机体内定向传播和遇到不同声阻抗的组织界面时能产生反射的原理,将妊娠早期的胎囊、少量胎水、胎体以及胎心搏动检测出来(A 超);或利用多普勒效应的原理,将子宫动脉、胎儿动脉以及胎心的搏动和血流检测出来(D 超);或通过断层扫查将子宫和胎体的切面,以图像显示出来(B 超),这是对生殖器官的直接检查,诊断可以早而准。

(二)超声诊断妊娠的依据

1. A 型超声诊断法。动物用的 A 型超声诊断仪主要有 3 种显示方式,即波形显示(示波屏反射信号显示)、光珠显示(二极管光信号显示)和声响显示(报警式)。波形显示是以子宫回声图的波形来显示妊娠与否,妊娠子宫的回声图有进子宫波、胎水平段、出子宫波。如果探到胎儿,在胎水平段中出现胎体反射波,有时可见到胎心搏动的反射。光珠显示是以一排二极管的灯光显示回声,回声触发二极管发亮,无回声二极管不发亮。声响显示是以测到一定量的液体发出声响报警,较前两种更为简单,能发出报警的最小液体量是根据诊断早期妊娠的需要而设计的。上述3种显示方法都很灵敏,只要探头接触到皮肤,就可把探头指向范围内的机体状态显示出来,迅速做出诊断。声响显示的缺点是只能报出探头指向范围内是否存有液体和液体的范围。因此,当子宫积水、蓄脓,或探到积尿的膀胱时,也会发出声响报警。为克服膀胱积尿的干扰,国外介绍在体外探查猪、羊妊娠时,探头朝向对侧肋弓后缘,避开膀胱。但诊断妊娠的时间要推迟。总之,A型超声诊断妊娠反应灵敏,可确定子宫位置,能早期做出诊断。如与多普勒超声配合使用,效果更好。

2. D型超声即超声多普勒诊断法。用于诊断动物妊娠的超声多普勒诊断仪均为监听式,用扬声器播放或用耳机听其妊娠动物所产生的多普勒信号音。主要是监听子宫动脉的血流、胎儿动脉和脐带动脉的搏动和血流、胎心和胎动时的多普勒信号音,均属多普勒高频声。

3. B型超声诊断法。B型超声仪同时发射多束超声,在一个面上进行扫查,显示的是子宫和胎儿机体的断层切面图,诊断结果远较A型和D型清晰、准确,而且可以复制。它不仅可以用于诊断妊娠,而且可以监测母畜整个生殖器官的生理和病理状态,并进行测量。如卵泡发育,发情周期子宫的变化,产后子宫的恢复,胎儿的发育、生长和一些生理活动,以及卵巢囊肿、持久黄体、子宫积液,生殖器官肿瘤等病理变化,是目前我国兽医超声诊断妊娠的发展趋势。

上述3类超声诊断法,所用超声频率都在2.5～7.5 MHz之间,为适合诊断妊娠,有体外探头和体内探头。体内探头又分为直肠内探查用和阴道内探查用。直肠内探查的探头又分为手持式(包括戒指式)和带探杆的探头。

三、母猪妊娠诊断

超声诊断母猪妊娠,方法简便,结果准确,仪器配套,是诊断动物妊娠中应用最早、效果最好、效益最高的方法,可以在临床和畜牧业生产上推广使用。

(一)探测技术

1. 保定。母猪一般不需特殊保定,只要保持安静即可。姿势是侧卧最好,爬卧、站立或采食均可。个别难以接近的母猪,可用抓猪器、口绳或用门板等挤于墙角进行探查。规模化养猪的条件下可在限饲栏内进行。直肠内探查时,母猪则需站立保定。

2. 探查部位。体外探查一般在下腹部左右,后胁部前的乳房上部,从最后一对乳腺的后上方开始,随妊娠增进,探查部位逐渐前移,最后可达肋骨后端。猪被毛稀少,探查时不必剪毛,但要保持探查部位的清洁。刮除泥土和污物,探查时涂布耦合剂。直肠内探查时,需要确实保定,无须耦合剂,可用消毒水湿润探头。

3. 探查方法。体外探查时,探头紧贴腹壁,妊娠早期探查,探头朝向耻骨前缘,骨盆腔入口方向,或呈45°角斜向对侧上方,探头紧贴皮肤,进行前后和上下的定点扇形扫查,动作要慢。妊娠早期胚胎很小,多普勒探查要细心慢扫才能探到。切勿在皮肤上滑动探头快速扫查。A型仪探查胎囊时也不能动作过快。有时需将探头贴于腹壁向内紧压,以便挤开肠管更能接近子宫,提高检出率。因为,在妊娠28～30 d以前,子宫通常还没有下垂接触到腹壁。一个点探查结束,探头向前移半个至一个乳房继续探查,直至确诊为止。

(二)B超探查法

B型断层扫描仪可观察母猪卵巢和生殖道的切面图像,较A型、D型都准确而直观。母猪需躺卧或站立保定，在靠近后肢股内侧的腹部或倒数第 1 至 3 对乳头之间，探头与体轴平行朝向母猪的泌尿生殖道进行滑动扫查或扇形扫查。探到膀胱后，向膀胱上部或侧面扫查。妊娠 40 d 后，探查部位随之前移，范围扩大。瘦猪较肥猪好探。未孕的需两侧探查，可见到子宫和肠道的强回声。母猪配种输精后 18～21 d 内以探到胎囊判断妊娠，准确率较高，22 d 后 100%可探到胎囊。18～25 d 期间胎囊急速增长，平均每天增长 6 mm(人为 7 mm/d)；胎囊径(直径与横径的平均值)增长与妊娠天数呈正相关。初次观察到胎囊为圆形或椭圆形，1～2 d 之后即多数变为不规则形，同一个体胎囊的大小不同。25 d 以后，可见胎体反射，由于探头长度限制已不能测定胎囊大小及增长速度。此后胎体占了胎囊的大部分，似有扩张胎囊的作用，40 d 后可分辨胎体部位，胎心及胎动，50 d 时胚胎长 8 mm。妊娠中后期在下腹部可以大范围探到胎儿，胎位各式各样，有向上、向下、平行、重叠等。B 超探查可以判断是着床失败，还是早期流产。怀胎少于 5 头、胚胎死亡和胚胎吸收都影响诊断的准确率。根据胎囊变化可以监测胚胎早期死亡和胚胎吸收。母猪妊娠诊断图例参见图片 9-66。

四、母羊妊娠诊断

超声探察是诊断母羊妊娠最可靠的方法之一，已从 A 型、D 型发展到 B 型，使用的范围也从诊断妊娠，发展到预测胎数、监测胎儿的生长发育等。

(一)探测技术

1. 保定。母羊一般取自然站立姿势，助手在旁扶持，保持安静即可，或助手用两腿夹住母羊颈部保定，也可采用简易的保定架保定。侧卧保定可稍稍提早诊断日期和提高诊断准确率，但大群使用不方便。B 型探查早期妊娠，取侧卧、仰卧或站立均可。

2. 探查部位和方法。腹壁探查，妊娠早期在乳房两侧和乳房直前的少毛区或两乳房的间隔。妊娠中后期可在右侧腹壁进行。在少毛区探查不需剪毛，侧腹壁探查需要剪毛，直肠内探查需要保定。探查方法与对猪的探查基本相同，检查者蹲于羊体一侧，局部或探头涂布耦合剂后，将探头紧贴皮肤，朝向盆腔入口方向，进行定点扇形扫查。从乳房直前向后，从乳房两侧向中间，或从乳房中间向两侧扫查均可。妊娠早期胎囊不大，胚胎很小，需要慢扫细查才能探到。检查者也可蹲于羊的臀后，手持探头从羊两后肢中间伸向乳房进行扫查。奶山羊乳房过大，或侧腹壁被毛过长，影响看清探查部位的，可由助手提起探查一侧的后肢，暴露探查部位，但不必剪毛。

预测胎数的探查方法：母羊怀胎不如猪多，探查方法略有不同。母羊改仰卧，或半仰卧保定，充分显露乳房前至脐的部位，可以适当剪毛，较大面积的涂布耦合剂，一般都从中线向两侧扫查。D 型仪探查以探到胎心搏动和探到的部位来确定单胎，或多胎。不要单纯以胎儿心率差来判断，更不要从胎血音频率来判断，容易出现误差。B 型仪探查，探头可在探查部位滑动扫查，以实际探查到的胚胎来判断。有人提出，妊娠早期可以依探到的胎囊数来预测怀胎数，但不太可靠。

探头频率有人用 2.25、2.5、3.5、4.5 和 5.0 MHz。妊娠早期用 5.0 MHz 为好，妊娠后期用 2.25 MHz 为好。

(二)B 超探查法

1. 诊断早孕。未孕母羊和妊娠 25 d 以内的母羊，子宫位于盆腔内，子宫体在膀胱上方中央，两子宫角垂向膀胱两侧前下方。妊娠 15 d 时，胎囊呈丝状展开，长 100～150 mm，位于与黄体同侧的子宫角内。17～20 d 时，胎囊伸向对侧子宫角，同时充有液体。因此，用 B 型仪探查有可能在配种后 20～30 d 之间探到胎囊、胎体或胎盘诊断妊娠。可用 5.0 MHz 的实时扫描直肠探头进行诊断，探头伸入直肠内约 15 cm，越过膀胱，向两侧转 45°角进行扫查。如果子宫已垂人腹腔，探头要继续前伸，直到能扫查到。妊娠 23 d 时，在膀胱下面有一小的带状的无回声区（胎水）。25 d 时，为一较小的不规则的无回声区，在其中可见到胎体，但看不到胎心搏动。30 d 时，不规则的无回声区扩大并移至膀胱前下方，无回声区边缘或其中有扣状的小回声为母子胎盘，可见羊膜囊内有胎体，细心观察可见到胎心搏动。以产羔验证，诊断早孕的准确率为 97%左右。亦可用扇扫探头，在乳房前部进行扫查。

2. 预测胎数。母羊仰卧或站立保定，做腹壁或直肠内探查，首先确定母羊怀孕，然后在怀孕的子宫范围内细心探查，正确判定怀胎数。探查时间以妊娠 45～50 d 时准确率最高，妊娠 100 d 以上，由于胎儿长大，探头不能扫查到整个胎儿，影响准确率。预测的主要误差是对怀双羔的不能检出第 2 个，对怀 3 羔的不能检出第 3 个，或者把单羔误诊为双羔。对怀 3 羔以上的预测仍很困难。

3. 测量胎盘。实时超声扫描仪可以测量宫阜的直径，通过对宫阜直径的测量，发现宫阜的平均直径与妊娠天数有明显的曲线关系，宫阜发育至最大直径是在妊娠第 80 天。羊为子叶形胎盘，声像图上呈碟状强回声区。母羊妊娠诊断图例见图片 9-67 和图片 9-68。

五、母牛妊娠诊断

诊断母牛妊娠历来采用徒手直肠触诊的方法，由于母牛生殖器官局部解剖的特点，能否用超声波替代直肠触摸诊断妊娠，国外不少学者一直持保留态度。我国自 1980 年以来，有不少学者和临床工作者，用自制的 D 型仪和 A 型仪进行反复的试验研究，仪器也经多次改进，现在已基本趋于成熟，有了一套能在临床应用的诊断方法，可以替代直肠触诊，并已开始在临床常规使用。超声波诊断母牛妊娠主要用 A 型（探查胎囊、胎水）、D 型（探查宫血音）B 型（直肠观察胚胎）。

（一）探测技术

1. 探查部位的选择。妊娠早期母牛的子宫位于盆腔入口前后，从体外探查的最佳部位——耻骨前被庞大的乳房所占，左侧为瘤胃，右侧为肠袢，臀部又有厚实的肌肉群，均离妊娠早期的子宫较远。因此，最佳的探查部位只能选择在离子宫较近的阴道或直肠。妊娠中期、后期，当子宫下垂到接近腹壁时，可以在侧下腹壁进行探查。

2. 探查方法。母牛取自然站立姿势保定于牛床上或柱栏内，如同进行直肠触诊和直肠把握输精一样，一人即可操作，不需特殊保定。必要时助手在旁固定尾巴。

（1）阴道内探查。一手将阴门分开，另一手将消毒好的长杆阴道探头送入阴门，徐徐送向阴道深部，抵达穹隆部。A 型仪探查有胎水的子宫。D 型仪在宫颈两侧下方的穹隆处探查子宫动脉吻合支的血流音，相当于时钟 3～5 时和 7～9 时。宫颈处探不到宫血音，宫颈两侧上方一般也探不到。有时在宫颈两侧下方可探到胎血音或胎心音。探头消毒常用新洁尔灭溶液。阴道内探查用的耦合剂应当消毒，但一般不需要。阴道探查的探头都小，牛无不适之感。

（2）直肠内探查。先用长杆直肠探头刺激母牛肛门，促使母牛排粪，然后将探头送入肛门，再徐徐送向直肠深部。D 型仪探查，探头送入时，晶片面先向上，过腰荐关节后，晶片面再转向左侧或右侧探查子宫中动脉，深度一般在 30～50 cm，深浅因母牛体型和妊娠月份而异。晶片面向下向两侧探查，在妊娠 50 d 以后，有可能探到胎血音、胎心音或胎动音。A 型仪探查时，探头晶片面向下，抵达盆腔入口前后，呈 45°角向下向两侧扫查。用 D 型或 A 型体外探头或戒指型探头探查时，手戴探头进入直肠，触到子宫后，在子宫壁上直接探查。B 型仪探查都是手持特制的大动物用直肠探头，带入直肠贴近卵巢、子宫进行扫查。直肠内蓄粪多时，应先排粪，以便探头密接肠壁。探头沾粪影响探查时，应取出清除。为密接肠壁和保护探头，最好涂耦合剂。

(3)腹壁探查。用于妊娠中期和后期，在右侧膝褶处或下腹壁，局部适当剪毛，涂耦合剂，一般取定点扇形扫查。

(二)B 超探查法

用于研究母牛生殖器官的各种变化的 B 型仪于 20 世纪 80 年代才得到发展。Chaffaus S. 等最先将 B 超探头带入直肠对 150 头母牛的孕体做了研究。此后，研究的范围不断扩大，内容也不断深入，而且研制了不同频率的直肠探头，这些研究充分显示了 B 超断层扫描特有的效果。

1. 诊断早孕。B 超断层扫描可以直接观察妊娠开始时子宫内的最初变化，诊断早孕的时间比 A 型、D 型都早。用 5.0 MHz 直肠探头，在妊娠 18 d 诊断符合率为 50%，20～22 d 即可达 100%。用于检查商业性胚胎移植的效果，可比直肠检查提早 1 个月。提高超声频率(7.5 MHz)和分辨力，诊断早孕的时间还可提早。

2. 观察孕体发育。Curran B. 等(1986)用 5.0 MHz 直肠探头对 10～60 d 妊娠奶牛进行了系统观察，直接看到了妊娠初期胎囊的发育和胎体各种结构的形成。

3. 观察卵巢。B 超观察卵巢用于研究卵巢的基本结构，如卵巢基质、卵巢血管、卵泡、红体和黄体。同时还可观察卵巢周围的各种异常。

(1)卵泡。B 超仪可以观察直径大于 2 mm 的卵泡，观察单个卵泡的发育，测量其直径大小，增长速度及排卵前的变化。卵泡直径大于 10 mm 为生长期的第 2 至 3 期，在此期间卵泡生长和退化的速度分别为每天(2.0±0.4) mm 和(2.0±0.9) mm。用于超排的母牛，可以正确估计生长的卵泡数和卵泡直径。超排时卵泡生长的特点是速度快、直径小。

(2)黄体。不同阶段的黄体结构是有差异的。卵巢排卵后由于出血形成红体，红体的回声弱于成熟黄体。成熟黄体有凹陷，与卵巢基质容易分辨。通常黄体的中央回声较强，而在其背侧缘有一无回声线。有的黄体中央有一腔，它与卵泡的区别在于后者周围没有黄体组织。

(3)异常的卵泡和黄体。卵泡囊肿其直径明显大于正常成熟卵泡。实时超声能确定黄体组织，黄体囊肿中间有囊肿腔，周围有一圈黄体组织，与卵泡囊肿是不同的。

4. 预测胎儿性别。早期确定胎儿性别，可提高繁殖率。用 5.0 或 7.5 MHz 探头，扇扫或线阵均可，于妊娠 73～120 d 之间扫查胎儿的两股之间，根据探到阴囊、包皮或乳头、阴唇决定公母；于妊娠 63～73 d 时，根据探查生殖结节，前移为公后移为母。经分娩证实，前者符合率 94%，后者符合率 100%。妊娠 73～119 d 时阴囊的直径为 2～14 mm。

5. 观察产后子宫复旧。用 5.0 MHz 直肠探头横切子宫角，显示子宫内膜与血管层的界限。根据子宫横切面的直径，存在的恶露和多孔的宫腔研究子宫复旧的情况。

6. 探查乳房和乳头。用 5.0 MHz 线阵探头和 5.0 MHz 或 10 MHz 机械扇扫探头仪扫查，乳头为带无回声腔的低回声结构。乳头壁分三层，外层和内层为强回声，中间为低回声。

乳头管内层有褶伸入腔内，乳头管为细线状无回声区。乳腺腔（乳池）与乳头腔（乳头乳池）相连均为无回声区。乳腺腔内壁衬有由强至低的回声褶。乳腺组织为低回声区，其中有无回声的输乳管。可用于新生物，增生和管腔狭窄，闭锁的诊断，为手术提供依据。母牛妊娠诊断图例见图片 9-69 所示。

六、母马妊娠诊断

与牛类似，详见牛妊娠超声检查。

七、母犬、母猫、母兔及其他动物妊娠的诊断

（一）母犬与母猫妊娠诊断

母犬的妊娠期为 62 d(58～65 d)，卵子受精后 17～18 d 开始着床。有人将妊娠分初期(25～35 d)、中期(35～50 d)和后期(50～60 d)。犬的胎盘为环状胎盘，胎盘中形成血窦，血液在其中回流，D 型仪探查为吹风声。

1. 探查方法。母犬取自然站立、人工扶持或躺卧保定均可，需要保持安静。探查部位在后肋部、乳房边缘，或下腹部脐后 3～5 cm 处。除长毛犬外，不需剪毛，只要将毛分开，多涂一些耦合剂即可进行探查。20 世纪 70 年代用 A 超和 D 超，80 年代用 B 超，B 超常用超声频率为 3.5～5.0 MHz，都在体外探查。

2. D 超探查。最早探到宫血音、胎盘血流音、胎心音的日期分别为妊娠第 19、25 和 29、30 天。初次探查胎心，要细心才能探到，30 d 以上容易探到，35 d 以上都能探到。可依探到宫血音、胎盘血流音和胎心音综合判断妊娠，或仅以探到胎心音判断妊娠。胎儿心率比母体心率快 2 倍（妊娠 7 周时，胎儿心率 180～220 次/min）。预测胎数在妊娠 34 d 后进行效果较好，对延期妊娠、分娩发生难产的，D 型仪还可监测胎儿是否存活。

3. B 超探查。发情后 2～3 d 才能探到卵泡，当卵泡停止增长后即排卵。妊娠 23 d 前探不到妊娠子宫影像。首次检出妊娠子宫、胎儿、胎动，体腔和胎心的日期分别在妊娠第 24 天、30 天、40 天和 48 天。妊娠 24～30 d，可以计算怀胎数。B 型仪对卵巢、子宫的断层扫描，可以正确诊断卵巢和子宫的囊肿、子宫积血、子宫积液、子宫蓄脓、囊肿性子宫内膜增生、子宫内膜炎、子宫肿瘤等疾患，准确率优于 X-CT 扫描。

4. 犬胎龄(GA)预测。在妊娠 40 d 之前，可根据最大胎囊直径(GSD)或头顶至臀后长度(CRL)按公式计算估计：$GA=(6\times GSD)+20=(3\times CRL)+27$；在妊娠 40 d 之后，可根据头部最大横径(HD)或肝脏水平位置的最大体腔直径(BD)按公式估算：$GA=(15\times HD)+20=(7\times BD)+29=(6\times HD)+(3\times BD)+30$。（注：胎龄以 d 计；长度以 cm 计。）

5. 母猫妊娠诊断。母猫妊娠期为 58 d(55～60 d)，诊断方法基本同犬。用 B 型仪探查，配种后 21 d 可探到胎儿，比腹壁触诊提早 3 周，比 X-CT 扫描提早 3～4 周。猫的胎龄计算公式为：$GA=(25\times HD)+3=(11\times BD)+21$。

犬、猫妊娠 B 超诊断图例参见图片 9-70、图片 9-71 和图片 9-72。

（二）母兔妊娠诊断

母兔妊娠期为 30 d(27～33 d)，交配后 72～75 h，受精卵进入子宫，7～7.5 d 胚胎着床，胎膜与子宫黏膜相连。经过蜕膜反应，共同形成盘状胎盘，胎盘形成血窦，血液在其中回流，D 型

仪探查也可听到吹风声。仰卧保定母兔，探查部位在耻骨前缘1～2 cm、腹中线两侧1～2 cm、最后乳头外侧或后方1 cm处，以最后乳头后方1 cm处为佳。不必剪毛只要将毛分开，露出皮肤、涂布耦合剂，即可探查。D型仪探查(5.0 MHz)比摸胎法要提早1～2 d(以宫血音判断妊娠)。22 d后诊断符合率均为100%。B型仪探查，妊娠第6天可见充满液体的子宫。妊娠第8天诊断准确率可达100%。18 d可见胎儿脊柱和胎心搏动。可诊断死胎，测定子宫直径，判断胎龄。用9.0 MHz探头探查，第10天可见胎儿。

（三）豚鼠妊娠诊断

豚鼠妊娠期为65～70 d，每胎产仔1～6只。探查部位在后肋部，局部涂耦合剂，不要剪毛。B型仪探查(5.0 MHz)时，最早检出充满液体的子宫在妊娠第16天。18 d检出率为83%，19 d检出率达100%。25 d后可见胎儿，34 d后检出胎儿脊柱和胎心搏动，以此可判断胎儿死活。子宫直径与胎龄的相关性很高，测量子宫直径可计算妊娠期。平均窝仔数为3.0±0.2，预测胎数在妊娠早期为好，后期胎大容易误诊。

（四）鹿和马鹿妊娠诊断

鹿的种类较多，妊娠期也有差异。梅花鹿为220～280 d，马鹿250 d，甘肃马鹿240 d，白唇鹿240 d，豚鹿240 d，麋鹿280 d。鹿体格较小，又难以接近，诊断妊娠很困难。

B型仪探查时母鹿需特殊保定，站立或卧下，探查部位在直肠内或腹下乳房前。直肠内探查(线阵仪，5.0 MHz)适合诊断早孕。妊娠50 d后用体外探查(扇扫仪，3.5 MHz)。最早探到充有胎水的子宫在妊娠第29天，宫腔的平均直径为(1.2±0.37) cm。妊娠36 d宫腔平均直径为(2.4±0.64) cm。配种50 d后，诊断妊娠的准确率很高。妊娠50 d左右，可清楚见到胎儿、胎动。妊娠105 d可看到胎体的不同断层及胎盘。通过测量胎头直径或胎儿躯干相应的直径分别为1.5～7 cm和0.5～8 cm。

（五）骆驼及野生动物的妊娠诊断

超声波诊断骆驼和野生动物妊娠的报道材料较少。Schels H. F.(伊朗，1978)曾用多普勒从直肠探查骆驼宫血音、胎血音、胎心音和胎动音诊断妊娠，符合率80%。从腹壁探查没有成功。用多普勒诊断野生动物妊娠，北京动物园做了大量尝试，有灵长类的恒河猴、金丝猴；食草类的青羊、蛮羊、山羊、绵羊、驼羊、羚牛，毛耳长角羚，马来貘，中美貘，白唇鹿、甘肃马鹿、果下马等；食肉及杂食类的大熊猫、小熊猫、波斯猫、北京犬；海兽类的海豹等，效果满意。多是在例行体检，诊疗疾病、分娩延期或发生难产时，随机配合诊断妊娠和确诊胎儿死活。大部分动物需要在药物麻醉后进行，有的在人工捕捉，或人工引诱下进行。探查部位在耻骨前缘、乳房前部、两乳腺中间或下腹部。探查方法同前，以探到胎血音或胎心音判断妊娠和胎儿存活，探不到者判为未妊娠或胎儿已死。诊断结果分别被分娩产仔、手术或产下死胎所证实。用B超诊断野生动物妊娠更为可靠。

参考文献

1. X线投照技术编写组. X线投照技术. 济南:山东科学技术出版社,1980.
2. 陈白希,郑保纹,张志良,等. 兽医X线诊断学. 北京:中国农业出版社,1995.
3. 张云亭,袁聿德. 医学影像检查技术学. 北京:人民卫生出版社,2001.
4. 卢正兴. 兽医放射学. 北京:北京农业大学出版社,1995.
5. 张里仁. 医学影像设备学. 北京:人民卫生出版社,2000.
6. 熊道焕. 兽医超声诊断学. 北京:中国农业出版社,1992.
7. 张青萍,王新房. B型超声诊断学. 上海:上海科学技术出版社,1992.
8. 郭启勇. 介入放射学. 北京:人民卫生出版社,2001.
9. 李玉良. 犬体解剖学. 西安:陕西科学技术出版社,1995.
10. 杨维泰,张玉龙. 家畜解剖学. 北京:中国科学技术出版社,1993.
11. 陈家璞. 小动物疾病学. 北京:北京农业大学出版社,1993.
12. 侯家法. 小动物外科学. 北京:农业出版社,1996.
13. 裘法祖. 外科学. 北京:人民卫生出版社,1991.
14. 吴恩惠. 医学影像学. 北京:人民卫生出版社,2001.
15. 汪世昌,陈家璞. 家畜外科学,北京:中国农业出版社,1997.
16. 陈家璞,齐长明. 大家畜肢蹄病. 北京:中国农业大学出版社,2000.
17. 高德仪. 犬猫疾病学. 北京:北京农业大学出版社,1991.
18. 陈灏珠. 内科学. 北京:人民卫生出版社,1990.
19. 肖定汉. 奶牛病学. 北京:中国农业大学出版社,2002.
20. Bonath K. H. Kleintierkrankheiten. Band 2:Chirurgie der Weichteile. Stuttgart:Verlag Eugen Ulmer. 1991.
21. Freudiger U., Gruenbaum E-G., Schimke E. Klinik der Hundekrankheiten. Stuttgart: Gustav FischerVerlag Jena. 2002.
22. Owens J. M.. Roentgenbildinterpretation fuer den Kleintierpraktiker. Stuttgart: Ferdinand EnkeVerlag. 1989.
23. Burk R. L., Ackerman N.. Small Animal Radiology and Ultrasonography: A Diagnostic Atlas and Text. 2nd ed. W. B. Saunders Company,1996.
24. Burk R. L., Ackerman N.. Small Animal Radiology. Stuttgart: Gustav Fischer Verlag,1991.
25. Kealy J. K.. Diagnostic Radiology of the Dog and Cat. 2nd ed. Philadelphia: W. B. Saunders Company. 1987.
26. Morgan J. P.. Techniques of Veterinary Radiology, 5th ed. Iowa State University Press, 1993.

27. Moore M. P.. Small Animal Practice — Diseases of the Spine. Veterinary Clinics of North America 22, Philadelphia: W. B. Saunders Company. 1992.

28. Owens J. M.. Radiographic Interpretation for the Small Animal Clinician. Ralson Purina Company, Saint Louis. 1982.

29. Fike J. R., Druy E. M., Zook B. C., et al. Canine Anatomy as Assessed by Computerized Tomography. Am. J. Vet. Res, 41:1823-1832, 1980.

30. Stickle R. L., Hathcock J. T.. Interpretation of Computed Tomographic Images. Veterinary Clinics of North America, 23:417-435, 1993.

31. Shores A.. Magnetic Resonance Imaging. Veterinary Clinnics of North America. 23: 437-459, 1993.

32. Jones J. C., Cartee R. E., Bartels J. E.. Computed Tomographic Anatomy of the Canine Lumbosacral Spine. Veterinary Radiology & Ultrasound 36:91-99, 1995.

33. Olby N. J. Munana K. R., Sharp N. J. H. Thrall D. E.. The Computed Tomographic Appearance of Acute Thoracolumbar Intervertebral Disc Herniations in Dogs. Veterinary Radiology & Ultrasound 41:396-402, 2000.

34. George T. F. and Smallwood J. E.. Anatomicatlas for Computed Tomography in the Mesaticephalic Dog: Head and Neck. Veterinary Radiology & UItrasound 33: 217-240, 1992.

35. Smallwood J. E. and George T. F.. Anatomicatlas for Computed Tomography in the Mesaticephalic Dog: Caudal Abdomen and Pelvis. Veterinary Radiology& Ultrasound 34: 143-167, 1993.

36. Hathcock J. T. and Newton J. C.. Computed Tomographic Characteristics of Multilobular Tumor of Bone Involving the Cranium in 7 Dogs and Zygomatic Arch in 2 Dogs. Veterinary Radiology & Ultrasound 41:214-217, 2000.

37. Simpson J. W., Else R. W.. Digestive Disease in the Dog and Cat. Blackwell Scientific Publications. 1991.

38. Thrall E. D. Text Book of Veterinary Diagnostic Radiology. W. B. Saunders Company. 1986.

39. Larson M. M., Biller D. S.. Imaging of the Stomach. Focus 13(1):16-21, 2003.

40. Ticer, J. W.. Radiographic Technique in Veterinary Practice, 2 ed. W. B. Saunders Company. 1984.

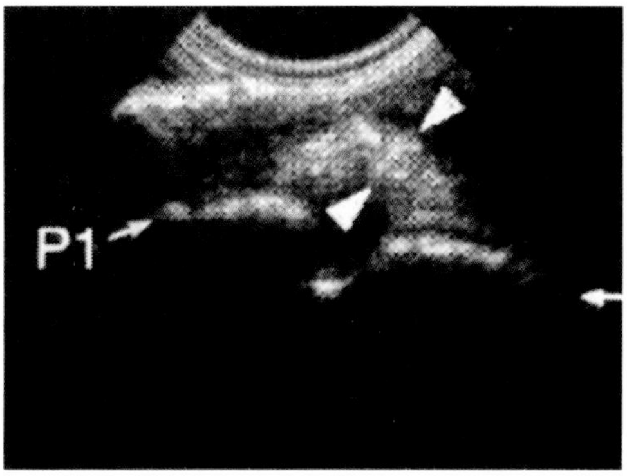

图片 1-1　B 型超声声像图

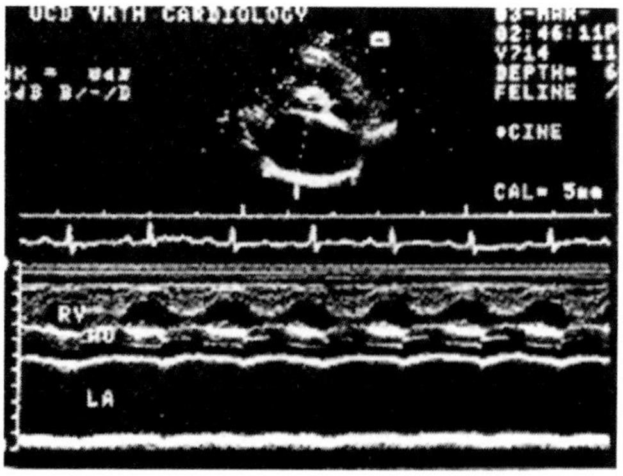

图片 1-2　M 型超声心动图

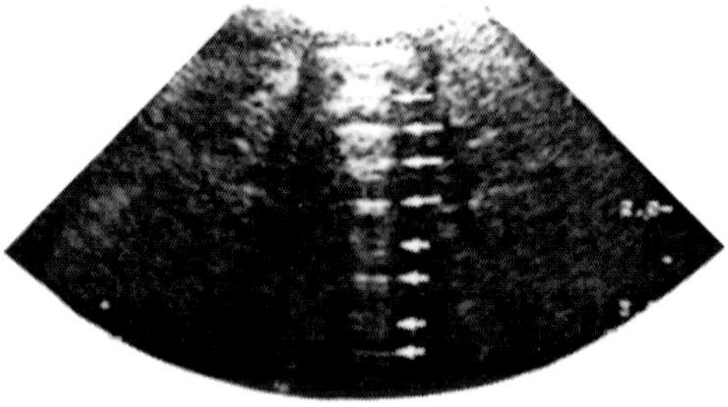

在动物体表放置气囊产生多次回声，
箭头所指是多次回声所产生的
等距离重复的声像图

图片 1-3　多次回声

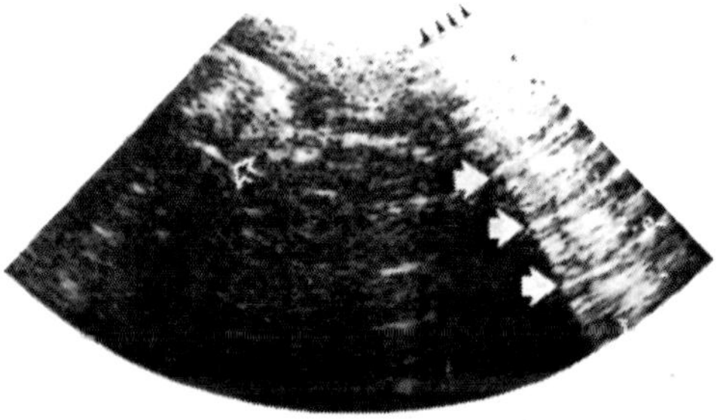

白色箭头示空气在探头和体表之间形成
的典型的外部多次回声；小的黑箭头所示
空气存在于探头和体表之间，小的空心
箭头示因气囊所产生的内部多次回声

图片 1-4　外部多次回声

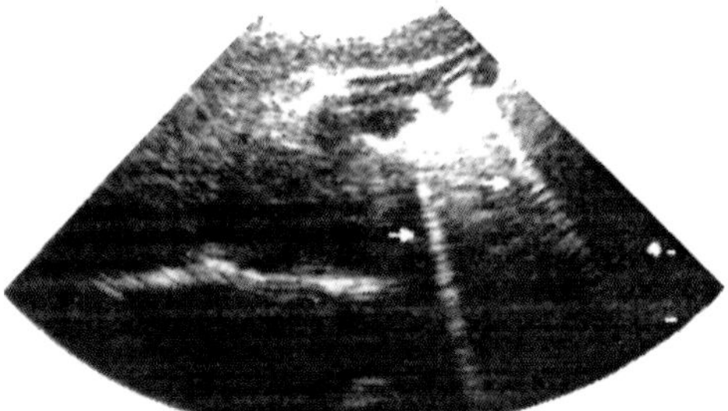

箭头所示彗星尾状伪影是由小的
金属异物或者分散的气泡等
形成的高回声界面所产生的

图片 1-5　彗星尾状伪影

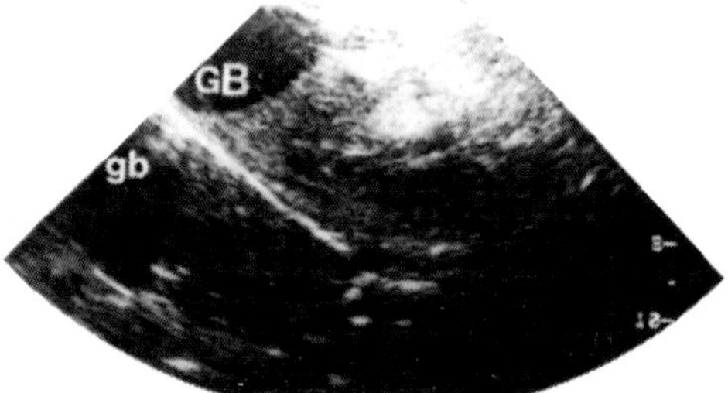

由于膈肌的凹面形态造成回声延时，
形成肝脏及胆囊镜像图，GB
为胆囊，gb 为镜像胆囊

图片 1-6　肝脏镜像图

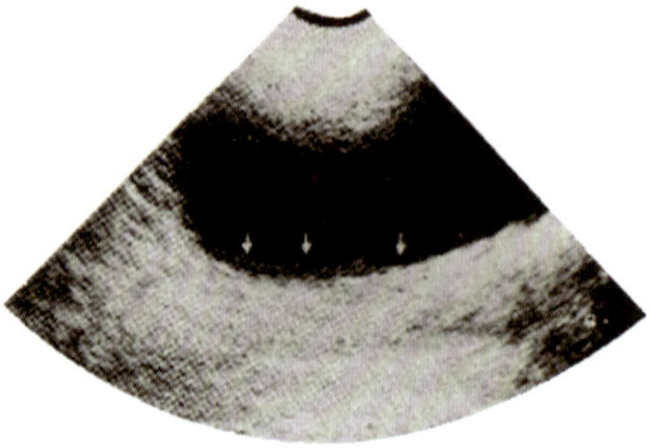

由于增厚，在膀胱尿液背面
形成低回声伪影(箭头所示)

图片 1-7　沉积伪影

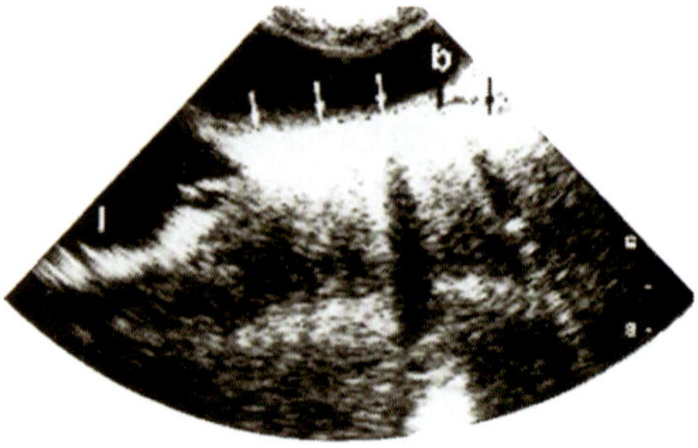

结肠降袢纵向声像图的不洁声影，
回声不均一(箭头所示)；b 为膀胱；
I 表示膀胱的镜像伪影

图片 1-8　不洁声影

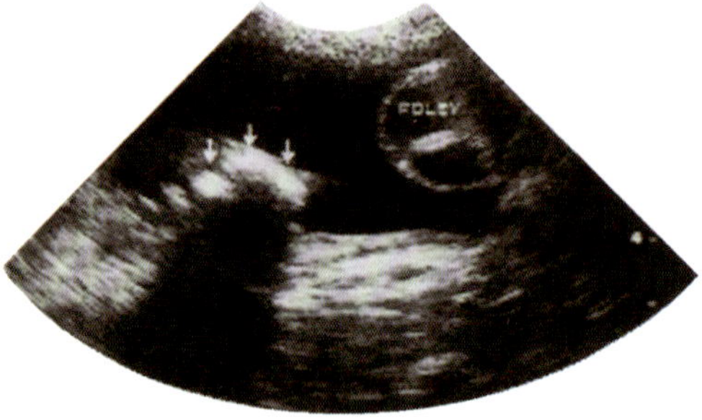

膀胱底部囊状结石远方清洁的声影(箭头所指)，
膀胱颈部圆形结构是 Foley 套管

图片 1-9　清洁声影

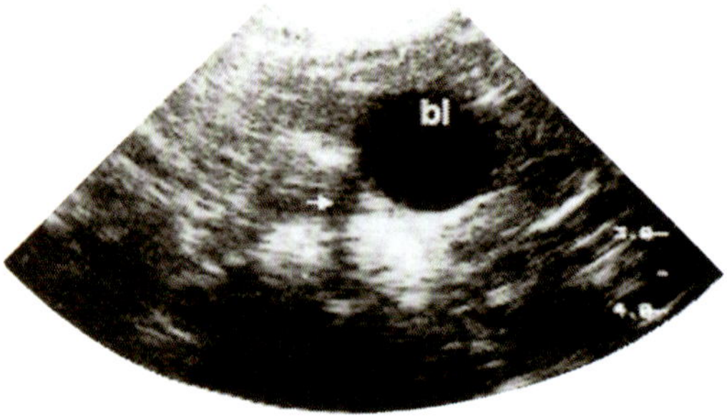

图片 1-10　膀胱横断面侧边声影(箭头所指)

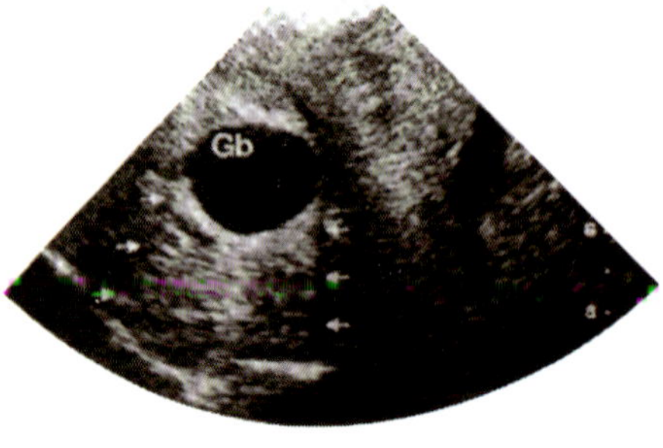

胆囊横断面图，在胆囊远方出现回声增强(箭头之间)，较弱的侧边回声也明显可见

图片 1-11　后壁增强效应

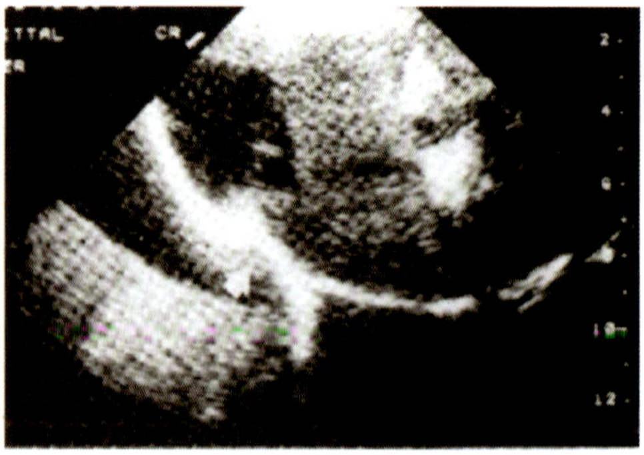

由于胸膜渗出，声阻抗改变，造成膈肌移位

图片 1-12　膈肌移位

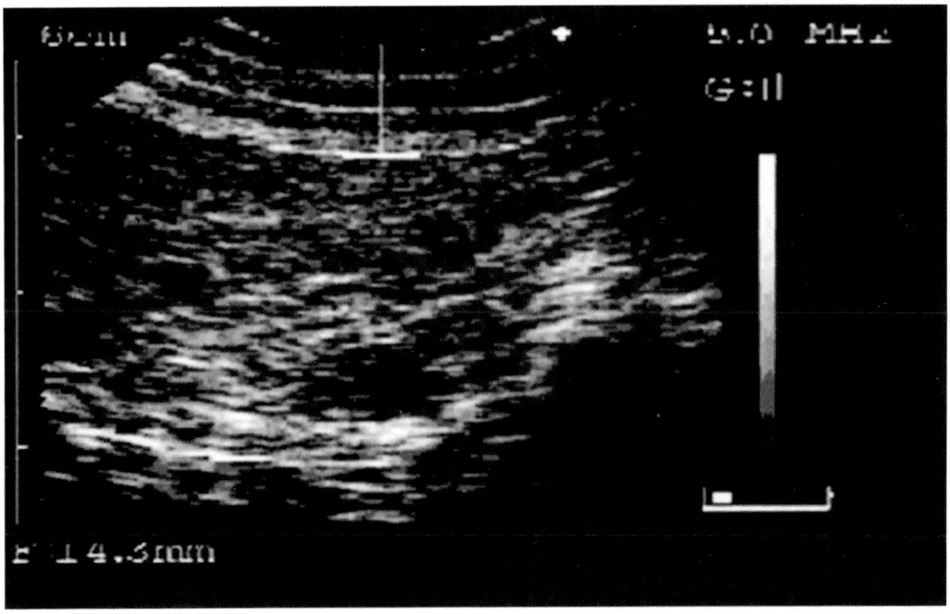

近端盲区(出现缺如)向下的第 1 条白线为第 1 膘线,以后分别是第 2、第 3 膘线。第 1 膘线与第 2 膘线之间为皮下脂肪厚度;第 2 与第 3 膘线之间为皮下结缔组织厚度。三者共同组成猪背膘厚度。第 3 膘线之下的大片区域为眼肌

图片 1-13　猪背膘及眼肌声像图

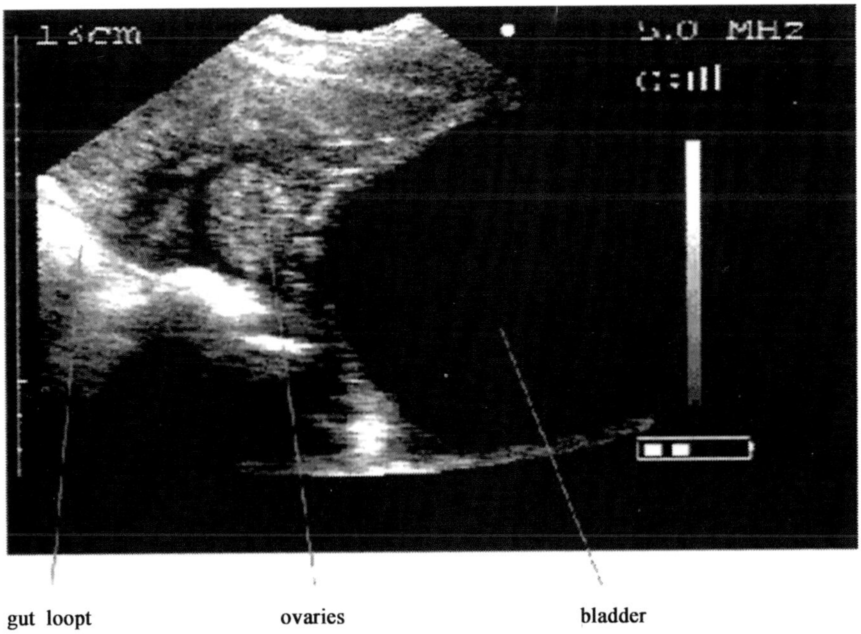

从左至右的第 1 条线指示肠袢;第 2 条线指示卵巢;第 3 条线指示膀胱

图片 1-14　猪卵巢声像图

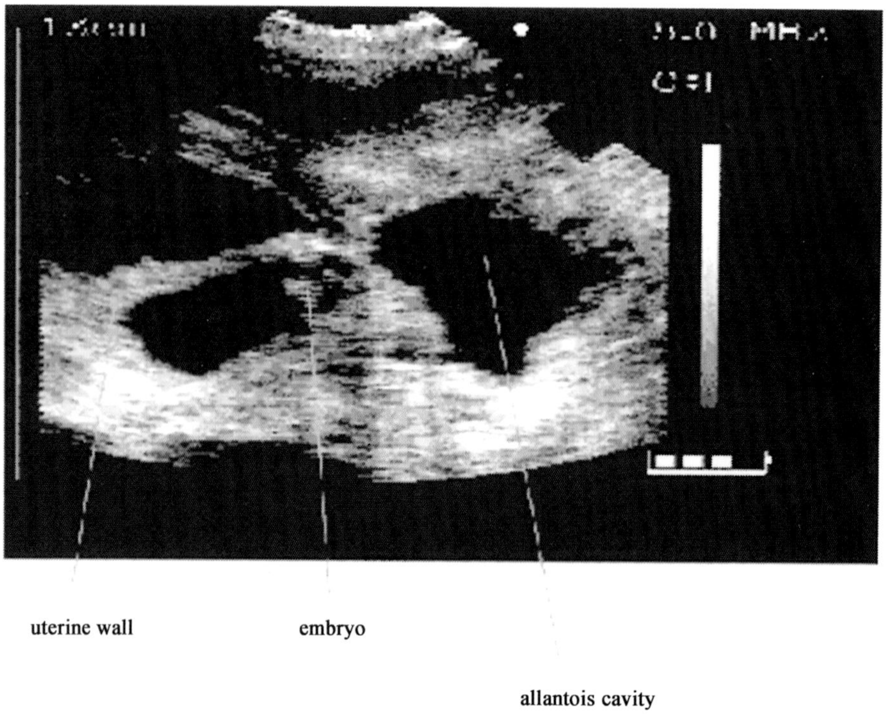

第 1 条线指示从左至右子宫壁；第 2 条线指示胚胎；第 3 条线指示尿囊

图片 1-15　猪妊娠 22 d 声像图

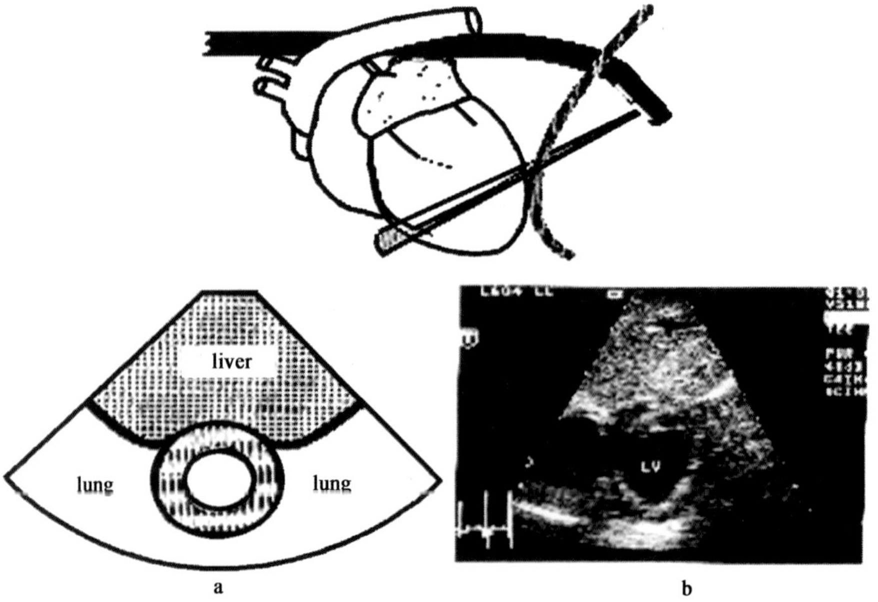

上图显示声束导入方向；a 为声像图示意图，liver 为肝，lung 为肺，
Lv 为左心室；b 为声像图（自 Carroll Lover 等，1995）

图片 1-16　心脏切面图（探头从胃内导入）

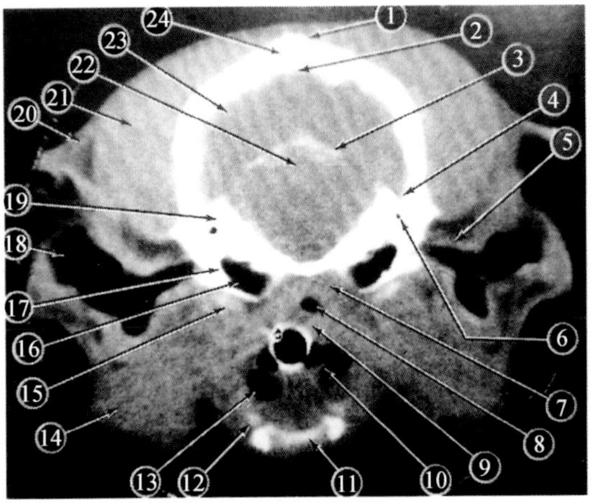

1. 颞骨正中线；2. 大脑镰内的背矢状窦；3. 小脑开幕骨；4. 颞道；5. 右耳环状软骨；6. 小脑窝；7. 右头长肌；8. 鼻咽；9. 软腭；10. 会厌软骨；11. 舌骨；12. 左舌骨角；13. 口咽；14. 左下颌唾液腺；15. 左茎突舌骨；16. 左鼓泡；17. 左锤骨；18. 左外耳道；19. 左颞骨岩突；20. 左耳盾状软骨；21. 左颞肌；22. 小脑蚓部；23. 左大脑半球枕叶；24. 顶间骨（自 Geoge and Smallwood；1992）

图 1-17　犬头部 CT 横断层扫描

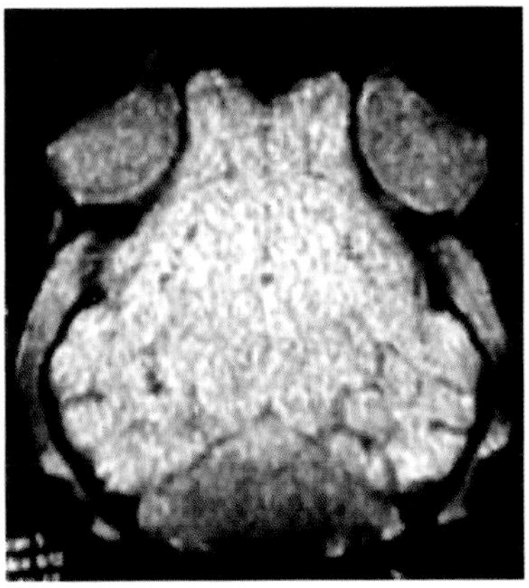

图 1-18　犬头部 CT 额状层扫描

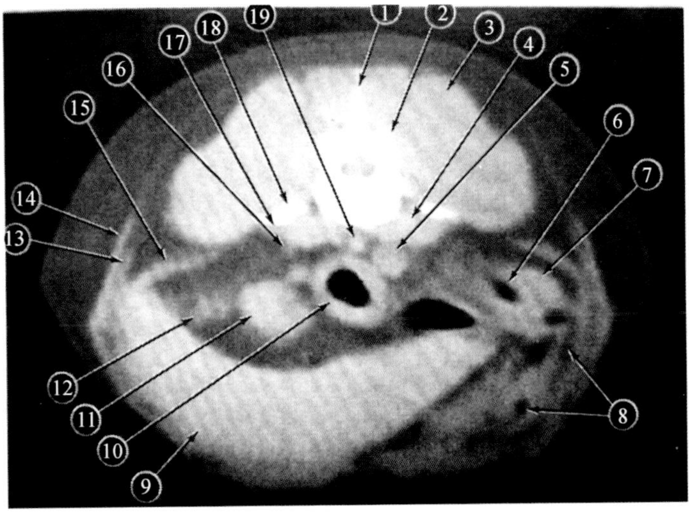

1. 第 3 腰椎棘突；2. 第 4 腰椎右关节前突；3. 右腰长肌；4. 右腰小肌和腰大肌；5. 后腔静脉；6. 十二指肠降支；7. 右子宫角前端；8. 空肠袢；9. 脾脏；10. 十二指肠升支；11. 降结肠；12. 左卵巢前端输卵管系膜内脂肪；13. 左腹内斜肌；14. 左腹外斜肌；15. 左腹横肌；16. 左输卵管；17. 左腰方肌；18. 第 4 腰椎横突；19. 主动脉

（自 Smallwood and Geoge，1993）

图 1-19　犬腰部横断层扫描

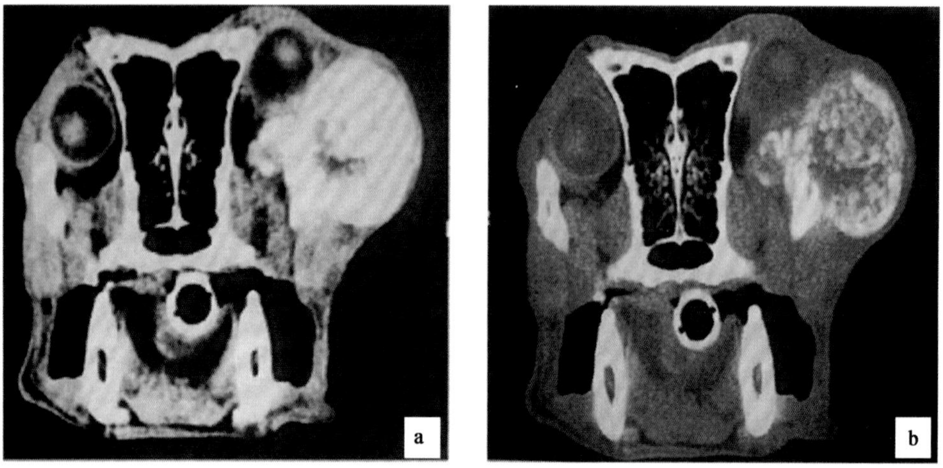

a. 为软组织窗位；b. 为骨组织窗位

显示左眼下有一圆形、粗颗粒状、非均质性 X 线不透性肿块

（组织学证实为多叶性骨瘤）

（自 Hathcock and Newton，1993）

图片 1-20　犬右颧弓中部 CT 横断层扫描

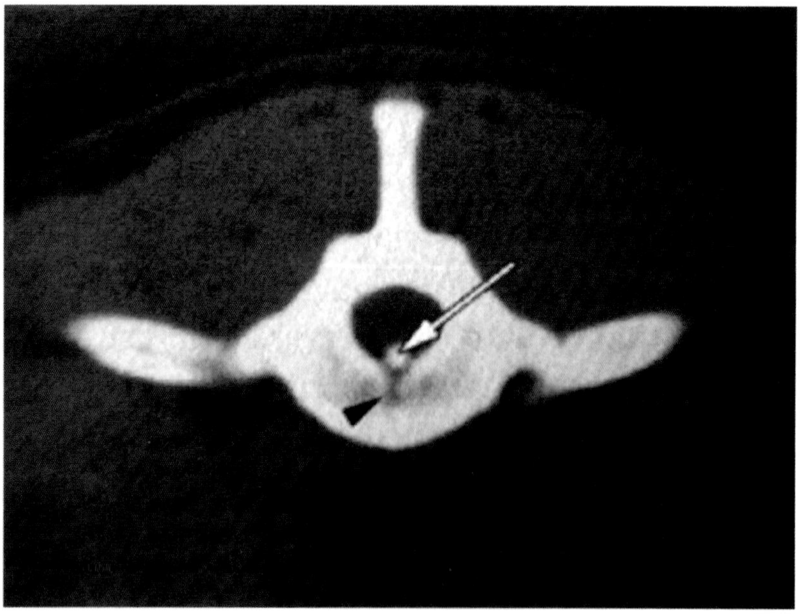

显示椎管腹正中处有一小圆形高衰减值物质（长箭头），

黑色箭头指示为椎体基部血管沟

（自 Olby et al. 2000）

图片 1-21　犬腰椎间盘脱出 CT 横断层

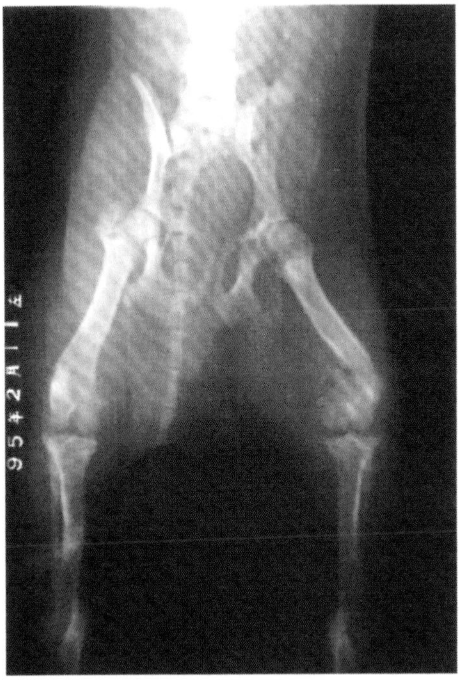

图片 3-1　固定滤线器的铅条痕迹

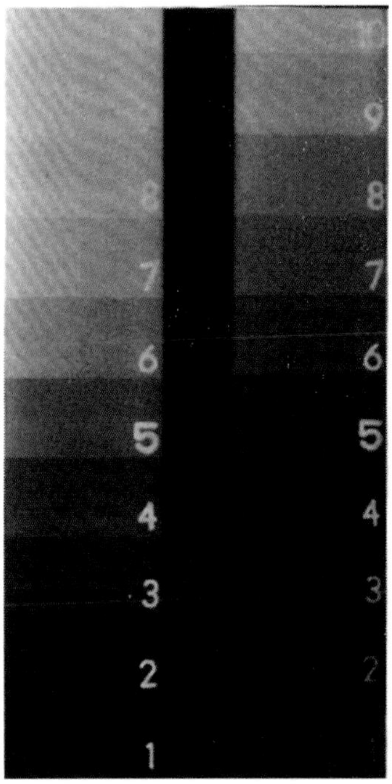

左图为管电压较低时的投照，
影像对比度明显，层次较少；
右图为管电压较高时的投照，
影像对比度下降，层次增加

图片 3-2　管电压与对比度和层次的关系

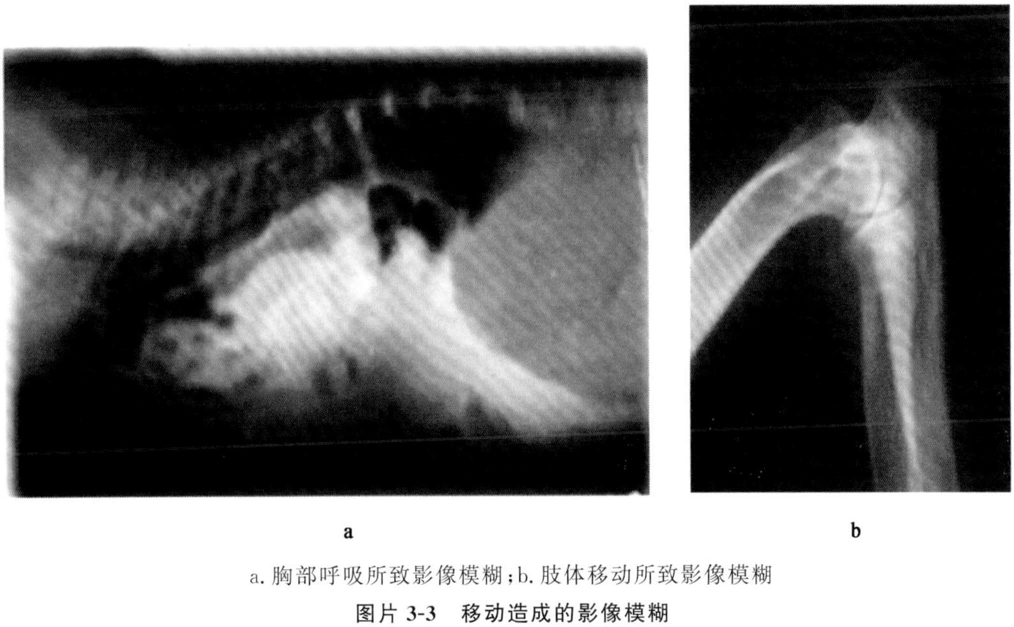

a　　　　　　　　　　b

a. 胸部呼吸所致影像模糊；b. 肢体移动所致影像模糊

图片 3-3　移动造成的影像模糊

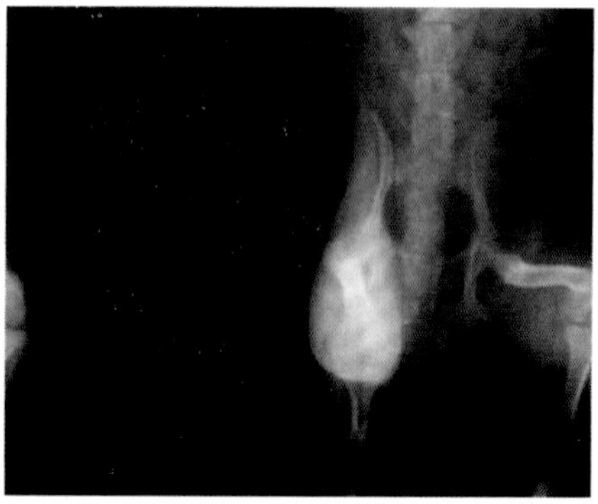

由于两后肢摆位不正致使股骨形态失真

图片 3-4　形态失真

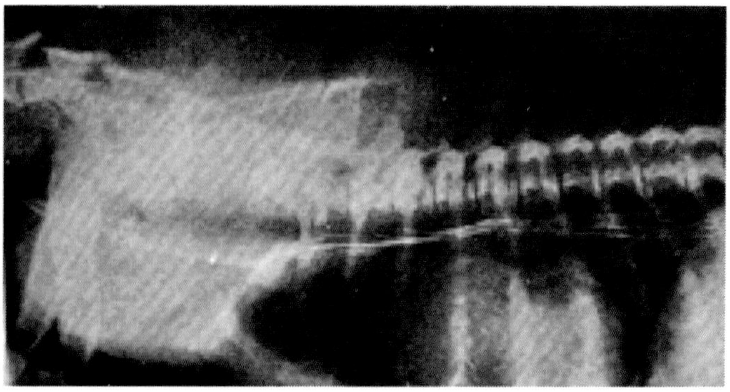

左侧位片，显示正常食管数条纵行黏膜皱襞

图片 4-1　犬胸段食管造影

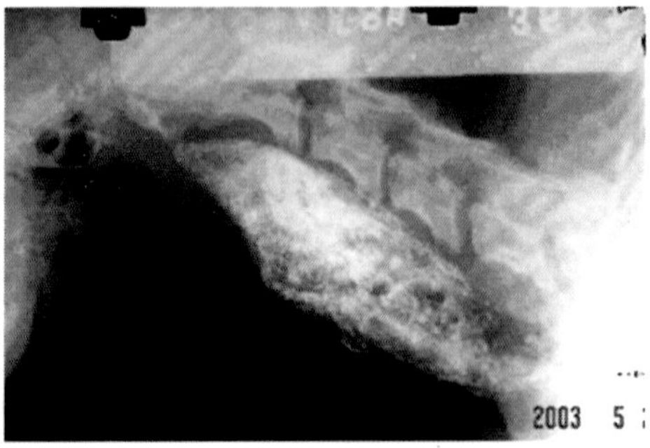

侧位片，示第 5 颈椎下方食管狭窄，
导致前方颈段食管明显膨大

图片 4-2　犬颈段食管造影

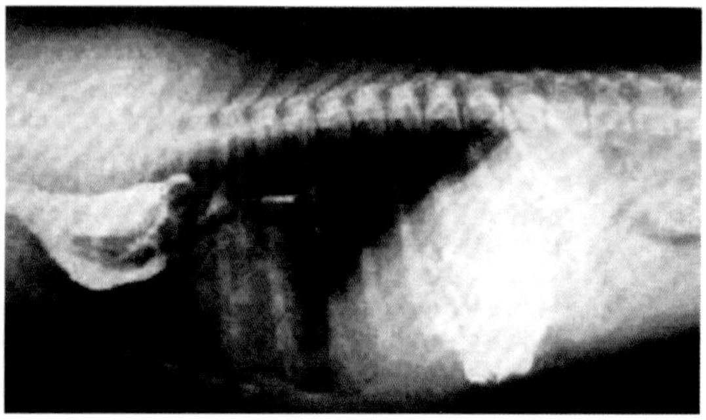

侧位片，胸段食管狭窄，其前方食管呈囊状膨大

图片 4-3　犬胸段食管造影

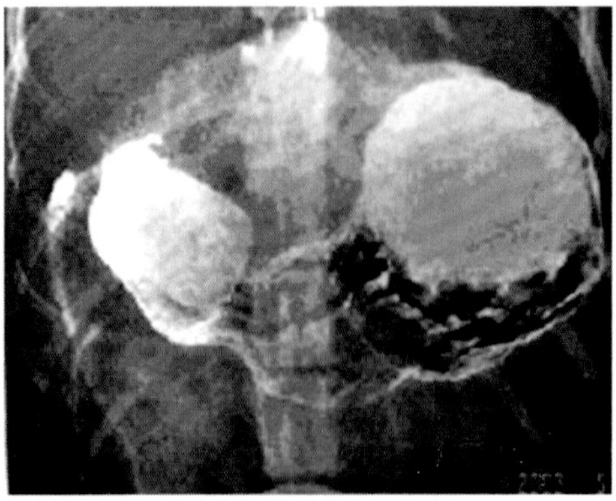

腹背位片显示胃底、
胃体黏膜及充盈钡剂的胃幽门部与十二指肠

图片 4-4　犬胃钡剂双重对比造影

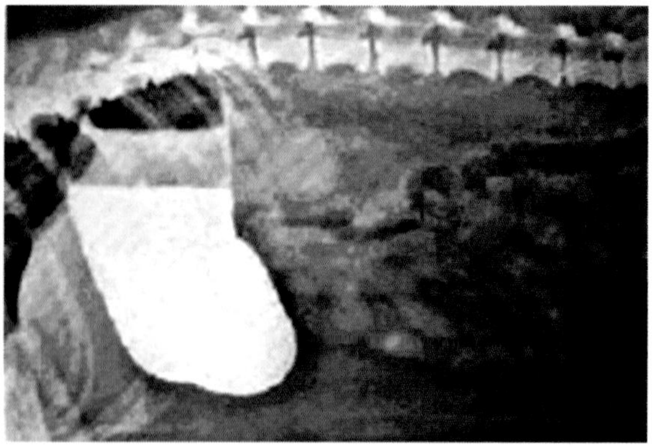

站立侧位片，可见充盈钡剂的胃体，
其上方有液平面及胃泡

图片 4-5　犬胃钡剂造影

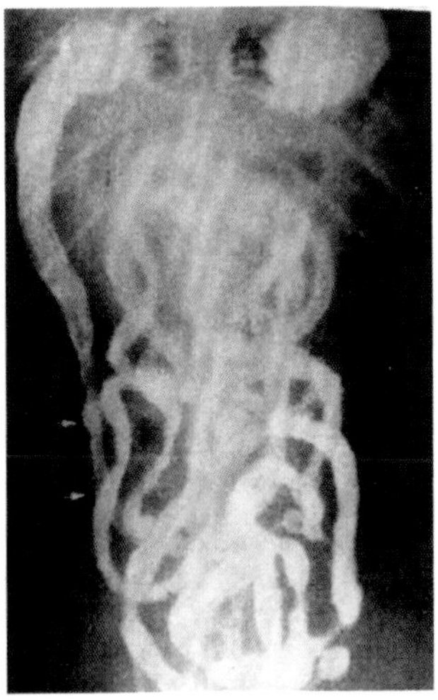

背腹位片，显示胃、十二指肠与小肠影像，
箭头示十二指肠假溃疡征，无临床意义

图片 4-6　犬胃肠钡剂造影

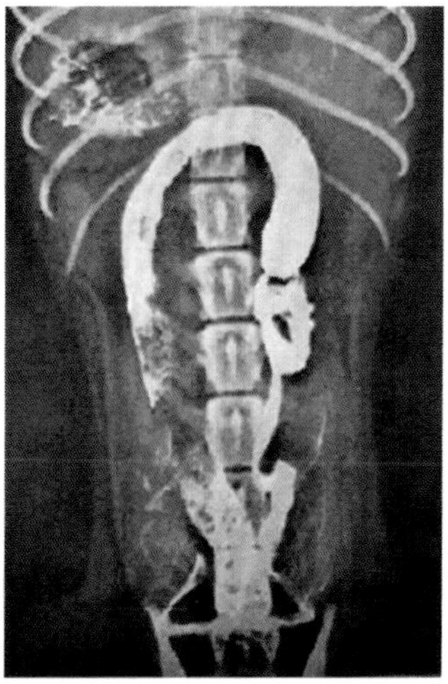

背腹位片示大肠致密影

图片 4-7　犬钡剂灌肠造影

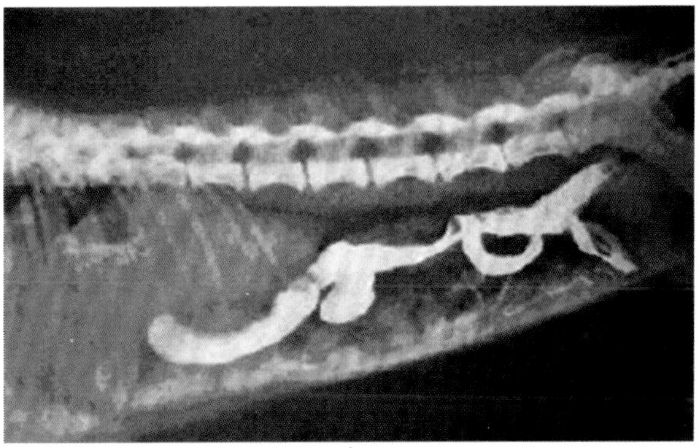

侧位片可见高密度大肠影

图片 4-8　犬钡剂灌肠造影

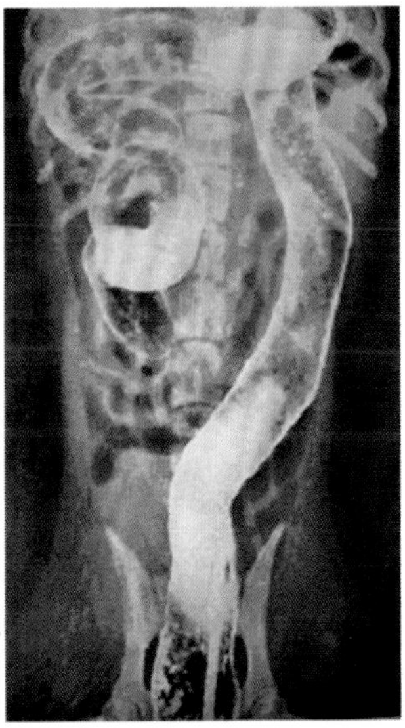

腹背位片显示结肠全貌及黏膜影

图片 4-9　犬钡剂灌肠双重对比造影

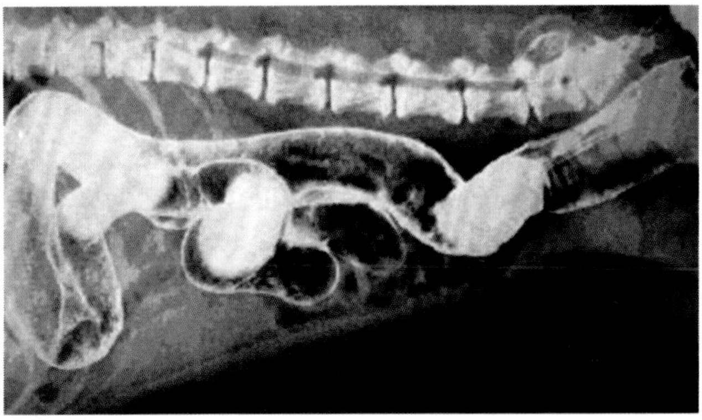

侧位片显示结肠影

图片 4-10　犬钡剂灌肠双重对比造影

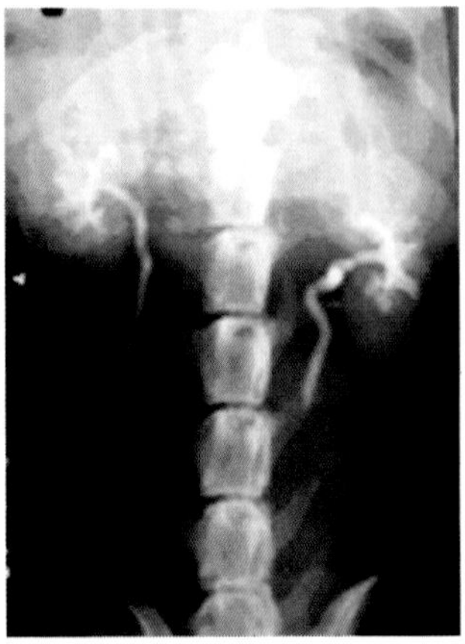

腹背位片显示肾盂、肾盏及输尿管

图片 4-11　犬肾盂及尿路造影

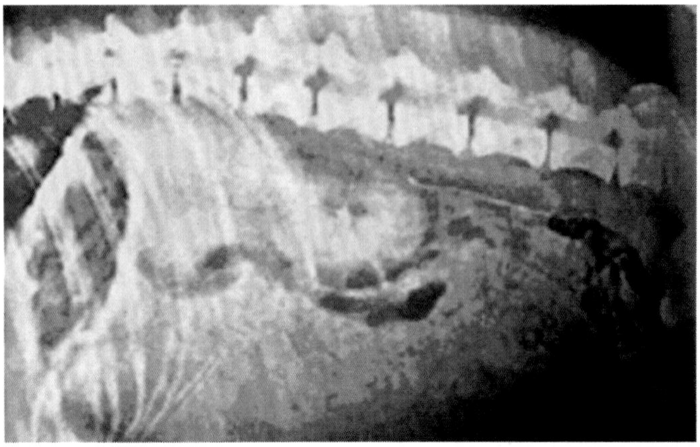

侧位片显示肾盂、肾盏及输尿管

图片 4-12　犬肾盂造影

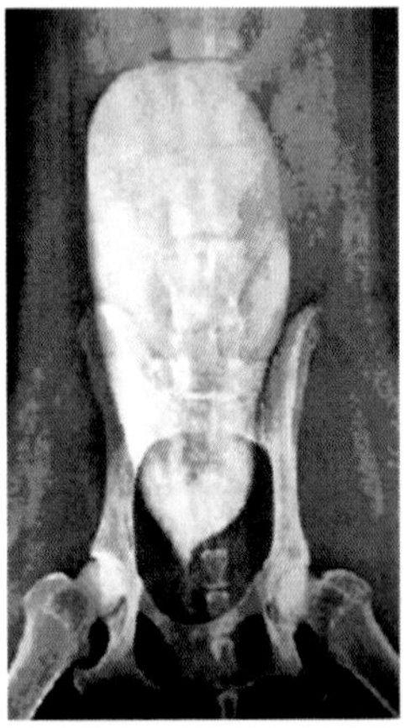

高密度的膀胱阴影与腰椎重叠

图片 4-13　犬膀胱造影正位片

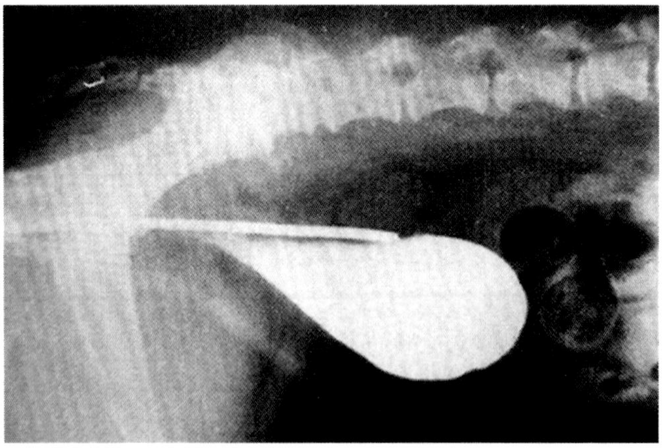

高密度造影剂充满整个膀胱，膀胱壁清楚可见

图片 4-14　犬膀胱造影侧位片

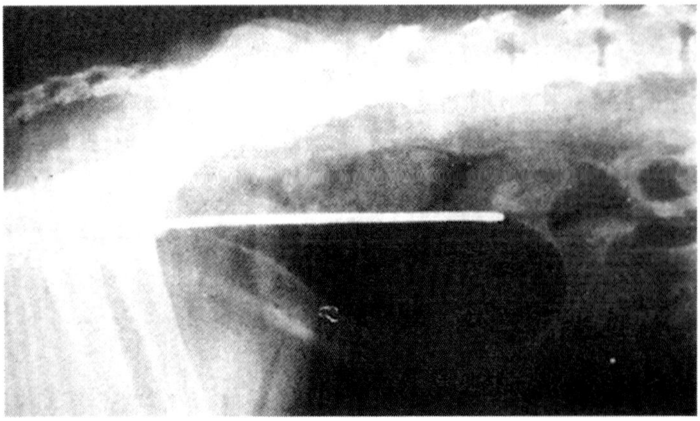

在低密度气体阴影的衬托下，

膀胱壁可清楚显示

图片 4-15　犬膀胱充气造影侧位片

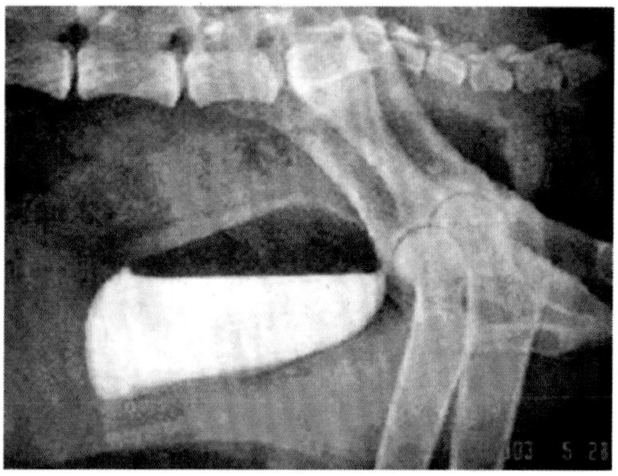

液平面之下为高密度阴影，
液平面之上同时可见低密度气体阴影
图片 4-16　犬膀胱双重造影侧位片

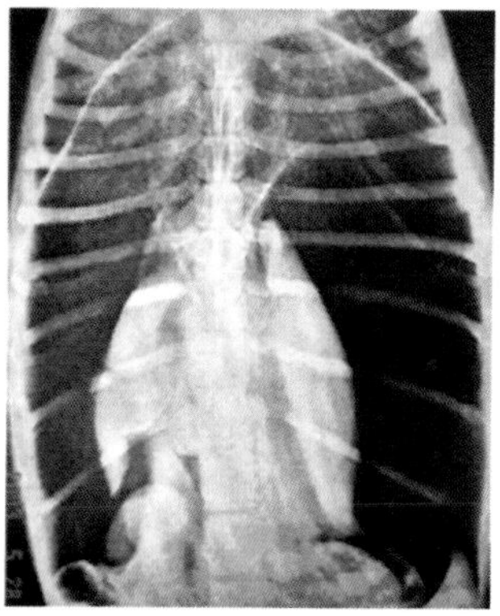

直立腹背位，显示肝脏、双侧肾脏阴影
图片 4-17　犬气腹造影

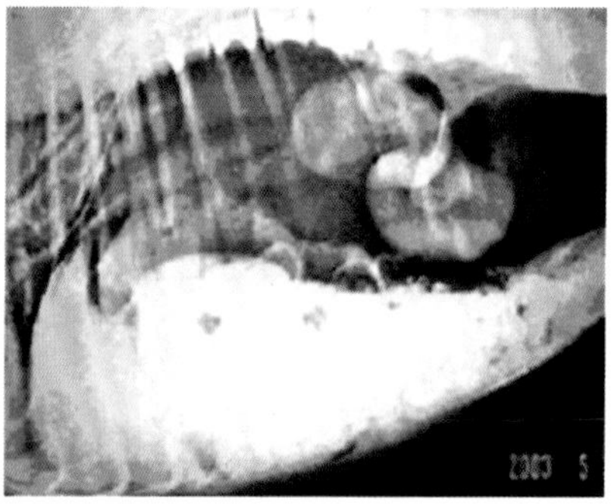

站立侧位片，后躯高位显示两肾和膀胱
图片 4-18　犬气腹造影

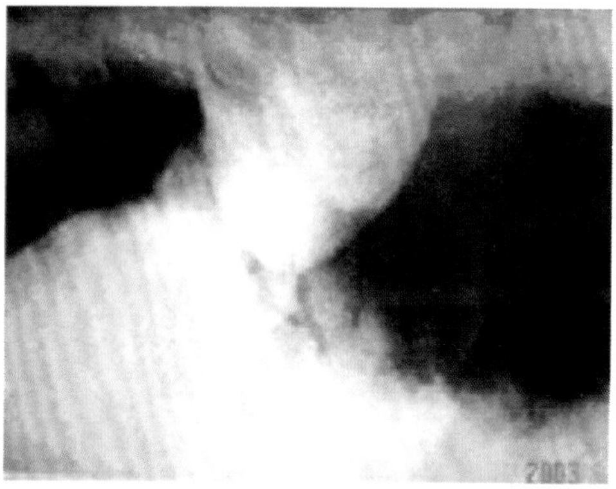

左右侧位投照，右肾显示最清楚
图片 4-19　马气腹造影

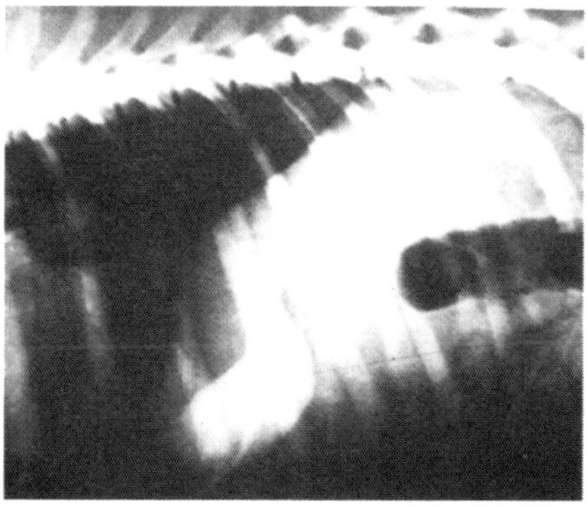

右侧卧位投照，显示胆囊影像
图片 4-20　犬胆囊造影

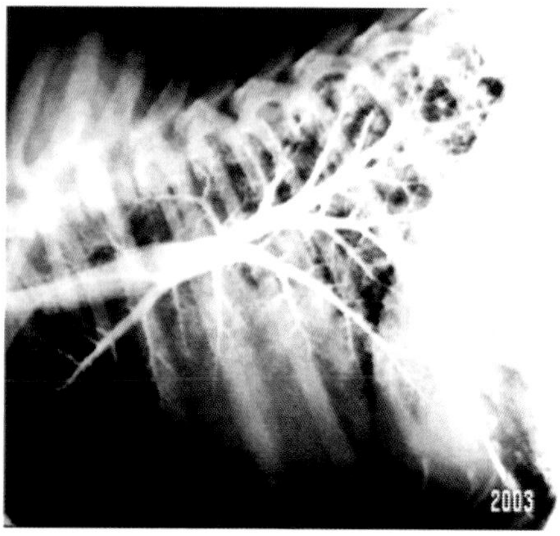

图片 4-21　犬单侧支气管造影侧位片

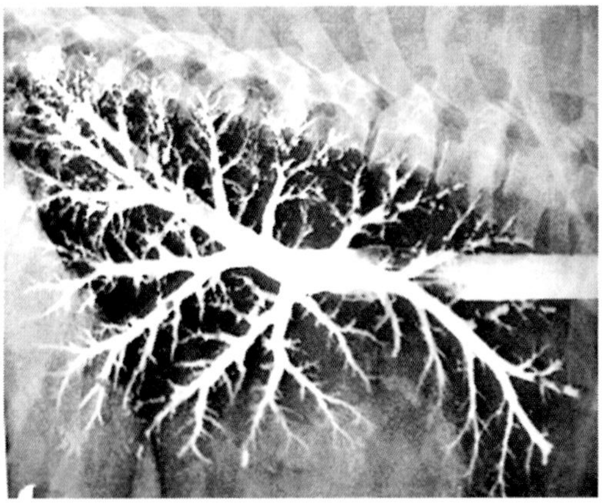

侧位片，见肺心前叶支气管也清楚显示

图片 4-22　犬单侧支气管造影

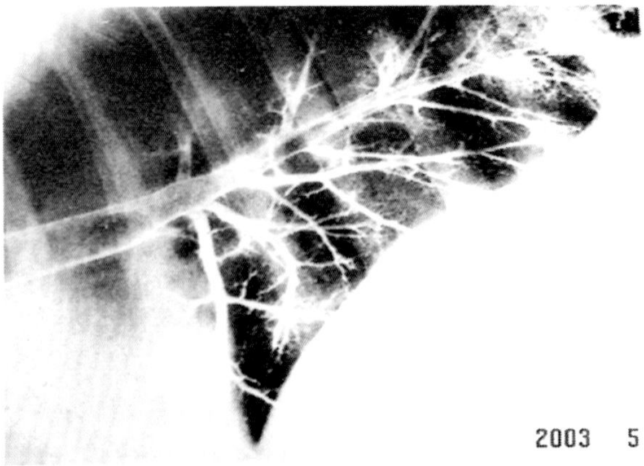

图片 4-23　牛单侧支气管造影侧位片

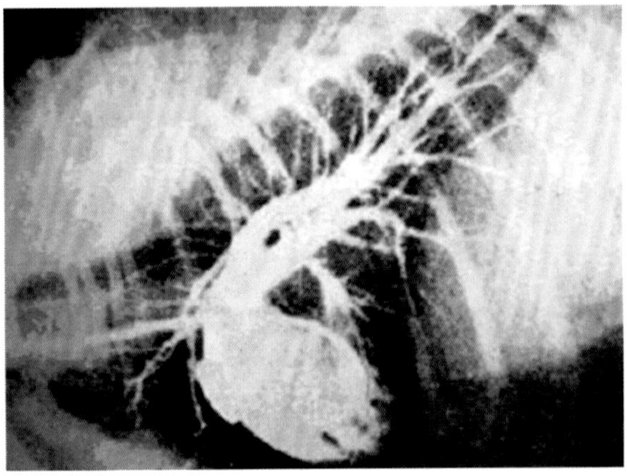

图片 4-24　犬心血管造影侧位片

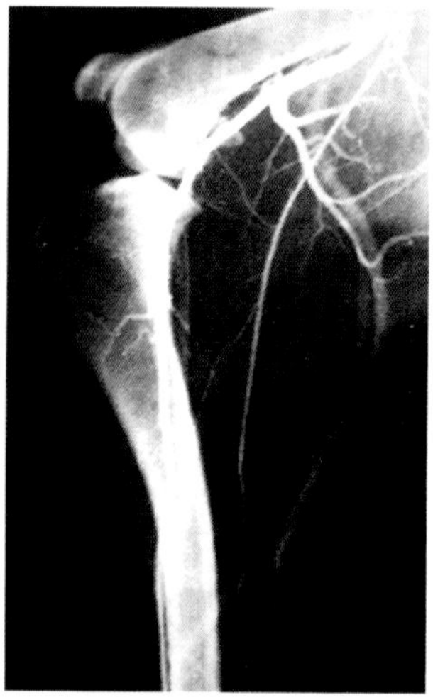

图片 4-25　犬后肢血管造影侧位片

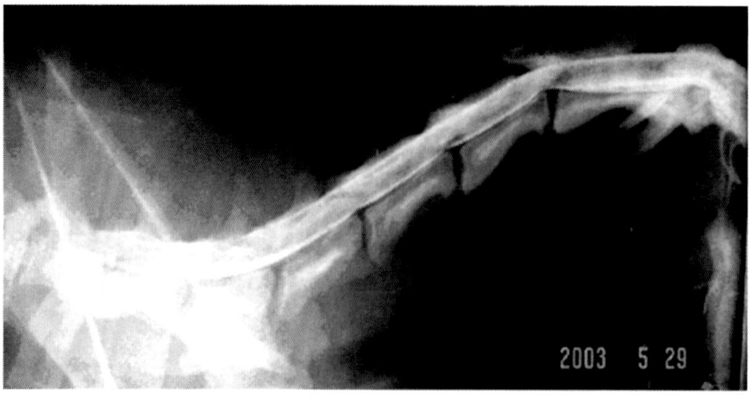

颈段、颈胸段脊髓清楚显示

图片 4-26　犬颈段脊髓造影侧位片

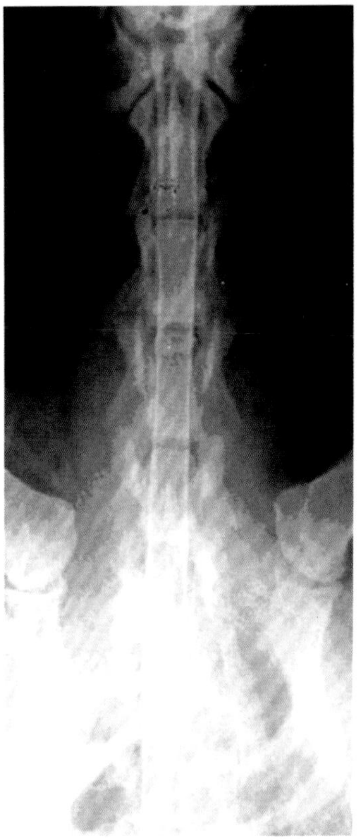

清楚显示脊髓颈段、颈胸段及

颈膨大部脊髓

图片 4-27　犬颈段脊髓

造影正位片

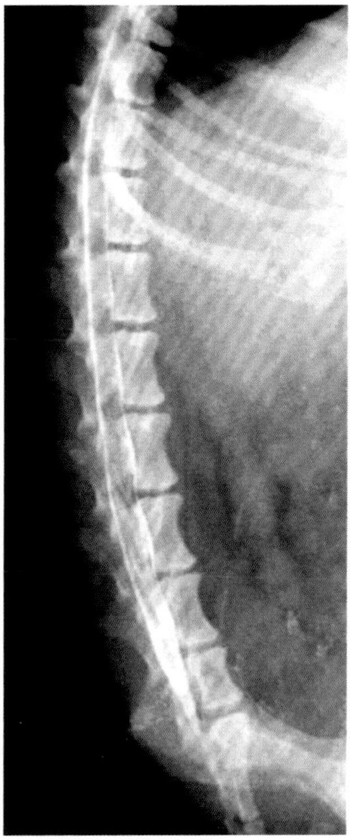

清楚显示腰段脊髓

图片 4-28　犬腰段脊髓

造影侧位片

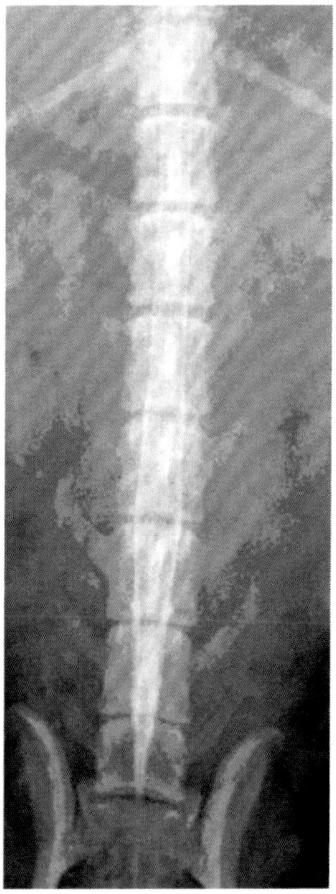

清楚显示后段脊

髓及腰膨大部

图片 4-29　犬腰段脊髓

造影正位片

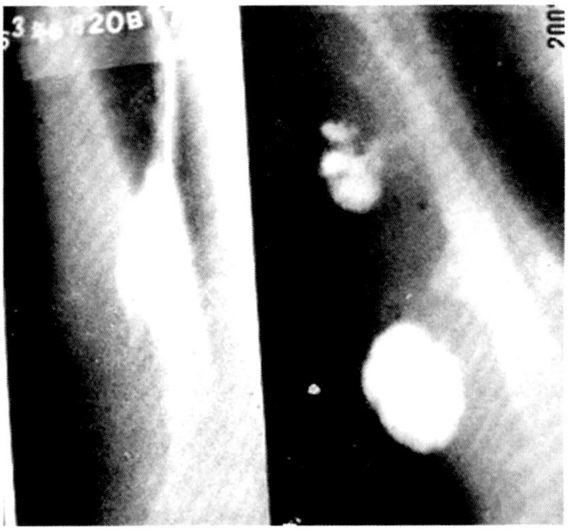

瘘管造影：左侧示瘘管中部膨大并有一小岔口；右侧示瘘管

向下逐渐增宽，中部有角形突出，并有两个岔道大盲囊

图片 4-30　马颈静脉瘘管

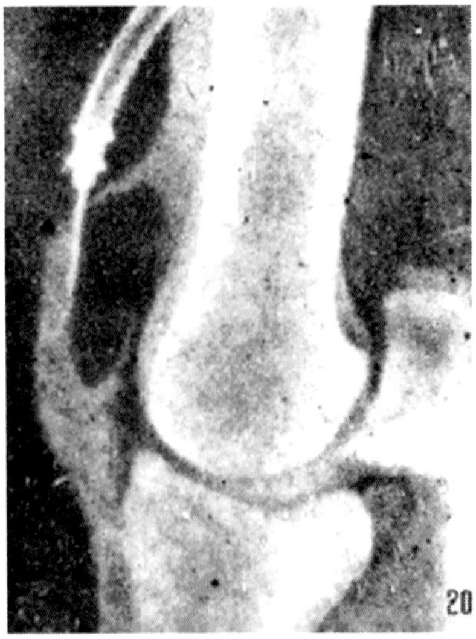

图片 4-31　膝关节充气造影

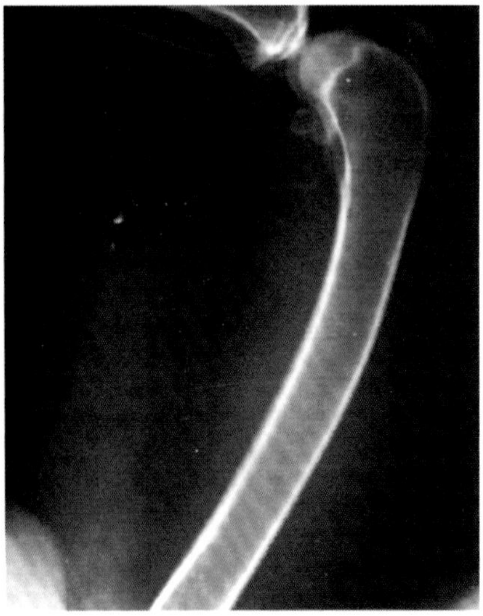

图片 5-1　成年长骨的 X 线解剖结构

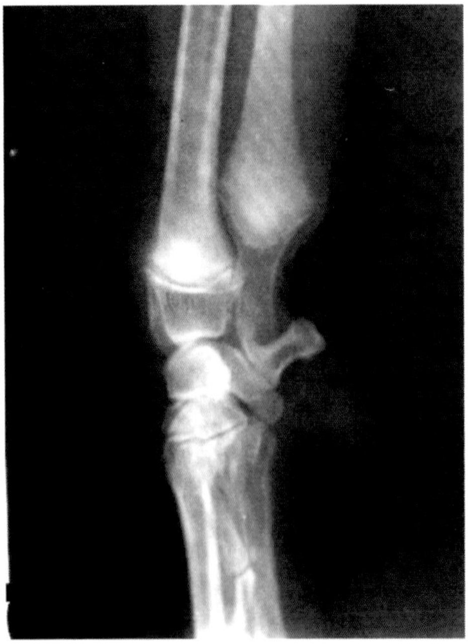

示长骨两端的骨骺和骺板

图片 5-2　未成年长骨的 X 线解剖结构

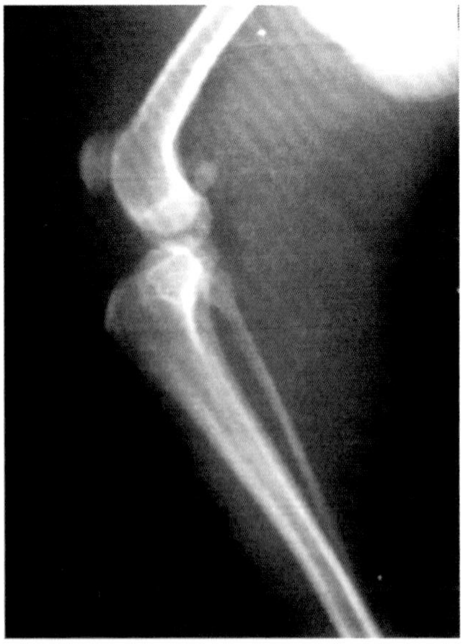

图片 5-3　关节的 X 线解剖结构

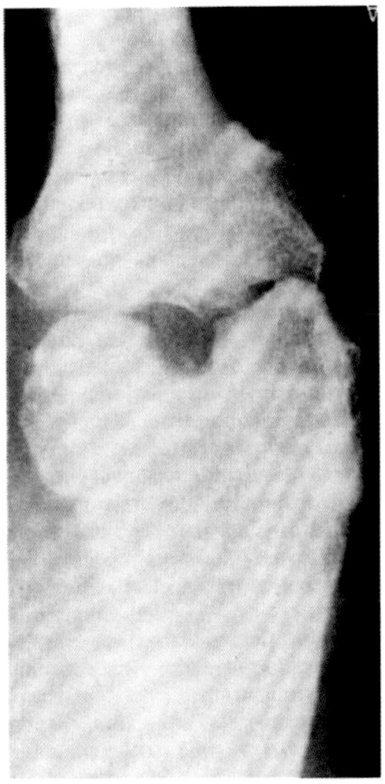

图片 5-4　关节间隙变窄

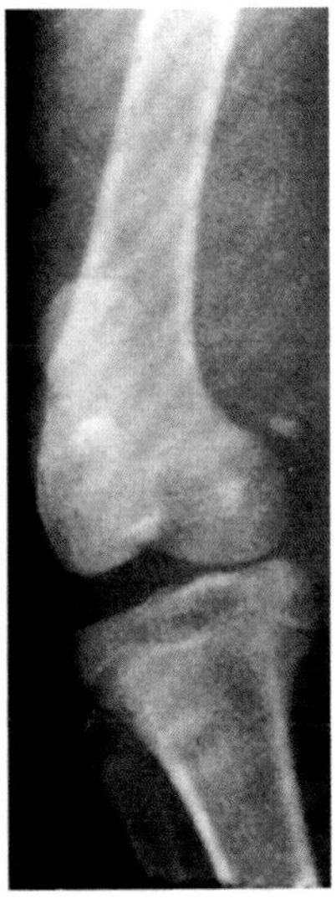

关节侧韧带单侧断裂所致

图片 5-5　关节间隙宽窄不均

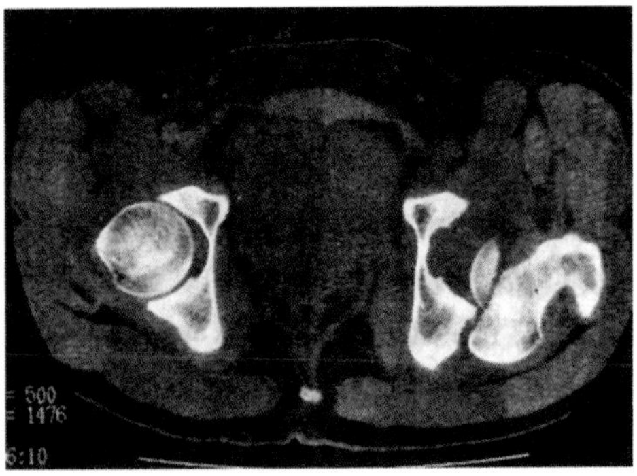

图片 5-6　髋关节病变的 CT 表现

（自吴恩惠，2001）

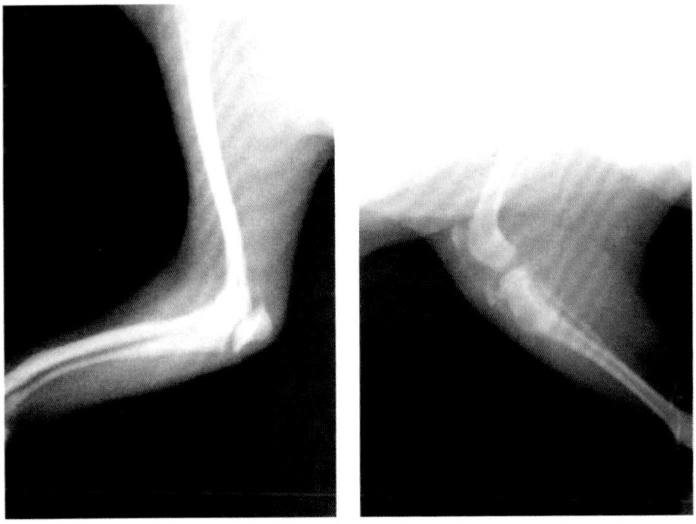

a　　　　b

a. 尺骨近端；b. 胫骨结节

图片 5-7　撕脱性骨折

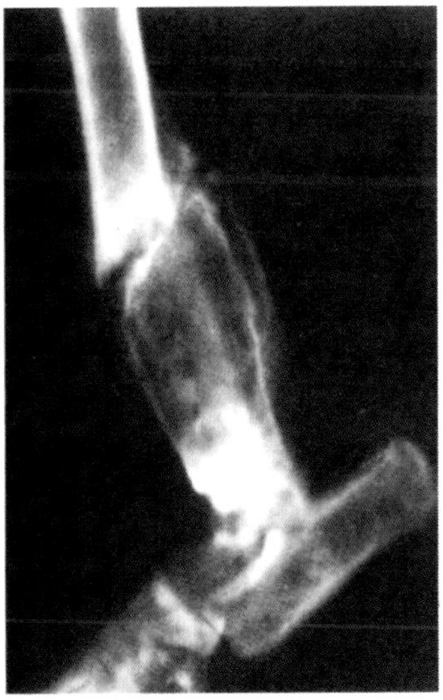

图片 5-8　病理性骨折

（自 Thrall D. E. ，1986）

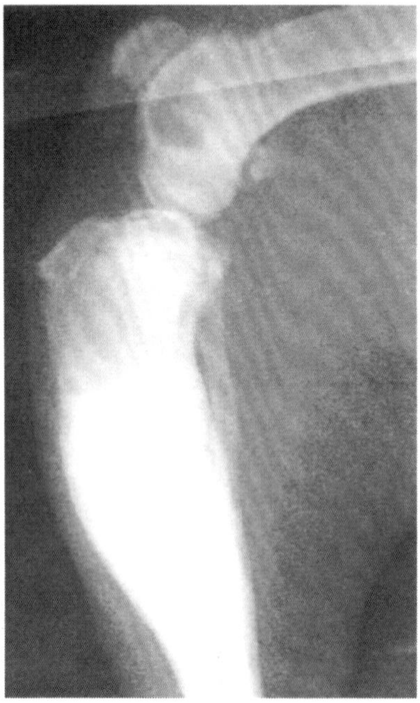

可见骨折线基本消失，骨折处粗大、密度增高

图片 5-9　骨性骨痂

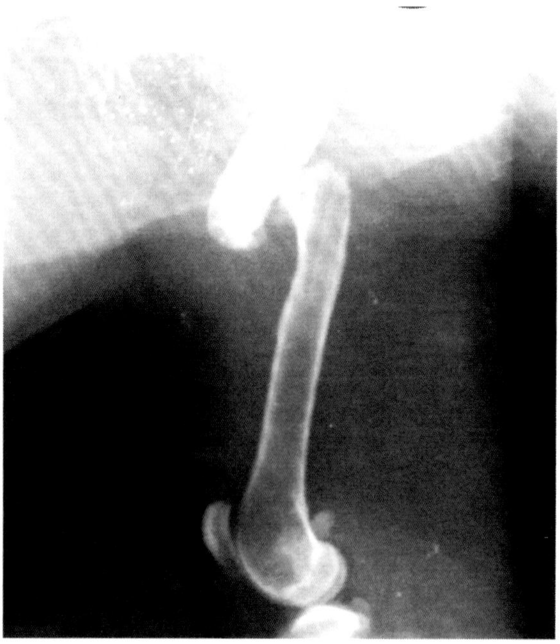

由于骨折整复不良，骨折无法愈合，

骨折两断端骨髓腔封闭

图片 5-10　骨折不愈合

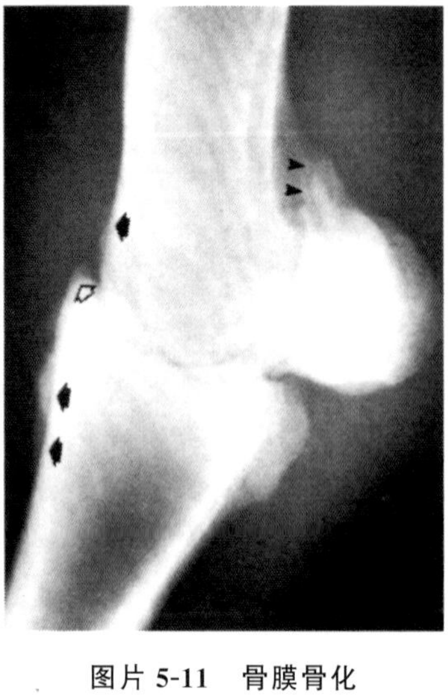

图片 5-11　骨膜骨化

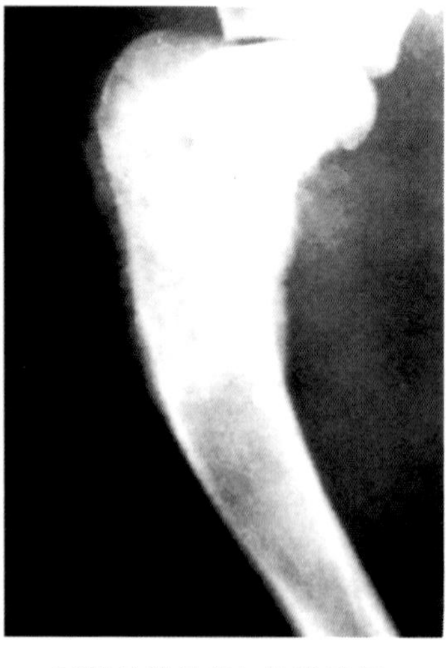

可见骨膜反应与骨质溶解，

注意与骨恶性肿瘤的鉴别

图片 5-12　犬放线菌病

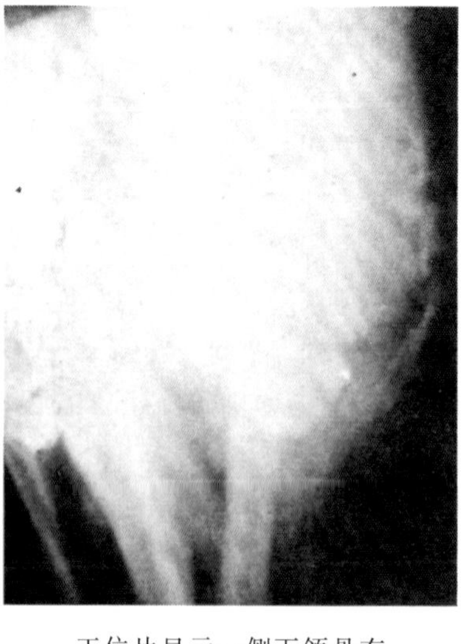

正位片显示一侧下颌骨有

大量新骨增生，但较稀疏

图片 5-13　牛下颌放线菌病

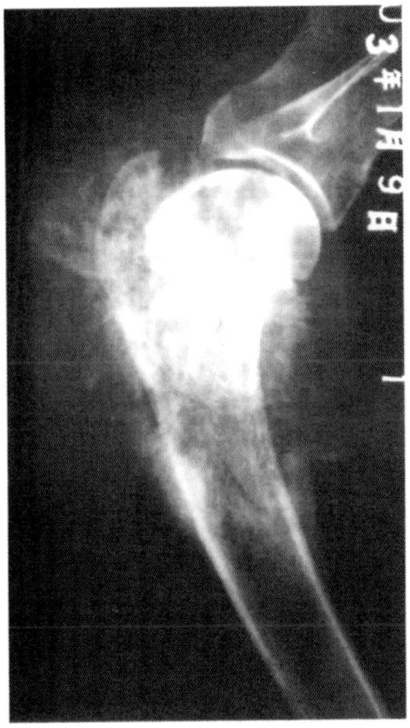

图片 5-14　肱骨近端恶性骨肿瘤

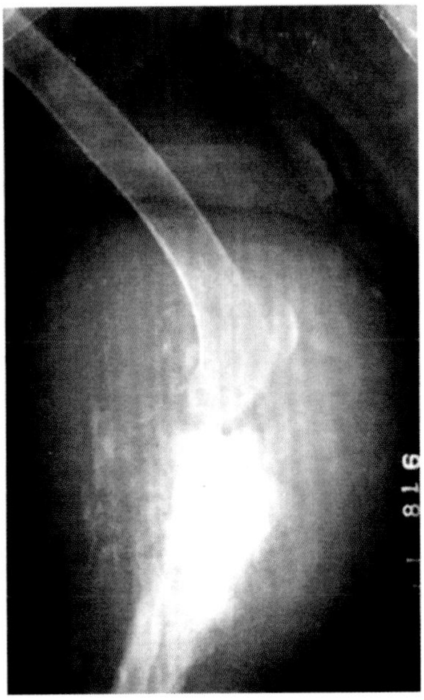

图片 5-15　胫骨近端恶性骨肿瘤

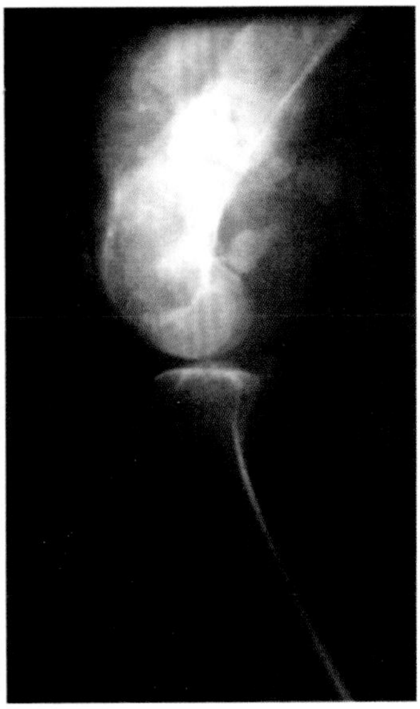

图片 5-16　股骨远端恶性骨肿瘤

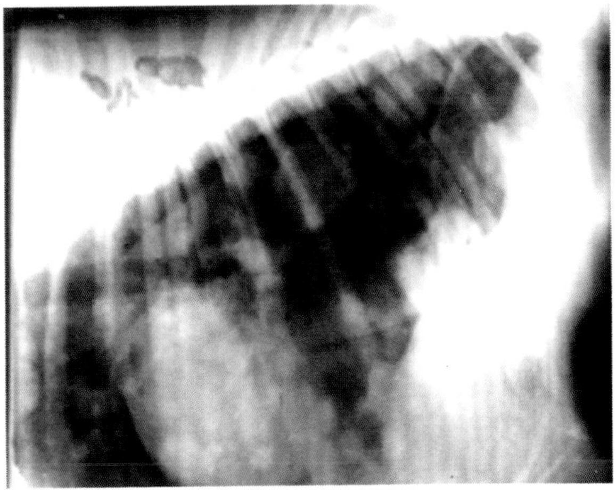

胸片显示肺野内多个大小不等、圆球形肿瘤

图片 5-17　骨恶性肿瘤截肢后 2 个月胸片

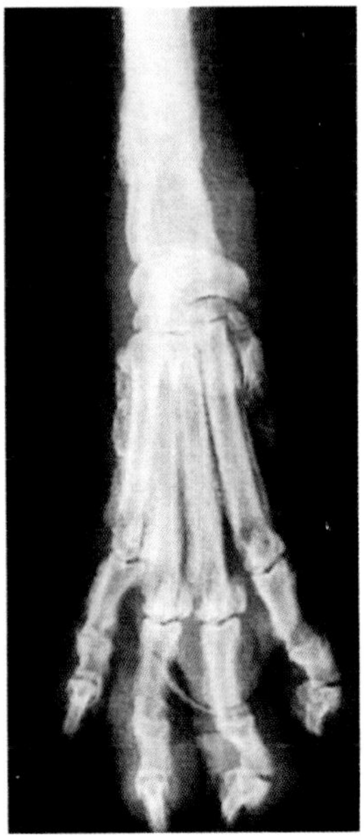

图片 5-18　犬肥大性骨病

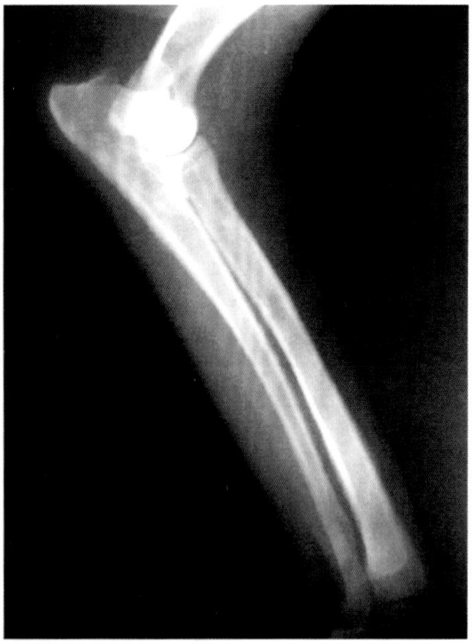

骨髓腔密度升高

图片 5-19　犬全骨炎早期 X 线征象

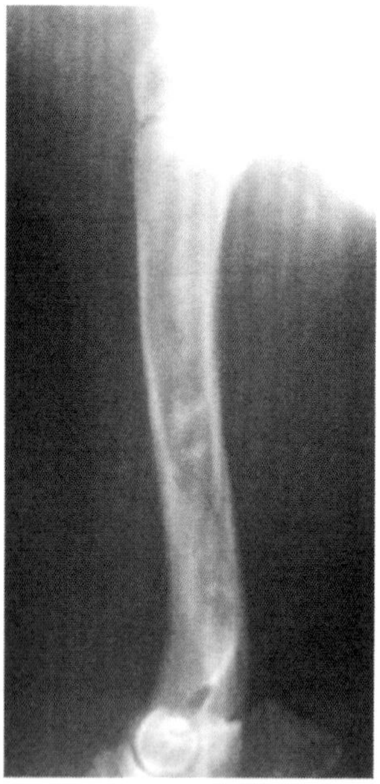

骨髓腔内出现多个片状高密度阴影

图片 5-20　犬全骨炎典型 X 线征象

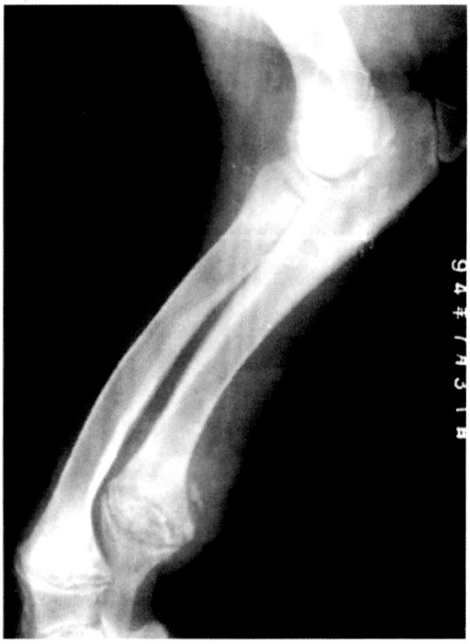

在桡、尺骨远端干骺端上
出现边缘不整的低密度带

图片 5-21　犬肥大性骨营养不良

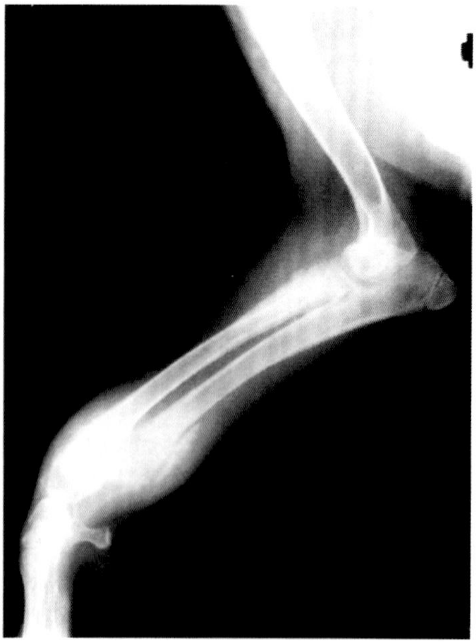

桡、尺骨远端有新骨形成

图片 5-22　犬肥大性骨营养不良

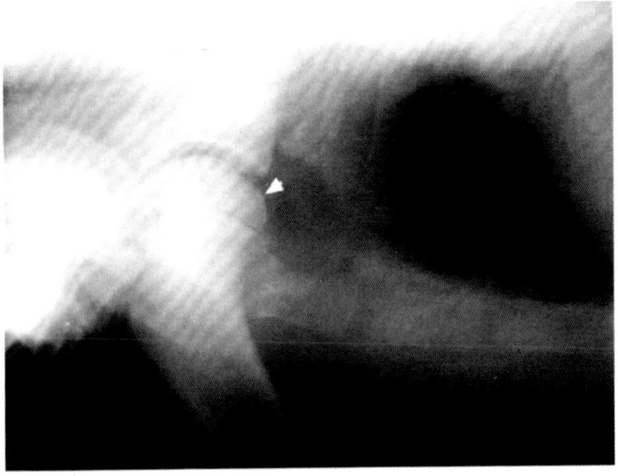

侧位片显示在臂骨头后侧面有一小块缺损

图片 5-23　犬分离性骨软骨炎

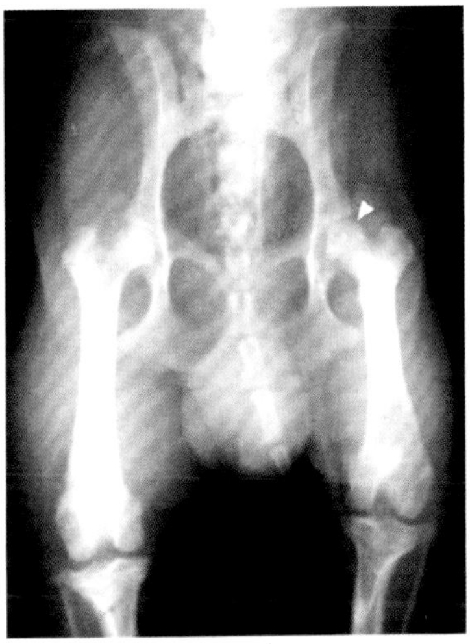

见右股骨头上出现散在小的低密度区

图片 5-24　股骨头坏死早期

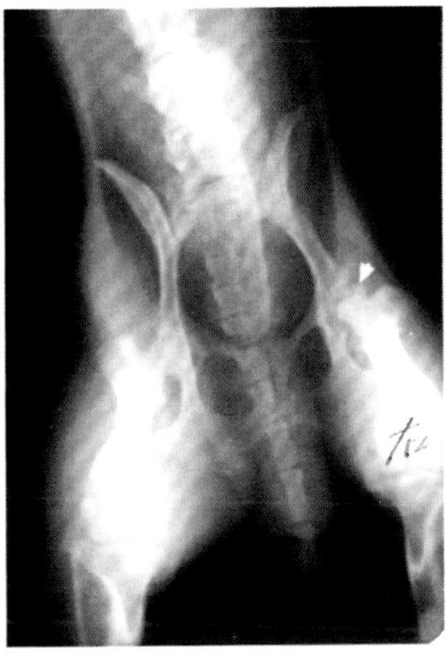

部分股骨头溶解吸收

图片 5-25　股骨头坏死明显期

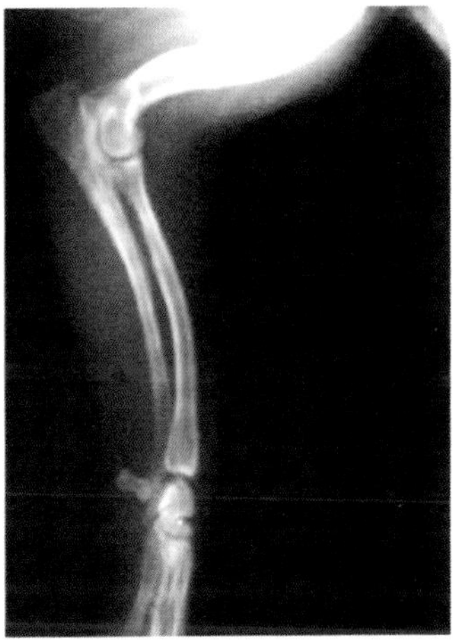

侧位片显示桡骨向前弯突，肘关节处于半脱位状态

图片 5-26　尺骨远端骨骺提前闭合

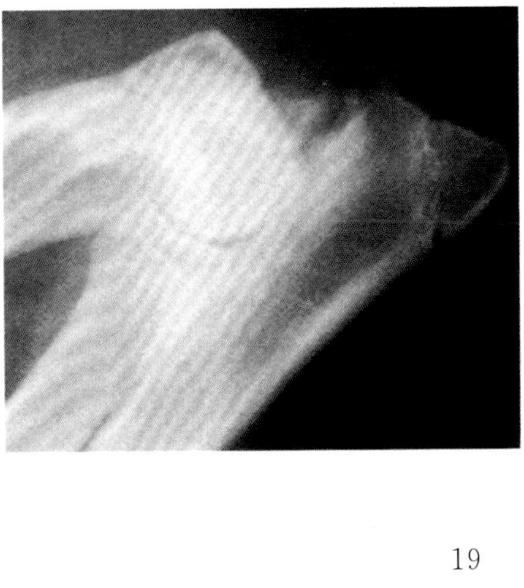

肘关节屈曲位投照，侧位片显示在肘突骨化中心和鹰嘴突之间存在一条低密度带

图片 5-27　尺骨肘突不闭合

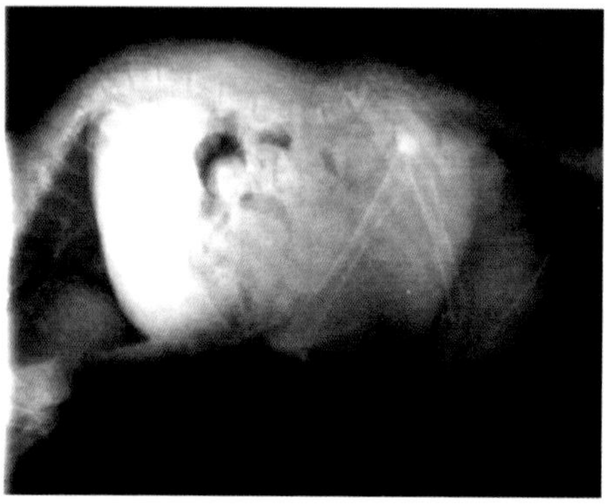

全身骨密度降低，与软组织不易区分；
脊柱呈“S”形，股骨病理性骨折

图片 5-28　猫营养性骨病

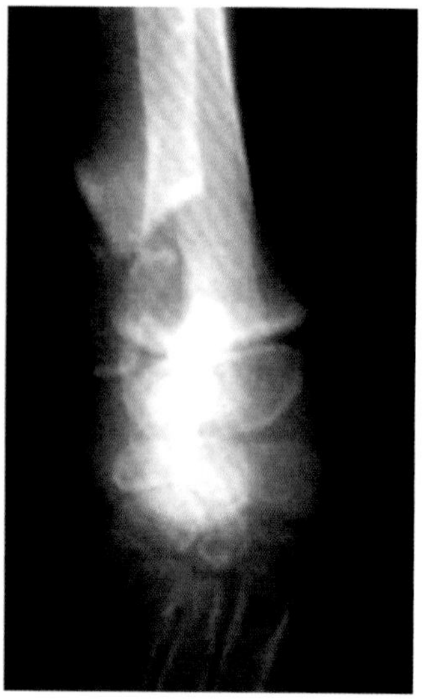

骨密度低、皮质薄、骨髓腔宽

图片 5-29　犬营养性骨病

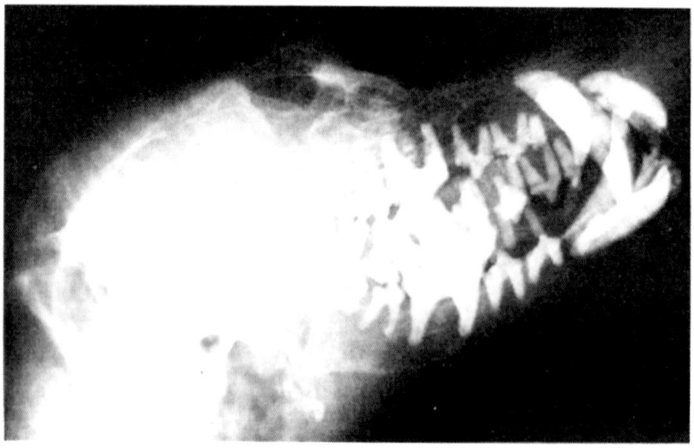

下颌骨密度极低，牙齿排列不整

图片 5-30　犬肾性骨病

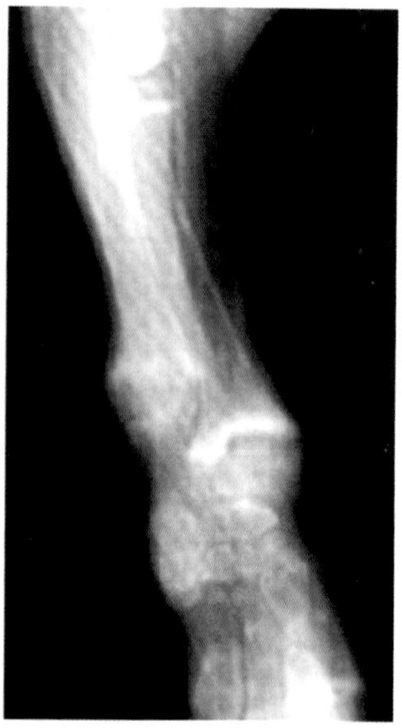

桡骨远端干骺端呈杯口状增
宽，边缘不整，骺板增宽

图片 5-31　犬佝偻病

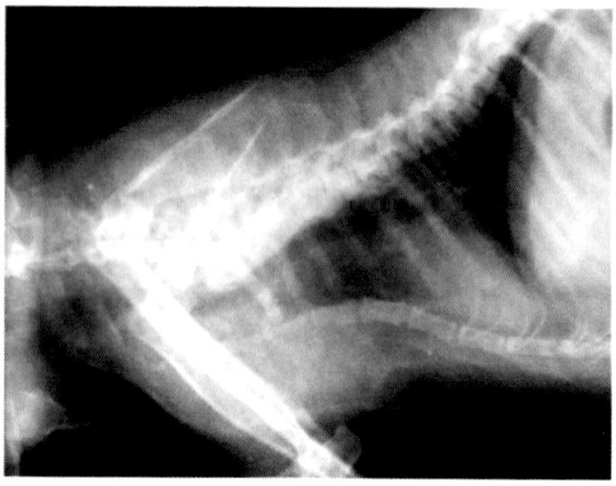

侧位片显示前段胸椎骨质增生融合

图片 5-32　猫维生素 A 过多症

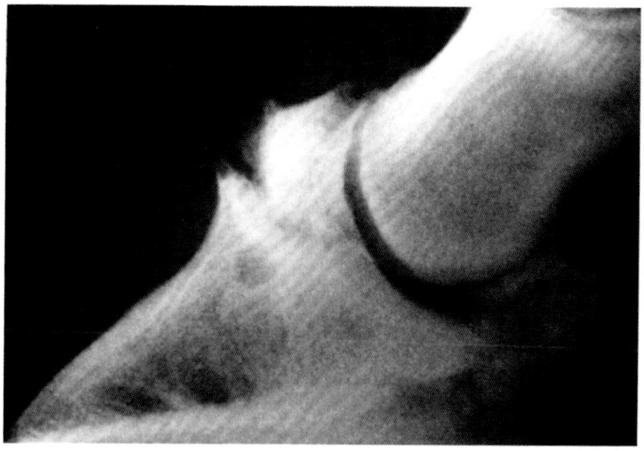

图片 5-33　马蹄骨伸腱突撕脱性骨折

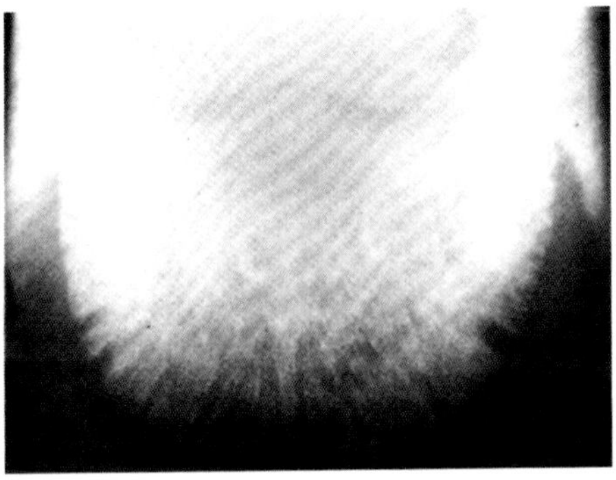

a

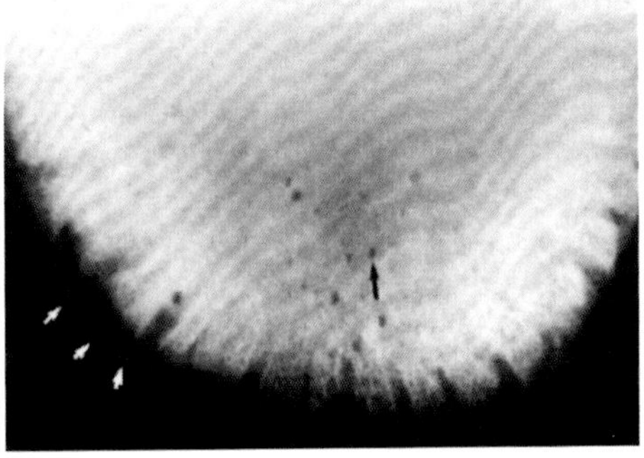

b

a. 正常蹄骨；b. 蹄底骨折

图片 5-34　马蹄底骨折

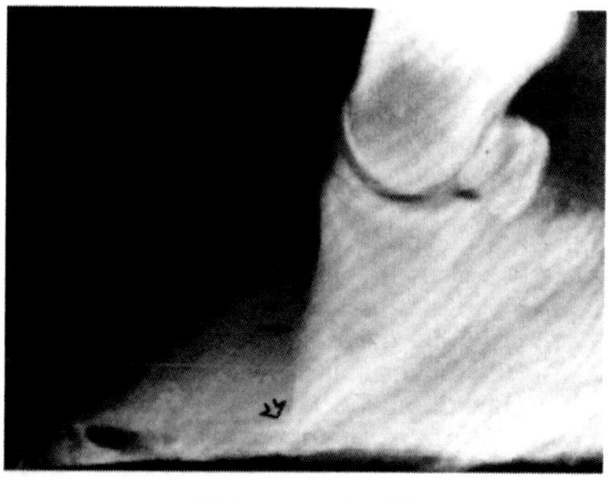

侧位片示蹄骨转位

图片 5-35　马蹄叶炎

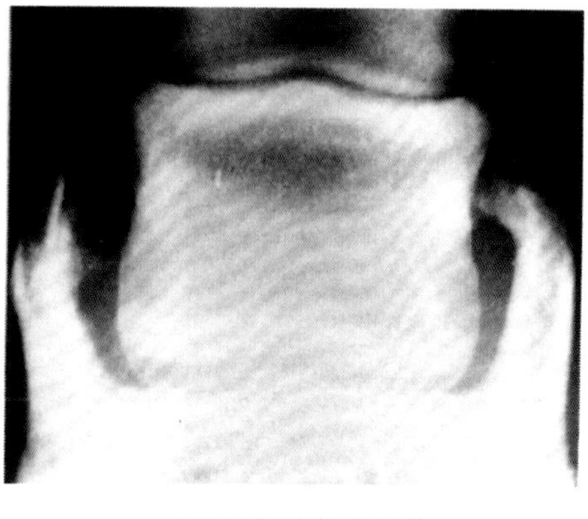

可见双侧蹄软骨骨化

图片 5-36　蹄软骨骨化

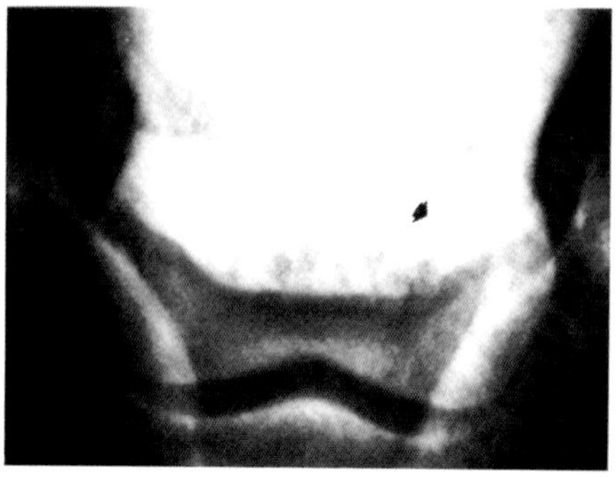

马舟状骨 DPaO 位 X 线片示舟状骨远侧
缘血管沟增粗，舟状骨两端有骨赘
增生，箭头示正常蹄叉沟阴影

图片 5-37 马舟状骨骨病

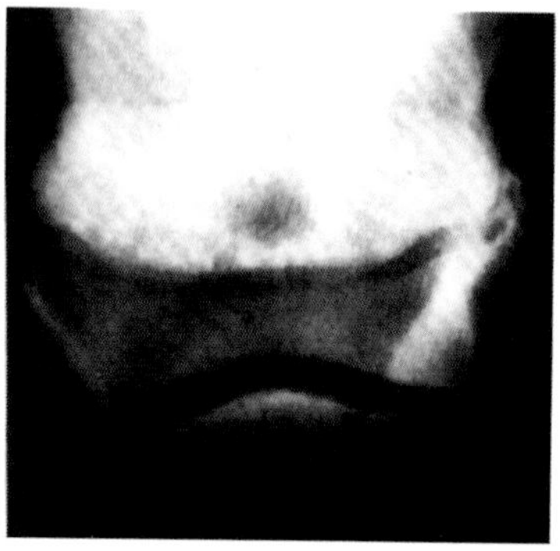

舟状骨 DPa 位 X 线片显示舟状骨
中央有一大的囊状骨质缺损

图片 5-38 马舟状骨骨病

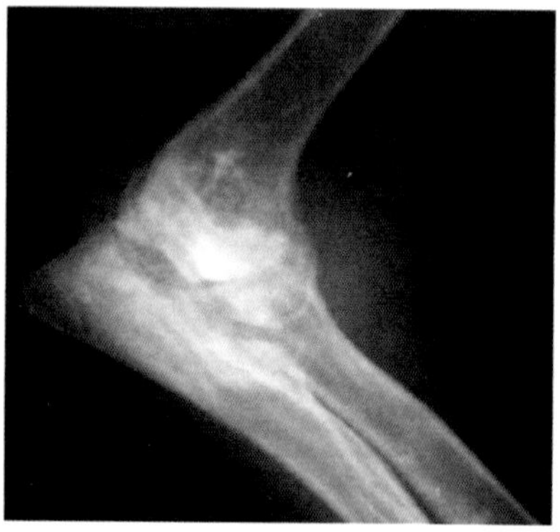

图片 5-39 肘关节脱位继发变性性关节疾病

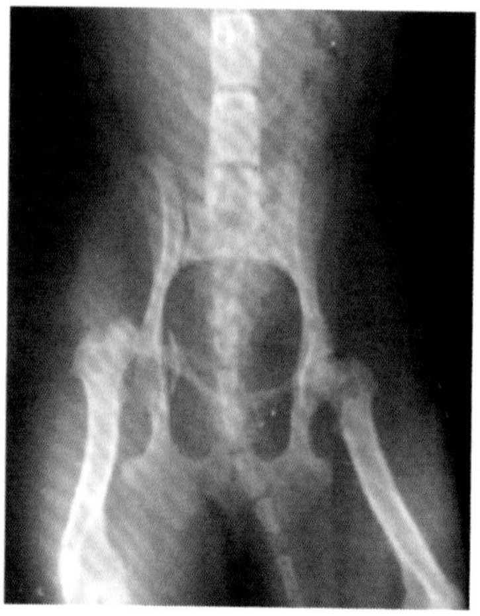

图片 5-40 髋关节前外方脱位

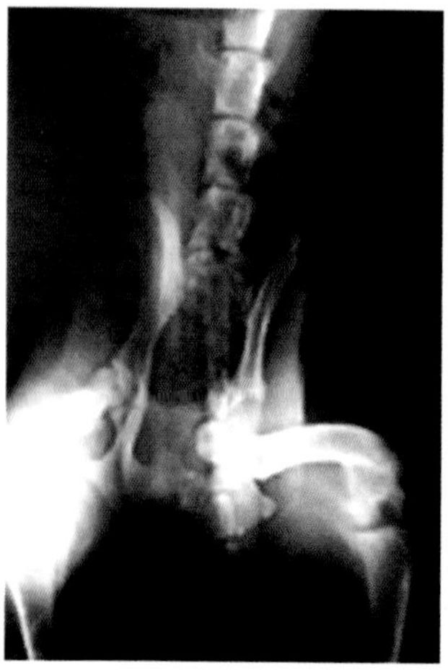

图片 5-41 髋关节内方脱位

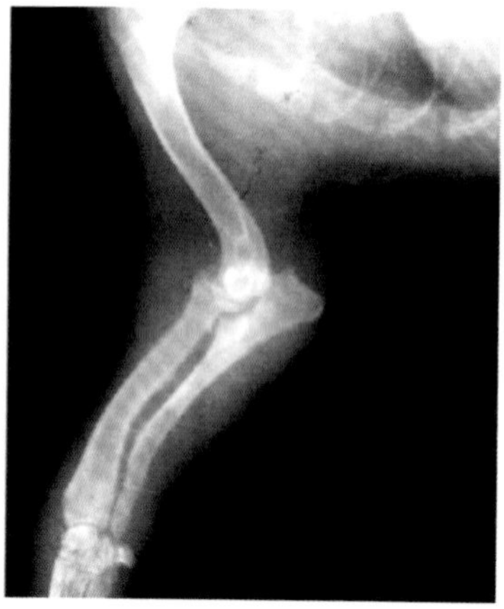

臂骨远端与桡骨头分离移位

图片 5-42 肘关节脱位

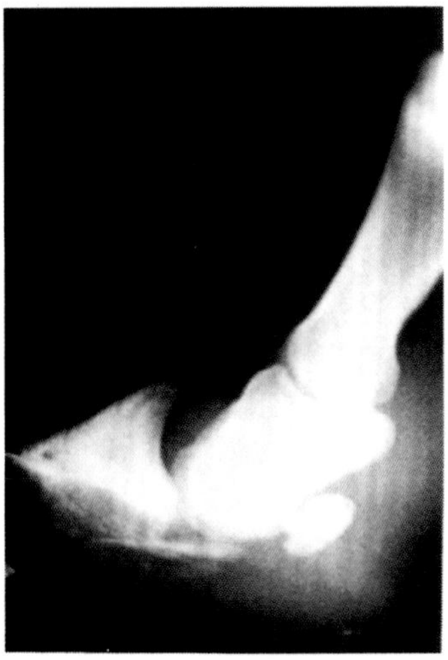

图片 5-43　马蹄关节脱位

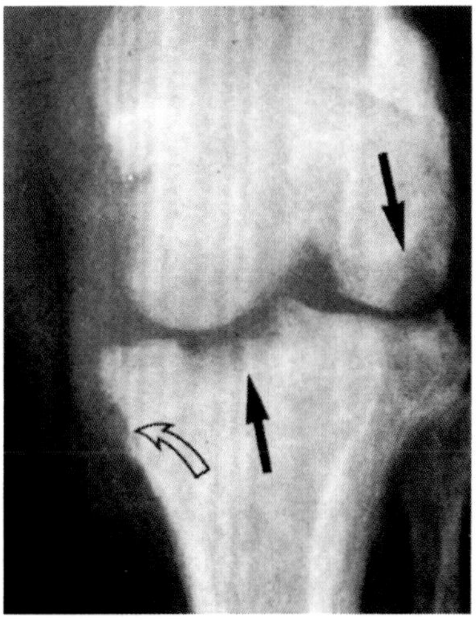

示软骨下骨侵蚀

图片 5-44　感染性关节炎

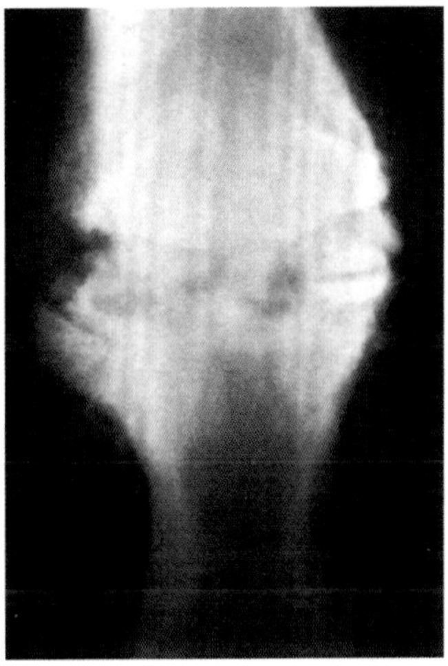

示骨质增生

图片 5-45　感染性关节炎后期

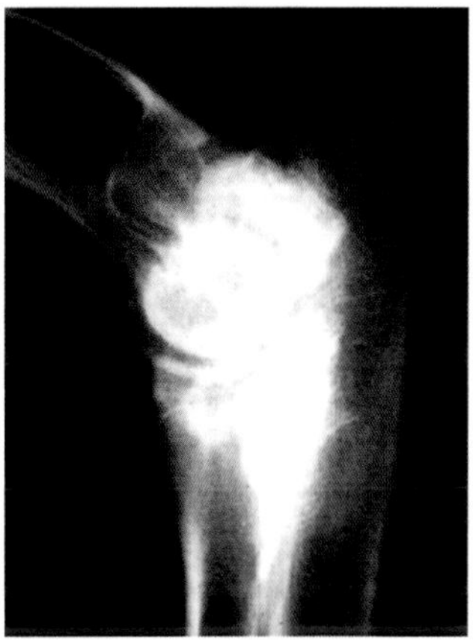

示关节间隙变窄，关节软骨下骨增生硬化

图片 5-46　犬肘关节骨关节病

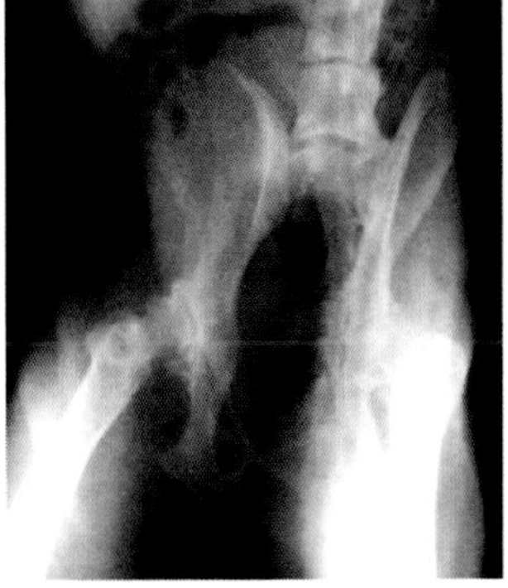

髋臼边缘唇样增生

图片 5-47　髋关节变性性关节炎

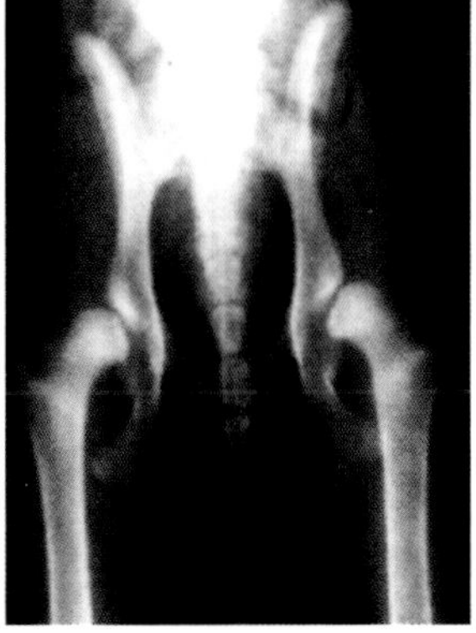

髋臼浅、股骨头扁、半脱位

图片 5-48　犬髋关节发育不良

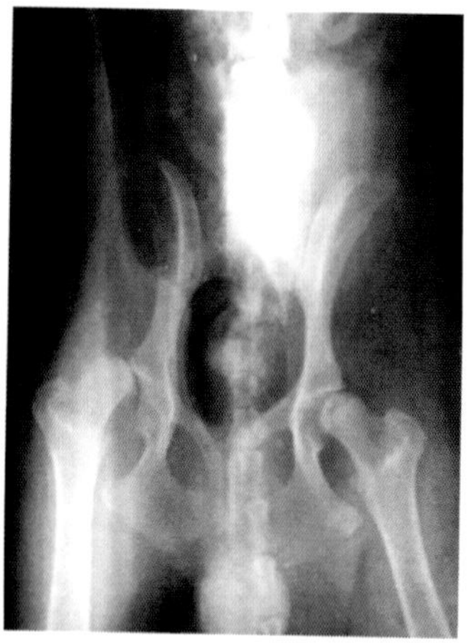

图片 5-49　犬髋关节发育不良

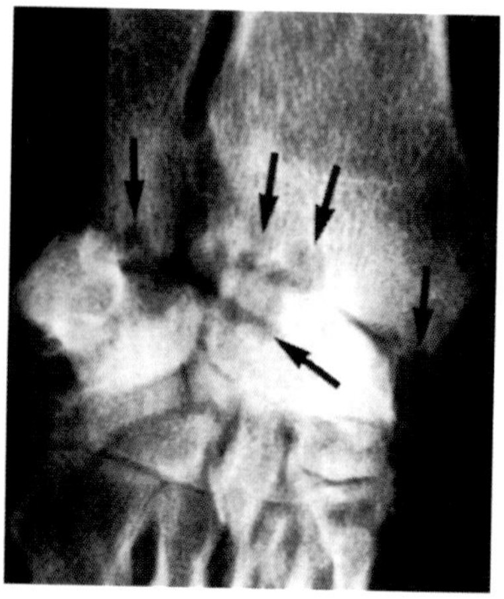

腕关节背外掌内斜位投照，可见尺骨茎突、桡骨远端关节面和桡腕骨明显的软骨下骨侵蚀（自 Thrall D. E.，1986）

图片 5-50　犬类风湿性关节炎

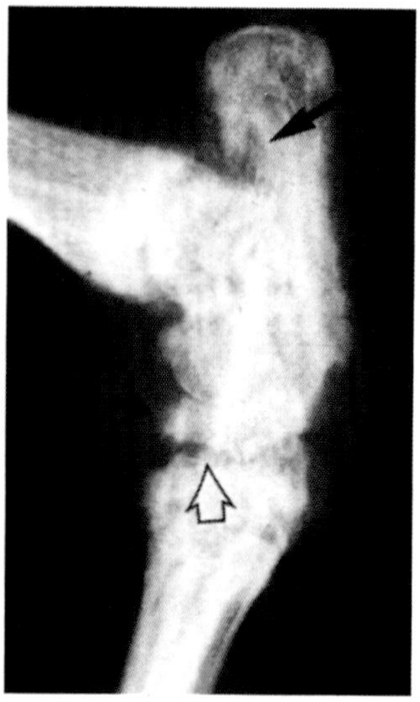

发病 1 个月后 X 线检查，可见跗骨骨膜骨化，远侧跗骨间关节软骨下骨溶解，跟骨局灶性溶解（自 Thrall D. E.，1986）

图片 5-51　猫慢性进行性多关节炎

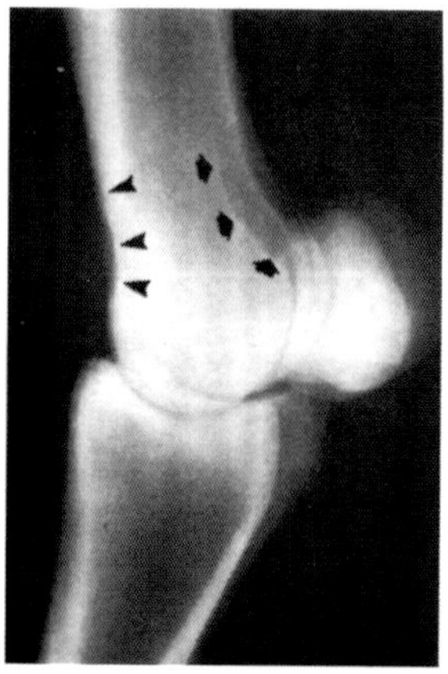

马系关节侧位，可见背侧关节囊附着处骨皮质侵蚀，掌侧髁上溶解

图片 5-52　绒毛结状滑膜炎

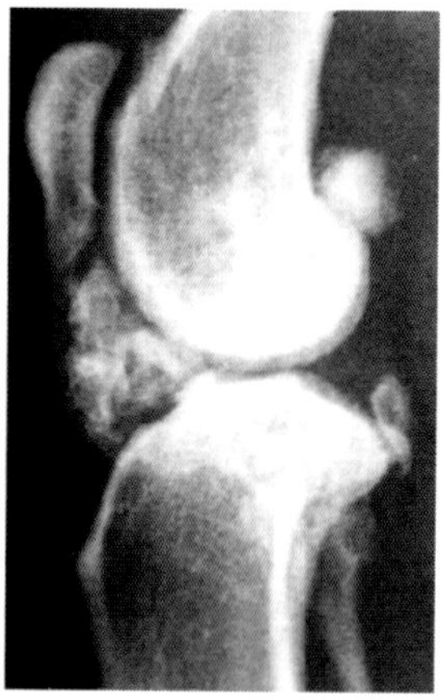

猫膝关节侧位，可见髌骨下脂肪垫钙化

图片 5-53　滑膜性骨软骨瘤

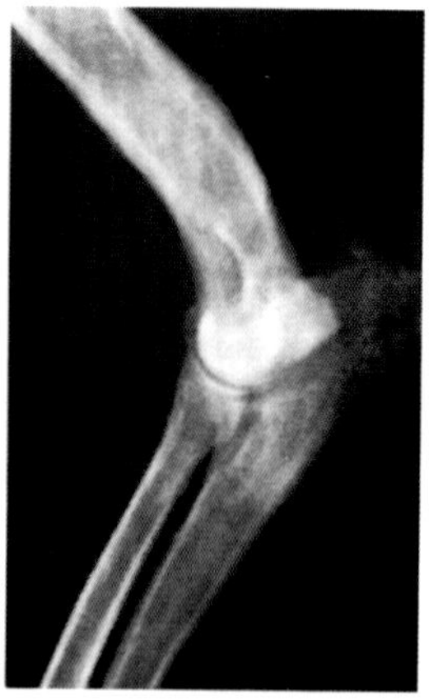

犬肘关节侧位，肱骨远端骨膜增生，尺骨近端打孔状骨溶解破坏

图片 5-54　滑膜肉瘤

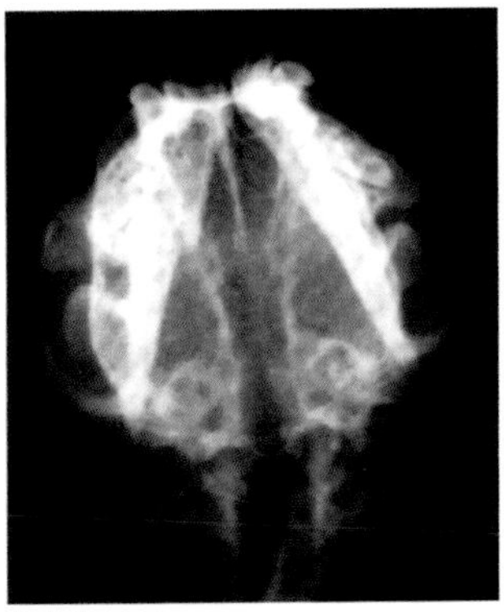

a

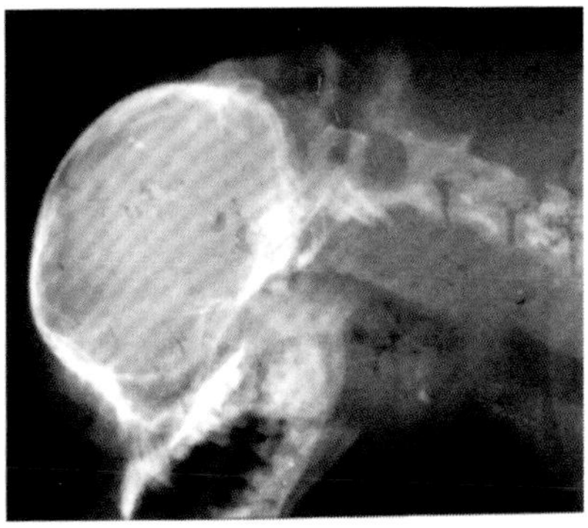

b

a. 正位；b. 侧位

图片 6-1　下颌骨骨折

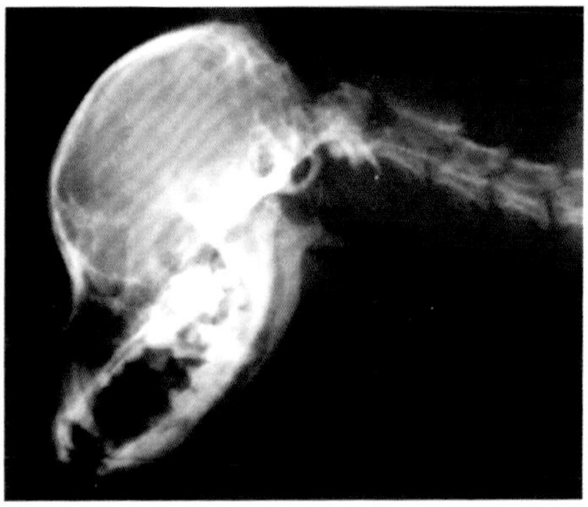

图片 6-2　犬下颌关节脱位

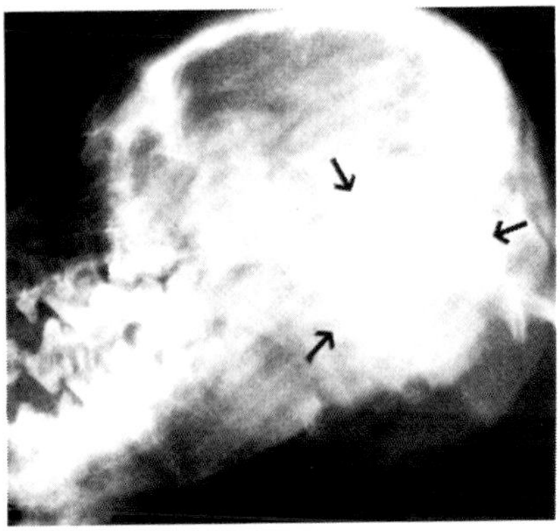

示下颌骨和颞颌关节处大量新生骨

图片 6-3　犬颅下颌骨骨病

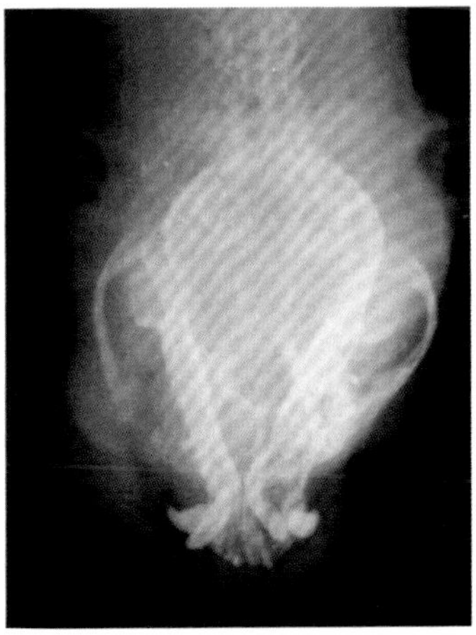

头部背腹位示右侧颧弓前端处广泛骨质破坏，软组织肿胀

图片 6-4　犬颅骨肿瘤

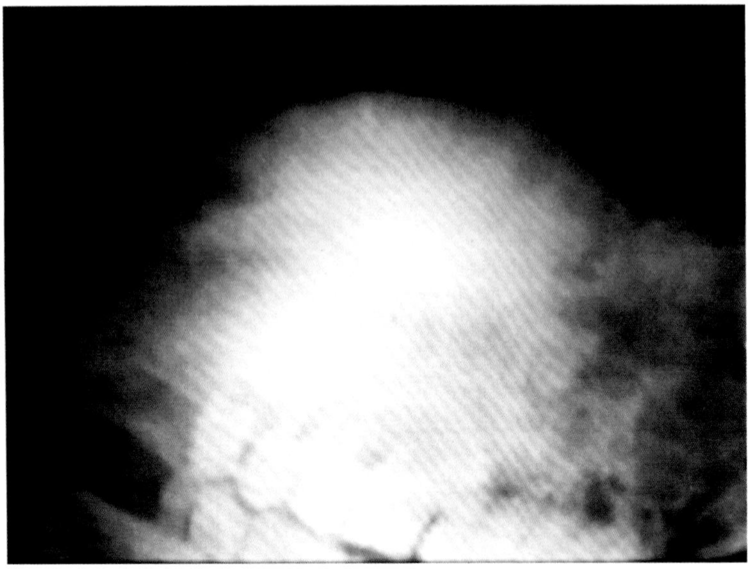

牛鼻道肿瘤，侧位显示上颌骨部椰菜花样致密骨质肿块

图片 6-5　鼻腔肿瘤

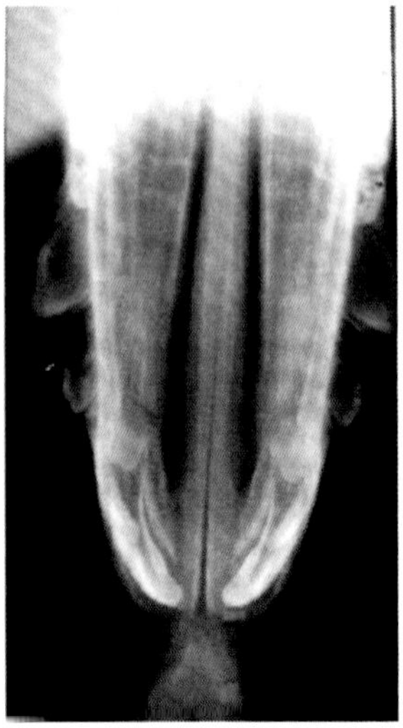

图片 6-6　正常猪鼻

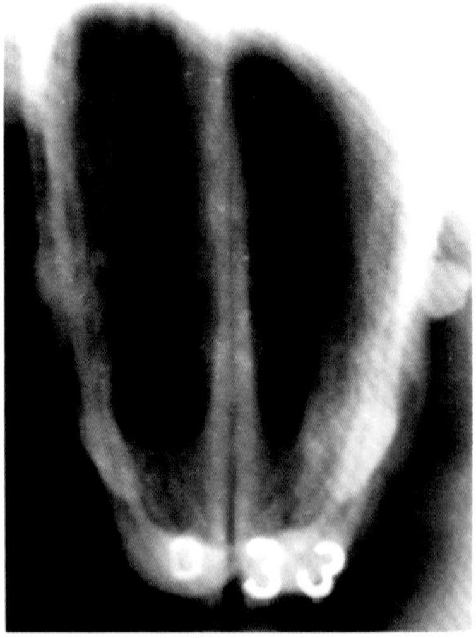

背腹位显示鼻甲严重萎缩，
形成大空洞

图片 6-7　幼猪萎缩性鼻炎

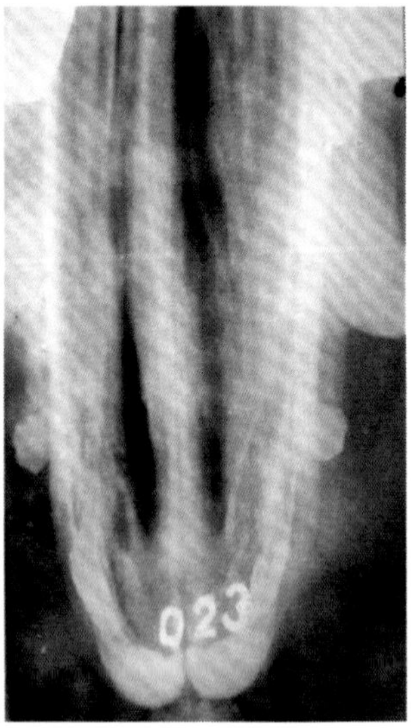

背腹位显示鼻中隔弯曲
和鼻甲骨严重萎缩

图片 6-8　大猪萎缩性鼻炎

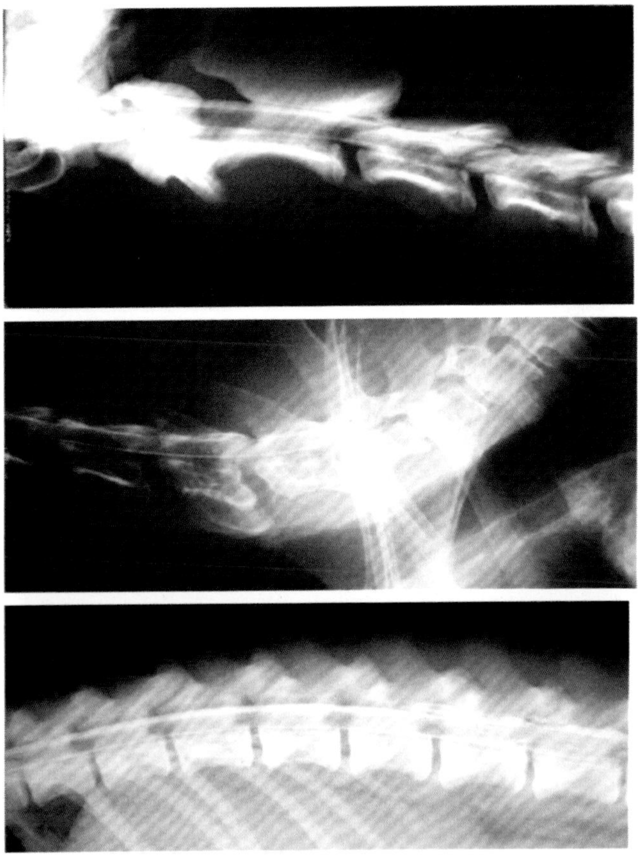

a

b

c

脊髓造影侧位片显示颈段(a);胸段(b)和胸腰段椎管(c)

图片 7-1　犬脊髓造影

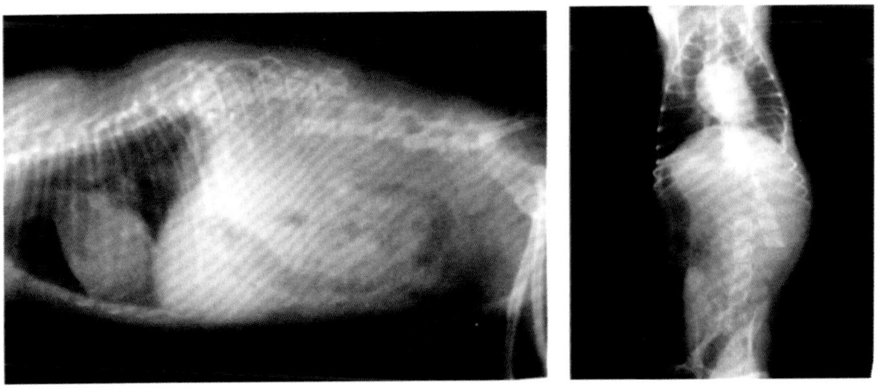

显示胸腰椎断裂成 4 块。第 10～11 胸椎脱位,第 11 胸椎向右腹侧移位;
第 2、第 5 腰椎骨折合并脱位,第 3、第 6 腰椎向腹侧移位

图片 7-2　犬胸腰椎骨折与脱位

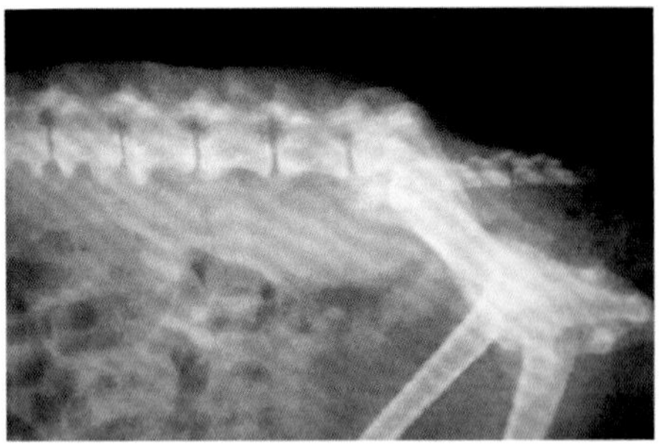

侧位显示最后腰椎后端骨折，脱位的荐骨向腹侧移位，前端尚有一碎骨片。前段腰椎关节硬化

图片 7-3　犬腰荐脱位合并骨折

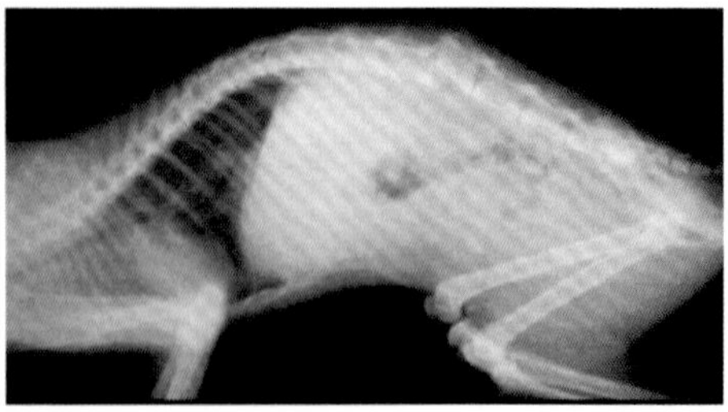

侧位显示第 4 腰椎前端断裂，向背侧移位成角

图片 7-4　猫腰椎骨折合并脱位

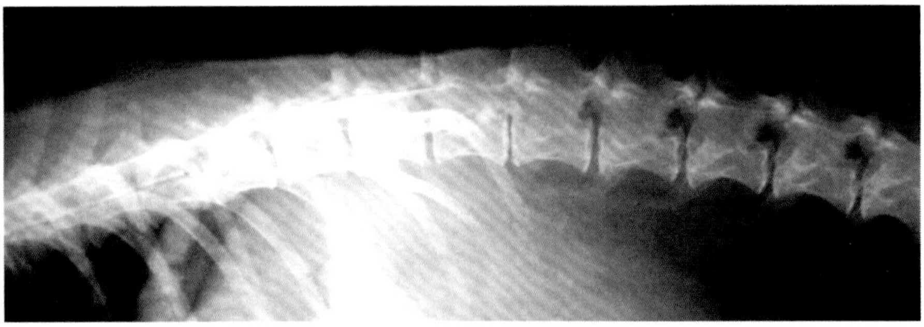

脊髓造影侧位片显示第 1～2 腰椎椎间隙狭窄，该部椎间孔处有不规则的小团块状致密阴影，造影剂止于第 1 腰椎段的椎管中部

图片 7-5　犬第 1～2 腰椎椎间盘突出

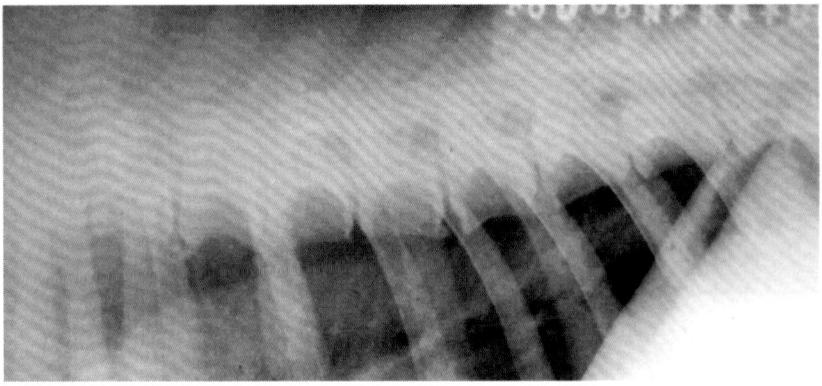

图片 7-6　犬胸椎椎关节硬化

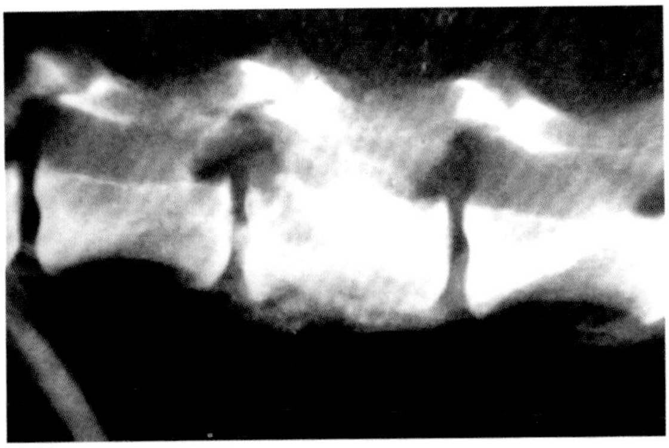

侧位显示第 3 腰椎椎体骨质
溶解，破坏，新生骨形成
（鳞状细胞癌，自 Walker M. A.）
图片 7-7　犬腰椎转移性肿瘤

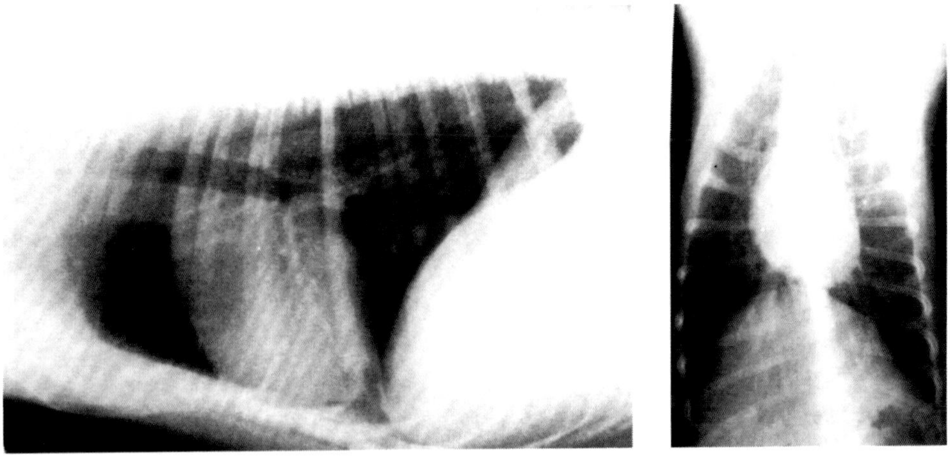

a　　**b**

a. 侧位；b. 正位
图片 8-1　犬正常胸片

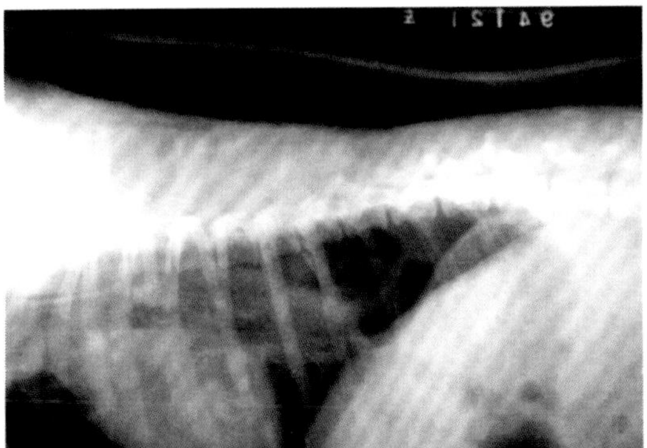

咬伤，可见背部皮下气肿并气胸
图片 8-2　胸壁皮下气肿

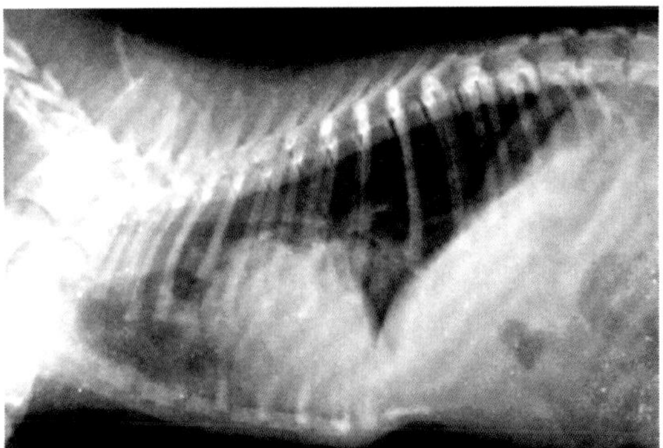

在椎膈、心膈三角区交界处和心胸
三角区内有云絮状阴影
图片 8-3　肺渗出性病变

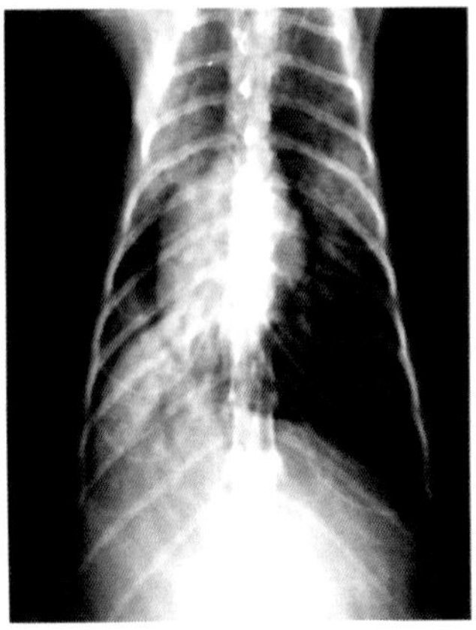

左心叶和左膈叶后部大片
状密度增高阴影

图片 8-4　肺渗出性实变

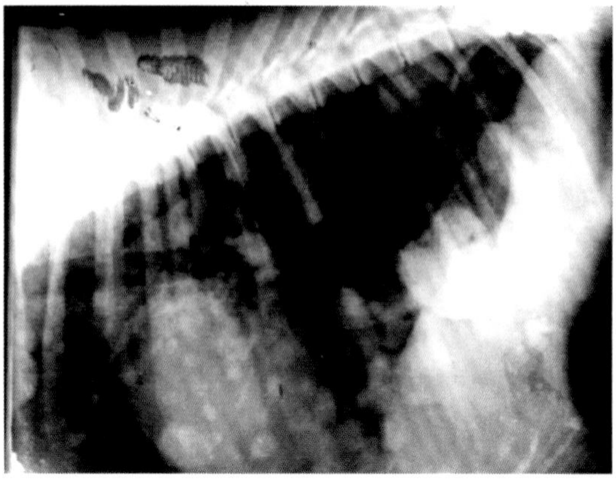

侧位胸片见整个肺野分布大小不等、圆球形肿瘤阴影

图片 8-5　肺继发性肿瘤

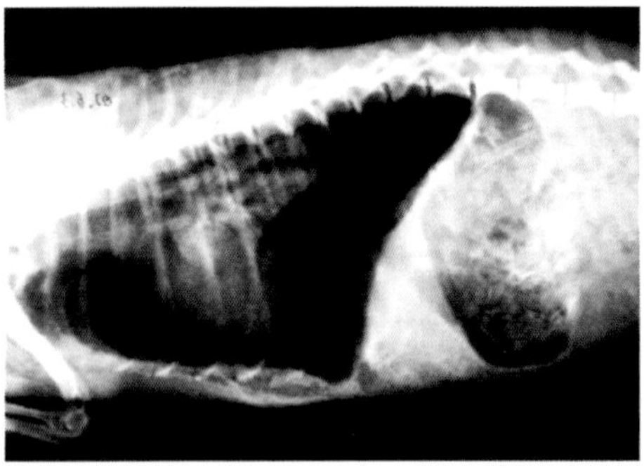

胸腔透明度增高，肺萎陷、密度增高，
心脏与胸骨分离

图片 8-6　气胸

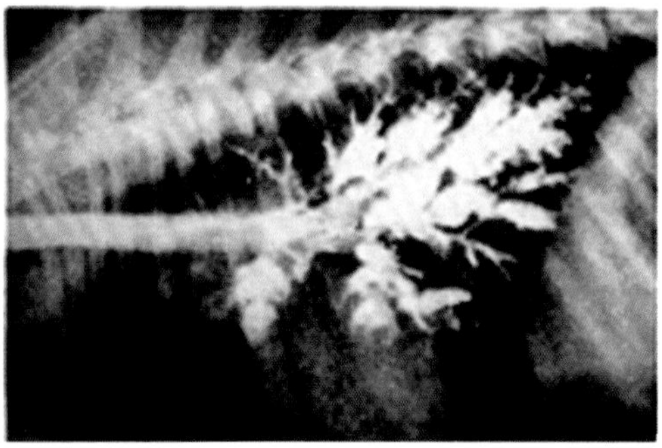

支气管造影侧位显示较广泛囊状支气管扩张
（自 Cawley A. J.）

图片 8-7　犬支气管扩张

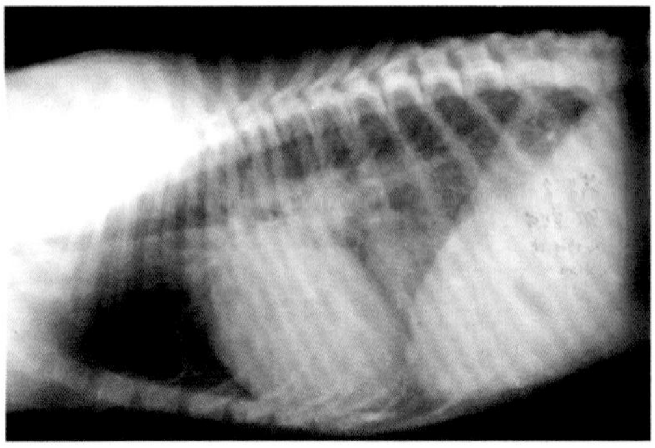

可见椎膈三角区肺门周围片状模糊阴影

图片 8-8　犬肺水肿

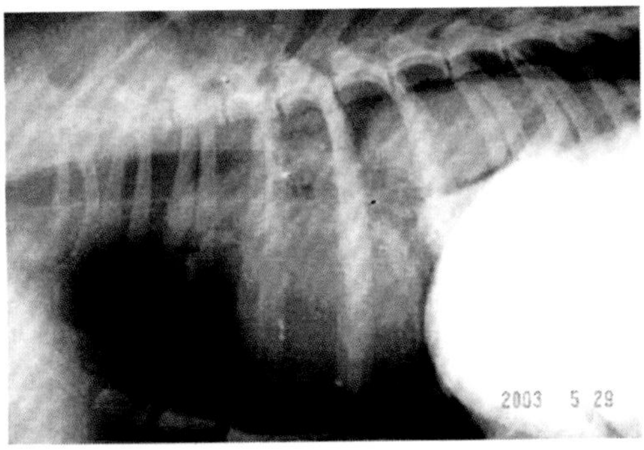

侧位片示椎膈三角区有扇形致密阴影,尖端指向肺门,示肺膈叶不张。
心胸三角区有长条状低密度气体阴影延伸到心脏下缘,示气胸

图片 8-9 犬肺不张、气胸侧位片

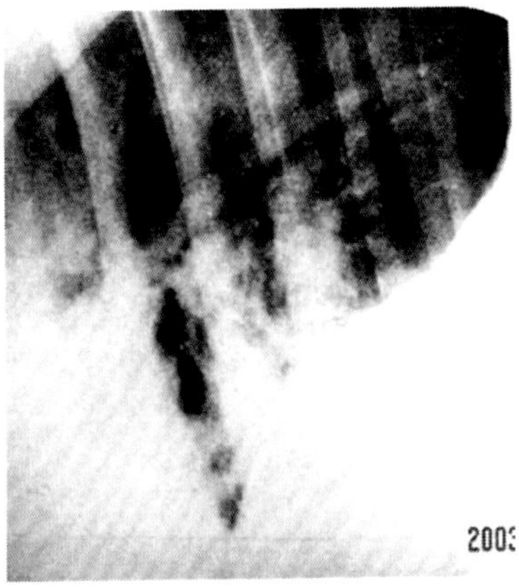

侧位片显示心膈角及其上方肺野
多发小片状渗出性阴影

图片 8-10 牛小叶性肺炎

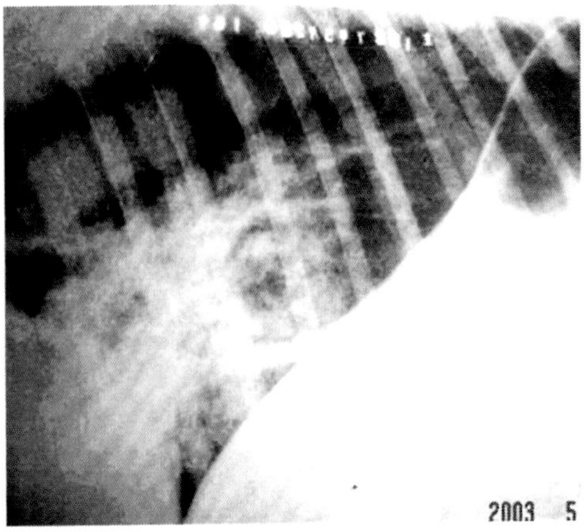

左侧位示心膈角部及其上方肺
野较广泛性不均匀渗出阴影

图片 8-11 马小叶性肺炎

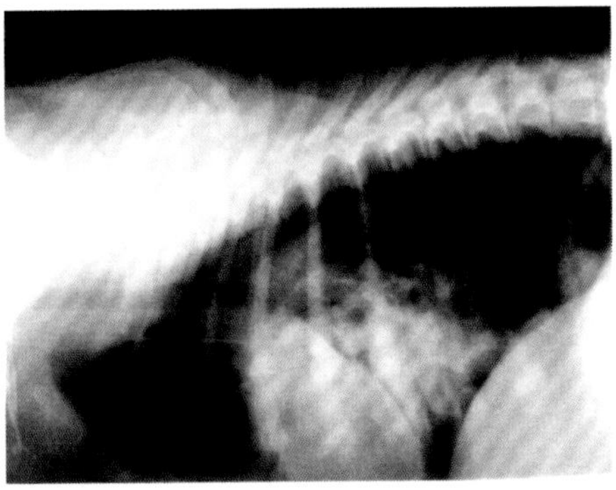

侧位片可见心膈角存在范围
较广的云絮状渗出性阴影

图片 8-12 犬小叶性肺炎

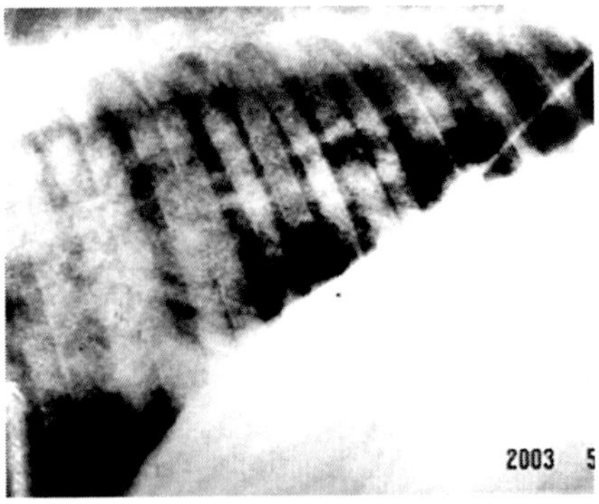

左侧位显示范围较广的云絮状渗出性阴影,
沿支气管走向分布,在肺门区呈融合状态

图片 8-13 驴融合性支气管肺炎

侧位片示中下肺野大片广泛均匀
致密阴影，上缘呈弓形隆起
图片 8-14　马大叶性肺炎

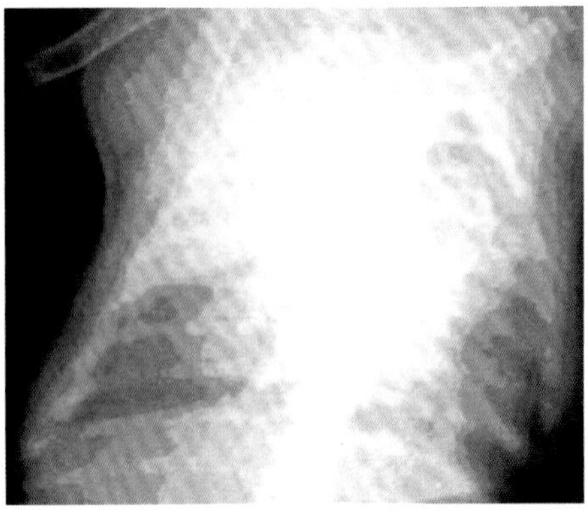

正位片显示右侧尖叶呈均匀致密阴影
图片 8-15　犬大叶性肺炎

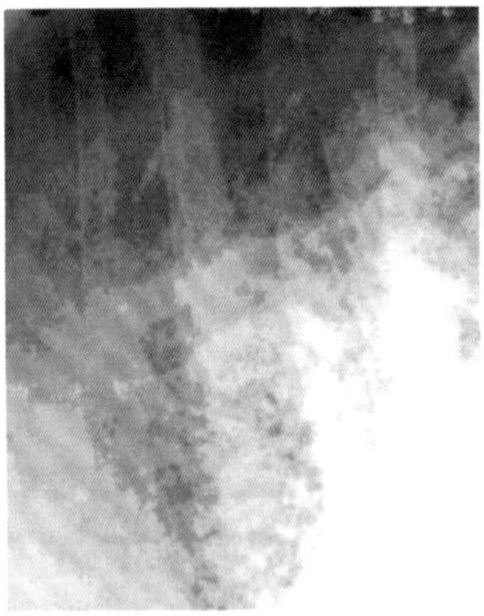

侧位片示肺野内大量点状、云絮状
及结节状密影，沿肺纹理分布
图片 8-16　牛异物性肺炎

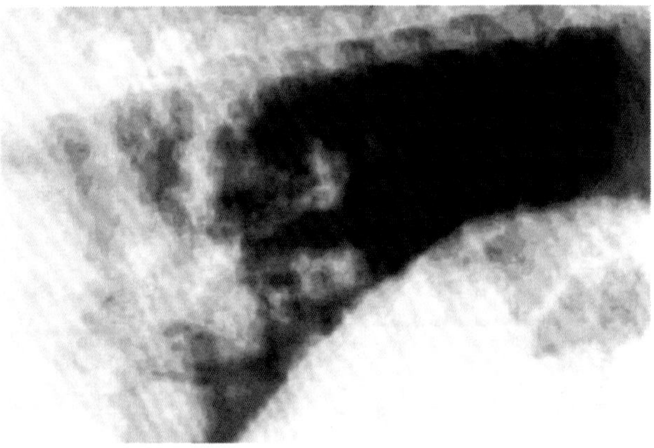

侧位片示肺野内沿肺纹理分布的点状、
云絮状及结节状密影
图片 8-17　犬异物性肺炎

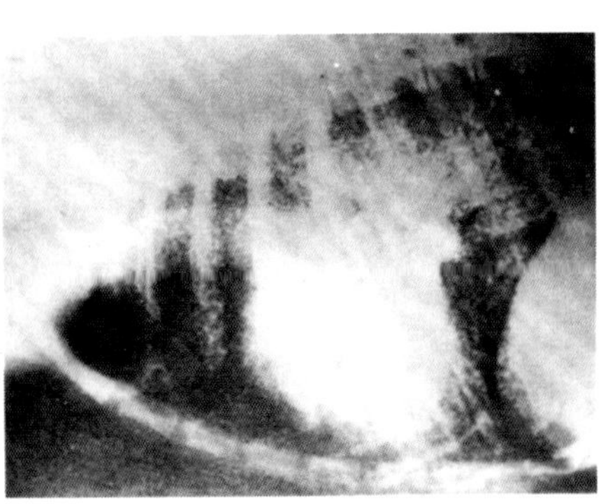

肺野内广泛分布粟粒样密影
图片 8-18　犬真菌性肺炎

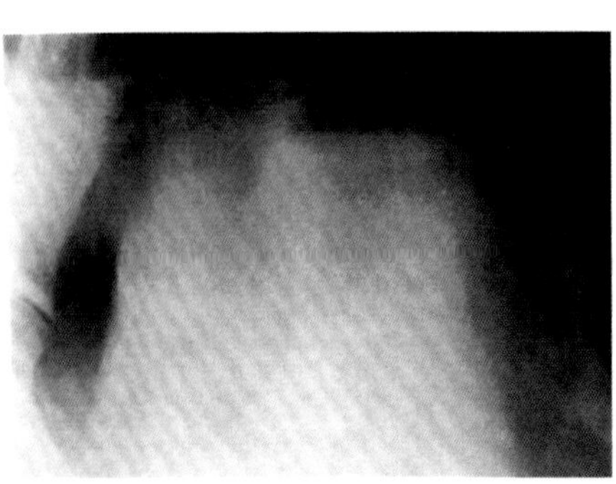

在心脏上部肺叶内可见一圆形阴影，上部低
密度区为透明空洞，下面为液气平面
图片 8-19　马肺脓肿

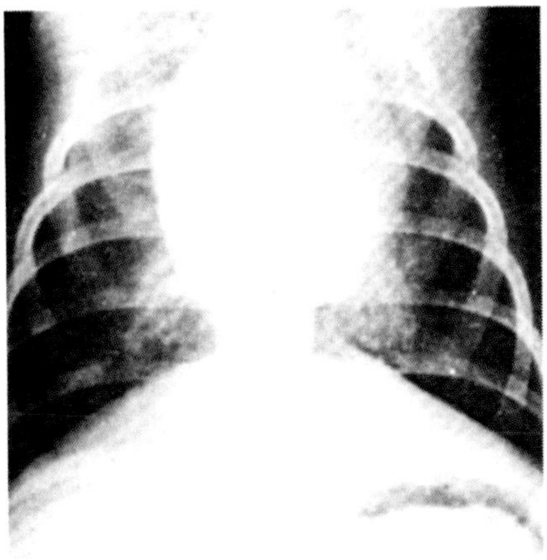

图片 8-20　猪喘气病急性型

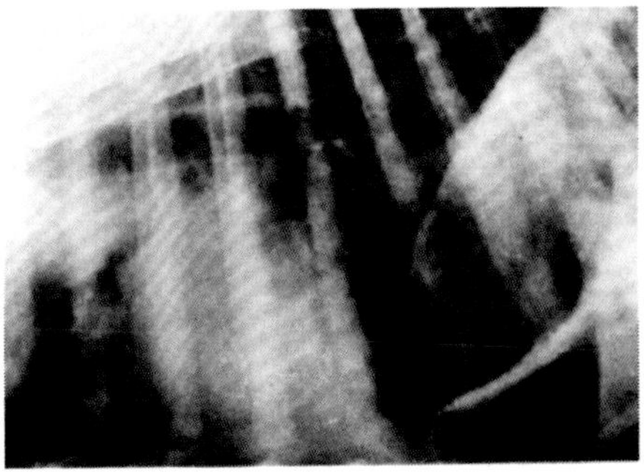

图片 8-21　绵羊肺炎

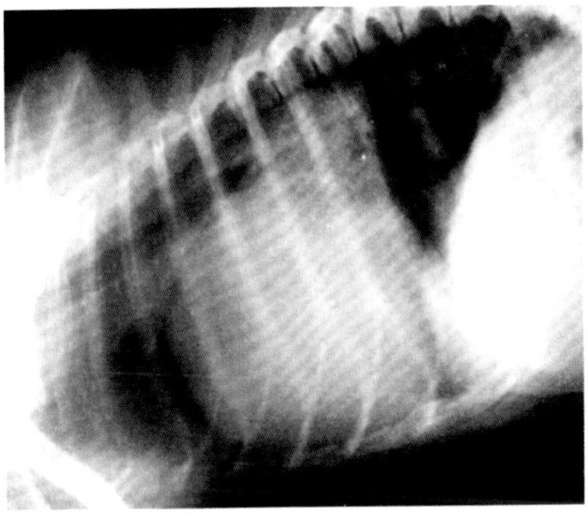

a

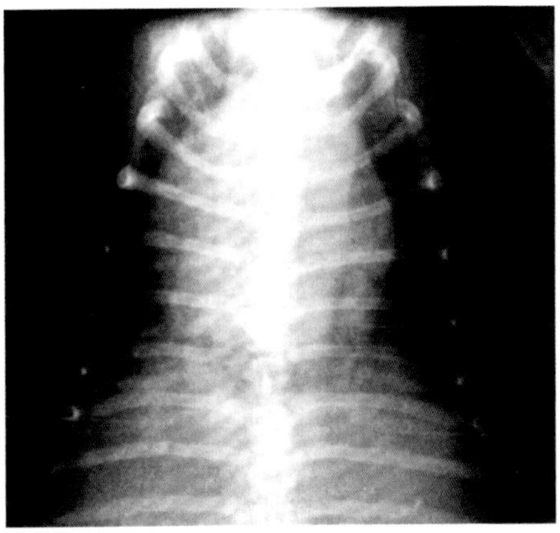

b

a. 侧位；b. 正位

图片 8-22　犬全心扩张

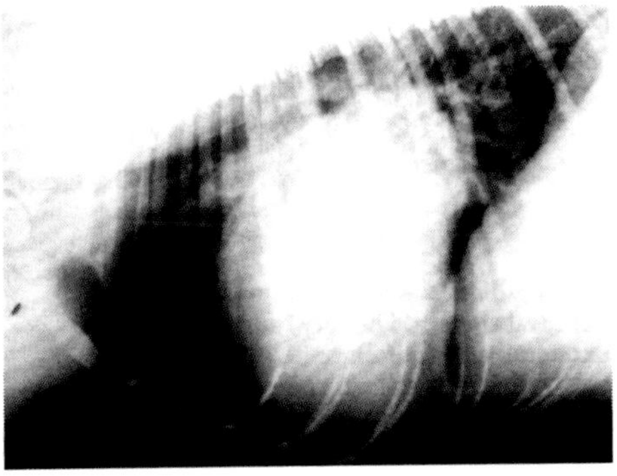

图片 8-23　犬左心房增大

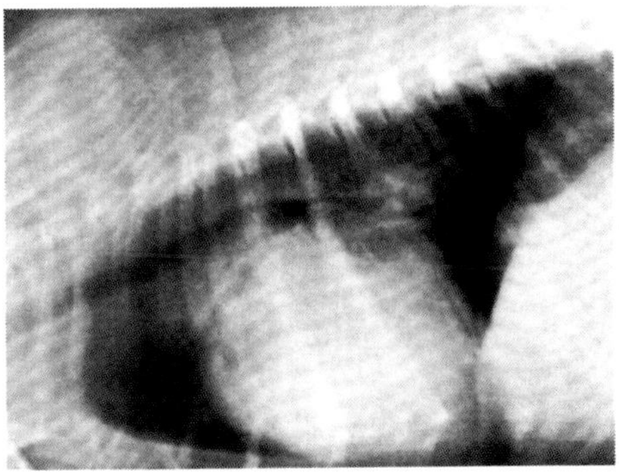

图片 8-24　犬左心室增大

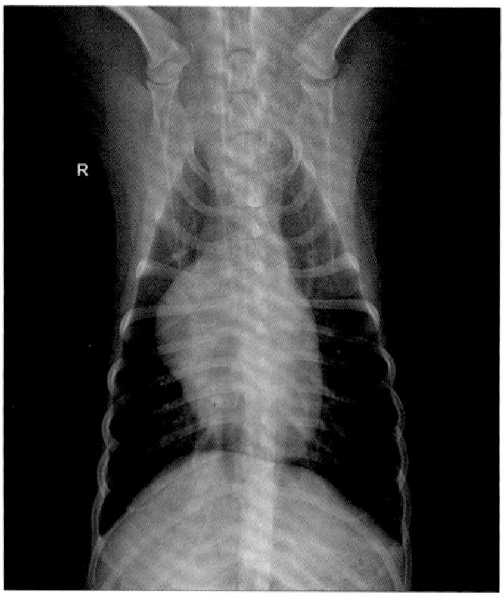

图片 8-25　犬右心房增大

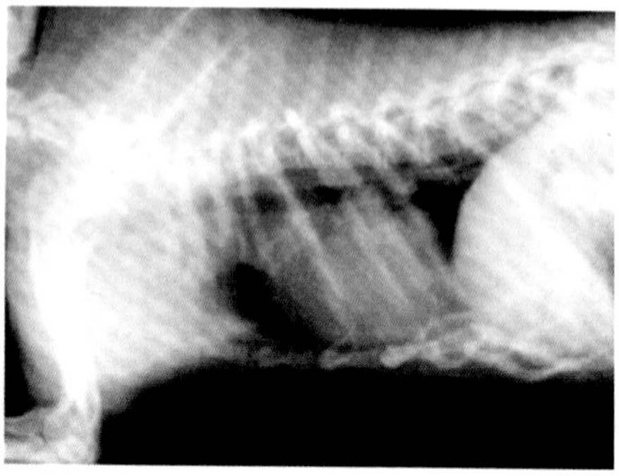

图片 8-26　犬右心室增大

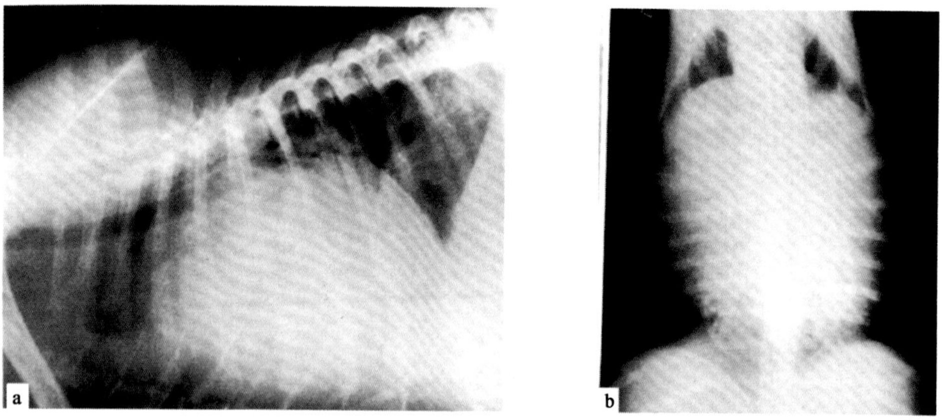

a. 侧位；b. 正位

图片 8-27　心包积液

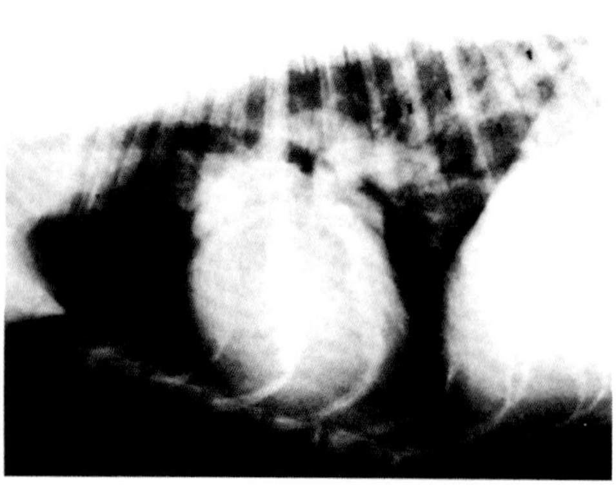

图片 8-28　犬心丝虫病

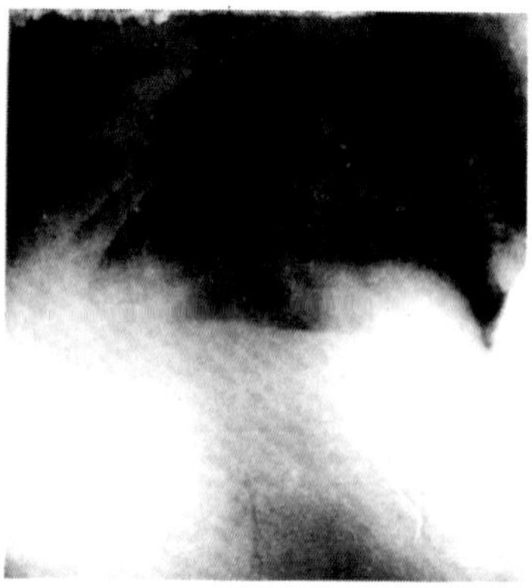

前胸部侧位片，心脏阴影增大，心影上部呈现半月状液气平面，心影后下方可见线形金属异物

图片 8-29　牛创伤性心包炎

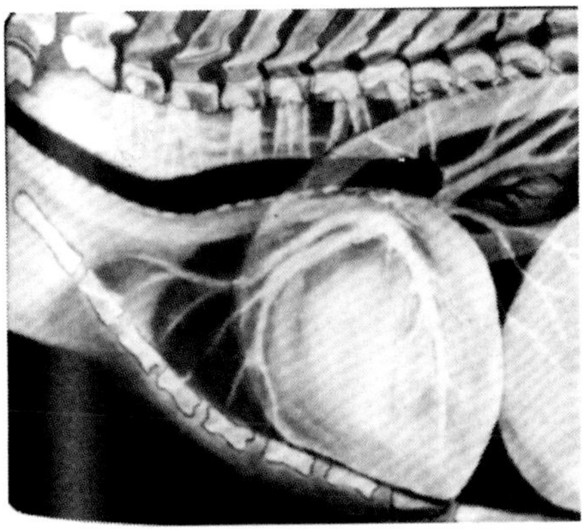

图片 8-30 犬气管塌陷

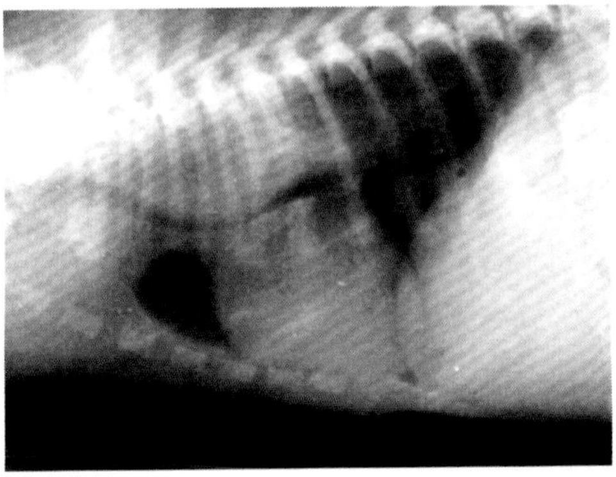

a

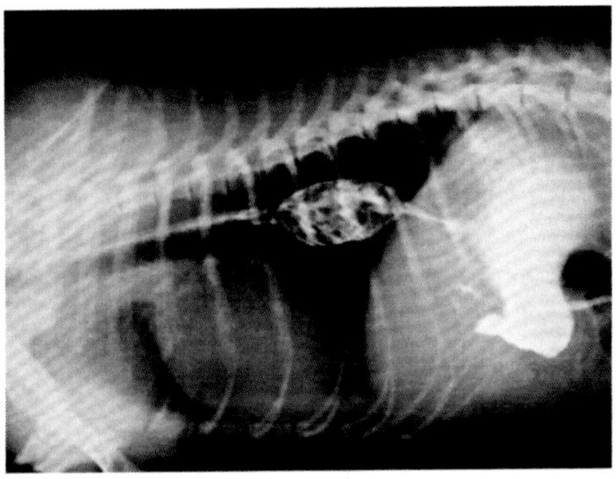

b

a. 平片；b. 造影

图片 8-31 犬胸部食道异物阻塞

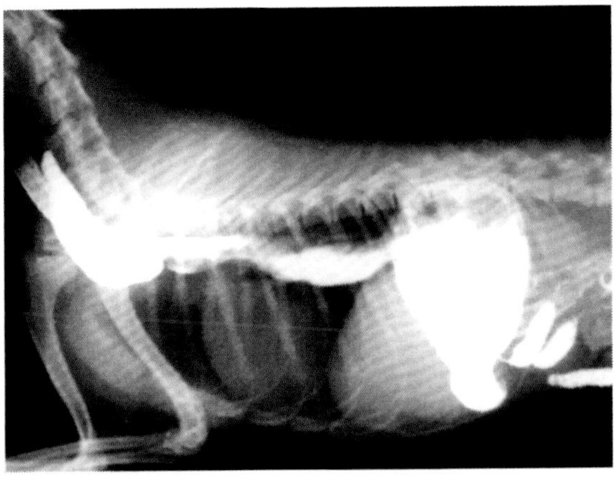

图片 8-32 犬巨食道症造影影像

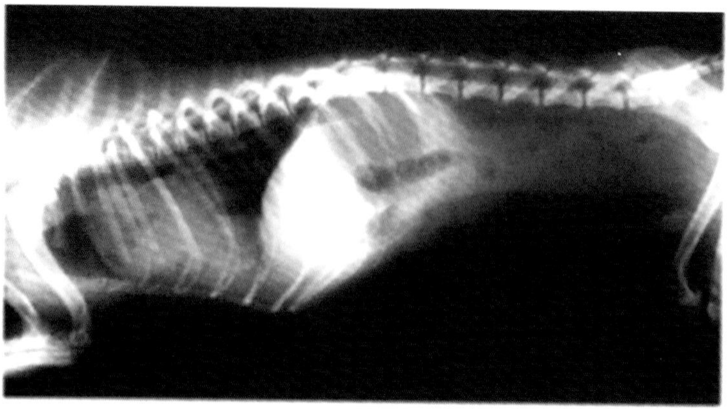

心脏及周围呈现出充气肠管的影像

图片 8-33　犬膈疝平片

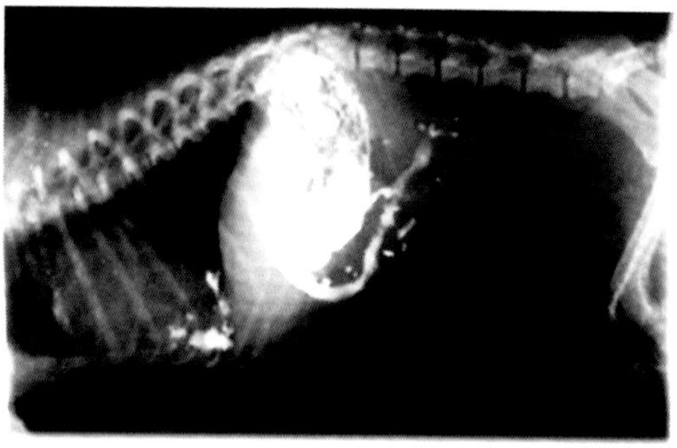

胸腔内出现钡的影像，
表明有肠管进入胸腔

图片 8-34　犬膈疝钡饲造影

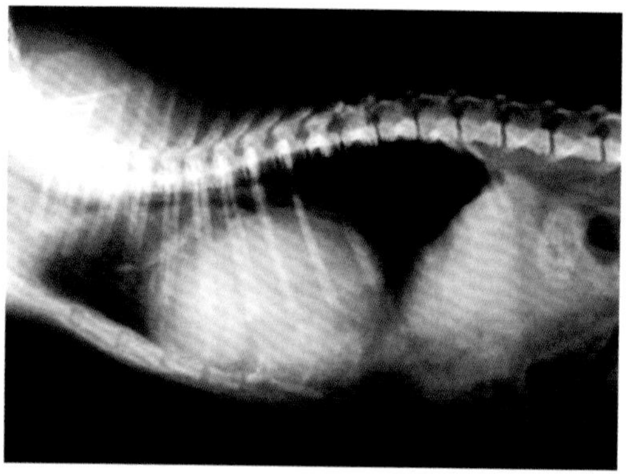

侧位显示心脏增大，心脏影像与横膈下部
重叠影，气管抬高接近胸椎，心影内有
三块团块状密影(手术证实肝脏疝入)

图片 8-35　猫心包疝

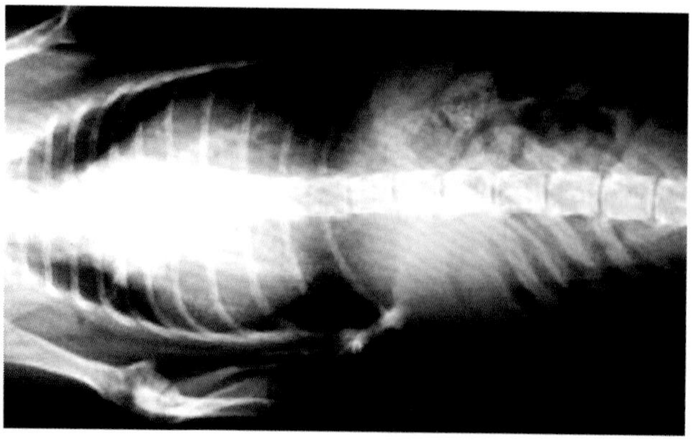

腹背位显示心影密度增大变圆

图片 8-36　猫心包疝

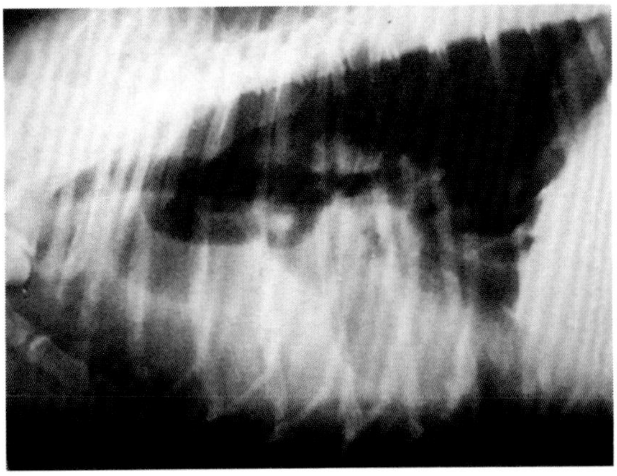

图片 8-37　胸腔积液

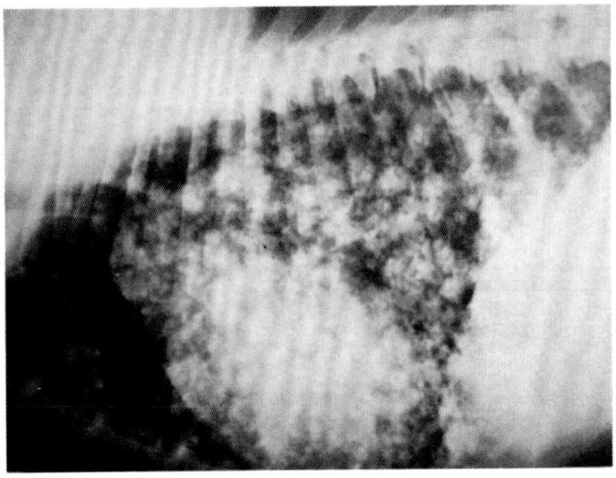

图片 8-38　转移性肺肿瘤

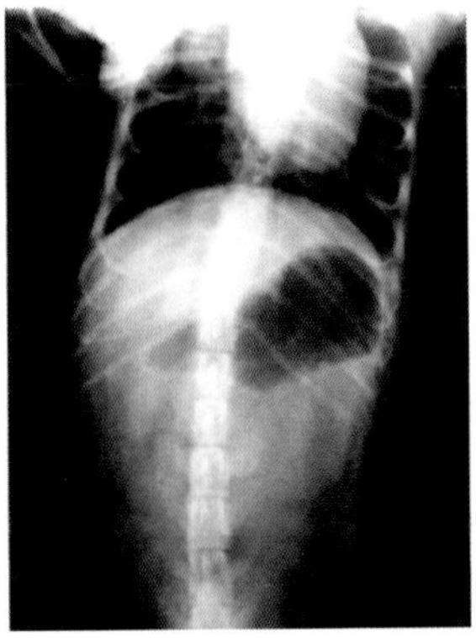

图片 9-1　胃体和胃底的轮廓

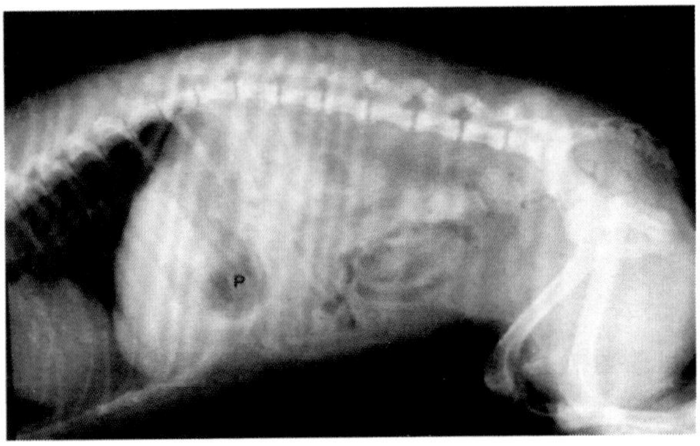

图片 9-2　胃幽门部轮廓

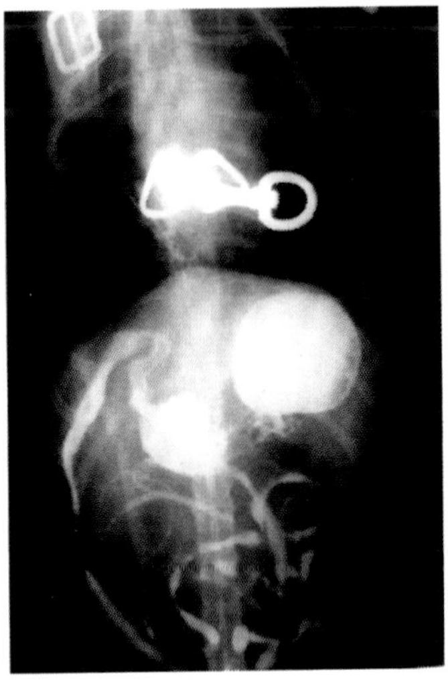

图片 9-3　胃造影(示胃的形态)

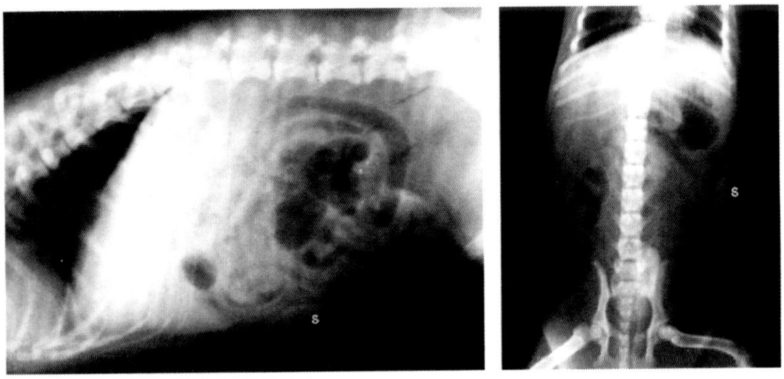

a　　　　b

a. 侧位；b. 正位

图片 9-4　脾脏的位置

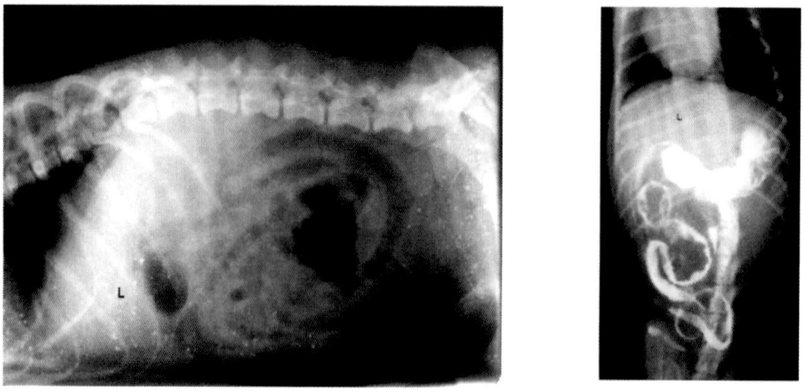

a　　　　　　　　b

a. 侧位；b. 正位

图片 9-5　肝脏的正常位置

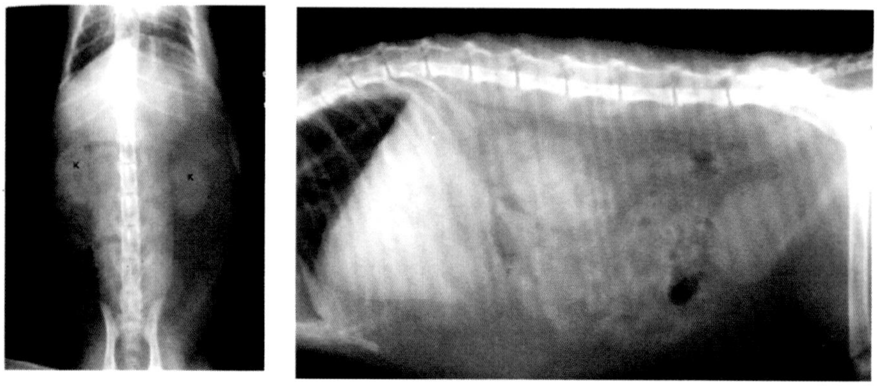

a　　　　　　　　b

a. 正位；b. 侧位

图片 9-6　肾脏的正常位置和形态

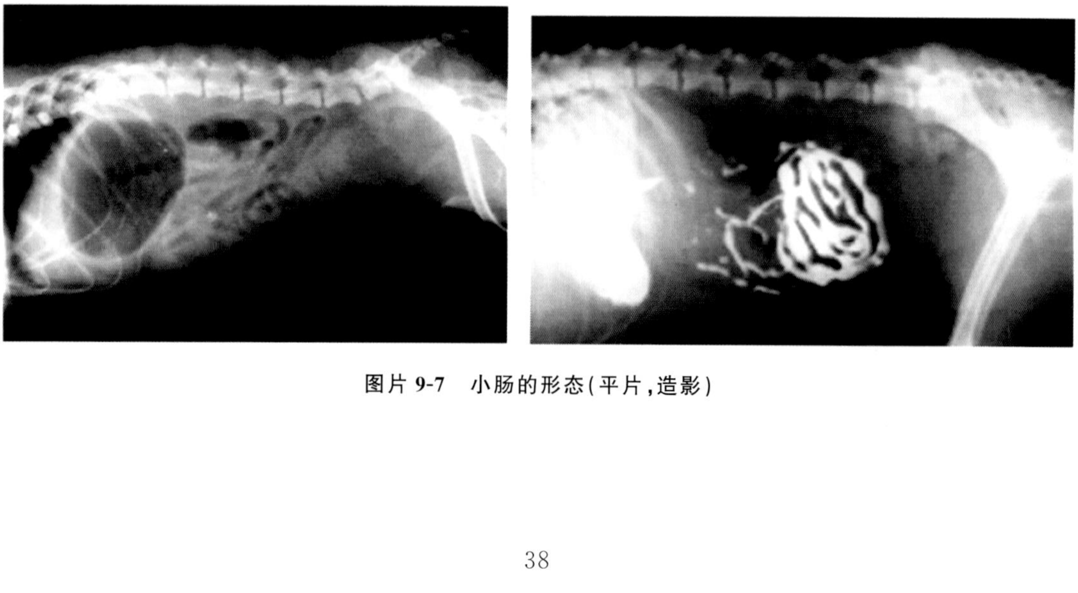

图片 9-7　小肠的形态(平片，造影)

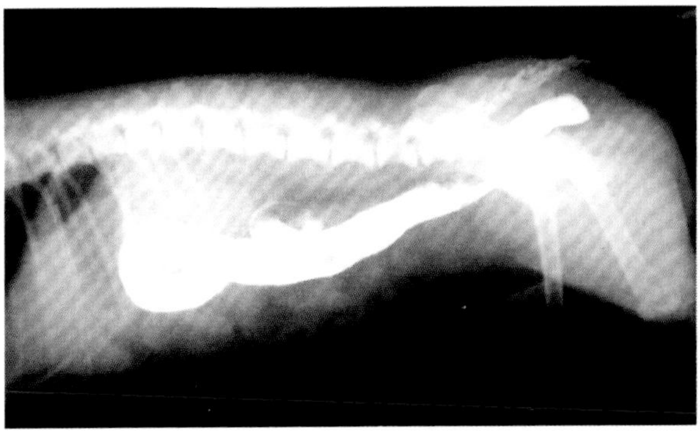

图片 9-8　结肠形态

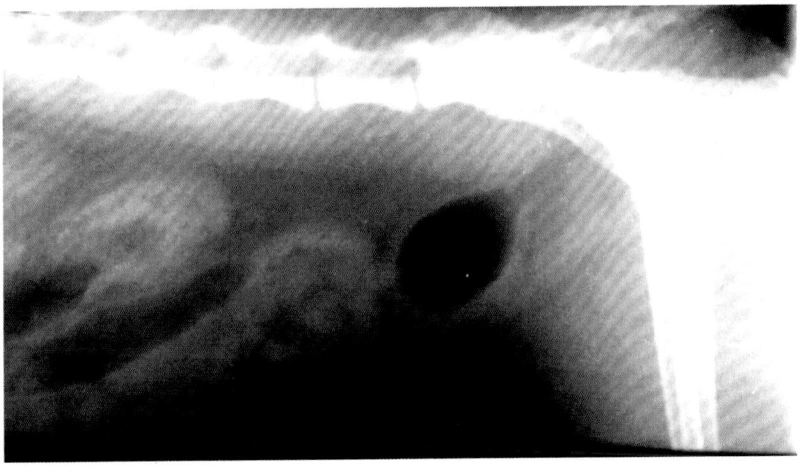

图片 9-9　膀胱形态

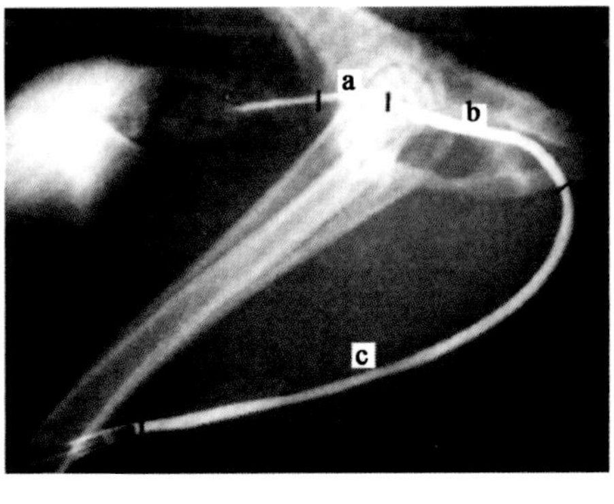

a. 前列腺尿道；b. 膜性尿道；c. 阴茎部尿道

（自 Thrall D. E.，1986）

图片 9-10　犬尿道造影（示正常尿道，尿道黏膜均质光滑）

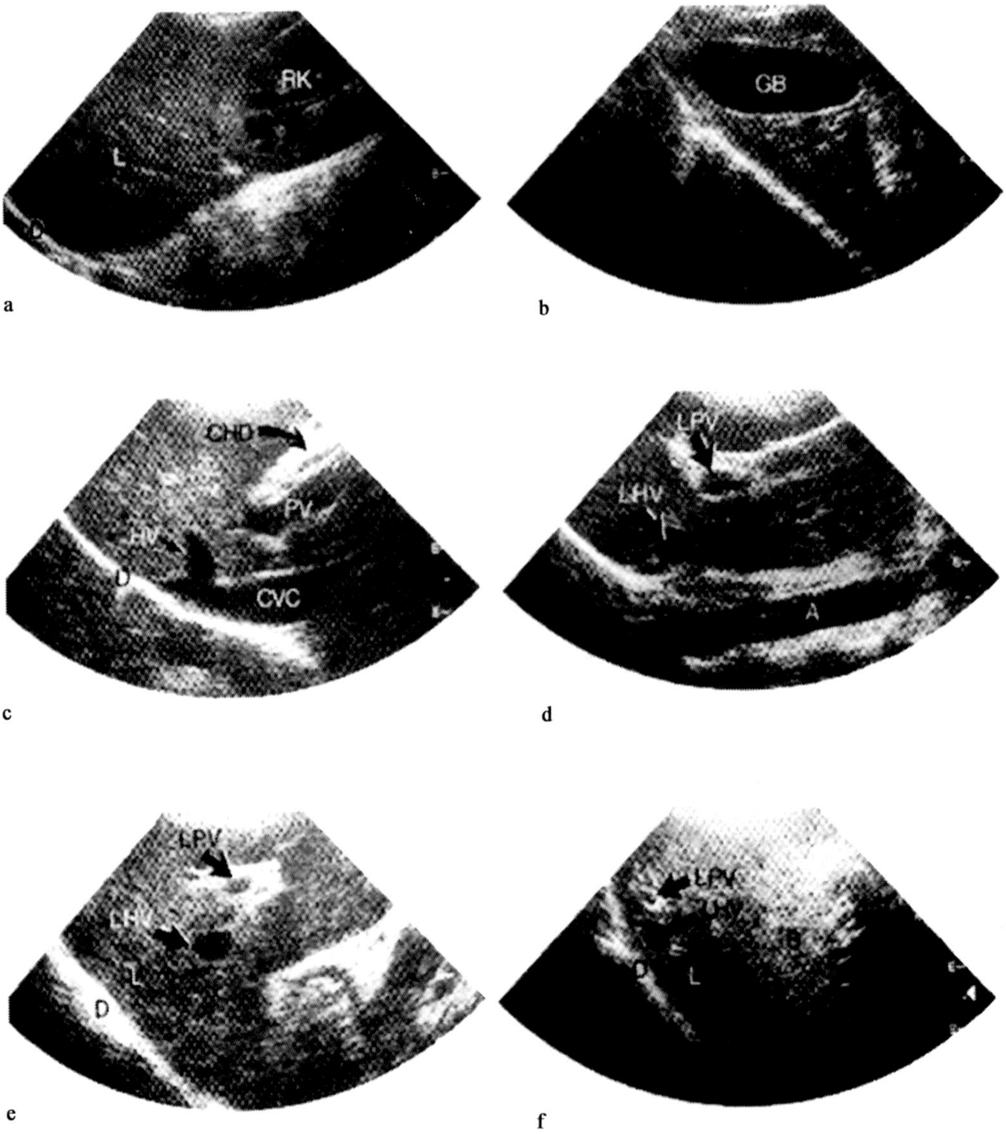

a. 第 1 矢状切面，示右肝叶(L)、右肾(RK)及膈肌(D)，肝实质回声与右肾回声相当或稍强；b. 第 2 矢状切面，示胆囊液性暗区，其壁薄而光滑；c. 第 3 矢状切面，在膈肌(D)附近可见后腔静脉(CVC)和肝静脉(HV)，门静脉(PV)附近有时可显示胆总管(CHD)；d. 第 4 矢状切面，示主动脉(A)及肝左静脉(LHV)和门静脉左支(LPV)；e. 第 5 矢状切面，膈肌(D)上方肝左叶内可显示 LHV 和 LPV；f. 第 6 矢状切面，肝左外侧叶(L)内可显示 LPV 和 LHV，邻近的脾头(S)回声比肝实质回声稍强

图片 9-11　犬肝胆 1～6 矢状切面及其声像图

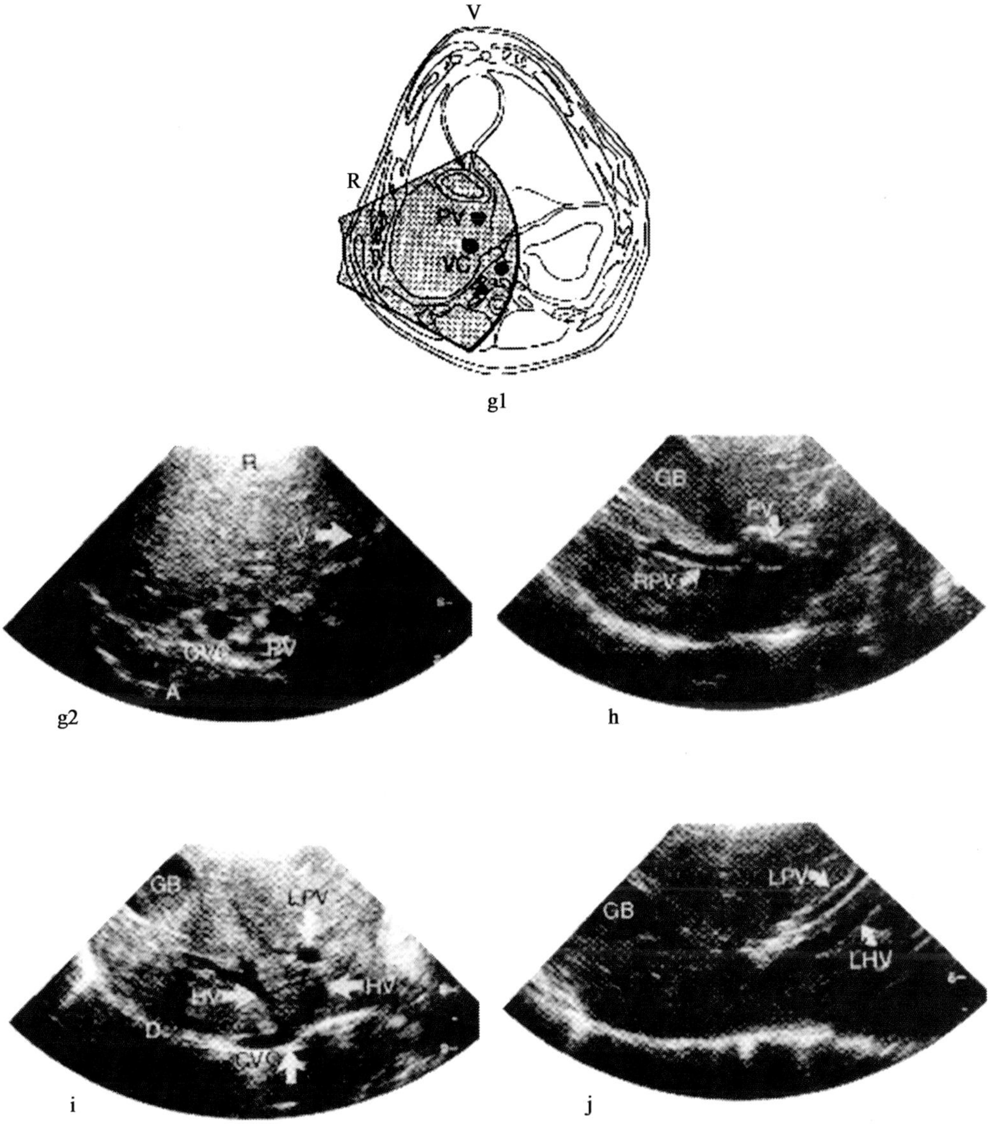

g1.自 11 肋间横切面示意图；g2.第 7 横切面，即 g1 位置声像图，以肝叶作为透声窗可显示主动脉（A）、后腔静脉（CVC）及门静脉（PV）；R 示右侧腹壁；V 示腹侧；h.第 8 横切面，该水平位可以显示门静脉右支（RPV）从门静脉（PV）分出，并可见部分胆囊（GB）；i.第 9 横切面，可清楚显现门静脉左支（LPV）及肝静脉（HV）进入后腔静脉（CVC），并可见隔肌（D）和部分胆囊（GB）；j.第 10 横切面，该水平位显示左肝静脉（LHV）和门静脉左支（LPV）平行，并可见部分胆囊

图片 9-12　犬肝胆 7～10 横切面及其声像图

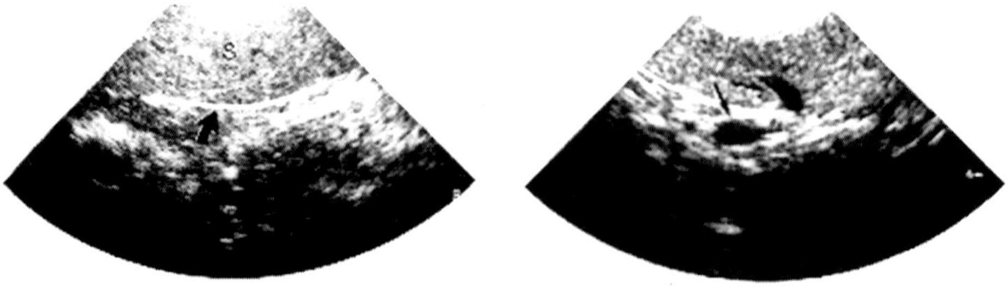

a　　　　　　　　　　b

a. 脾实质(S)呈中等至高回声,细密均质. 包膜平滑清晰可见(箭头示),但近侧脾实质和包膜由于探头近场回荡效应而不能清楚显示;b. 脾静脉(箭头所示)在脾门附近显示清楚

图片 9-13　犬脾脏正常声像图

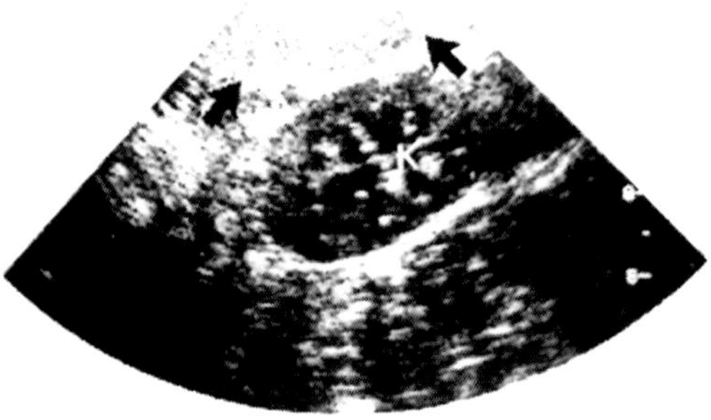

脾实质回声(箭头所指)通常比肾实质(K)回声强

图片 9-14　犬脾脏与左肾纵切面正常声像图

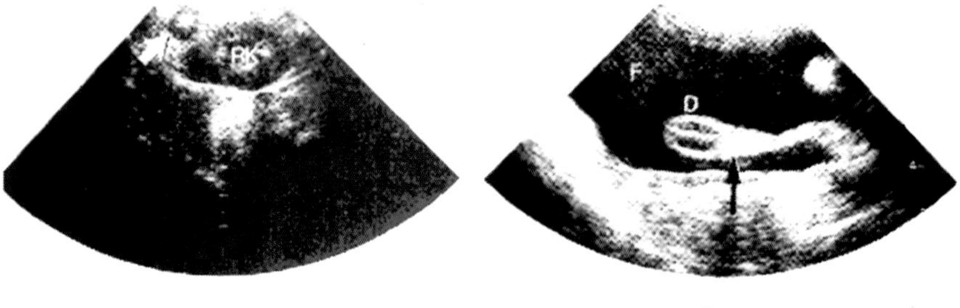

a　　　　　　　　　　b

a. 十二指肠(箭头所示)在右肾(RK)腹侧呈圆形靶状结构。正常胰腺应在肾腹侧和十二指肠背侧呈薄而低回声的结构,有时因周围脂肪强回声或肠管积气而被掩盖;b. 当犬有明显腹水(F)时,在十二指肠降支(D)背侧即可清晰显示胰左翼(箭头所示)。正常犬在无腹水时向腹腔内注水有助于胰脏的显现

图片 9-15　犬胰腺右翼在横切面上的正常位置

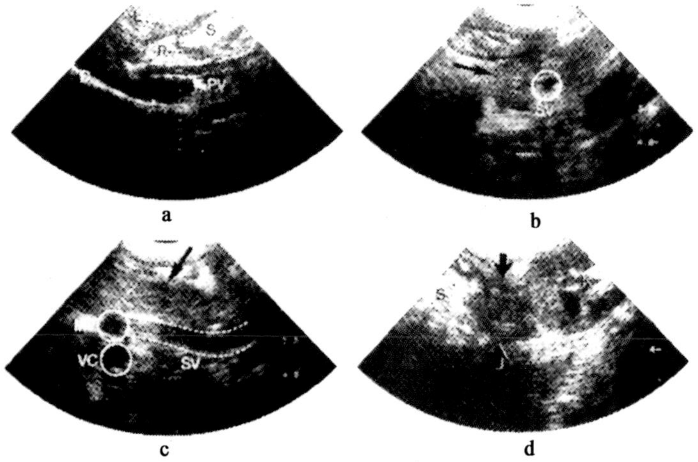

a. 纵切面，门静脉(PV)有助于鉴别胰脏，且将其分为左、右翼。但有时因周围脂肪或肠管积气而不能显示。S-胃，D-膈，L-肝；b. 纵切面，箭头所指为胰左翼，脾静脉(SV)在其背侧；c. 横切面，箭头所指为胰腺，脾静脉(SV)在其背侧呈长轴状从脾脏到肠系膜静脉(MV)汇入门静脉. VC-后腔静脉；d. 纵切面，箭头所指为胰左翼，位于胃(S)的背后侧并向左扩张到左肾(K)头端

图片 9-16　犬正常胰腺声像图

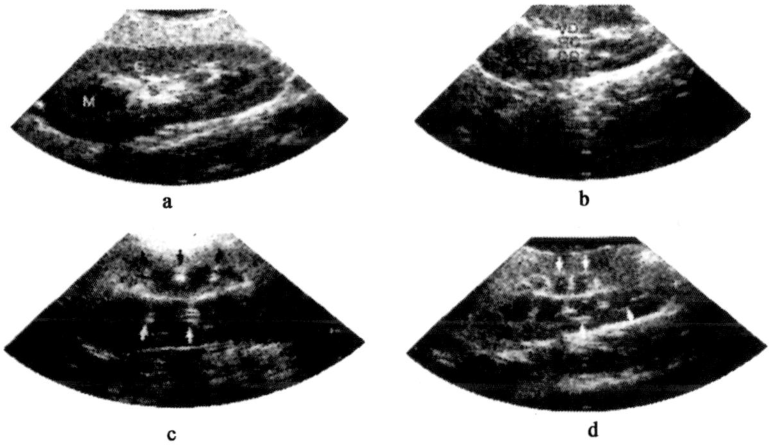

a. 正中纵切面显示出肾皮质(C)、肾髓质(M)和肾盂(S)；b. 靠近正中的纵切面可见肾乳头(RC)及其背侧憩室(DD)和腹侧憩室(VD)及内部脉管；c. 更靠外的纵切面显示 DD 和 VD 呈短而均匀的回声结构穿过肾髓质到达肾皮质；d. 皮质与髓质交界处的纵切面有时可见内叶拱形动脉(箭头所示)

图片 9-17　犬正常肾脏的纵切面声像图

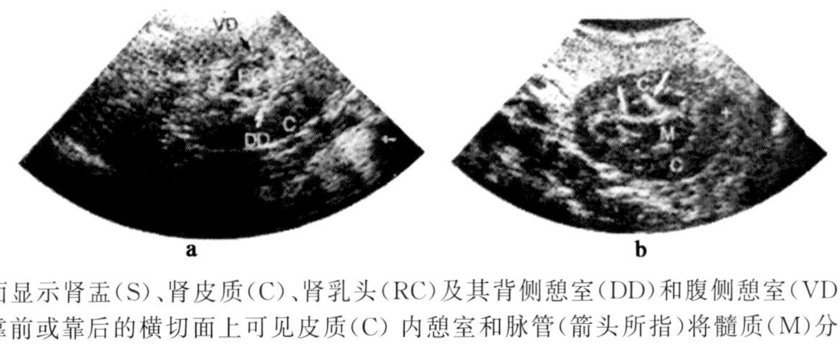

a. 正中横切面显示肾盂(S)、肾皮质(C)、肾乳头(RC)及其背侧憩室(DD)和腹侧憩室(VD)及内部脉管；b. 正中靠前或靠后的横切面上可见皮质(C) 内憩室和脉管(箭头所指)将髓质(M)分成几部分

图片 9-18　犬肾脏横切面的正常声像图

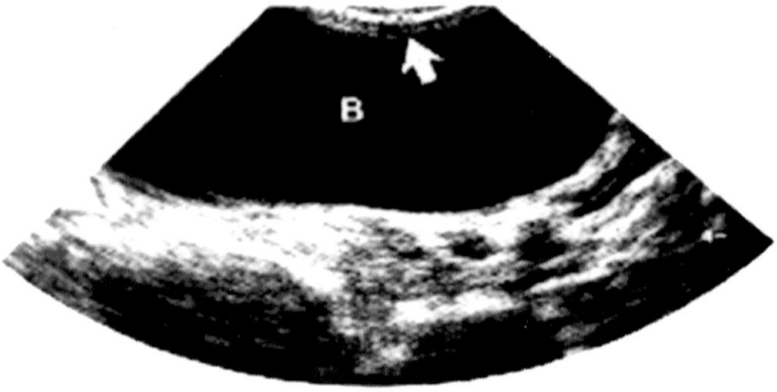

膀胱壁薄而平滑，内腔为液性暗区

图片 9-19　犬膀胱正常声像图

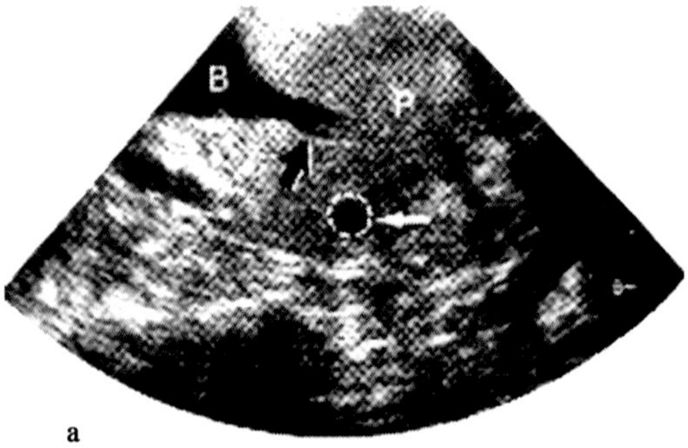

a

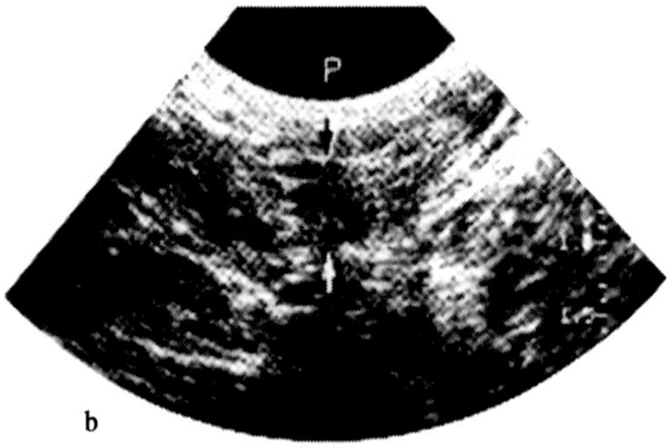

b

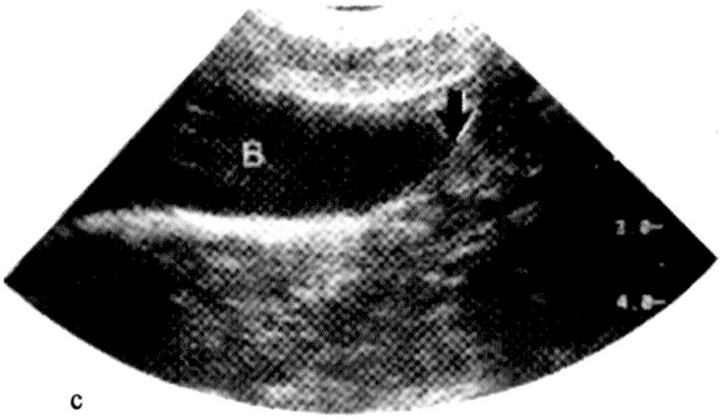

c

a. 公犬近段尿道纵切面正常声像图. 通常只能显示膀胱(B)尾部延伸至前列腺(P)部分的尿道(黑色箭头)。该犬可见前列腺内有一小囊肿(白色箭头)；b. 公犬远端尿道横切面正常声像图，箭头所指为尿道横断面；c. 母犬近段尿道纵切面正常声像图，膀胱(B)尾部可显示部分尿道

图片 9-20　犬尿道正常声像图

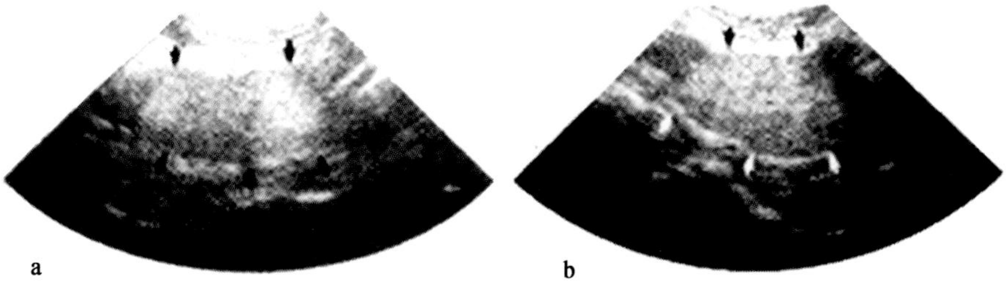

a. 横切面呈双叶状；b. 纵切面呈均质卵圆形，

其实质回声中度、均质、边缘清晰光滑

图片 9-21　犬前列腺正常声像图

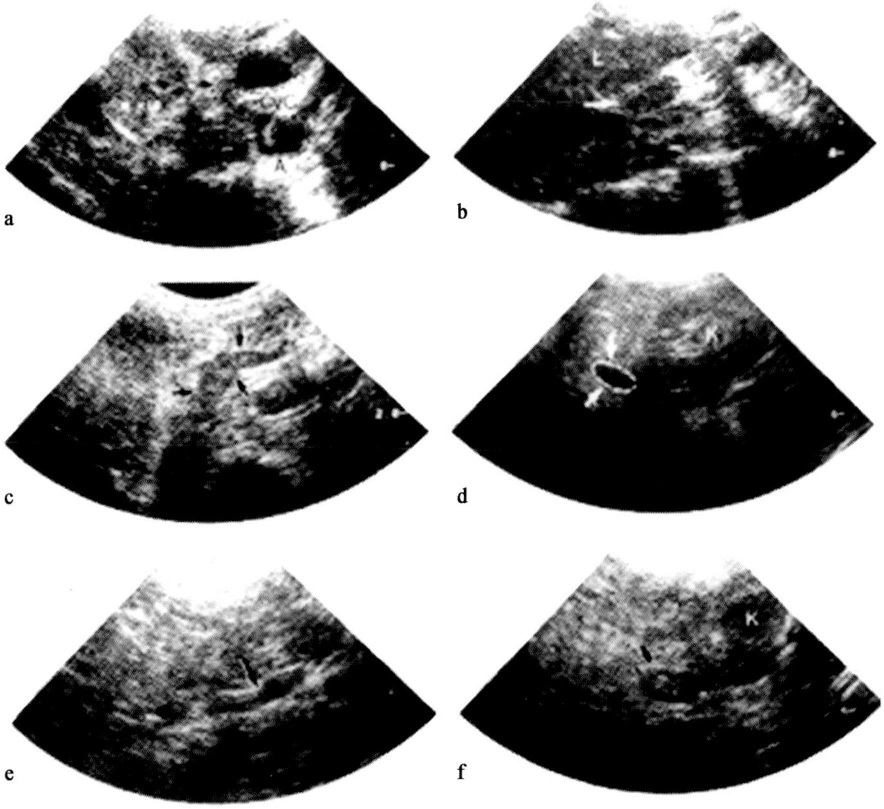

a. 右肾上腺横切面正常声像图，右肾上腺箭头所指位于右肾(R KID)头端与后腔静脉(CVC)上方之间，横切呈卵圆形，主动脉(A)位于后腔静脉背侧；b. 右肾上腺纵切面正常声像图，在右肾头端靠近后腔静脉做纵切面可见肝脏(L)后上方的右肾上腺(箭头所指)，部分可分辨皮质和髓质，其形状多变，一般呈薄的长条形，但有时在各个切面上均呈圆形；c. 右肾上腺横向斜切面正常声像图，箭头所指的右肾上腺呈逗号状或镰刀状；d. 左肾上腺横向斜切面正常声像图，箭头所指的左肾上腺位于左肾(K)头端偏中与主动脉腹侧下方；e. 左肾上腺纵切面正常声像图，其大小和形状在纵切面上同样多变，多呈长条形或近似圆形，且头端宽而尾端扁平；f. 左肾上腺矢状切面正常声像图肾(K)和肾上腺(箭头所指)在同一切面上显现，左肾上腺皮质和髓质均清楚显现

图片 9-22　犬肾上腺正常声像图

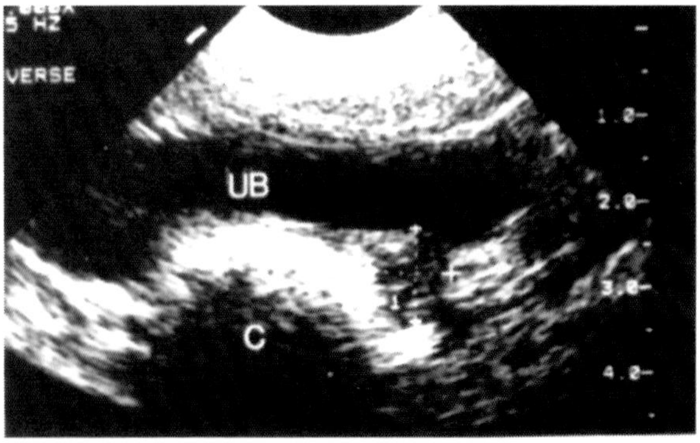

子宫体膀胱水平处的横切面声像图：子宫体为均质、低回声；“＋”示子宫体，UB示膀胱，C示结肠

图片 9-23　犬子宫正常声像图

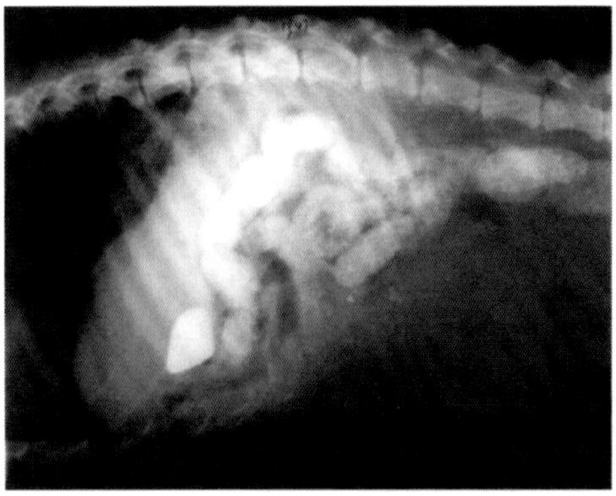

图片 9-24　胃内异物

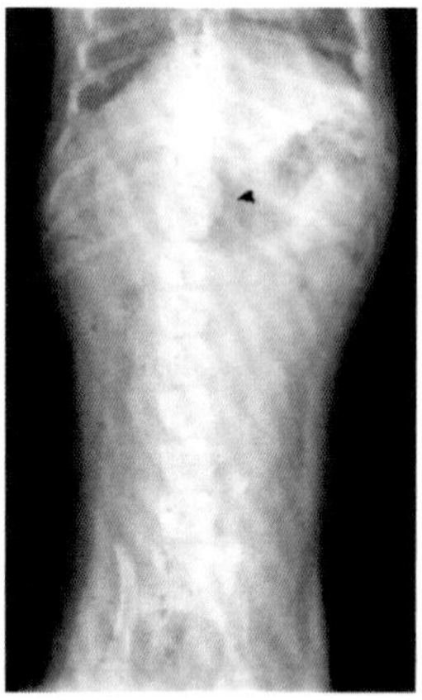

橡皮球位于幽门部

图片 9-25　胃内异物

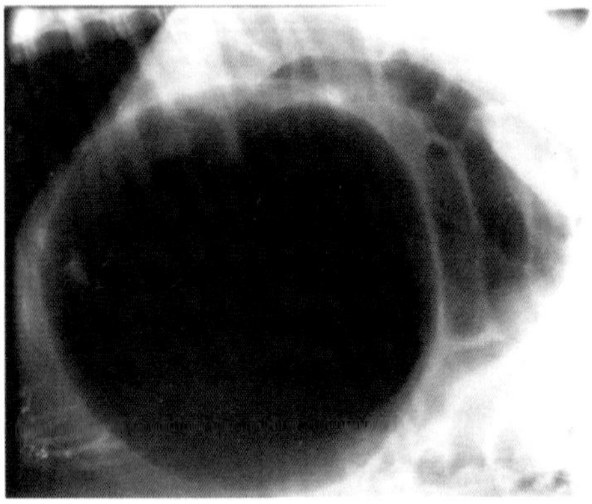

图片 9-26　胃气性扩张

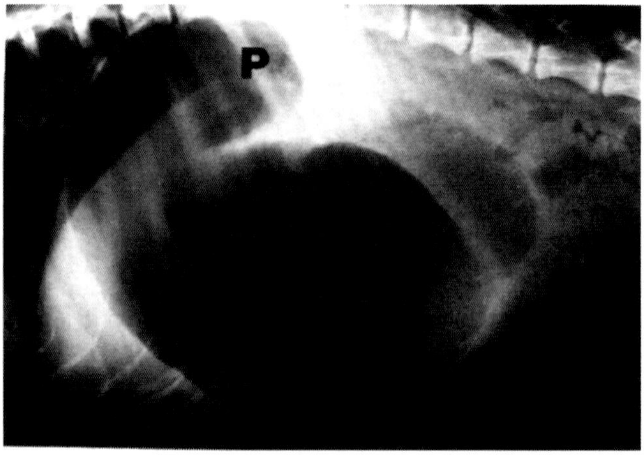

图片 9-27　犬胃扩张-扭转综合征(示幽门移位“P”)

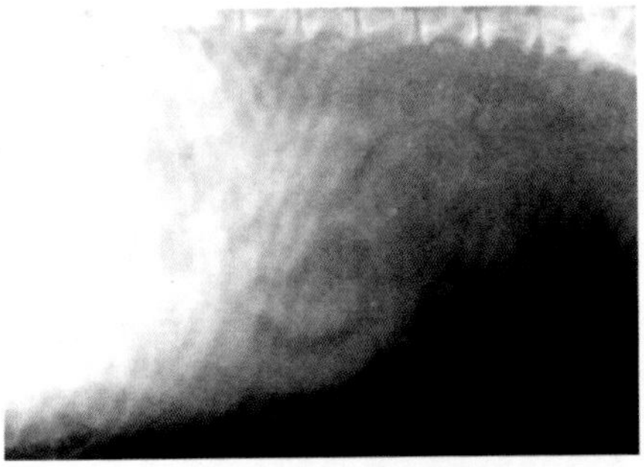

见胃轮廓增大,密度增高

图片 9-28　幽门阻塞(平片)

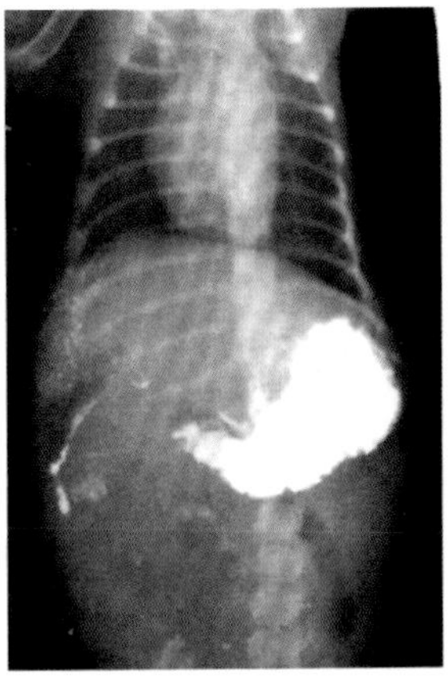

图片 9-29　幽门阻塞(胃造影)

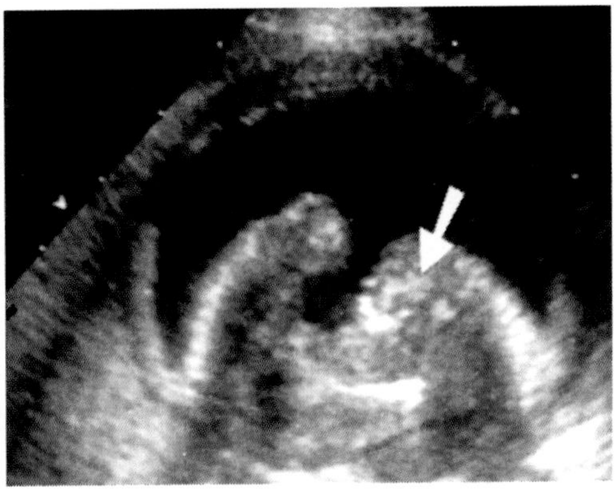

示肿块(箭头)及胃壁正常结构消失

图片 9-30　幽门肿瘤声像图

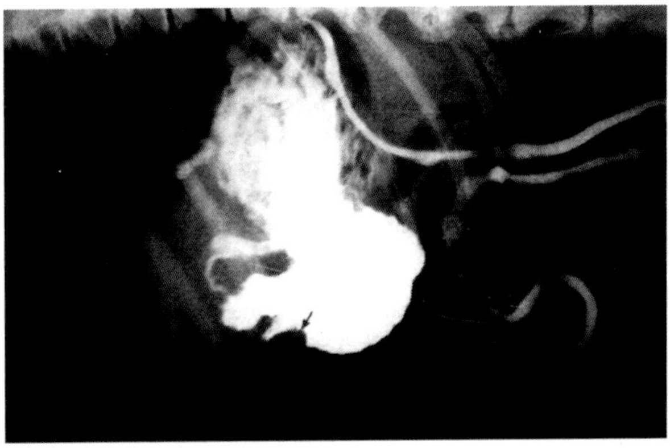

见局部充盈缺损

图片 9-31　胃肿瘤(造影)

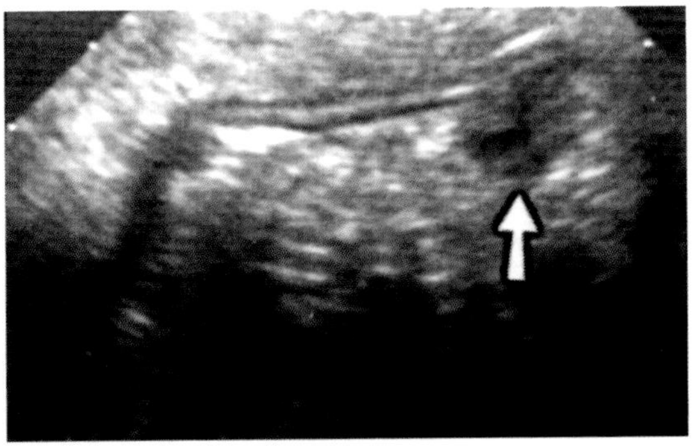

肿块突入胃腔(箭头)

图片 9-32　胃肿瘤声像图

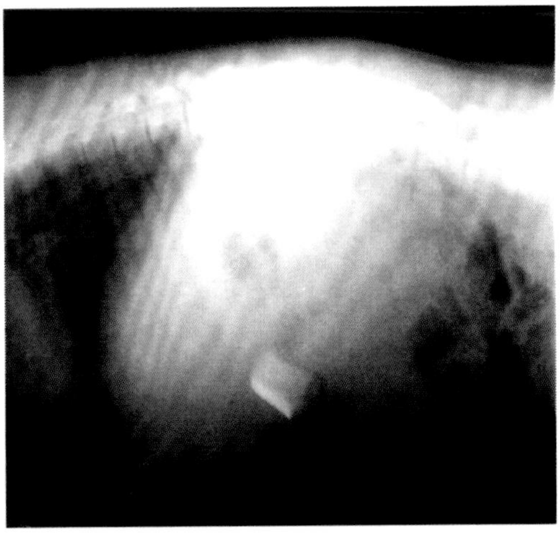

图片 9-33　小肠内阳性异物

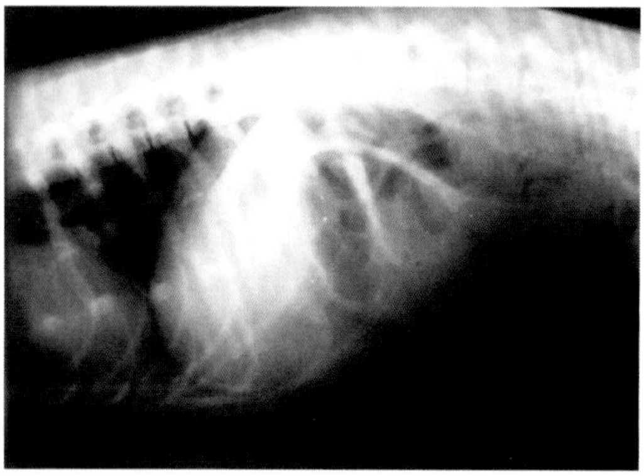

示肠阻塞部位之前的肠管充气、管径增宽

图片 9-34　肠梗阻

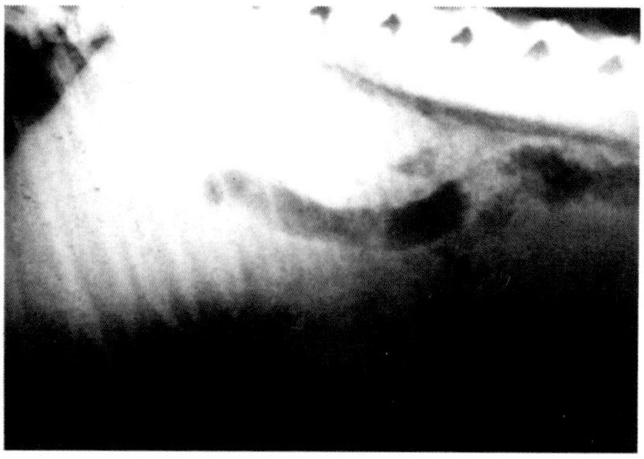

示少量腹水,影像模糊、缺乏对比度

图片 9-35　腹膜炎

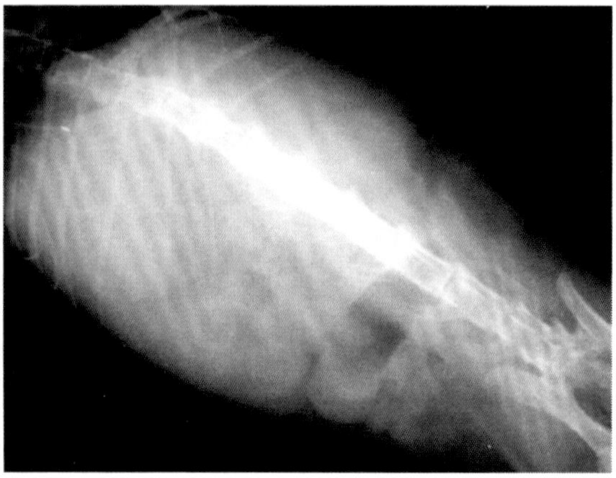

肝阴影增大,其上有高密度团块(手术证实)

图片 9-36　肝肿瘤

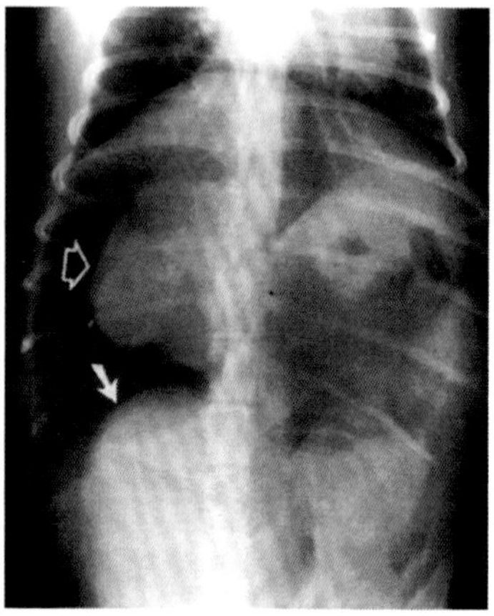

示肝肿瘤(空心箭头)

图片 9-37　气腹造影

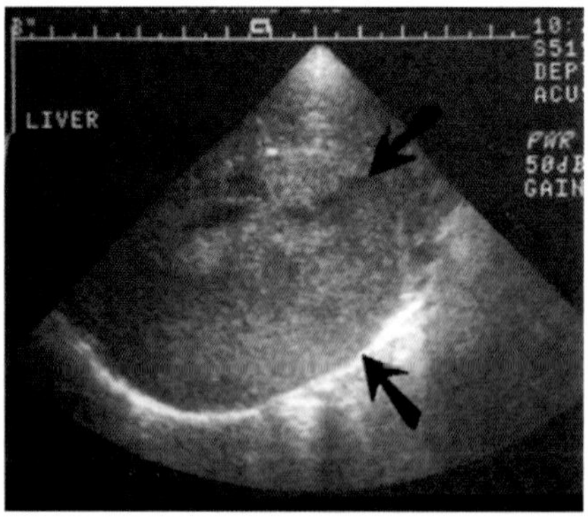

箭头所指为一肝细胞瘤

图片 9-38　原发性肝肿瘤声像图

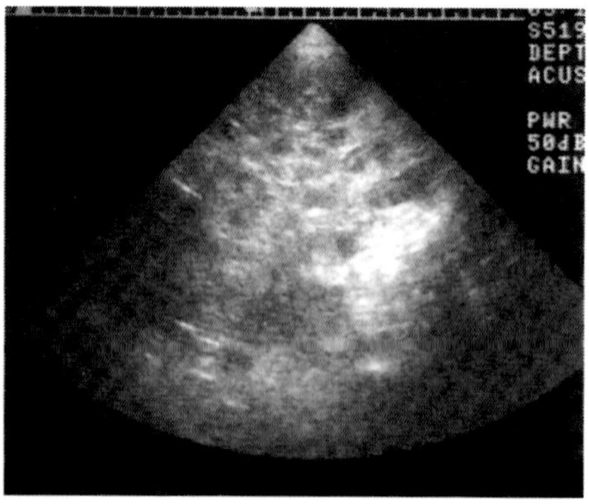

肝脏内分布多个大小不等的低回声肿瘤灶

图片 9-39　转移性肝肿瘤声像图

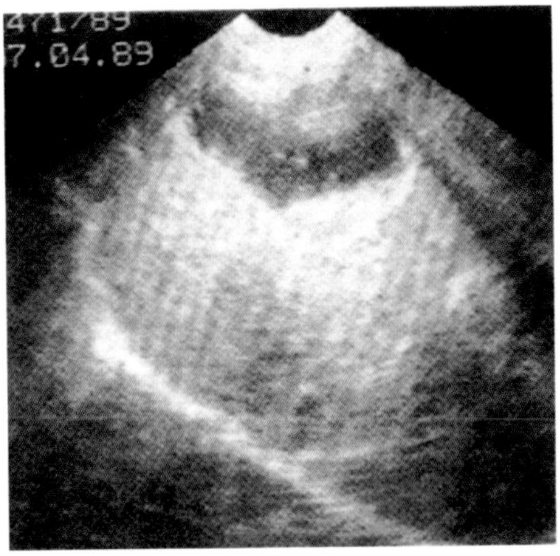

肝脏广泛性回声增高

图片 9-40　肝淋巴肉瘤声像图

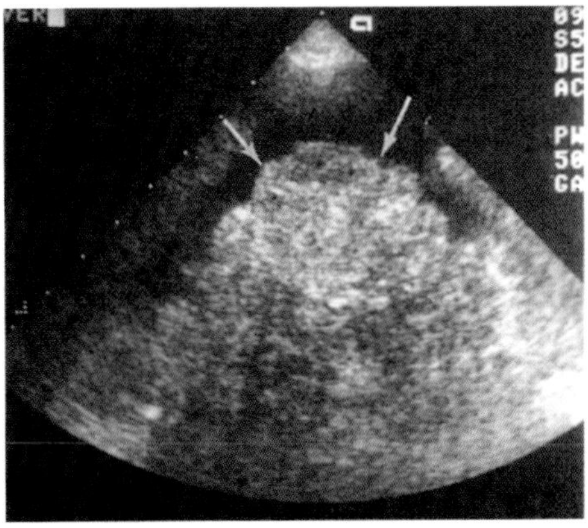

肝脏变小，回声增强，轮廓不整齐，肝结构呈均匀结节状

图片 9-41　肝硬化声像图

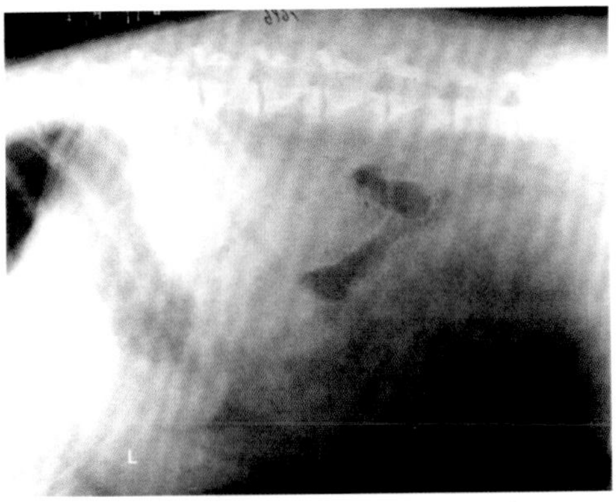

图片 9-42　肝肿大

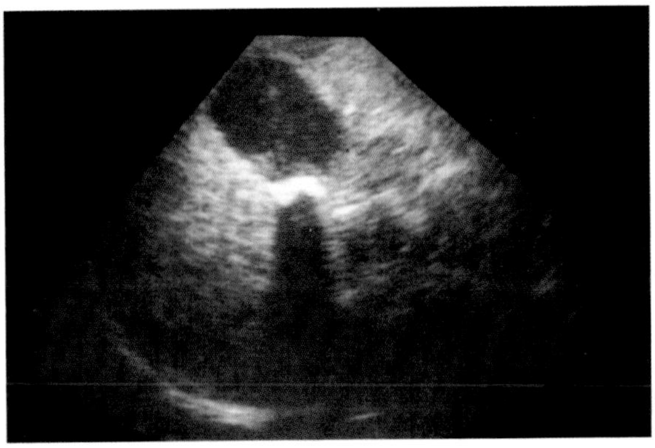

胆囊内有一强回声结构，其下方为声影

图片 9-43　胆囊结石声像图

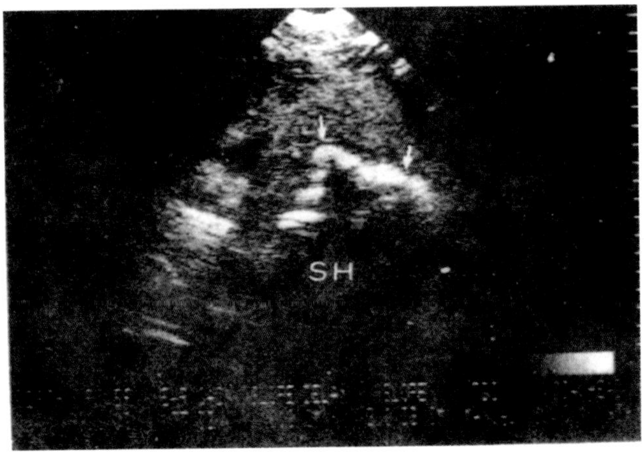

箭头示结石，SH 示声影（自 Vet. Clin. North. Am.，1986）

图片 9-44　马胆石症声像图

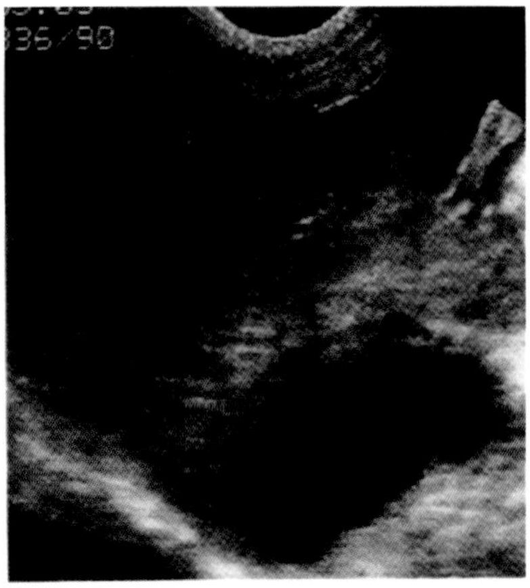

图片 9-45　胆囊炎声像图

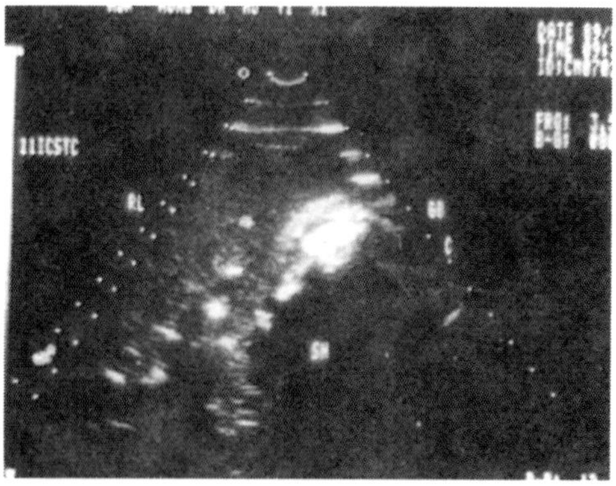

黄床上有牛黄附着，
呈强回声，伴声影

图片 9-46　培植牛黄声像图

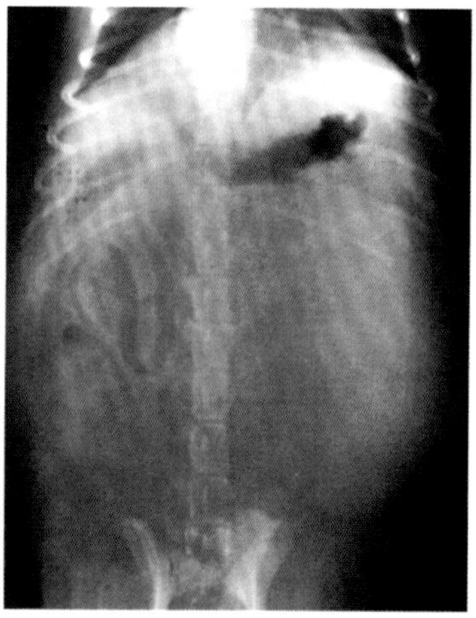

左肾很大，右肾几乎不显影

图片 9-47　肾肿大 X 线平片影像

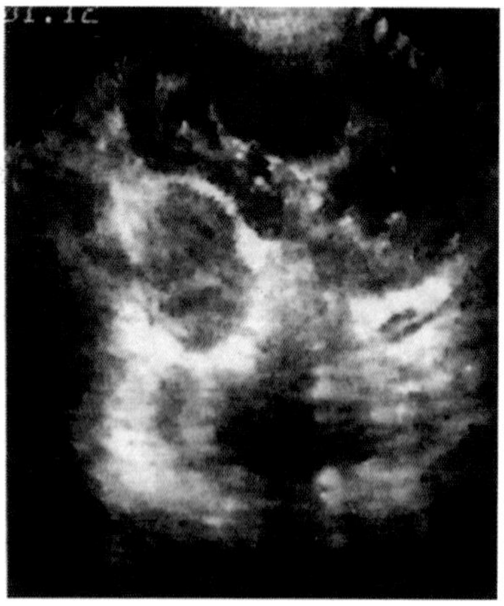

图片 9-48　肾肿瘤声像图

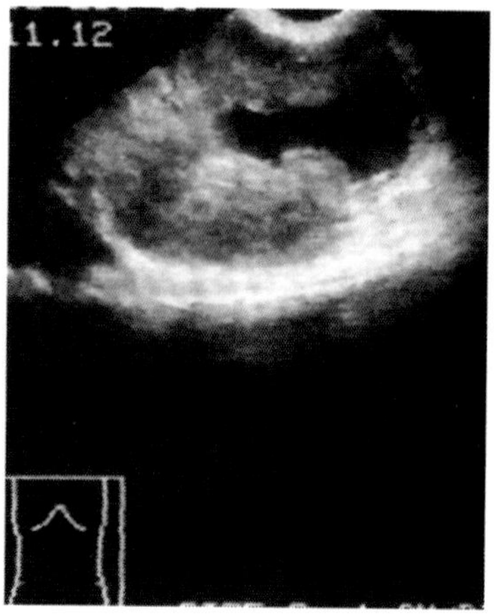

图片 9-49　肾积水声像图

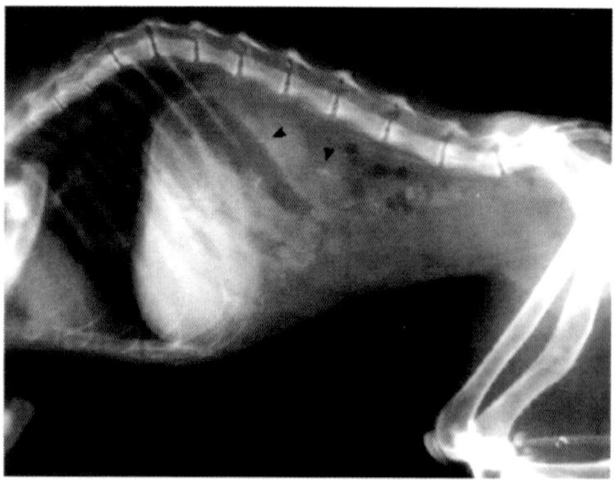

图片 9-50　肾结石 X 线征象

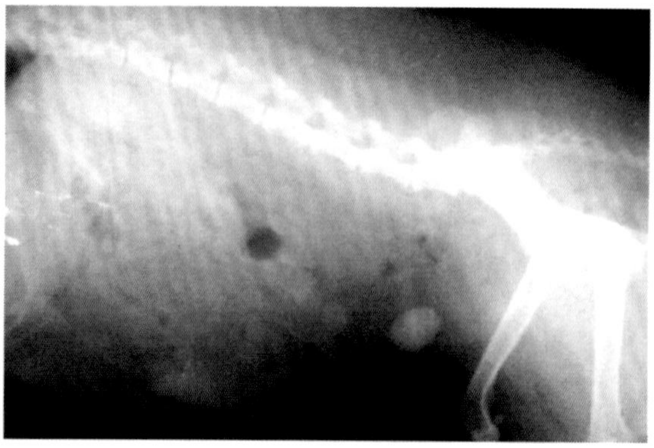

图片 9-51　膀胱结石

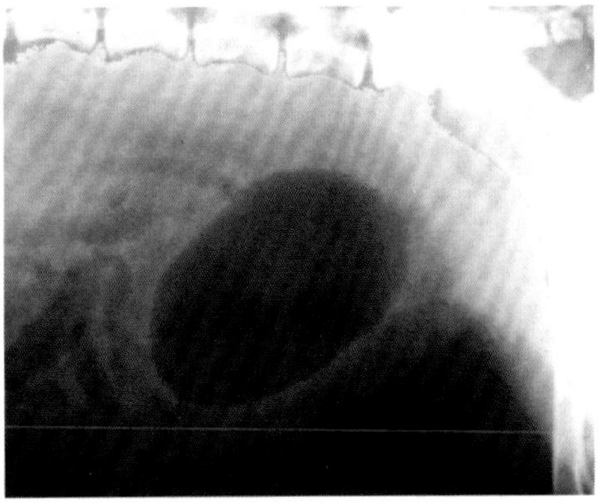

示低密度、小结石

图片 9-52　膀胱充气造影

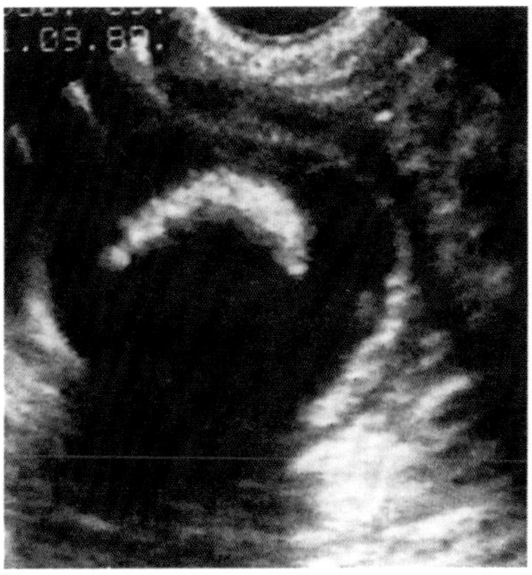

图片 9-53　膀胱结石声像图

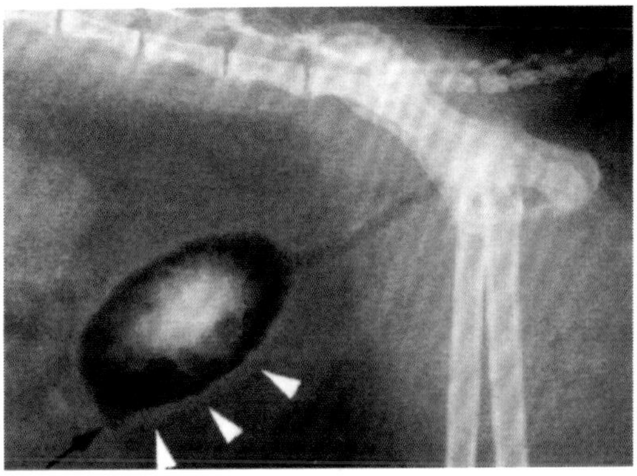

膀胱双重造影，示膀胱壁增厚（白色三角）和小憩室（黑色箭头）

图片 9-54　膀胱炎 X 线表现

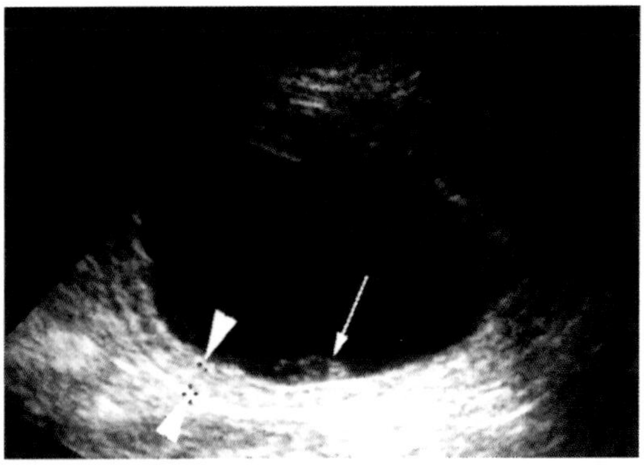

膀胱壁增厚（白色三角），膀胱内有一血凝块（箭头）

图片 9-55　膀胱炎声像图

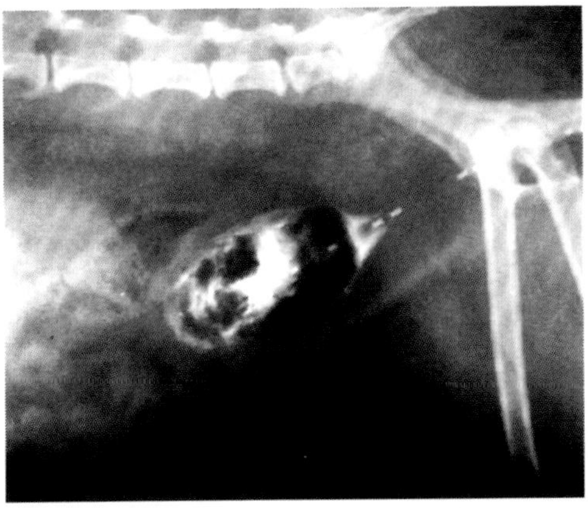

膀胱双重造影见多个大的不规则肿块

图片 9-56　膀胱肿瘤 X 线征象

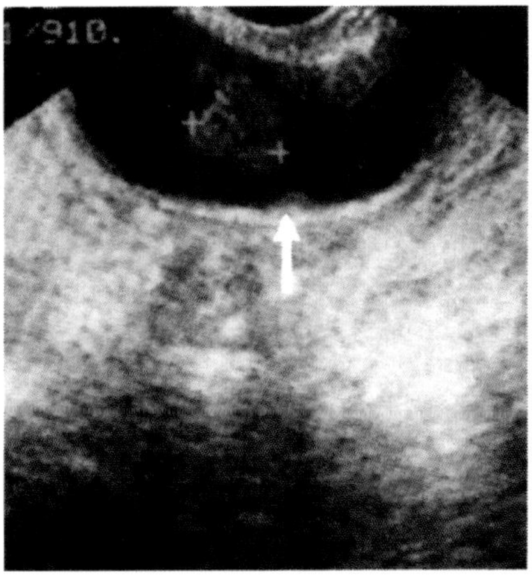

图片 9-57　膀胱肿瘤声像图

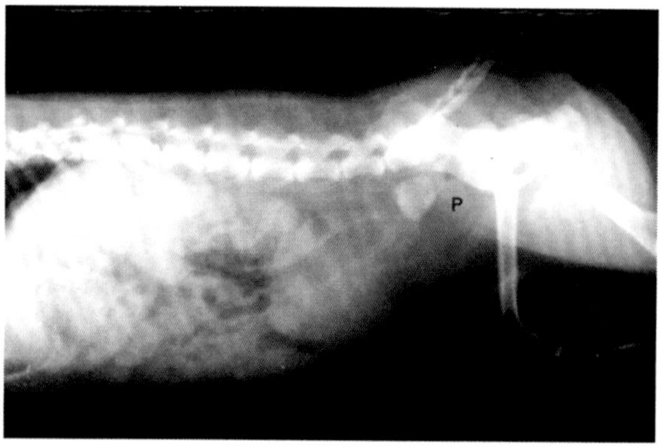

图片 9-58　前列腺肿大 X 线(平片)

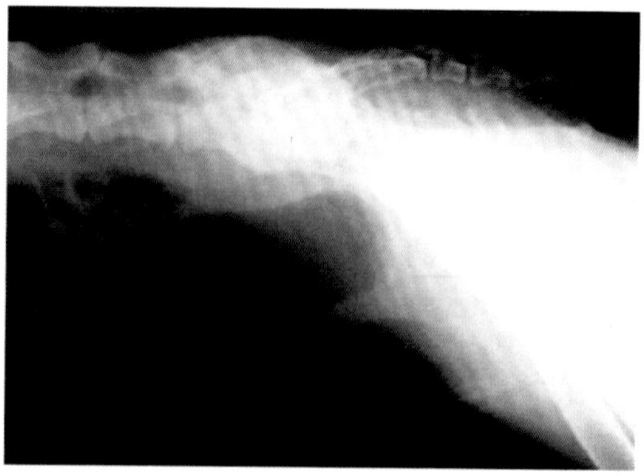

膀胱充气造影示肿大的前列腺对膀胱的压迫

图片 9-59　前列腺肿大

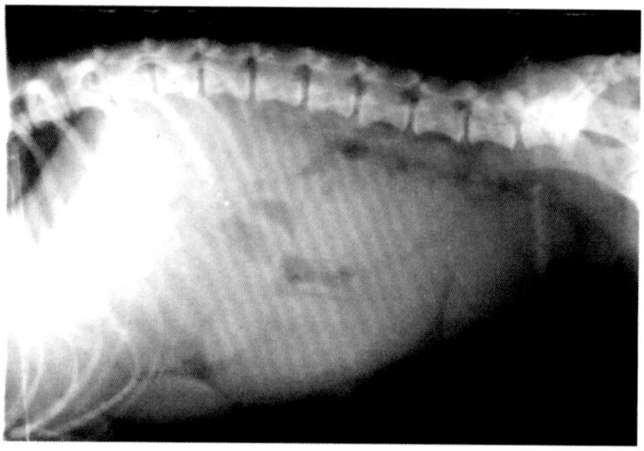

图片 9-60　子宫蓄脓 X 线征象

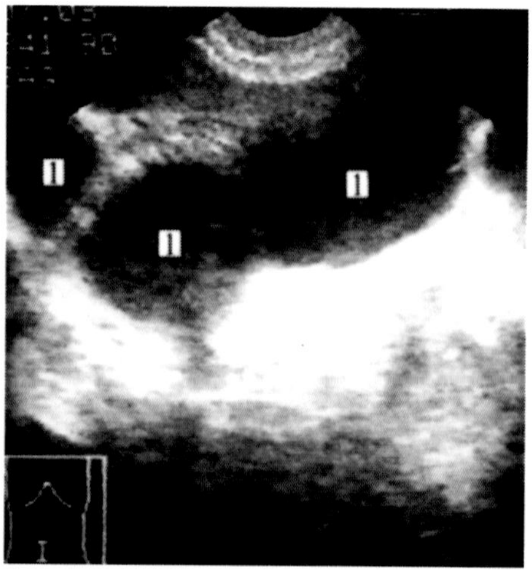

图片 9-61　子宫蓄脓声像图

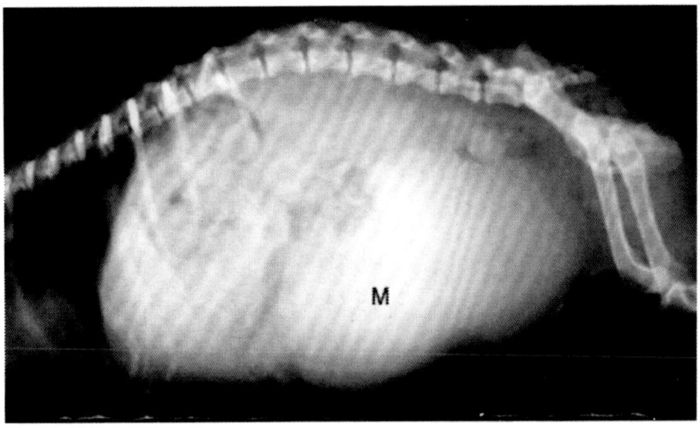

图片 9-62　腹腔肿块 X 线征象

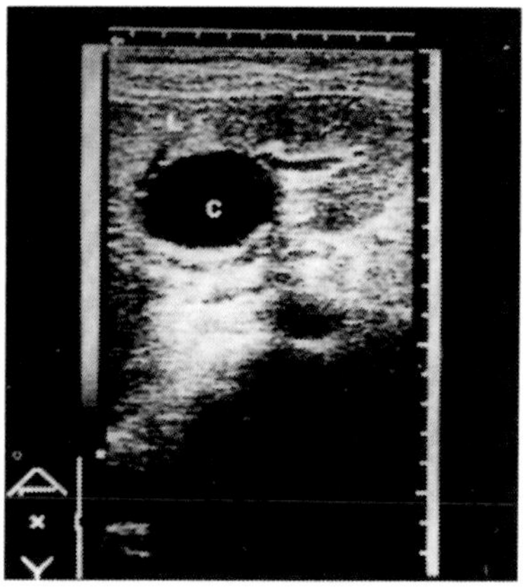

图片 9-63　腹腔囊性肿块声像图

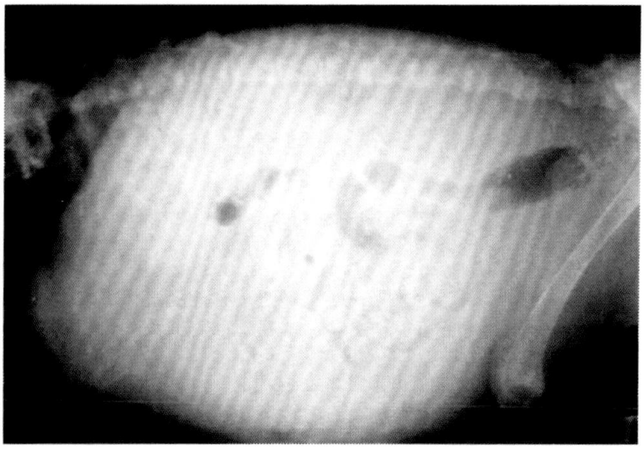

图片 9-64　腹水 X 线(平片)

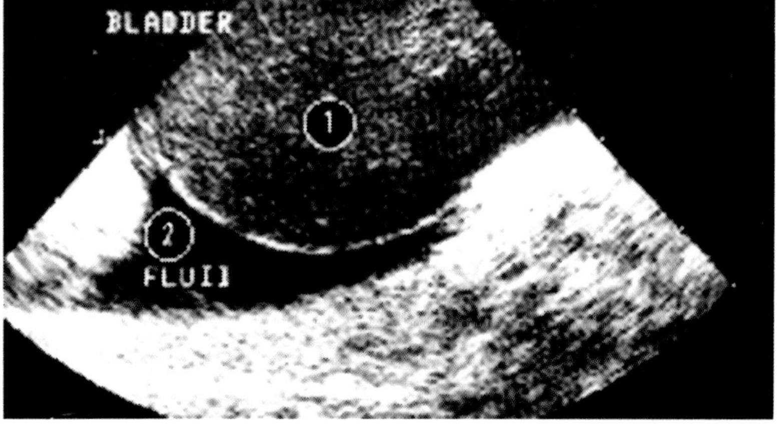

肝硬化所致腹水:①为膀胱内血尿;②为腹水

图片 9-65　腹水声像图

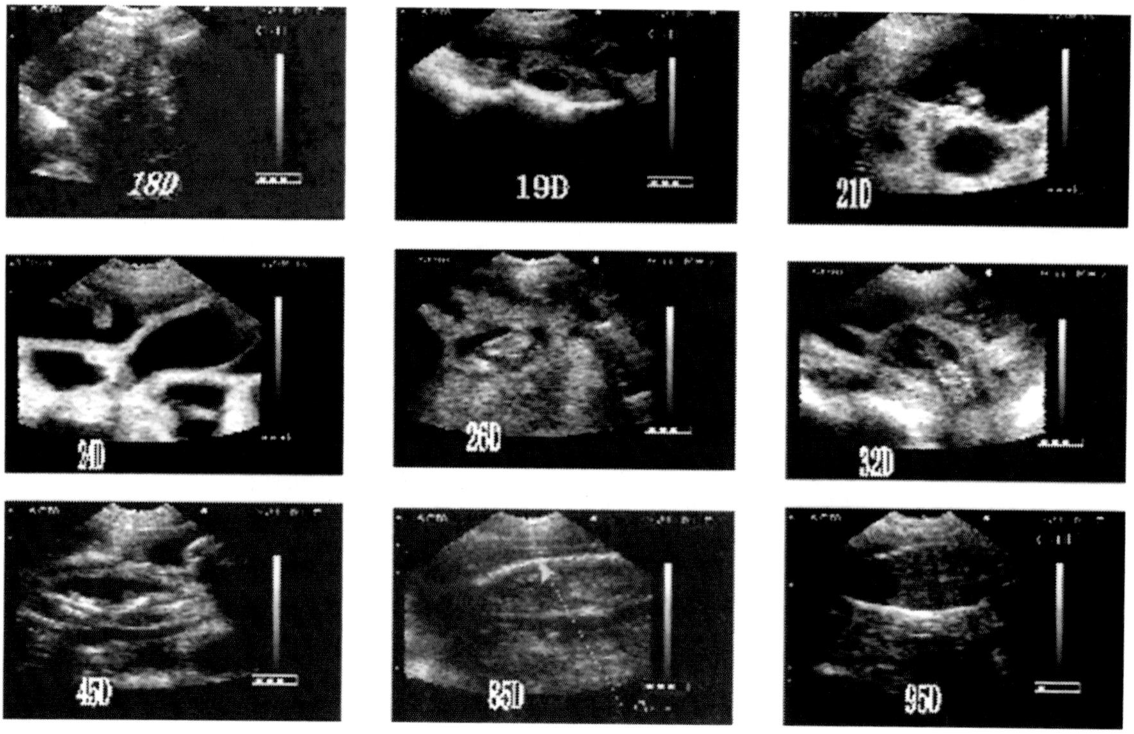

18 日龄在子宫区可探到小孕囊；19 日龄孕囊增大；21 日龄出现胎体反射的光团；24 日龄胎体增大；26 日龄探到胎心搏动；32 日龄显示胎儿骨骼钙化强回声；45 日龄胎儿体腔分化；85 日龄胎儿脊柱清晰显示；95 日龄胎儿脊椎、胸骨及体腔分辨清晰

图片 9-66　猪不同胚龄的声像图表现

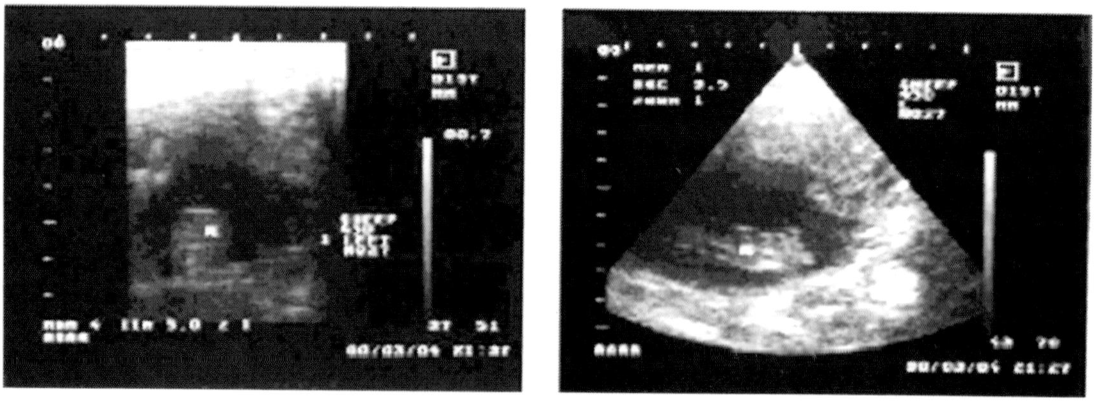

在乳房后大腿内侧用线阵或扇扫探头朝对侧上方探查即可检查膀胱及怀孕子宫角

图片 9-67　羊体表探查法做妊娠检查的声像图表现

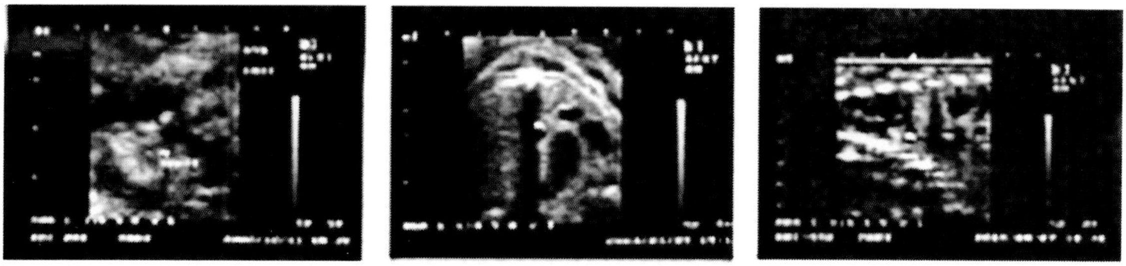

图片 9-68　羊怀孕后期胎儿胎心搏动，胎儿前腹部横切面（示胎儿腰椎及其声影、肝脏和胃肠），胎儿胸腹部纵切面（示脊椎、胸骨及胸腔和腹腔器官）声像图表现

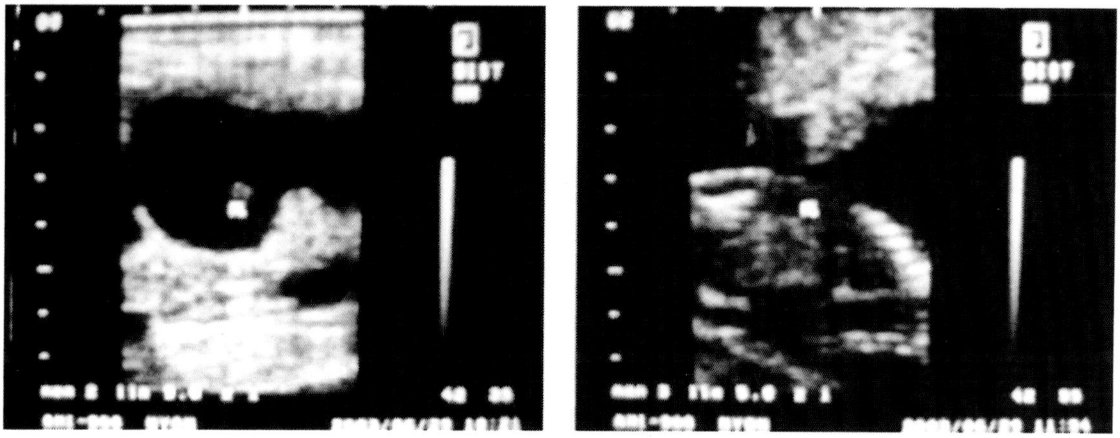

左为1月龄孕囊，示羊水及胚芽（箭头上方回声光点）；右图为妊娠3个月龄胎儿，示胎儿脊柱、体腔及胎心搏动（箭头下方回声光斑）

图片 9-69　牛妊娠的声像图表现

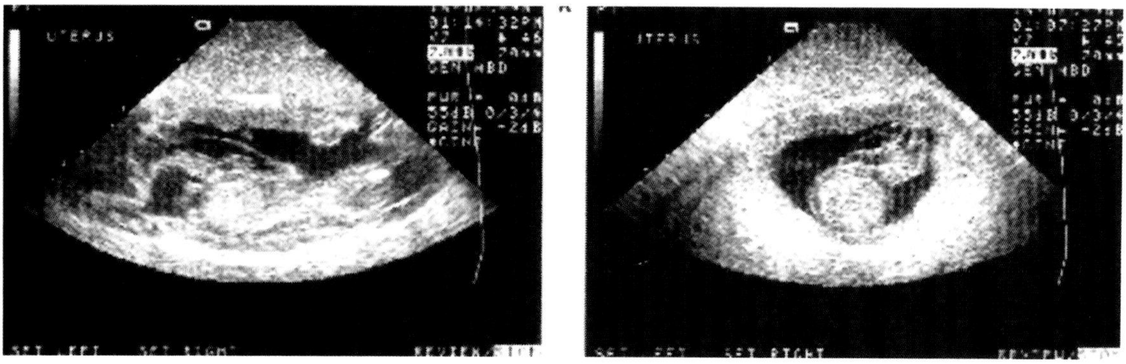

左图为纵切面，右图为横切面（自 Calin B. Carrig 等）

图片 9-70　犬 38 日龄胚胎扇扫声像图

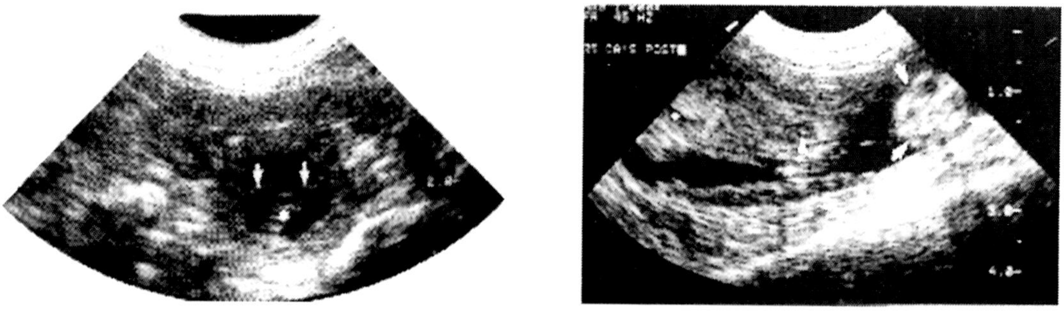

左为犬早孕孕囊横切面声像图，箭头所指为卵黄囊膜，*示胚胎反射，实时扫描
可见其闪烁，为胎心搏动；右为猫早孕纵切面声像图，白色箭头所指为
早期钙化而带中等声影的胎头反射，方箭头所指为被肺环绕的低
回声胎心，*示后腹腔内的膀胱暗区，肺和肝的回声强度相近

图片 9-71　犬猫早孕声像图

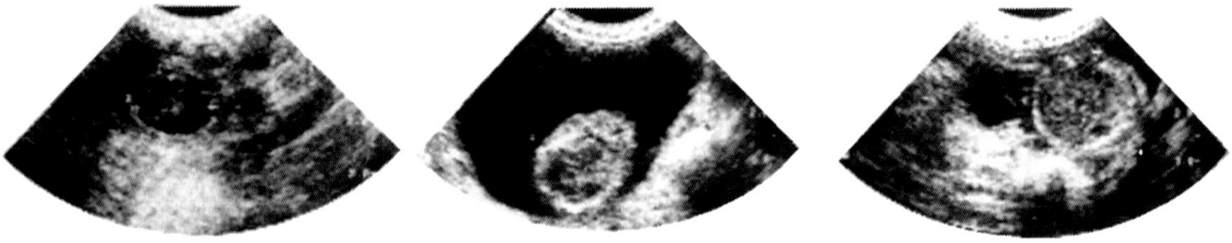

左图为犬早期孕囊声像图. 其最大直径(GSD)经电子尺测量为 1.1 cm，根据公式预测
胎龄为 27 d［(6×1.1)＋20＝26.6］或产前 28 d(65－27＝28)；中图为犬妊娠中期胎
头声像图，电子尺测量胎头最大横径(HD)为 1.64 cm，根据计算公式预测胎龄
为 45 d［(15×1.64)＋20＝44.6］或产前 20 d(65－45＝20)；右图为犬胎儿
肝脏水平体腔横切面声像图，电子尺测量最大横径(BD)为 2.18 cm，
根据计算公式预测胎龄为 44 d［(7×2.18)＋29＝44.3］
或产前 21 d(65－44－21)

图片 9-72　犬胎龄计算